PS

中文版
PHOTOSHOP CS6
完全使用手册

李金明　李金蓉　编著

人民邮电出版社

北京

图书在版编目（CIP）数据

中文版Photoshop CS6完全使用手册 / 李金明，李金
蓉编著. -- 北京 : 人民邮电出版社，2014.1
ISBN 978-7-115-32879-3

Ⅰ．①中… Ⅱ．①李… ②李… Ⅲ．①图象处理软件
—手册 Ⅳ．①TP391.41-62

中国版本图书馆CIP数据核字(2013)第200151号

内 容 提 要

本书围绕 Photoshop CS6 Extended（即扩展版）软件展开讲解，对工具、面板和菜单命令进行逐一介绍，实现了 Photoshop CS6 Extended 功能全覆盖。

书中包含 197 个实战案例，均配有视频教学录像，可单独练习，也可跳跃学习。初学者上手操作便能充分体验 Photoshop 的神奇魅力，获得立竿见影的学习效果。书中还通过 GALLERY、情景对话、技术看板和提示等形式，剖析了 Photoshop 核心功能的原理和使用技巧，轻松化解各种疑难问题。清晰的条目、丰富的实例，使本书不论是作为工具书查阅，还是作为案例书学习，都极为方便、实用。

随书光盘中提供了实例素材和近千种画笔库、形状库、动作库、渐变库、样式库，以及 106 集的 Photoshop 基础学习录像、《Photoshop 外挂滤镜使用手册》、《CMYK 色谱手册》和《色谱表》等电子书。

本书适合广大 Photoshop 初学者，以及有志于从事平面设计、插画设计、包装设计、网页制作、三维动画设计、影视广告设计等工作的人员使用，同时也适合高等院校相关专业的学生和各类培训班的学员参考阅读。

- ◆ 编　　著　李金明　李金蓉
　　责任编辑　孟飞飞
　　责任印制　方　航
- ◆ 人民邮电出版社出版发行　　北京市丰台区成寿寺路 11 号
　　邮编　100164　电子邮件　315@ptpress.com.cn
　　网址　http://www.ptpress.com.cn
　　北京画中画印刷有限公司印刷
- ◆ 开本：787×1092　1/16
　　印张：32.25
　　字数：889 千字　　　　　　　　　2014 年 1 月第 1 版
　　印数：1- 4 000 册　　　　　　　　2014 年 1 月北京第 1 次印刷

定价：128.00 元（附光盘）

读者服务热线：**(010) 81055410**　印装质量热线：**(010) 81055316**
反盗版热线：**(010) 81055315**
广告经营许可证：京崇工商广字第 0021 号

前 言

> >>>>>>>

　　Photoshop CS6 Extended（即扩展版）包含标准版的全部功能，并添加了用于处理3D、动画和高级图像分析的突破性工具。本书全面而细致地讲解了Photoshop CS6 Extended，逐一介绍了工具、面板和菜单命令，以特殊的编排形式实现了Photoshop CS6 Extended功能全覆盖。

　　本书分为5大部分、21个章节，共有197个与内容同步的实例（实例素材均在"光盘>素材"文件夹中，以小节号命名），并均配有视频教学录像。

　　第1部分介绍了数字化图形、图像基础知识，以及初学者入门需要掌握的Photoshop基本操作技法。

　　第2部分和第3部分讲解了Photoshop所有工具和面板。

　　第4部分用11个章节讲解了菜单命令，其中每一章对应一个Photoshop菜单项。清晰的条目体现了本书全面、详实的特点，也便于读者作为工具书查阅。

　　第5部分为综合实例。这部分通过具有代表性的案例展现了Photoshop应用技巧。它一方面突出了综合使用多种功能进行创作的特点；另一方面则相当于对Photoshop发出了"总动员令"，因为我们要驾驭各种工具和命令，所以，就要求我们具备"全局"把控能力，不仅将所学知识融会贯通，还要辅以必要的操作技巧。通过综合实例，读者对Photoshop的理解和应用能力将会有较大提升。

本书学习项目

　　为了能够让读者充分体验Photoshop的学习和使用乐趣，深入理解Photoshop的核心功能，并掌握更多的操作技巧，本书特别设计了以下学习项目。

情景对话：通过人物对话的形式解答学习困惑，轻松化解疑难问题，使Photoshop更加好学、易懂。

技术看板：汇集了大量技术性提示，有利于读者对Photoshop进行更加深入的研究。

实战案例：通过实例展现了Photoshop在图像处理、抠图、照片修复、照片润饰、照片调色、绘画、炫酷特效、平面设计、插画设计、动画、网页和3D等众多领域的应用。

GALLERY：剖析了选区、图层、蒙版和通道等Photoshop核心功能的原理、使用技巧，提供大量拓展类知识。

相关链接：Photoshop体系庞大，许多功能之间都有着密切的联系。"相关链接"标出了与当前介绍的功能相关的知识所在的页码。此外，书中还给出了大量Adobe官方视频的链接地址，以便读者能够在线观看由Adobe专家录制的教学录像。

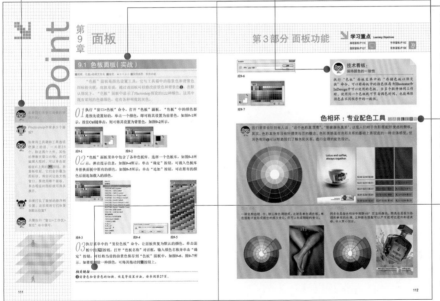

其他说明

　　本书主要由李金明、李金蓉编写，由祁连山老师提供了部分视频教学录像。此外，参与编写工作的还有李锐、徐培育、包娜、陈景峰、李志华、王欣、李哲、贾一、王晓琳、刘军良、贾占学、马波、李慧萍、崔建新、王淑英、季春建、王熹、徐晶、李保安、白雪峰、李宏桐、周亚威、许乃宏、张颖、李萍、王树桐、邹士恩、贾劲松、李宏宇、王淑贤、谭丽丽、刘天鹏、苏国香等人。由于水平有限，书中难免有疏漏之处，希望广大读者批评指正。如果您在学习中遇到问题，请随时与我们联系，E-mail：ai_book@126.com。

huan...

木偶花花的店

2013.5.27~6.6

30天价格保障

活动期间，全场最低阶，限时限量购买，30天内买贵差价补偿

全场包邮

活动期间，全场包邮。除以下地区：新疆、西藏、内蒙、宁夏、甘肃、青海、港澳台及海外

If you are fine
the sun will always shine.

6.1
团购第一波

21.8　精通图层样式：制作Q版小猪（482页）
视频位置：光盘/视频/21.8

 15.11　在快速蒙版模式下编辑命令（实战抠图）（423页）
视频位置：光盘/视频/15.11

 **21.2**　精通照片处理：时尚彩妆设计（463页）
视频位置：光盘/视频/21.2

13.6.1　停用智能滤镜（实战网点效果）（377页）
视频位置：光盘/视频/13.6.1

arise awareness of tradition

 13.10.3　显示选区（实战海报设计）（389页）
视频位置：光盘/视频/13.10.3

21.9 精通照片处理：梦幻合成（486页）
视频位置：光盘/视频/21.9

实例说明：用快速选择工具、色彩范围命令抠图，将多幅图像合成在一起，打造出童话般的意境。

 2.7
魔棒工具（实战特效创意）（19页）
视频位置：光盘/视频/2.7

 13.10.1
显示全部（实战特效合成）（388页）
视频位置：光盘/视频/13.10.1

 13.11.3
当前路径（实战海报设计）（394页）
视频位置：光盘/视频/13.11.3

I That Easy to Forget

Don't forget the things you once you owned. Treasure the things youcan't get. Don't give up the things that belong to you and keep those lost things in memory.

 21.10 精通照片处理：制作照片拼贴效果（490页）
视频位置：光盘/视频/21.10

 4.13 涂抹工具（实战融化特效）（62页）
视频位置：光盘/视频/4.13

 21.7 精通质感：冰雕之手（476页）
视频位置：光盘/视频/21.7

21.3 精通滤镜特效：制作金属人（467页）
视频位置：光盘/视频/21.3

21.6 精通3D：制作炫彩3D模型（474页）
视频位置：光盘/视频/21.6

Taurus
April 20 - May 20

3.5
颜色替换工具（实战绚丽唇彩）
（37页）

12.20
变化命令（实战泛黄复古色调）
（323页）

100%. 21.4
精通特效字：制作立体有机玻璃字 （470页）
视频位置：光盘/视频/21.4

2.4
套索工具（实战平面设计） （14页）
视频位置：光盘/视频/2.4

15.6
色彩范围命令（实战抠像及
彩妆） （414页）

9.18.8
⊥形直方图（实战照片调整）
（184页）

21.5
精通特效字：制作金属立体字 （472页）
视频位置：光盘/视频/21.5

5.8.4
使用钢笔工具抠图（实战）（76页）
视频位置：光盘/视频/5.8.4

13.12
创建剪贴蒙版命令（实战插画设计）
（395页）
视频位置：光盘/视频/13.12

12.35
应用图像命令（实战长发女孩抠图）（341页）

12.6
自然饱和度命令（实战提高色彩鲜艳度）（294页）

12.17
可选颜色命令（实战阿宝色）（317页）

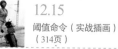

13.7.3
图案（实战衣服贴图）（384页）

12.10
照片滤镜命令（实战非主流色彩）（304页）

12.23
替换颜色命令（实战优雅婚纱写真）（329页）

12.15
阈值命令（实战插画）（314页）

2.5
多边形套索工具（实战影像合成） （16页）
视频位置：光盘/视频/2.5

3.4
铅笔工具（实战表情涂鸦） （34页）
视频位置：光盘/视频/3.4

12.36
计算命令（实战透明婚纱抠图） （345页）
视频位置：光盘/视频/12.36

11.14
变换命令（实战分形图案） （256页）
视频位置：光盘/视频/11.14

15.7
调整边缘命令（实战抠像及合成） （419页）
视频位置：光盘/视频/15.7

3.9
历史记录画笔工具（实战局部绘画） （46页）
视频位置：光盘/视频/3.9

12.11

通道混合器命令（实战绚烂秋色） （307页）
视频位置：光盘/视频/12.11

13.7.1

纯色（实战老照片）（380页）
视频位置：光盘/视频/13.7.1

13.7.2

渐变（实战替换天空）
（383页）

13.11.1

显示全部（实战图像合成）
（393页）

9.8.10

鼠标新面孔（实战特效合成）
（140页）

12.18

阴影/高光命令（实战调整逆光照）（319页）

12.7

色相/饱和度命令（实战宝丽来效果）（295页）

8.4

3D材质拖放工具（实战材质设定）（109页）

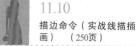

11.10

描边命令（实战线描插画）（250页）

 2.9
快速蒙版按钮（实战抠图）
（22页）

仿制图章工具（实战克隆）
（55页）

 12.12
颜色查找命令（实战淡彩相册）
（310页）

 9.12.2
制作邮票齿孔（实战描边路
径）　（160页）

 9.23.6
载入外部动作制作特效（实战）
（211页）

 10.13
置入命令（实战置入矢量图形）
（231页）

 11.18
定义图案命令（实战）
（260页）

 12.9
黑白命令（实战漫画效果）
（301页）

 9.11.3
抠水晶球（实战Alpha通道）
（152页）

 11.9
填充命令（实战草坪图案填充）
（249页）

 4.5
内容感知移动工具（实战重组
图像）　（54页）

 2.2
椭圆选框工具（实战纽扣图标）
（10页）

3.3.2
自定义画笔绘制T恤图案（实战）
（33页）

2.6
磁性套索工具（实战卡通插画）
（17页）

13.5.20
缩放效果（实战）
（374页）

12.8
色彩平衡命令（实战清新文艺色）
（299页）

21.1
精通特效：制作人像字符画
（460页）

9.22.3
为视频添加滤镜特效（实战）
（200页）

9.10
样式面板（实战趣味特效字）
（144页）

14.5
凸出为3D命令（实战立体字）
（408页）

13.5.21
自定义纹理制作特效字（实战）
（375页）

9.11.2
白雪变金沙（实战颜色通道）
（149页）

9.18.6
U形直方图（实战照片调整）
（181页）

9.18.7
M形直方图（实战照片调整）
（182页）

10.16.7
合并到HDR Pro（实战合成HDR）
（239页）

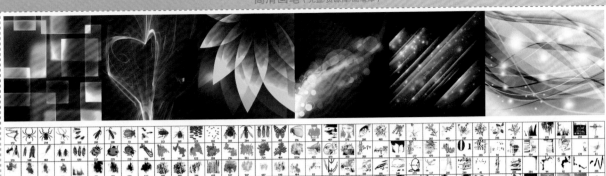

丰富多样的形状（光盘/资源库/形状库）

照片后期效果动作库（光盘/资源库/照片处理动作库）

　　"照片处理动作库"文件夹中提供了Lomo风格、宝丽来照片风格和反冲效果等动作，这些动作可以自动将照片处理为影楼后期实现的各种效果。以下是部分动作创建的效果。

Lomo效果　　宝丽来照片效果　　反转负冲效果　　特殊色彩效果　　柔光照效果　　灰色淡彩效果　　非主流效果

500个超酷渐变（光盘/资源库/渐变库）

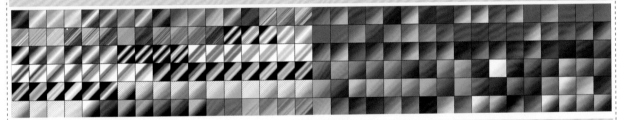

一击即现的真实质感和特效（光盘/资源库/样式库）

　　使用"样式库"文件夹中的各种样式，只需轻点鼠标，就可以为对象添加金属、水晶、纹理和浮雕等特效。

钻石效果　　皮质效果　　石质效果　　彩色马赛克块效果　　金属网点效果　　砖块效果　　岩石效果

本书实例视频教学录像（光盘/视频）

光盘中提供了本书所有实例的视频教学录像。运行暴风影音，将视频文件拖动到其窗口中即可播放。

21.9 精通照片处理：梦幻合成

106集Photoshop多媒体教学录像（光盘/学习资料）

光盘中提供的多媒体教学录像《Photoshop CS3专家讲堂》，由中国教程网的教育专家祁连山老师制作，共106集课程，结合小实例系统而全面地讲解了Photoshop的操作方法和使用技巧。

● 教程播放界面　　　　　　　● 课程选择列表

● 播放控制条与控制按钮

电子书

● 《Photoshop内置滤镜》电子书包含"风格化"、"画笔描边"、"模糊"、"扭曲"和"锐化"等13个滤镜组中的滤镜使用方法和效果图示。

● 《Photoshop外挂滤镜使用手册》电子书包含KPT7、Eye Candy 4000和Xenofex等经典外挂滤镜的使用方法和效果图示。

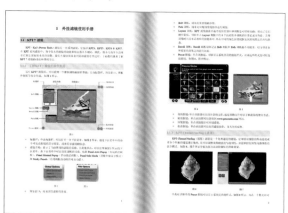

● 《色谱表》、《CMYK色谱手册》电子书包含网页设计及其他常用颜色的中、英文名称和印刷色颜色值。

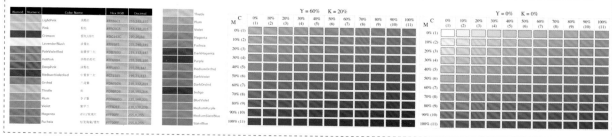

第1部分 Photoshop基础

第1章 图像处理基础 2

1.1 数字化图形、图像 2
1.1.1 矢量图 2
1.1.2 位图 2
1.1.3 像素、分辨率的概念 3
1.1.4 像素、分辨率的关系 3
1.2 文件格式 4
1.3 颜色模式 4
1.4 Photoshop CS6总览 5
1.4.1 文档窗口 5
1.4.2 工具箱 5
1.4.3 工具选项栏 6
1.4.4 菜单 6
1.4.5 面板 6

第2部分 工具

第2章 选择类工具 8

2.1 矩形选框工具（实战图像倒影） 8
2.2 椭圆选框工具（实战纽扣图标） 10
GALLERY 选区解惑：选区的用途、种类和原理 11
2.3 单行与单列选框工具 14
2.4 套索工具（实战平面设计） 14
2.5 多边形套索工具（实战影像合成） 16
2.6 磁性套索工具（实战卡通插画） 17
2.7 魔棒工具（实战特效创意） 19
2.8 快速选择工具（实战抠图） 21
2.9 快速蒙版按钮（实战抠图） 22
GALLERY 选区高级应用：抠图 23
2.10 移动工具（实战） 24
GALLERY 选区解惑：选区的四种形态 25
GALLERY 抠图拓展：抠图插件 27

第3章 绘画类工具 28

3.1 设置前景色与背景色 28
3.2 使用拾色器 29
3.2.1 了解拾色器 29
3.2.2 用拾色器设置颜色（实战） 30
3.3 画笔工具 31

3.3.1 画笔工具概览 31
3.3.2 自定义画笔绘制T恤图案（实战） 33
3.3.3 载入画笔库（实战） 34
3.4 铅笔工具（实战表情涂鸦） 34
GALLERY 铅笔工具与像素画 36
3.5 颜色替换工具（实战绚丽唇彩） 37
3.6 混合器画笔工具（实战油画效果） 38
3.7 渐变工具 40
3.7.1 渐变工具概览 40
3.7.2 杂色渐变 40
3.7.3 透明渐变 41
3.7.4 存储与载入渐变 41
3.7.5 制作水晶按钮（实战） 42
GALLERY 从传统绘画到数字绘画 44
3.8 油漆桶工具（实战卡通画填色） 45
3.9 历史记录画笔工具（实战局部绘画） 46
3.10 历史记录艺术画笔工具（实战水彩画） 47

第4章 修饰类工具 50

4.1 污点修复画笔工具（实战去除色斑） 50
4.2 修复画笔工具（实战去除鱼尾纹） 51
4.3 修补工具（实战复制人像） 52
4.4 红眼工具（实战去除红眼） 53
新功能 4.5 内容感知移动工具（实战重组图像） 54
4.6 仿制图章工具（实战克隆） 55
4.7 图案图章工具（实战给鞋面添加图案） 56
4.8 橡皮擦工具（实战绘制书籍图案） 57
4.9 背景橡皮擦工具（实战抠图） 58
4.10 魔术橡皮擦工具（实战抠图） 60
4.11 模糊工具（实战表现景深） 60
4.12 锐化工具（实战局部细节突出） 61
4.13 涂抹工具（实战融化特效） 62
4.14 减淡和加深工具（实战丰富照片细节） 63
4.15 海绵工具（实战色彩加减法） 65

第5章 绘图和文字类工具 66

5.1 路径与矢量图形 66
5.1.1 认识路径和锚点 66
新功能 5.1.2 选择绘图模式 67
5.1.3 形状 68
5.1.4 路径 69

5.1.5 像素 69

5.2 自由钢笔工具 70

5.3 磁性钢笔工具（实战抠图） 70

5.4 路径选择工具（实战） 71

5.5 直接选择工具（实战） 72

5.6 转换点工具（实战） 73

5.7 添加锚点与删除锚点工具（实战） 74

5.8 钢笔工具 74

    5.8.1 绘制直线（实战） 74

    5.8.2 绘制曲线（实战） 75

    5.8.3 绘制转角直线（实战） 75

    5.8.4 使用钢笔工具抠图（实战） 76

GALLERY 精确度最高的抠图工具：钢笔 77

5.9 矩形工具 80

5.10 圆角矩形工具 81

5.11 椭圆工具 81

5.12 多边形工具 82

5.13 直线工具 82

5.14 自定形状工具（实战金属徽标） 83

5.15 横排文字工具 85

    5.15.1 文字工具选项栏 85

    5.15.2 创建点文字（实战） 86

    5.15.3 创建段落文字（实战） 87

    5.15.4 创建路径文字（实战） 88

    5.15.5 创建变形文字（实战） 89

5.16 直排文字工具 91

5.17 横排文字蒙版和直排文字蒙版工具 91

第6章 裁剪和切片类工具 92

6.1 裁剪工具（实战照片裁剪） 92

★新功能 6.2 透视裁剪工具（实战校正透视畸变） ... 96

6.3 切片工具（实战） 97

6.4 切片选择工具（实战） 98

第7章 测量类工具 100

7.1 注释工具（实战） 100

7.2 计数工具（实战） 101

7.3 标尺工具（实战） 102

7.4 吸管工具（实战） 103

7.5 颜色取样器工具 103

第8章 3D和导航类工具 104

8.1 3D功能概述 104

★新功能 8.1.1 3D操作界面 104

    8.1.2 3D文件的组件 105

8.2 3D工具 105

★新功能 8.2.1 旋转3D对象工具 105

★新功能 8.2.2 滚动3D对象工具 106

★新功能 8.2.3 拖动3D对象工具 106

★新功能 8.2.4 滑动3D对象工具 106

★新功能 8.2.5 缩放3D对象工具 106

★新功能 8.2.6 3D相机调整工具 107

    8.2.7 使用3D轴调整模型 107

★新功能 8.3 3D材质吸管工具（实战材质设定） ... 108

★新功能 8.4 3D材质拖放工具（实战材质设定） ... 109

8.5 抓手工具（实战文档导航） 110

8.6 旋转视图工具（实战画布旋转） 110

8.7 缩放工具 111

8.8 更改屏幕模式按钮 111

第3部分 面板功能

第9章 面板 112

9.1 色板面板（实战） 112

9.2 颜色面板（实战） 113

★新功能 9.3 Kuler面板（实战） 114

GALLERY Kuler网站：我的配色好帮手 115

GALLERY 色相环：专业配色工具 116

9.4 画笔面板 117

    9.4.1 画笔面板概览 117

    9.4.2 圆形笔尖 117

    9.4.3 图像样本笔尖 118

    9.4.4 毛刷笔尖 118

    9.4.5 画笔笔尖形状 119

    9.4.6 形状动态 120

GALLERY 数位板：电脑绘画利器 121

    9.4.7 散布 122

    9.4.8 纹理 122

    9.4.9 双重画笔 123

    9.4.10 颜色动态 123

    9.4.11 传递 124

★新功能 9.4.12 画笔笔势 125

    9.4.13 其他选项 125

9.5 画笔预设面板 126

9.6 工具预设面板 126
9.7 仿制源面板 127
9.8 图层面板 128
　　9.8.1 图层面板 128
GALLERY 核心功能大揭秘：图层的原理 129
　　9.8.2 图层的种类 131
　　9.8.3 图层的使用规范 132
　　9.8.4 选择图层 132
　　9.8.5 设置图层的不透明度（实战）...... 133
　　9.8.6 设置图层的混合模式 134
　　9.8.7 混合模式效果 134
　　9.8.8 背后模式与清除模式 137
　　9.8.9 相加模式与减去模式 138
GALLERY 核心功能大揭秘：混合模式的应用方向...139
　　9.8.10 鼠标新面孔（实战特效合成）.... 140
9.9 图层复合面板（实战展示设计方案）...... 142
9.10 样式面板（实战趣味特效字）............. 144
9.11 通道面板 147
　　9.11.1 通道基本操作 147
　　9.11.2 白雪变金沙（实战颜色通道）.... 149
GALLERY 通道调色原理 150
　　9.11.3 抠水晶球（实战Alpha通道）..... 152
　　9.11.4 为印刷使用的图像定义专色（实战专色通道）..155
9.12 路径面板 158
　　9.12.1 路径面板基本操作 158
　　9.12.2 制作邮票齿孔（实战描边路径）.... 160
　　9.12.3 制作套娃图案（实战填充路径）.... 162
9.13 字符面板 163
9.14 段落面板 165
★新功能 9.15 字符样式面板（实战）............ 167
★新功能 9.16 段落样式面板 168
9.17 信息面板 169
　　9.17.1 信息面板概览 169
　　9.17.2 用数字指导调色（实战信息面板）......170
GALLERY 亮度幻觉图形 174
9.18 直方图面板 175
　　9.18.1 直方图面板概述 175
　　9.18.2 识别统计数据 176
　　9.18.3 直方图与曝光 177
　　9.18.4 L形直方图（实战照片调整）..... 178
　　9.18.5 J形直方图（实战照片调整）..... 179
　　9.18.6 U形直方图（实战照片调整）..... 181
　　9.18.7 M形直方图（实战照片调整）.... 182

　　9.18.8 ⊥形直方图（实战照片调整）..... 184
9.19 调整面板 185
★新功能 9.20 属性面板 186
　　9.20.1 与调整图层相关 186
　　9.20.2 与蒙版相关 187
9.21 3D面板 189
　　9.21.1 3D场景 189
　　9.21.2 3D网格 189
　　9.21.3 3D材质 189
　　9.21.4 3D光源 191
　　9.21.5 为3D模型添加光源（实战）..... 194
　　9.21.6 为3D模型贴图（实战）............ 195
★新功能 9.22 时间轴面板 196
　　9.22.1 视频模式时间轴面板 196
GALLERY 视频功能疑问解答 198
GALLERY 动画功能疑问解答 199
　　9.22.2 帧模式时间轴面板 200
　　9.22.3 为视频添加滤镜特效（实战）.... 200
　　9.22.4 制作微电影（实战）............... 203
　　9.22.5 制作摇头动画（实战）............ 205
9.23 动作面板 207
　　9.23.1 动作面板概览 207
　　9.23.2 录制和播放动作（实战）......... 208
　　9.23.3 修改动作（实战）................... 210
　　9.23.4 在动作中插入菜单项目（实战）.... 210
　　9.23.5 在动作中插入停止（实战）...... 211
　　9.23.6 载入外部动作制作特效（实战）....211
9.24 导航器面板（实战）.......................... 212
9.25 注释面板 213
9.26 测量记录面板 214
9.27 历史记录面板（实战）....................... 214

第4部分 菜单命令

第10章 文件菜单命令 216

10.1 新建命令 216
10.2 打开命令 217
10.3 在Bridge中浏览命令 218
　　10.3.1 Bridge概览 218
　　10.3.2 在Bridge中浏览图像（实战）.... 219
　　10.3.3 在Bridge中观看电影（实战）.... 220
　　10.3.4 在Bridge中打开文件（实战）.... 220

10.3.5 对文件排序和评级（实战）..........221
10.3.6 通过关键字快速搜索图片（实战）.......222
10.3.7 查看和编辑照片元数据（实战）.......222
10.3.8 批量重命名图片（实战）..........223
10.3.9 制作Web照片画廊（实战）.........223
10.4 在Mini Bridge中浏览命令（实战） 224
10.5 打开为命令 225
10.6 打开为智能对象命令 225
10.7 最近打开文件命令 225
10.8 关闭、关闭全部、关闭并转到Bridge命令 226
10.9 存储、存储为命令 226
GALLERY 详解文件格式 227
10.10 签入命令 228
10.11 存储为 Web 所用格式命令 228
10.11.1 存储为 Web 所用格式对话框 228
10.11.2 Web图形优化选项 229
10.11.3 Web图形的输出设置 231
10.12 恢复命令 231
10.13 置入命令（实战置入矢量图形）....231
10.14 导入命令 233
10.14.1 变量数据组 233
10.14.2 视频帧到图层（实战）.........233
10.14.3 注释 233
10.14.4 WIA支持 233
10.15 导出命令 234
10.15.1 数据组作为文件 234
10.15.2 Zommify 234
10.15.3 路径到Illustrator 234
10.15.4 渲染视频 234
10.16 自动命令 235
10.16.1 批处理（实战自动化处理）.......235
★新功能 10.16.2 PDF演示文稿（实战）.......236
10.16.3 创建快捷批处理（实战）........237
10.16.4 裁剪并修齐照片（实战）........237
★新功能 10.16.5 联系表Ⅱ（实战）.........238
10.16.6 Photomerge（实战合成全景图）.....238
10.16.7 合并到HDR Pro（实战合成HDR）....239
10.16.8 镜头校正（实战照片缺陷校正）....241
10.16.9 条件模式更改 242
10.16.10 限制图像 242
10.17 脚本命令 242
10.17.1 图像处理器 243

10.17.2 删除所有空图层 243
10.17.3 拼合所有蒙版 243
10.17.4 拼合所有图层效果 243
★新功能 10.17.5 将图层复合导出到PDF/WGP/文件........243
10.17.6 将图层导出到文件 243
10.17.7 脚本事件管理器 243
10.17.8 将文件载入堆栈 243
10.17.9 统计 243
10.17.10 载入多个DICOM文件 243
10.17.11 浏览 243
10.18 文件简介命令 244
10.19 打印和打印一份命令 244
10.20 退出命令 245

第11章 编辑菜单命令 246

11.1 还原和重做命令 246
11.2 前进一步和后退一步命令 246
11.3 渐隐命令（实战）..............246
11.4 剪切、拷贝和合并拷贝命令 247
11.5 粘贴和选择性粘贴命令 247
11.6 清除命令 248
11.7 拼写检查命令 248
11.8 查找和替换文本命令 249
11.9 填充命令（实战草坪图案填充）......249
11.10 描边命令（实战线描插画）........250
11.11 内容识别比例命令 251
11.11.1 缩放建筑图像（实战）.........251
11.11.2 用Alpha通道保护图像（实战）.....253
11.12 操控变形命令（实战扭曲变形）.....253
11.13 自由变换命令（实战）...........255
11.14 变换命令（实战分形图案）........256
11.15 自动对齐图层命令 259
11.16 自动混合图层命令 259
11.17 定义画笔预设命令 259
11.18 定义图案命令（实战）...........260
11.19 定义自定形状命令（实战）........261
11.20 清理命令 262
11.21 Adobe PDF预设命令 263
11.22 预设命令（实战资源库载入）......263
11.23 远程连接命令 264
11.24 颜色设置命令 264

11.25 指定配置文件命令 265
11.26 转换为配置文件命令 266
11.27 键盘快捷键命令（实战自定义快捷键）...... 266
11.28 菜单命令（实战自定义命令）............... 267
11.29 首选项命令 267
　　11.29.1 常规 267
　　11.29.2 界面 269
　　11.29.3 文件处理 269
　　11.29.4 性能 270
　　11.29.5 光标 270
　　11.29.6 透明度与色域 271
　　11.29.7 单位与标尺 271
　　11.29.8 参考线、网格和切片 271
　　11.29.9 增效工具 272
　　11.29.10 文字 272
　　11.29.11 3D 273

第12章 图像菜单命令 274

12.1 模式命令 274
　　12.1.1 位图模式 274
　　12.1.2 灰度模式 275
　　12.1.3 双色调模式 275
　　12.1.4 索引颜色模式 276
　　12.1.5 RGB颜色模式 277
　　12.1.6 CMYK颜色模式 277
　　12.1.7 Lab颜色模式 277
　　12.1.8 多通道模式 278
　　12.1.9 位深度 278
　　12.1.10 颜色表 278
12.2 亮度/对比度命令（实战照片清晰度调整）...279
12.3 色阶命令 280
　　12.3.1 色阶对话框 280
　　12.3.2 色阶的色调映射原理 281
　　12.3.3 在阈值模式下调整清晰度（实战）...281
　　12.3.4 定义灰点校正色偏（实战）......283
12.4 曲线命令 284
　　12.4.1 曲线对话框 284
　　12.4.2 曲线的色调映射原理 287
　　12.4.3 曲线与色阶的异同之处 289
　　12.4.4 调整严重曝光不足的照片（实战）...289
GALLERY 色彩常识：基本概念 291
12.5 曝光度命令（实战校正曝光度）...... 292

GALLERY 非破坏性调色工具 293
12.6 自然饱和度命令（实战提高色彩鲜艳度）.....294
12.7 色相/饱和度命令（实战宝丽来效果）..........295
12.8 色彩平衡命令（实战清新文艺色）...........299
12.9 黑白命令（实战漫画效果）...............301
12.10 照片滤镜命令（实战非主流色彩）........304
12.11 通道混合器命令（实战绚烂秋色）........307
★新功能 12.12 颜色查找命令（实战淡彩相册）........310
12.13 反相命令 311
12.14 色调分离命令（实战波普风格人像）.......312
12.15 阈值命令（实战插画）....................314
12.16 渐变映射命令（实战夕阳余晖效果）......315
12.17 可选颜色命令（实战阿宝色）........317
12.18 阴影/高光命令（实战调整逆光照）......319
12.19 HDR色调命令 322
12.20 变化命令（实战泛黄复古色调）......323
12.21 去色命令（实战高调黑白人像）......326
12.22 匹配颜色命令（实战照片颜色匹配）......327
12.23 替换颜色命令（实战优雅婚纱写真）......329
12.24 色调均化命令 331
GALLERY 光与色彩的关系 332
GALLERY 色彩合成原理 333
GALLERY 色彩常识：高级概念 334
12.25 自动色调命令 335
12.26 自动对比度命令 335
12.27 自动颜色命令 335
12.28 图像大小命令（实战分辨率调整）......336
12.29 画布大小命令 337
12.30 图像旋转命令 338
12.31 裁剪命令（实战图像裁剪）............339
12.32 裁切命令（实战图像裁剪）............339
12.33 显示全部命令 340
12.34 复制命令 340
12.35 应用图像命令（实战长发女孩抠图）......341
12.36 计算命令（实战透明婚纱抠图）......345
12.37 变量命令 348
　　12.37.1 定义 348
　　12.37.2 数据组 348
12.38 应用数据组命令 349
12.39 陷印命令 349
12.40 分析命令 349

12.40.1 设置测量比例 349
12.40.2 选择数据点 350
12.40.3 记录测量（实战） 350
12.40.4 标尺工具（实战） 351
12.40.5 记数工具（实战） 352
12.40.6 置入比例标记 353

第13章 图层菜单命令 354

13.1 新建命令 354
13.1.1 图层 354
13.1.2 背景图层 355
13.1.3 组 355
13.1.4 从图层建立组 355
GALLERY 中性色的应用 356
13.1.5 通过拷贝的图层 357
13.1.6 通过剪切的图层 357
13.2 复制图层命令 357
13.3 删除命令 357
13.4 重命名图层命令 358
13.5 图层样式命令 358
13.5.1 添加图层样式 358
13.5.2 图层样式对话框 359
13.5.3 样式 359
13.5.4 混合选项 360
13.5.5 斜面和浮雕 362
GALLERY 等高线 365
13.5.6 描边 366
13.5.7 内阴影 366
13.5.8 内发光 367
13.5.9 光泽 368
13.5.10 颜色叠加 368
13.5.11 渐变叠加 368
13.5.12 图案叠加 369
13.5.13 外发光 369
13.5.14 投影 370
13.5.15 拷贝和粘贴图层样式 372
13.5.16 清除图层样式 372
13.5.17 全局光 372
13.5.18 创建图层（实战剥离效果） ...373
13.5.19 隐藏所有效果 373
13.5.20 缩放效果（实战） 374
13.5.21 自定义纹理制作特效字（实战）...375

13.6 智能滤镜命令 377
13.6.1 停用智能滤镜（实战网点效果） ...377
13.6.2 删除滤镜蒙版（实战） 379
13.6.3 停用滤镜蒙版 379
13.6.4 删除智能滤镜 380
13.7 新建填充图层命令 380
13.7.1 纯色（实战老照片） 380
GALLERY 智能滤镜使用技巧 381
13.7.2 渐变（实战替换天空） 383
13.7.3 图案（实战衣服贴图） 384
13.8 新建调整图层命令（实战） 385
13.9 图层内容选项命令 388
13.10 图层蒙版命令 388
13.10.1 显示全部（实战特效合成） ...388
13.10.2 隐藏全部 389
13.10.3 显示选区（实战海报设计） ...389
GALLERY 图层蒙版的奥秘 391
13.10.4 隐藏选区 392
13.10.5 从透明区域 392
13.10.6 删除和应用 392
13.10.7 停用和启用 393
13.10.8 取消链接 393
13.11 矢量蒙版命令 393
13.11.1 显示全部（实战图像合成） ...393
13.11.2 隐藏全部 394
13.11.3 当前路径（实战海报设计） ...394
13.11.4 删除 395
13.11.5 停用和启用 395
13.11.6 链接 395
13.12 创建剪贴蒙版命令（实战插画设计）...395
13.13 智能对象命令 396
13.13.1 转换为智能对象（实战） 396
13.13.2 通过拷贝新建智能对象（实战）...397
13.13.3 编辑内容（实战） 398
13.13.4 导出内容 398
13.13.5 替换内容（实战） 398
13.13.6 堆栈模式 399
13.13.7 栅格化 399
13.14 视频图层命令 399
13.14.1 从文件新建视频图层 399
13.14.2 新建空白视频图层 399
13.14.3 插入空白帧（实战） 400
13.14.4 复制帧 400

13.14.5 删除帧 400
13.14.6 替换素材 400
13.14.7 解释素材 400
13.14.8 隐藏和显示已改变的视频 401
13.14.9 恢复帧 401
13.14.10 恢复所有帧 401
13.14.11 重新载入帧 401
13.14.12 栅格化 401
13.15 栅格化命令 401
13.16 新建基于图层的切片命令（实战）...402
13.17 图层编组和取消图层编组命令 402
13.18 隐藏图层命令 402
13.19 排列命令 403
13.20 合并形状命令 403
13.21 对齐命令 403
13.22 分布命令 404
13.23 锁定组内的所有图层命令 404
13.24 链接图层、选择链接图层命令 405
13.25 合并图层、合并可见图层命令 405
13.26 拼合图像命令 405
13.27 修边命令 405

第14章 文字菜单命令 406
14.1 面板命令 406
14.2 消除锯齿命令 406
14.3 取向命令 407
新功能 14.4 OpenType命令 407
新功能 14.5 凸出为3D命令（实战立体字）...408
14.6 创建工作路径命令 409
14.7 转换为形状命令 409
14.8 栅格化文字图层命令 409
14.9 转换为段落文本命令 410
14.10 文字变形命令 410
14.11 字体预览大小命令 410
14.12 语言选项命令 410
14.12.1 标准垂直罗马对齐方式 411
14.12.2 直排内横排 411
14.12.3 顶到顶行距 411
14.12.4 底到底行距 411
14.13 更新所有文字图层命令 411

14.14 替换所有缺欠字体命令 411

第15章 选择菜单命令 412
15.1 全部命令 412
15.2 取消选择与重新选择命令 412
15.3 反向命令 413
15.4 所有图层与取消所有图层命令 413
15.5 查找图层命令 413
15.6 色彩范围命令（实战抠像及彩妆）...414
15.7 调整边缘命令（实战抠像及合成）...419
15.8 修改命令 420
15.8.1 边界 421
15.8.2 平滑 421
15.8.3 扩展与收缩 421
15.8.4 羽化 421
15.9 扩大选取与选取相似命令 422
15.10 变换选区命令 422
15.11 在快速蒙版模式下编辑命令（实战抠图）..423
15.12 载入选区命令 424
15.13 存储选区命令 425
新功能 15.14 新建3D凸出命令（实战3D字）...425

第16章 滤镜菜单命令 426
16.1 上次滤镜操作命令 426
16.2 转换为智能滤镜命令 426
16.3 滤镜库命令 426
新功能 16.4 自适应广角命令 427
16.5 镜头校正命令 428
16.6 液化命令 429
新功能 16.7 油画命令 430
16.8 消失点命令 430

第17章 3D菜单命令 432
17.1 从文件新建3D图层命令 432
17.2 导出3D图层命令 432
新功能 17.3 从所选图层新建3D凸出命令（实战玩偶）...433
新功能 17.4 从所选路径新建3D凸出命令（实战小狗模型）434
新功能 17.5 从当前选区新建3D凸出命令 ...435
17.6 从图层新建网格命令 435

17.6.1 制作明信片（实战） 435

17.6.2 制作啤酒瓶（实战） 436

17.6.3 网格预设 437

17.6.4 深度映射到 437

17.6.5 体积 437

17.7 添加约束的来源命令 438

★新功能 17.8 显示/隐藏多边形命令 438

17.9 将对象紧贴地面命令 438

★新功能 17.10 拆分凸出命令（实战拆分立体字） ...439

17.11 合并3D图层命令 439

17.12 从图层新建拼贴绘画命令 439

17.13 绘画衰减命令 440

17.14 在目标纹理上绘画命令（实战涂鸦） ...440

17.15 重新参数化UV命令 440

17.16 创建绘图叠加命令 441

17.17 选择可绘画区域命令 442

17.18 从3D图层生成工作路径命令 442

★新功能 17.19 使用当前画笔素描命令 442

17.20 渲染命令 442

17.20.1 使用预设的渲染选项 442

17.20.2 设置横截面 443

17.20.3 设置表面 444

17.20.4 设置线条 444

17.20.5 设置顶点 445

17.21 获取更多内容命令 445

第18章 视图菜单命令 446

18.1 校样设置命令 446

18.2 校样颜色命令 447

18.3 色域警告命令 447

18.4 像素长宽比命令 448

18.4.1 自定像素长宽比 448

18.4.2 删除像素长宽比 448

18.4.3 复位像素长宽比 448

18.5 像素长宽比校正命令 449

18.6 32位预览选项命令 449

18.7 放大、缩小和按屏幕大小缩放命令 ...449

18.8 实际像素和打印尺寸命令 449

18.9 屏幕模式命令 450

18.9.1 标准屏幕模式 450

18.9.2 带有菜单栏的全屏模式 450

18.9.3 全屏模式 450

18.10 显示额外内容命令 450

18.11 显示命令 450

18.12 标尺命令（实战） 451

18.13 对齐、对齐到命令 452

18.14 参考线命令（实战） 452

18.15 创建参考线命令（实战） 453

18.16 锁定、清除切片命令 453

第19章 窗口菜单命令 454

19.1 排列命令 454

19.2 工作区命令（实战） 457

第20章 帮助菜单命令 458

20.1 Photoshop联机帮助和支持中心命令 ...458

20.2 关于增效工具命令 458

20.3 关于Photoshop、法律声明和系统信息命令 ...458

20.3.1 关于Photoshop 458

20.3.2 法律声明 459

20.3.3 系统信息 459

20.4 产品注册、取消激活和更新命令 459

20.4.1 产品注册 459

20.4.2 取消激活 459

20.4.3 更新 459

20.4.4 Adobe产品改进计划 459

20.5 Photoshop联机和联机资源命令 459

第5部分 实例解析

第21章 综合实例 460

21.1 精通特效：制作人像字符画 460

21.2 精通照片处理：时尚彩妆设计 463

21.3 精通滤镜特效：制作金属人 467

21.4 精通特效字：制作立体有机玻璃字 ...470

21.5 精通特效字：制作金属立体字 472

21.6 精通3D：制作炫彩3D模型 474

21.7 精通质感：冰雕之手 476

21.8 精通图层样式：制作Q版小猪 482

21.9 精通照片处理：梦幻合成 486

21.10 精通照片处理：制作照片拼贴效果 ...490

附加章节 1：　Photoshop 内置滤镜

1.1　滤镜概述 1
滤镜的种类和主要用途 1
滤镜的使用规则 1
滤镜的使用技巧 1

1.2　风格化 2
查找边缘滤镜 2
等高线滤镜 2
风滤镜 2
浮雕效果滤镜 2
扩散滤镜 2
拼贴滤镜 2
曝光过度滤镜 2
凸出滤镜 3
照亮边缘滤镜 3

1.3　画笔描边 3
成角的线条滤镜 3
墨水轮廓滤镜 3
喷溅滤镜 3
喷色描边滤镜 3
强化的边缘滤镜 3
深色线条滤镜 3
烟灰墨滤镜 4
阴影线滤镜 4

1.4　模糊 4
★新功能 场景模糊滤镜 4
★新功能 光圈模糊滤镜 4
★新功能 倾斜偏移滤镜 5
表面模糊滤镜 5
动感模糊滤镜 5
方框模糊滤镜 5
高斯模糊滤镜 5
模糊和进一步模糊滤镜 5
径向模糊滤镜 5
镜头模糊滤镜 6
平均滤镜 6
特殊模糊滤镜 6
形状模糊滤镜 6

1.5　扭曲 7
波浪滤镜 7
波纹滤镜 7
玻璃滤镜 7
海洋波纹滤镜 7
极坐标滤镜 7
挤压滤镜 7
扩散亮光滤镜 7
切变滤镜 7

球面化滤镜 8
水波滤镜 8
旋转扭曲滤镜 8
置换滤镜 8

1.6　锐化 8
锐化边缘滤镜 8
锐化和进一步锐化滤镜 8
USM锐化滤镜 8
智能锐化滤镜 8

1.7　视频 9
NTSC颜色滤镜 9
逐行滤镜 9

1.8　素描 10
半调图案滤镜 10
便条纸滤镜 10
粉笔和炭笔滤镜 10
铬黄滤镜 10
绘图笔滤镜 10
基底凸现滤镜 10
石膏效果滤镜 10
水彩画纸滤镜 10
撕边滤镜 11
炭笔滤镜 11
炭精笔滤镜 11
图章滤镜 11
网状滤镜 11
影印滤镜 11

1.9　纹理 11
龟裂缝滤镜 11
颗粒滤镜 11
马赛克拼贴滤镜 12
拼缀图滤镜 12
染色玻璃滤镜 12
纹理化滤镜 12

1.10　像素化 12
彩块化滤镜 12
彩色半调滤镜 12
点状化滤镜 12
晶格化滤镜 12
马赛克滤镜 13
碎片滤镜 13
铜版雕刻滤镜 13

1.11　渲染 13
云彩滤镜 13
分层云彩滤镜 13
纤维滤镜 13
光照效果滤镜 13
镜头光晕滤镜 15

1.12 艺术效果 15
　　壁画滤镜 15
　　彩色铅笔滤镜 15
　　粗糙蜡笔滤镜 15
　　底纹效果滤镜 15
　　干笔画滤镜 16
　　海报边缘滤镜 16
　　海绵滤镜 16
　　绘画涂抹滤镜 16
　　胶片颗粒滤镜 16
　　木刻滤镜 16
　　霓虹灯光滤镜 16
　　水彩滤镜 16
　　塑料包装滤镜 16
　　调色刀滤镜 17
　　涂抹棒滤镜 17
1.13 杂色 17
　　减少杂色滤镜 17
　　去斑滤镜 17
　　蒙尘与划痕滤镜 17
　　添加杂色滤镜 17
　　中间值滤镜 17
1.14 其他 18
　　高反差保留滤镜 18
　　位移滤镜 18
　　自定滤镜 18
　　最大值滤镜 18
　　最小值滤镜 18
1.15 Digimarc 18
　　读取水印滤镜 18
　　嵌入水印滤镜 18

附加章节 2： Photoshop 外挂滤镜使用手册

1.1 关于外挂滤镜 1
　　1.1.1 什么是外挂滤镜 1
　　1.1.2 外挂滤镜的安装和使用方法 1
1.2 Digimarc滤镜组 2
　　1.2.1 了解KPT 7滤镜的操作界面 2
　　1.2.2 KPT Channel Surfing（通道）..... 3
　　1.2.3 KPT Fluid（流动）...................... 4
　　1.2.4 KPT FraxFlame Ⅱ（捕捉）......... 5
　　1.2.5 KPT Gradient Lab（渐变）.......... 7
　　1.2.6 KPT Hypertiling（高级贴图）..... 9
　　1.2.7 KPT InkDropper（墨水滴）...... 12

　　1.2.8 KPT Lightning（闪电）............ 13
　　1.2.9 KPT Pyramid（金字塔）.......... 17
　　1.2.10 KPT Scatter（撒播）.............. 18
1.3 Eye Candy 4000滤镜 21
　　1.3.1 Antimatter（反物质）.............. 22
　　1.3.2 Bevel Boss（浮雕）................. 22
　　1.3.3 Chrome（金属）...................... 22
　　1.3.4 Corona（光晕）...................... 23
　　1.3.5 Cutout（切块）....................... 23
　　1.3.6 Drip（水滴）.......................... 23
　　1.3.7 Fire（火焰）.......................... 24
　　1.3.8 Fur（毛发）........................... 24
　　1.3.9 Glass（玻璃）........................ 24
　　1.3.10 Gradient Glow（渐变辉光）... 25
　　1.3.11 HSB Noise（噪波）............... 25
　　1.3.12 Jiggle（轻舞）...................... 25
　　1.3.13 Marble（理石）..................... 26
　　1.3.14 Melt（熔化）........................ 26
　　1.3.15 Motion Trail（动态拖曳）...... 26
　　1.3.16 Shadowlab（阴影）............... 27
　　1.3.17 Smoke（烟雾）..................... 27
　　1.3.18 Squint（斜视）..................... 27
　　1.3.19 Star（星形）........................ 28
　　1.3.20 Swirl（漩涡）...................... 28
　　1.3.21 Water Drops（水滴）............ 28
　　1.3.22 Weave（编织）..................... 29
　　1.3.23 Wood（木纹）...................... 29
1.4 Xenofex滤镜 29
　　1.4.1 Burnt Edges（燃烧边缘）........ 30
　　1.4.2 Classic Mosaic（经典马赛克）. 30
　　1.4.3 Constellation（星座）............. 30
　　1.4.4 Cracks（裂纹）...................... 31
　　1.4.5 Crumple（折皱）.................... 31
　　1.4.6 Electrify（触电）................... 31
　　1.4.7 Flag（旗帜）......................... 32
　　1.4.8 Lightning（闪电）.................. 32
　　1.4.9 Little Fluffy Clouds（絮云）.... 32
　　1.4.10 Puzzle（拼图）..................... 33
　　1.4.11 Rip Open（卷边）................. 33
　　1.4.12 Shatter（粉碎）.................... 33
　　1.4.13 Stain（污染）....................... 34
　　1.4.14 Television（电视）................ 34
1.5 其他外挂滤镜简介 34

中文版
PHOTOSHOP CS6
完 全 使 用 手 册

第1章 图像处理基础

1.1 数字化图形、图像

在计算机世界里，图形和图像等都是以数字方式记录、处理和存储的。它们分为两大类，一类是矢量图，另一类是位图。Photoshop是典型的位图软件，但它也包含矢量功能（如文字工具、形状工具和钢笔工具等）。

Photoshop是一个了不起的软件，图像编辑、绘画、平面设计、特效、数码照片处理、矢量绘图、文字、3D、动画、视频……它几乎无所不能。

这么了不起的软件是怎样诞生的呢？

1987年秋，美国密歇根大学博士研究生托马斯·洛尔编写了一个叫做Display的程序，用来在黑白位图显示器上显示灰阶图像。托马斯的哥哥约翰·洛尔让弟弟帮他编写一个处理数字图像的程序，于是托马斯重新修改了Display的代码，Photoshop就这样诞生了。后来Adobe买下了Photoshop的发行权，并于1990年2月推出了Photoshop 1.0。

1.1.1 矢量图

矢量图是由称作"矢量"的数学对象所定义的直线和曲线构成的，它的特点是可以无限放大，而不会影响图形的清晰度和光滑性。例如，图1-1所示为一幅矢量插画，图1-2所示是将图形放大600％后的局部效果。我们可以看到，图形仍然光滑、清晰。矢量图的这一特点非常适合制作图标、Logo等需要经常缩放，或者按照不同打印尺寸输出的文件内容。

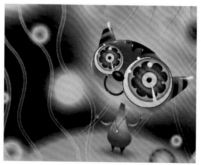

图1-1

图1-2

1.1.2 位图

位图在技术上称为栅格图像，它是由像素（Pixel）组成的，我们在Photoshop中处理图像时，编辑的就是像素。打开一个图像文件，如图1-3所示，使用缩放工具 🔍 在图像上连续单击，直至工具中间的"＋"号消失，画面中会出现许多彩色的小方块，它们便是像素，如图1-4所示。

用数码相机拍摄的照片、扫描仪扫描的图片，以及在计算机屏幕上抓取的图像等都属于位图。位图的特点是可以表现色彩的变化和颜色的细微过渡，产生逼真的效果，并且很容易在不同的软件之间交换使用。但在保存时，需要记录每一个像素的位置和颜色值，因此，位图占用的存储空间也比较大。

相关链接

常用的位图软件有Photoshop、Painter等；常用的矢量软件有Illustrator、CorelDraw、FreeHand、Auto CAD等。

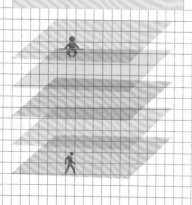

第 1 部分 Photoshop 基础

图1-3

图1-4

矢量图占用的存储空间要比位图小很多。但是矢量图不能创建过于复杂的对象，颜色表现也不如位图细腻。矢量图可以无限缩放，而位图受分辨率的制约，只能包含固定数量的像素，在对其缩放（或旋转）时，Photoshop无法生成新的像素，它只能将原有的像素变大以填充多出的空间，产生的结果往往会使清晰的图像变得模糊，也就是我们通常所说的图像变虚了。例如，图1-5所示为原图像，图1-6所示为将其放大600%后的局部图像，我们可以看到，图像细节已经变得模糊了。

图1-5

图1-6

1.1.3 像素、分辨率的概念

像素是组成位图图像最基本的元素。每一个像素都有自己的位置，记载着图像的颜色信息。一个图像包含的像素越多，颜色信息就越丰富，图像效果也会更好，不过文件也会随之增大。

分辨率是指1英寸或1厘米的长度内能够排列多少个像素，它的单位通常用像素/英寸（ppi）来表示，如72ppi表示每英寸包含72个像素；300ppi表示每英寸包含300个像素；分辨率决定了位图细节的精细程度，分辨率越高，包含的像素就越多，图像就越清晰。图1-7~图1-9所示为相同打印尺寸而分辨率不同的3个图像，可以看到，低分辨率的图像有些模糊，高分辨率的图像十分清晰。

1.1.4 像素、分辨率的关系

像素和分辨率是两个密不可分的重要概念，它们的组合方式决定了图像的数据量。例如，同样是1英寸×1英寸的两个图像，分辨率为72 ppi的图像包含5184个像素（72像素×72像素＝5184像素），而分辨率为300ppi的图像则包含多达90000个像素（300像素×300像素＝90000像素）。在打印时，高分辨

相关链接
新建文件时，可以设置它的分辨率，相关内容请参阅第216页；对于一个现有的文件，则可以使用"图像大小"命令修改它的分辨率，相关内容请参阅第336页。

率的图像比低分辨率的图像包含的像素更多。因此，像素点更小，像素的密度更高，所以可以重现更多细节和更加细微的颜色过渡效果。

　　虽然分辨率越高，图像的质量越好，但这也会增加其占用的存储空间，只有根据图像的用途设置合适的分辨率，才能取得最佳的使用效果。这里我们介绍一个比较通用的分辨率设定规范。如果图像用于屏幕显示或者网络，可以将分辨率设置为72像素/英寸（ppi），这样可以减小文件的大小，提高传输和下载速度；如果图像用于喷墨打印机打印，可以将分辨率设置为100～150像素/英寸（ppi）；如果用于印刷，则应设置为300像素/英寸（ppi）。

分辨率为72像素/英寸（模糊）　　分辨率为100像素/英寸（效果一般）　　分辨率为300像素/英寸（清晰）
图1-7　　　　　　　　　　　　图1-8　　　　　　　　　　　　　　图1-9

1.2 文件格式

　　文件格式❶决定了图像数据的存储方式（作为像素还是矢量）、压缩方法、支持什么样的Photoshop功能，以及文件是否与一些应用程序兼容。使用"文件>存储"或"文件>存储为"命令保存图像时，可以在打开的"存储为"对话框中选择保存格式。

　　PSD是最重要的文件格式，它可以保留文档的图层、蒙版、通道等所有内容。网上有一个Photoshop宣传视频"I Have PSD"（http://v.youku.com/v_show/id_XMjE4NDQ0NjQ4.html），如图1-10所示，它通过巧妙的创意，展现了PSD的神奇之处——假如我们的生活是一个大大的PSD，如果房间乱了，可以隐藏图层，让房间变得整洁；面包烤焦了，可以用修饰工具抹掉；衣服不喜欢，可以用调色工具换个颜色……观看该视频，有助于我们理解PSD格式。

图1-10

1.3 颜色模式

　　颜色模式❷决定了用于显示和打印所处理的图像的颜色方法，以及图像中的颜色数量、通道数量、文件大小和文件格式。此外，颜色模式还决定了图像在Photoshop中是否可以进行某些操作，例如，RGB模式的图像可以使用全部滤镜，而CMYK模式图像则会受到限制。

　　执行"图像>模式"下拉菜单中的命令可以修改颜色模式。需要注意的是，为图像选取另一种颜色模式，就会永久更改图像中的颜色值。

相关链接
❶文件格式详细说明可参阅第227页。❷颜色模式详细说明可参阅第274页。

1.4 Photoshop CS6总览

Adobe对Photoshop CS6的工作界面进行了改进，使界面划分更加合理，常用面板的访问、工作区的切换也更加方便。

1.4.1 文档窗口

Photoshop CS6的工作界面中包含菜单栏、文档窗口、工具箱、工具选项栏，以及面板等组件，如图1-11所示。

图1-11

　　菜单栏　标题栏　　工具选项栏　　选项卡
　　工具箱　状态栏　文档窗口　　　　面板

文档窗口是编辑图像的空间。在Photoshop窗口中打开一个图像时，便会创建一个文档窗口。如果打开了多个图像，则它们会停放到选项卡中。单击一个文档的名称，即可将其设置为当前操作的窗口，如图1-12所示。按下Ctrl+Tab快捷键，可以按照前后顺序切换窗口；按下Ctrl+Shift+Tab快捷键，则可按照相反的顺序切换窗口。

图1-12

如果图像固定在选项卡中不方便操作，可以将它从选项卡中拖出来，使其成为浮动窗口。浮动窗口与平时浏览网页时打开的窗口几乎没有区别，它也可以最大化、最小化，或者移动到任何位置，还可以将它重新拖回到选项卡中。

如果打开的图像数量较多，导致选项卡中不能显示所有文档的名称，可单击选项卡右侧的双箭头按钮 >>，在打开的下拉菜单中选择需要的文档。

单击一个窗口右上角的 ✖ 按钮，可以关闭该窗口。如果要关闭所有窗口，可以在一个文档的标题栏上单击右键，打开下拉菜单，选择"关闭全部"命令。

提示

按下Alt+F1快捷键，可以将工作界面的亮度调暗（从深灰到黑色）；按下Alt+F2快捷键，可以将工作界面调亮。

1.4.2 工具箱

工具箱中包含了用于创建和编辑图像、图稿、页面元素的工具和按钮。单击一个工具即可选择该工具，如图1-13所示。如果工具右下角带有三角形图标，则表示这是一个工具组，在这样的工具上按住鼠标按键可以显示隐藏的工具，如图1-14所示；将光标移动到隐藏的工具上然后放开鼠标，即可选择该工具，如图1-15所示。常用的工具都有快捷键，因此，可以通过按下快捷键来选择工具。如果要查看快捷键，将光标放在一个工具上并停留片刻即可。

图1-13　　　图1-14　　　　　图1-15

单击工具箱顶部的双箭头 ▸▸，可以将工具箱切换为单排（或双排）显示。单排工具箱可以为文档窗口让出更多的空间。

1.4.3 工具选项栏

工具选项栏用来设置工具的选项，它会随着所选工具的不同而改变选项内容。图1-16所示为选择画笔工具 ✏ 时显示的选项。工具选项栏中的一些设置（如绘画模式和不透明度）对于许多工具都是通用的，但有些设置（如铅笔工具的"自动抹除"）则专用于某个工具。

图1-16

● **菜单箭头 ⬍**：单击该按钮，可以打开一个下拉菜单，如图1-17所示。

● **文本框**：在文本框中单击，然后输入新数值并按下回车键即可调整数值。如果文本框旁边有 ▾ 状按钮，则单击该按钮，可以显示一个弹出滑块，拖动滑块也可以调整数值，如图1-18所示。

● **小滑块**：在包含文本框的选项中，将光标放在选项名称上，光标会变为如图1-19所示的状态，单击并向左右两侧拖动鼠标，可以调整数值。

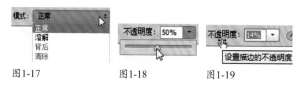

图1-17　　　　　图1-18　　　　　图1-19

1.4.4 菜单

Photoshop CS6 Extended包含11个主菜单，如图1-20所示，每个菜单内都包含一系列的命令。例如，"文件"菜单中包含的是用于设置文件的各种命令；"滤镜"菜单中包含的是各种滤镜。

图1-20

单击一个菜单即可打开该菜单。在菜单中，不同功能的命令之间采用分隔线隔开。带有黑色三角标记的命令表示还包含下拉菜单，如图1-21所示。

图1-21

在文档窗口的空白处、在一个对象上或在面板上单击右键，可以显示快捷菜单，如图1-22、图1-23所示。

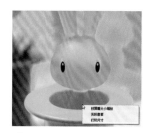

图1-22　　　　　　　　　　图1-23

选择菜单中的一个命令即可执行该命令。如果命令后面有快捷键，如图1-24所示，则按下快捷键可快速执行该命令。例如，按下Ctrl+A快捷键可执行"选择>全部"命令。有些命令只提供了字母，要通过快捷方式执行这样的命令，可按下Alt键+主菜单的字母，打开主菜单；再按下命令后面的字母，执行该命令。例如，按下Alt+L+D快捷键可执行"图层>复制图层"命令，如图1-25所示。

图1-24　　　　　　　　　　图1-25

1.4.5 面板

面板用来设置颜色、工具参数，以及执行编辑命令。Photoshop中包含20多个面板，可以在"窗口"菜单中选择需要的面板并将其打开。默认情况下，面板以选项卡的形式成组出现，并停靠在窗口右侧，如图1-26所示。可根据需要打开、关闭或是自由组合面板。

选 择 面 板 ……………………………………………

在面板选项卡中，单击一个面板的名称，即可显示面板中的选项，如图1-27、图1-28所示。

图1-27

图1-26　　　　　图1-28

折叠/展开面板

单击面板组右上角的三角按钮 ▶▶，可以将面板折叠为图标状，如图1-29所示；单击一个图标可以展开相应的面板，如图1-30所示；单击面板右上角的 ◀◀ 按钮，可重新将其折叠为图标状；拖动面板左边界，可以调整面板组的宽度，让面板的名称文字显示出来，如图1-31所示。

图1-29　　图1-30　　　　　　图1-31

组合面板

将光标放在一个面板的标题栏上，单击鼠标并将其拖动到另一个面板的标题栏上，出现蓝色线框时放开鼠标，可以将其与目标面板组合，如图1-32、图1-33所示。将多个面板组合为一个面板组，或者将一个浮动面板合并到面板组中，可以为文档窗口让出更多的操作空间。

图1-32　　　　　　　　　　图1-33

链接面板

将光标放在面板的标题栏上，单击并将其拖至另一个面板下方，当出现蓝色线框时放开鼠标，这样即可将这两个面板链接在一起，如图1-34～图1-36所示。链接的面板可同时移动或折叠为图标状。

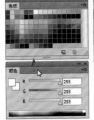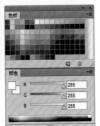

图1-34　　　图1-35　　　图1-36

移动面板

将光标放在面板的名称上，单击并向外拖动到窗口的空白处，如图1-37所示，即可将其从面板组或链接的面板组中分离出来，使之成为浮动面板，如图1-38所示。拖动浮动面板的名称，可以将它放在窗口中的任意位置。

图1-37　　　　　　　图1-38

调整面板宽度和高度

拖动面板右侧边框，可以调整面板的宽度，如图1-39所示；拖动面板下方边框，可以调整面板的高度，如图1-40所示；拖动面板右下角，可同时调整面板的宽度和高度，如图1-41所示。

图1-39　　　　图1-40　　　　图1-41

打开面板菜单

单击面板右上角的 ▼≡ 按钮，可以打开面板菜单，如图1-42所示。菜单中包含了与当前面板有关的各种命令。

关闭面板

在一个面板的标题栏上单击右键，可以显示快捷菜单，如图1-43所示。选择"关闭"命令，可以关闭该面板；选择"关闭选项卡组"命令，可以关闭当前面板组。对于浮动面板，可单击其右上角的 ✕ 按钮将其关闭。

图1-42　　　　　　图1-43

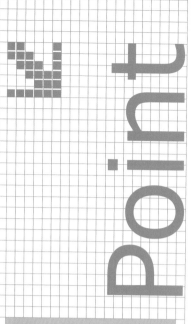

第2章 选择类工具

2.1 矩形选框工具（实战图像倒影）

■视频：光盘>视频文件夹 ■难度：★★☆☆☆ ■实例类型：软件功能 ■实例应用：制作水面倒影

在选框工具组中，矩形选框工具 ▢、椭圆选框工具 ◯、单行选框工具 ═ 和单列选框工具 ▯ 可以创建规则的选区。其中，矩形选框工具 ▢ 用于创建矩形和正方形选区。

本章我们来学习选择类工具的使用方法。

选择工具是做什么用的？

我们使用Photoshop时，如果只想编辑图像的局部，就要先通过选区将需要编辑的对象选中，使之与其他图像隔离开。这样编辑图像时，就可以避免其他图像受到影响。选择工具就是用来创建选区的工具。选择是图像处理的首要工作，也是Photoshop最为重要的技法之一，无论是图像的修复与润饰、色彩与色调的调整、影像合成等，都与选择有着密切的关系。因此，只有学好选择工具，才能真正学好、用好Photoshop。

01 执行"文件>打开"命令或按下Ctrl+O快捷键，弹出"打开"对话框，选择光盘中的照片素材，如图2-1所示，按下回车键，在Photoshop中将其打开，如图2-2所示。

图2-1

图2-2

02 选择矩形选框工具 ▢，在画面左上角单击，按住鼠标按键向右下角拖动以创建矩形选区，如图2-3所示。执行"图像>裁剪"命令，如图2-4所示，将选区外的图像裁掉，按下Ctrl+D快捷键取消选择，如图2-5所示。

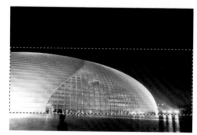
图2-3

图2-4

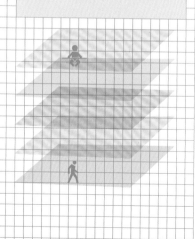
图2-5

03 按下Ctrl+J快捷键复制当前图层，如图2-6所示。执行"编辑>变换>垂直翻转"命令，如图2-7所示，翻转图像，如图2-8所示。

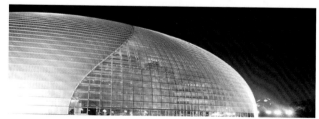

图2-6　　　　图2-7

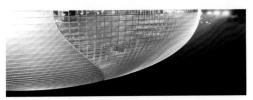

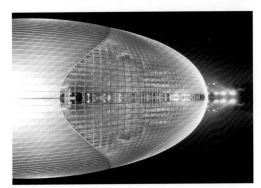

图2-8

04

选择移动工具 ❶，在图像上单击并按住Shift键垂直向下拖动鼠标，将翻转后的图像拖动到画面底部，让未翻转的图像显现出来，如图2-9所示。执行"图像>显示全部"命令，将画布以外的图像（即翻转后的图像）显示出来，倒影效果便制作好了，如图2-10所示。

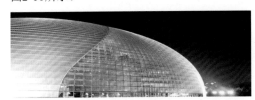

图2-9

图2-10

05

执行"文件>存储为"命令❷，弹出"存储为"对话框，文件格式选择PSD格式❸，将文件保存到电脑中，如图2-11、图2-12所示。

图2-11　　　　　　　图2-12

矩形选框工具选项栏

图2-13所示为矩形选框工具的选项栏。

图2-13

● **选区运算按钮** ：可以对多个选区进行运算操作。单击新选区按钮 后，如果图像中没有选区，可以创建一个选区，图2-14所示为创建的圆形选区；如果图像中有选区存在，则新创建的选区会替换原有的选区。单击添加到选区按钮 后，可在原有选区的基础上添加新的选区，图2-15所示为在现有圆形选区的基础上添加的矩形选区。单击从选区减去按钮 后，可在原有选区中减去新创建的选区，如图2-16所示。单击与选区交叉按钮 后，画面中只保留原有选区与新创建的选区相交的部分，如图2-17所示。

图2-14　　　　　　图2-15

相关链接
❶移动工具使用方法可参见第24页。❷文件的更多保存方法可参见第226页。❸关于文件格式的具体说明可参见第227页。

图2-16 　　　　　　图2-17

- 羽化：用来设置选区的羽化❶范围。
- 样式：用来设置选区的创建方法。选择"正常"，可通过拖动鼠标创建任意大小的选区；选择"固定比例"，可在右侧的"宽度"和"高度"文本框中输入数值，创建固定比例的选区。例如，要创建一个宽度是高度2倍的选区，可输入宽度2、高度1；选择"固定大小"，可在"宽度"和"高度"文本框中输入选区的宽度与高度值，在使用矩形选

框工具时，只需在画面中单击便可以创建固定大小的选区。单击 ⇄ 按钮，可以切换"宽度"与"高度"值。

- 调整边缘：单击该按钮，可以打开"调整边缘"对话框❷，对选区进行平滑、羽化等处理。

技术看板：
通过快捷键进行选区运算

如果当前图像中有选区存在，则使用选框、套索和魔棒等工具继续创建选区时，我们可以通过快捷键来进行选区运算，而不必按下工具选项栏中的选区运算按钮。例如，按住Shift键创建选区时，可以在当前选区上添加选区，相当于单击添加到选区按钮 🔲；按住Alt键可以在当前选区中减去绘制的选区，相当于单击从选区减去按钮 🔲；按住Shift+Alt键可以得到与当前选区相交的选区，相当于单击与选区交叉按钮 🔲。

2.2 椭圆选框工具（实战纽扣图标）

■视频：光盘>视频文件夹 ■难度：★★★☆☆ ■实例类型：软件功能+特效 ■实例应用：制作纽扣状网页图标

使用椭圆工具 ◯ 时，单击并拖动鼠标，可以创建椭圆选区；按住Shift键操作，可创建圆形选区；按住Alt键操作，会以单击点为中心向外创建选区；按住Shift+Alt键，会以单击点为中心向外创建圆形选区。

01 按下Ctrl+O快捷键，弹出"打开"对话框，打开光盘中的素材文件，如图2-18所示。单击"图层"面板❸底部的 🔲 按钮，新建"图层1"，如图2-19所示。

图2-18 　　　　　　图2-19

02 选择椭圆选框工具 ◯，按住Shift键单击并拖动鼠标创建一个圆形选区，如图2-20所示。在拖动鼠标时，可以同时按下空格键，此时移动光标可移动选

区位置。

03 选择渐变工具 ▮，在工具选项栏中单击径向渐变按钮 ▮，取消"反向"选项的勾选。单击渐变颜色条，如图2-21所示，弹出"渐变编辑器"❹调整渐变颜色，如图2-22所示，然后关闭对话框。

图2-20

图2-21

相关链接 ⋯⋯⋯⋯⋯⋯
❶选区的羽化方法详见第421页。❷"调整边缘"命令详参见第419页。❸图层的操作方法详见第128页。❹渐变颜色的创建与编辑方法详见第40页。

选区解惑：选区的用途、种类和原理 GALLERY

选区的用途

选区是用来定义操作范围的。创建选区以后，选区边界内部的图像被选择，选区外部图像受到保护。当下达操作指令后，Photoshop 就只处理选中的图像，如果没有选区，则所做的编辑操作将对整个图像产生影响。例如，下面图中，使用"色相/饱和度"命令调整图像颜色时，只有选区内图像的颜色发生了改变，选区外的图像没有变化；而没有创建选区时，整个图像的颜色都会被修改。

选区范围

用"色相/饱和度"命令调色（有选区）

无选区状态下调色

选区的种类

Photoshop 中可以创建两种选区，即普通选区和羽化过的选区。普通选区能定位清晰的边界；羽化的选区则会在图像的边界产生逐渐淡出的过渡效果。

使用普通选区选出的图像

使用羽化过的选区选出的图像

选区的原理

现在有一个选区（右图荷花）。单击"通道"面板❶底部的 按钮将它保存起来。观察记录该选区的通道图像可以发现，以选区边界为分界线，选中的区域对应的是白色，选区之外对应的是黑色。如果将该选区羽化，则记录选区的图像中还会出现灰色。这就是说，在 Photoshop 内部，有无选区只是黑、白、灰的区别而已。黑代表无；白代表有；灰是黑与白的中间地带，既不完全无、也不完全有，它代表的是羽化区域。

荷花选区

将选区保存在通道中

Photoshop 内部的普通选区图像

Photoshop 内部羽化过的选区图像

相关链接
❶关于通道的种类和具体用途，详见第147页。

图2-22

04 在圆形中央单击并向外侧拖动鼠标，填充渐变颜色，如图2-23所示。执行"窗口>样式"命令，打开"样式"面板❶。打开面板菜单，选择"载入样式"命令，如图2-24所示，在弹出的对话框中选择光盘中的样式素材，如图2-25所示，将其加载到面板中，如图2-26所示。按下Ctrl+D快捷键取消选择。

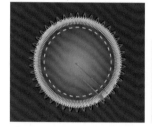

图2-23   图2-24

图2-25

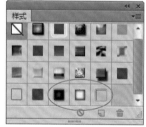

图2-26

05 单击如图2-27所示的样式，为图像添加该效果，如图2-28所示。

06 单击"图层"面板底部的 🔲 按钮，新建"图层2"，如图2-29所示。使用椭圆选框工具 ⬭ 按住Shift键拖动鼠标，创建一个稍大一些的圆形选区，如图2-30所示。打开"颜色"面板，调整前景色❷，

如图2-31所示。按下Alt+Delete快捷键，在选区内填色，如图2-32所示。

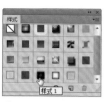

图2-27   图2-28

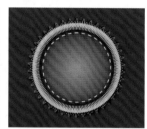

图2-29   图2-30

图2-31   图2-32

07 执行"选择>变换选区"命令❸，在选区周围显示定界框，如图2-33所示。将光标放在定界框右上角，按住Shift+Alt键拖动鼠标，以圆心为基点向内缩小选区，如图2-34所示。按下回车键确认。

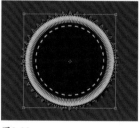

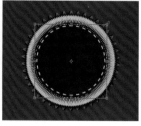

图2-33   图2-34

08 按下Delete键删除选区内的图像，得到一个圆环。按下Ctrl+D快捷键取消选择。单击如图2-35所示的样式，为圆环添加该效果，如图2-36所示。单击

相关链接 ....
❶图层样式可以为图像添加投影、发光、浮雕等特效，详细内容参见第358页。❷前景色和背景色有多种设置方法，详见第28页~第30页。❸使用"变换选区"命令时只对选区进行缩放，而不会影响图像。关于图像的缩放方法，请参阅第255页和第256页。
....

"图层"面板底部的  按钮，新建一个图层。

图2-35　　　　　图2-36

图2-41　　　　　图2-42

09 选择自定形状工具 ，在工具选项栏中选择"像素"选项，如图2-37所示。单击"形状"选项右侧的按钮，打开下拉面板，单击右上角的 按钮打开面板菜单，选择"全部"命令，加载Photoshop提供的图形库，然后选择如图2-38所示的图形。

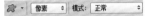

图2-37

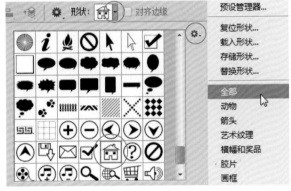

图2-38

10 在画面中按住Shift键单击并拖动鼠标，绘制小房子，如图2-39所示。在形状下拉面板中选择其他图形（星星、月亮等），继续在画面中添加图形，如图2-40所示。

图2-39　　　　　图2-40

11 单击如图2-41所示的样式，为图像添加该效果，如图2-42所示。

椭圆选框工具选项栏

椭圆选框工具与矩形选框工具的选项基本相同，只是该工具可以使用"消除锯齿"功能。

● **消除锯齿**：像素是组成图像的最小元素，由于它们都是正方形的，因此，在创建圆形、椭圆形、多边形等不规则选区时便容易产生锯齿，例如，图2-43所示为使用椭圆选框工具选出的对象。勾选该项后，Photoshop会在选区边缘1个像素宽的范围内添加与周围图像相近的颜色，使选区看上去光滑，如图2-44所示。由于只有边缘像素发生变化，因而消除锯齿不会丢失细节。这项功能在剪切、拷贝和粘贴选区以创建复合图像时非常有用。

图2-43　　　　　图2-44

技术看板：
移动选区

使用矩形选框工具、椭圆选框工具创建选区时，在放开鼠标按键前，按住空格键拖动鼠标，即可移动选区。创建选区以后，如果工具选项栏中的新选区按钮 为选中状态，则使用选框、套索和魔棒工具时，只要将光标放在选区内，单击并拖动鼠标即可移动选区。如果要轻微移动选区，可以按下键盘中的→、←、↑、↓键。

将光标放在选区内　　　单击并拖动鼠标移动选区

2.3 单行与单列选框工具

使用单行选框工具 <img/> 在画面中单击，可以创建高度为1像素的行，如图2-45所示；使用单列选框工具 <img/> 在画面中单击，则可以创建宽度为1像素的列，如图2-46所示。放开鼠标按键前拖动鼠标，可以移动选区。这两个工具常用来制作网格，如图2-47所示。

图2-45

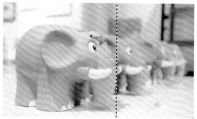
图2-46

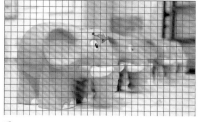
图2-47

2.4 套索工具（实战平面设计）

■视频：光盘>视频文件夹 ■难度：★★★☆☆ ■实例类型：平面设计 ■实例应用：使用套索工具徒手绘制文字轮廓，通过剪贴蒙版在文字上贴图案

套索工具 <img/> 可以徒手绘制不规则选区。该工具通过鼠标的运行轨迹形成选区，其具有很强的随意性，因此，无法制作出精确的选区。如果对需要选取的对象的边界没有严格要求，则使用套索工具可以快速选择对象，之后再对选区进行适当的羽化，这样可以使对象的边缘自然，无刻意的雕琢感。

01 按下Ctrl+O快捷键，打开光盘中的素材文件，如图2-48所示。单击"图层"面板底部的 <img/> 按钮，新建一个图层，如图2-49所示。

图2-48

图2-49

图2-50

图2-51

02 选择套索工具 <img/>，在画面中单击并拖动鼠标绘制选区，将光标移至起点处，放开鼠标按键可以封闭选区，如图2-50、图2-51所示。如果在拖动鼠标的过程中放开鼠标，则会在该点与起点间创建一条直线来封闭选区。按下Alt+Delete快捷键，在选区内填充前景色，如图2-52所示。按下Ctrl+D快捷键取消选择。

03 采用同样的方法，在"c"字右侧绘制字母"h"选区并填色（按下Alt+Delete快捷键），如图2-53所示。按下Ctrl+D快捷键取消选择。

图2-52

图2-53

04 下面通过选区运算制作字母"e"的选区。先创建如图2-54所示的选区;然后按住Alt键创建如图2-55的选区;放开鼠标按键后,这两个选区即可进行运算,从而得到字母"e"的选区,如图2-56所示。按下Alt+Delete快捷键填充颜色,然后按下Ctrl+D快捷键取消选择,如图2-57所示。

图2-54　　　　　　图2-55

图2-56　　　　　　图2-57

05 使用套索工具 ♀ 在字母"e"外侧创建选区,选中该文字,如图2-58所示。将光标放在选区内,按住Alt+Ctrl+Shift键单击并向右侧拖动,复制文字,如图2-59所示。

图2-58　　　　　　图2-59

06 采用同样的方法,分别制作文字"r"、"u"、"p"、"!"的选区并填色,如图2-60所示。

图2-60

07 单击"树叶"图层,选择该图层;然后在其前方单击,让眼睛图标 👁 显示出来(即显示该图层),如图2-61所示;按下Alt+Ctrl+G快捷键,创建剪贴蒙版❶,如图2-62、图2-63所示。

图2-61　　　　　　图2-62

图2-63

👤**提示**

使用套索工具 ♀ 绘制选区的过程中,按住Alt键,然后放开鼠标左键(可切换为多边形套索工具 ♥),此时在画面单击可以绘制直线;放开Alt键可恢复为套索工具 ♀ ,此时拖动鼠标可继续徒手绘制选区。

相关链接

❶剪贴蒙版可以使用一个图层控制它上方图层的显示范围,详细内容参见第395页。

2.5 多边形套索工具（实战影像合成）

■视频：光盘>视频文件夹 ■难度：★★☆☆☆ ■实例类型：软件功能+插画设计 ■实例应用：制作超现实风格插画

　　多边形套索工具 ✄ 可以创建由直线构成的选区，适合选择边缘为直线的对象。选择该工具后，在对象边缘的各个拐角处单击即可创建选区，由于该工具是通过在不同区域单击来定位直线的，因此，即使是放开鼠标，也不会像套索工具那样自动封闭选区。如果要封闭选区，可以将光标移至起点处单击，或者在任意位置双击，Photoshop会在双击点与起点之间创建直线来封闭选区。

01 按下Ctrl+O快捷键，弹出"打开"对话框，选择光盘中的素材，将其打开，如图2-64所示。

图2-64

02 选择多边形套索工具 ✄，在窗子的一个边角上单击，然后沿其边缘的转折处继续单击鼠标，定义选区范围；将光标移至起点处，光标会变为 ✄ 状，如图2-65所示，单击鼠标封闭选区，如图2-66所示。

图2-65

图2-66

03 按下Ctrl+C快捷键复制图像。打开光盘中的素材文件，如图2-67所示。按下Ctrl+V快捷键粘贴图

像，如图2-68所示。

图2-67

图2-68

04 按下Ctrl+T快捷键显示定界框，将光标放在定界框外侧，单击并拖动鼠标旋转图像，如图2-69所示。按住Alt+Shift键拖动控制点，将图像等比例缩小，如图2-70所示。按下回车键确认。

图2-69

图2-70

05 按下Ctrl+Tab快捷键切换到另一个文档中。使用椭圆选框工具 ⬭ 创建选区，选中窗子的弧顶，如图2-71所示。选择矩形选框工具 ▭，按住Shift键选中下半部窗子，放开鼠标后矩形选区会与圆形选区相加，从而得到窗子的完整选区，如图2-72所示。

图2-71

图2-72

图2-73

06 按下Ctrl+C快捷键复制图像。按下Ctrl+Tab快捷键切换窗口，按下Ctrl+V快捷键粘贴图像。按下Ctrl+T快捷键显示定界框，拖动控制点旋转图像，按下回车键确认，如图2-73所示。

提示

使用多边形套索工具 ⬧ 创建选区时，按住Shift键操作，可以锁定水平、垂直或以45°角为增量进行绘制。按住Alt键单击并拖动鼠标，可以切换为套索工具 ⬭，此时拖动鼠标可徒手绘制选区；放开Alt键可恢复为多边形套索工具 ⬧。

2.6 磁性套索工具（实战卡通插画）

■视频：光盘>视频文件夹 ■难度：★★☆☆☆ ■实例类型：插画设计 ■实例应用：制作卡通风格插画

磁性套索工具 ⬧ 可以自动识别对象的边界。如果对象边缘较为清晰，并且与背景对比明显，可以使用该工具快速选择对象。使用该工具时，Photoshop会在光标经过处放置锚点来定位和连接选区，如果想要在某一位置放置一个锚点，可以在该处单击；如果锚点的位置不准确，可按下Delete键将其删除，连续按Delete键可依次删除前面的锚点；如果在创建选区的过程中对所建选区不满意，但又觉得逐个删除锚点很麻烦，可按下Esc键清除选区。

01 按下Ctrl+O快捷键，打开光盘中的素材文件，如图2-74所示。

02 选择磁性套索工具 ⬧，在洋葱的边缘单击，如图2-75所示，放开鼠标按键后，沿着它的边缘移动光标，如图2-76所示；将光标移至起点处，如图2-77所示，单击鼠标封闭选区，如图2-78所示。

图2-74

图2-75

图2-76

17

图2-77   图2-78

👤 提示

使用磁性套索工具 🪢 绘制选区的过程中，按住Alt键
在其他区域单击，可切换为多边形套索工具 💠 创建直
线选区；按住Alt键单击并拖动鼠标，可切换为套索工
具 🪢。

03 按下Ctrl+C快捷键复制图像。打开光盘中的素材
文件，这是一幅卡通画，如图2-79所示。为小卡
通人物换一个洋葱头。在"头"图层的眼睛图标 👁 上
单击，将该图层隐藏，如图2-80所示。

图2-79   图2-80

04 按下Ctrl+V快捷键，将洋葱粘贴到该文档中，如
图2-81所示。按下Ctrl+T快捷键显示定界框，按
住Shift键拖动控制点，将图像缩小，如图2-82所示；在
定界框外侧单击并拖动鼠标，旋转图像，如图2-83所
示。按下回车键确认，效果如图2-84所示。

图2-81   图2-82   图2-83

图2-84

磁性套索工具选项栏

磁性套索工具选项栏中包含影响该工具性能的
几个重要选项，如图2-85所示。其中，"羽化"用来
控制选区的羽化范围，"消除锯齿"与椭圆工具的
选项相同，此处重点介绍后面的几个选项。

图2-85

● 宽度：决定了以光标中心为基准，其周围有多少个
像素能够被工具检测到，如果对象的边界清晰，可
使用一个较大的宽度值；如果边界不是特别清晰，
则要设置一个较小的宽度值。图2-86、图2-87所示
是分别设置该值为10和50检测到的边缘。

图2-86   图2-87

👤 提示

使用磁性套索工具时，按下键盘中的Caps Lock键，
光标会变为 ⊕ 状，圆形的大小便是工具能够检测到的
边缘的宽度。按下 [键和] 键，可以调整检测宽度。

● 对比度：用来设置工具感应图像边缘的灵敏度。较
高的数值只检测与它们的环境对比鲜明的边缘；较
低的数值则检测低对比度边缘。如果图像的边缘清
晰，可将该值设置得高一些；如果边缘不是特别清
晰，则设置得低一些。图2-88、图2-89所示是分别
设置该值为5%和50%时创建的选区。

图2-88

图2-89

图2-90

图2-91

● 频率： 使用磁性套索工具创建选区的过程中会生成许多锚点，"频率"决定了锚点的数量。 该值越高， 生成的锚点越多， 捕捉到的边界越准确， 但过多的锚点会造成选区的边缘不够光滑。 图2-90和图2-91所示是分别设置该值为10和50时生成的锚点。

● 钢笔压力 ✐ ： 如果计算机上配置有数位板和压感笔①， 可以按下该按钮， Photoshop会根据压感笔的压力自动调整工具的检测范围。 例如， 增大压力会导致边缘宽度减小。

2.7 魔棒工具(实战特效创意)

■视频：光盘>视频文件夹 ■难度：★★★☆☆ ■实例类型：图像合成 ■实例应用：选择素材并与新素材进行创造性的合成

　　魔棒工具 ✦ 是一种基于色调和颜色差异来构建选区的工具。它的使用方法非常简单，只需在图像上单击，Photoshop就会选择与单击点色调相似的像素。当背景颜色的变化不大，需要选取的对象轮廓清晰、与背景色之间也有一定的差异时，使用魔棒工具 ✦ 可以快速选择对象。

01 按下Ctrl+O快捷键，打开光盘中的素材文件，如图2-92所示。选择魔棒工具 ✦ ，在工具选项栏中将"容差"设置为32，在白色背景上单击，选中背景，如图2-93所示。

图2-94

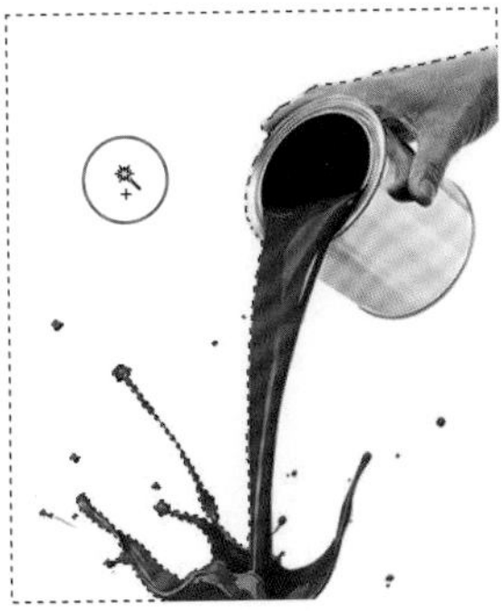

图2-95

图2-92

图2-93

02 按住Shift键在漏选的背景上单击，将其添加到选区中，如图2-94、图2-95所示。

03 执行"选择>反向"命令反转选区，选中手、油漆桶和油漆，如图2-96所示。按下Ctrl+C快捷键复制图像。打开另一个文件，按下Ctrl+V快捷键，将图像粘贴到该文档中，使用移动工具 ➤✛ 拖动到画面右上角，如图2-97所示。

图2-96

图2-97

相关链接
❶数位板和压感笔是电脑绘画的专用工具，类似于传统的画板和画笔，详细内容参见第121页。

04 单击"图层"面板底部的 ⬜ 按钮，添加蒙版。选择画笔工具 ✏️，在工具选项栏中选择柔角笔尖❶并设置不透明度为50%，在油漆底部涂抹，通过蒙版将其遮盖，如图2-98、图2-99所示。

图2-98　　　　　　图2-99

05 选择"背景"图层，如图2-100所示。使用矩形选框工具 ⬚ 创建选区，如图2-101所示。

图2-100　　　　　　图2-101

06 单击"调整"面板中的 ▦ 按钮，创建一个"色相/饱和度"调整图层，在"属性"面板中选择"黄色"选项，将选中的树叶调整为红色，如图2-102、图2-103所示。

图2-102　　　　　　图2-103

07 使用画笔工具 ✏️ 在草地上涂抹黑色，通过蒙版❷遮盖调整效果，以便让草地恢复为黄色，如图2-104、图2-105所示。

图2-104　　　　　　图2-105

魔棒工具选项栏

图2-106所示为魔棒工具的选项栏。

图2-106

● **取样大小**：用来设置魔棒工具的取样范围。选择"取样点"，可对光标所在位置的像素进行取样；选择"3×3平均"，可对光标所在位置3个像素区域内的平均颜色进行取样，其他选项以此类推。

● **容差**：容差决定了什么样的像素能够与鼠标单击点的色调相似。当该值较低时，只选择与单击点像素非常相似的少数颜色；该值越高，对像素相似程度的要求就越低，因此，选择的颜色范围就越广。在图像的同一位置单击，设置不同的容差值所选择的区域也不一样，如图2-107、图2-108所示（分别设置该值为5和15创建的选区）。此外，在容差值不变的情况下，鼠标单击点的位置不同，选择的区域也不同。

图2-107　　　　　　图2-108

● **连续**：勾选该项时，只选择颜色连接的区域，如图2-109所示；取消勾选时，可以选择与鼠标单击点颜色相近的所有区域，包括没有连接的区域，如图2-110所示。

相关链接
❶柔角笔尖绘制出的线条边缘柔和，可以产生逐渐淡出的效果。详细内容参见第118页。❷当图像中有选区时，创建调整图层后，选区会转换到调整图层的蒙版中。关于调整图层的更多内容，请参阅第385页。

勾选"连续"
图2-109

未勾选"连续"
图2-110

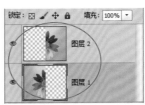

文档中有多个图层
图2-111

勾选"对所有图层取样"
图2-112

● 对所有图层取样：如果文档中包含多个图层，如图2-111所示，勾选该项时，可以选择所有可见图层上颜色相近的区域，如图2-112所示；取消勾选，则仅对当前图层取样，即只选择当前图层上颜色相近的区域，如图2-113、图2-114所示。

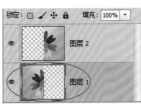

当前选择的是"图层1"
图2-113

未勾选"对所有图层取样"
图2-114

2.8 快速选择工具(实战抠图)

■视频：光盘>视频文件夹 ■难度：★★★☆☆ ■实例类型：抠图 ■实例应用：使用快速选择工具和"调整边缘"命令抠图
■Adobe官方相关视频：http://tv.adobe.com/watch/visual-design-cs6/selecting-areas-of-a-photo/?go=13214

快速选择工具 的图标是一只画笔+选区轮廓，这说明它的使用方法与画笔工具类似。该工具能够利用可调整的圆形画笔笔尖快速"绘制"选区，也就是说，我们可以像绘画一样涂抹出选区。在拖动鼠标时，选区还会向外扩展并自动查找和跟随图像中定义的边缘。

01 按下Ctrl+O快捷键，打开光盘中的素材文件，如图2-115所示。选择快速选择工具 ，在工具选项栏中选择一个笔尖，如图2-116所示。

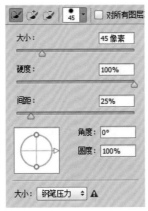

图2-115

图2-117
图2-118

图2-116

02 将光标放在蜘蛛人的耳朵上，如图2-117所示，单击鼠标，然后按住鼠标按键在其身体内部拖动，创建选区，就可以快速地将其选中，如图2-118~图2-120所示。

图2-119
图2-120

03 单击工具选项栏中的"调整边缘"按钮,打开"调整边缘"对话框,对选区进行平滑处理,并适当羽化,拖动"移动边缘"滑块,让选区边界向内收缩一些,以免选中不必要的背景图像,如图2-121、图2-122所示。

图2-121

图2-122

04 单击"确定"按钮,将小蜘蛛人从背景中抠出,如图2-123、图2-124所示。抠图后,可将其与不同的图像合成在一起。例如,图2-125所示为使用该图作为素材制作的淘宝网店 Banner。

图2-123

图2-124

图2-125

快速选择工具选项栏

图2-126所示为快速选择工具的选项栏。

图2-126

- 选区运算按钮: 单击新选区按钮 🖌,可创建一个新的选区; 单击添加到选区按钮 🖌,可在原选区的基础上添加绘制的选区; 单击从选区减去按钮 🖌,可在原选区的基础上减去当前绘制的选区。

- 笔尖下拉面板: 单击 ▾ 按钮,可在打开的下拉面板中选择笔尖,设置大小、硬度和间距。也可以在绘制选区的过程中,按下"]"键将笔尖调大; 按下"["键,将笔尖调小。

- 对所有图层取样: 可基于所有图层(而不是仅基于当前选择的图层)创建选区。

- 自动增强: 可以减少选区边界的粗糙度和块效应。"自动增强"会自动将选区向图像边缘进一步流动并应用一些边缘调整。也可以在"调整边缘"对话框中手动应用这些边缘调整。

2.9 快速蒙版按钮(实战抠图)

■视频: 光盘>视频文件夹 ■难度: ★★★☆☆ ■实例类型: 抠图+图像合成 ■实例应用: 用快速蒙版和画笔工具抠图

在Photoshop中,选区不仅是闪烁的边界线,还能以蒙版、通道、路径的形式出现。快速蒙版是一种选区转换工具,它能将选区转换成为一种临时的蒙版图像,这样就能用画笔、滤镜等工具编辑蒙版,之后,再将蒙版图像转换为选区,从而实现用更多方法编辑选区的目的。

01 打开光盘中的素材文件。先用快速选择工具 🖌 选择小孩,如图2-127所示。

02 下面再来选择投影。投影不能完全选中,否则在为图像添加新背景时,投影太过生硬,效果不真实。可以通过快速蒙版选出呈现透明效果的投影。执行"选择>在快速蒙版模式下编辑"命令,或按下工具箱

底部的 🔲 按钮,进入快速蒙版编辑状态。此时未选中的区域会覆盖一层半透明的颜色,被选择的区域还是显示为原状,如图2-128所示。

👤 提示

按下Q键可以进入或退出快速蒙版编辑模式。

选区高级应用：抠图 GALLERY

我浏览摄影网站时，发现很多人探讨"抠图"问题。"抠图"到底是怎么一回事呀？

所谓"抠图"，是指将图像的一部分内容选中，然后将其从背景中分离出来，以便与其他图像合成。抠图是图像处理过程中一项重要的基础工作。例如，我们看到的广告、杂志封面等，这就需要设计人员将照片中的模特抠出，然后合成到新的背景中去，再通过深入加工，使合成效果真实、自然。

看来抠图是平面设计师需要掌握的一项基本技能啦。

不止是设计师关注抠图。近几年来，随着数码相机的日益普及，越来越多的数码摄影爱好者也开始热衷于对照片进行二次创作。譬如，将自己的形象抠出，合成到各种城市和自然风光中，让自己足不出户也能遨游世界。这就离不开抠图了。如果没有掌握相关技术，抠出的图像不准确，合成效果的真实感将会大打折扣了。

抠图是不是很难学呀？

在 Photoshop 的各种技术中，抠图应该是比较难的一个。因为与抠图相关的技术几乎可以调动 Photoshop 所有重要的工具和命令，将各种工具、命令组合之后又可以演变出几十种抠图方法，如从简单的选择工具，到智能工具，再到复杂的蒙版、通道以及插件等，而且每一种方法都只适合处理特定类型的图像。我写过一本专门讲解抠图技术的书——《Photoshop 专业抠图技法》。想要在抠图方面有所突破的读者，可以看看此书，相信会有收获的。

原图　　　　　　通过选区选中对象　　　从背景中分离对象

使用抠出的图像创作的平面广告

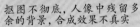

抠图不彻底，人像中残留多余的背景，合成效果不真实　　　抠图准确到位，合成效果看不出人工处理的痕迹

典型实例示范，从简单到复杂搞定一切图像

分析图像特征，最佳抠图方案一目了然

穷尽工具方法，专业抠图技巧一次曝光

作者：李金明 李金荣

出版社：人民邮电出版社

图2-127　　　　　　图2-128

03 现在工具箱中的前景色会自动变为白色。选择画
笔工具 🖌，在工具选项栏中将不透明度设置为
30％，如图2-129所示，在投影上涂抹，将投影添加到
选区中，如图2-130所示。如果涂抹到背景区域，则可
按下X键，将前景色切换为黑色，用黑色涂抹就可以将
多余内容排除到选区之外。

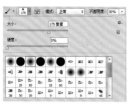

图2-129　　　　　　　　图2-130

04 按下工具箱底部的 🔘 按钮退出快速蒙版，切换
回正常模式，图2-131所示为修改后的选区。打开
一个文件，使用移动工具 ➤⊕ 将小孩拖动到该文档中，
如图2-132所示。

图2-131　　　　　　　图2-132

2.10 移动工具（实战）

■视频：光盘>视频文件夹　■难度：★★☆☆☆　■实例类型：软件功能　■实例应用：用移动工具在单个文档和多个文档中移动图像

　　移动工具 ➤⊕ 是最常用的工具之一，不论是移动文档中的图层、选区内的图像，还是将其他文档中的
图像拖入当前文档，都需要使用该工具。

01 打开光盘中的素材，如图2-133所示。在"图层"
面板中单击要移动的对象所在的图层，如图2-134
所示。

图2-133　　　　　　　　　图2-134

02 使用移动工具 ➤⊕ 在画面中单击并拖动鼠标即可
移动该图层中的图像，如图2-135所示。按住Alt

键拖动图像可以复制图像，如图2-136所示。这样操作
还会生成一个新的图层。

图2-135　　　　　　　图2-136

03 使用矩形选框工具 ⬚ 创建选区，如图2-137所
示，将光标放在选区内，拖动鼠标可以移动选中
的图像，如图2-138所示。按下Ctrl+D快捷键取消选择。
下面来看一下，怎样在两个文档间拖动图像。

选区解惑：选区的四种形态 GALLERY

闪烁形态

使用选择工具在图像上创建选区时，选区是一圈闪烁的、像行军蚂蚁一样的边界线。此时可以使用矩形选框工具、椭圆选框工具、套索工具、快速选择工具、魔棒工具、"选择"菜单中的命令等来编辑它。然而，Photoshop 还有许多重要的工具，如画笔工具、钢笔工具、"滤镜"菜单中的命令等无法编辑这种形态的选区，要使用这些工具编辑选区，就需要先将选区转换成为它们能够识别的形式。

闪烁形态下的选区

蒙版形态

创建选区后，如果按下 Q 键，选区便不见了踪影，此时，它被转换到了快速蒙版中。单击"图层"面板中的 ▣ 按钮，则可以将选区转换到图层蒙版 ❶ 中。在这两种状态下，可以使用各种绘画工具（如画笔、加深、减淡等）编辑选区。

快速蒙版形态下的选区

通道形态

如果单击"通道"面板中的 ▣ 按钮，可以将选区保存到 Alpha 通道 ❷ 中。

图层蒙版形态下的选区

矢量形态

如果单击"路径"面板中的 ♦ 按钮，则可以让选区变成矢量图形 ❸（矢量蒙版也达到相同效果），在这种状态下，可以使用钢笔工具编辑选区。

选区还真有点像孙悟空，会 72 变呢。

倒没有 72 变那么多。以上是选区最典型的四种形态。选区就像是一个古怪的精灵，它有时在画面上闪烁、跳跃，有时又隐身在通道或各种蒙版中。选区形态的转换就好像是水变冰，由液态变成了固态，而我们转换的目的是在冰的状态下对其进行雕琢和加工，之后再由冰变为水，将其还原回来。

通道形态下的选区

路径（矢量）形态下的选区

相关链接 ....
❶图层蒙版具体操作方法详见第388页。❷Alpha通道是专门用来存储选区的通道，它的具体使用方法详见第152页。❸选区与路径的转换方法详见第158页。

图2-137 　　　　　　图2-138

04 打开一个文件。选择移动工具 ，将光标放在画面中，单击并拖动鼠标至另一个文档的标题栏，如图2-139所示，停留片刻切换到该文档，将光标移动到画面中，然后再放开鼠标，即可将图像拖入该文档。按下Shift+Ctrl+[快捷键，将图像移动到最底层❶，效果如图2-140所示。

图2-139

图2-140

👤 提示

将一个图像拖入另一文档时，按住Shift键可以使拖入的图像位于当前文档的中心。如果这两个文档的大小相同，则拖入的图像就会与当前文档的边界对齐。

移动工具选项栏

图2-141所示为移动工具 的选项栏。

图2-141

● 自动选择： 如果文档中包含多个图层或组，可勾选该项并在下拉列表中选择要移动的项目。选择"图层"，使用移动工具在画面中单击时，可以自动选择工具下面包含像素的最顶层的图层，如图2-142所示；选择"组"，则在画面单击时，可以自动选择工具下包含像素的最顶层的图层所在的图层组。

● 显示变换控件： 勾选该项以后，选择一个图层时，就会在图层内容的周围显示定界框，如图2-143、图2-144所示，此时可以拖动控制点来对图像进行变换操作，如图2-145所示。如果文档中的图层数量较多，并且需要经常进行缩放、旋转等变换操作时，该选项比较实用。

● 对齐图层： 选择两个或多个图层后，可单击相应的按钮让所选图层对齐❷。这些按钮包括顶对齐 、垂直居中对齐 、底对齐 、左对齐 、水平居中对齐 和右对齐 。

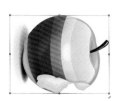

图2-142  　　　　　　图2-143

图2-144 　　　　　　图2-145

● 分布图层： 如果选择了3个或3个以上的图层，可单击相应的按钮使所选图层按照一定的规则均匀分布❸。包括按顶分布 、垂直居中分布 、按底分布 、按左分布 、水平居中分布 、按右分布 和对齐图层 。

● 3D模式： 提供了可对3D模型进行移动、缩放等操作的工具❹，它们是旋转3D对象工具 、滚动3D对象工具 、拖动3D对象工具 、滑动3D对象工具 和缩放3D对象工具 。

相关链接

❶调整图层的堆叠顺序后，可以让下面层中的图像显示出来，关于图层顺序的更多内容参见第403页。❷图层对齐效果参见第403页。❸图层分布效果参见第404页。❹3D类工具的使用方法请参阅第105页。

抠图拓展：抠图插件 GALLERY

 抠图技术有一定的难度，令许多初学者望而却步，进而转向使用其他软件公司开发的抠图插件（也称"外挂滤镜"），如"抽出"滤镜、Mask Pro、Knockout 等。这类插件针对性强，操作也很简便，可以使用户从繁杂的抠图技术中解放出来。"抽出"滤镜是 Adobe 公司开发的插件。用它抠图时需要先用边缘高光器工具 ✏ 沿图像轮廓描绘出边界线，再用填充工具 🪣 在边界内填色，然后就可以抠出图像了。

绘制轮廓线

填色

抠出的图像

Mask Pro 是由美国 Ononesoftware 公司开发的插件。用它抠图时需要用保留高亮工具 ✏ 在对象内部绘制出大致的轮廓线，然后填充颜色；再用选择丢弃高亮工具 ✏ 在对象外部绘制轮廓线，也填充颜色。进行调整时，可以选择在蒙版状态下或透明背景中观察图像。

描绘内部轮廓并填色

描绘外部轮廓并填色

抠出的图像

Knockout 是由大名鼎鼎的软件公司 Corel 开发的经典抠图插件。它能够将人和动物的毛发、羽毛、烟雾、透明的对象、阴影等轻松地从背景中抠出来，让原本复杂的抠图操作变得异常简单。使用 Knockout 抠图时，需要用内部对象工具 ✏ 和外部对象工具 ✏ 在靠近对象的边界处勾绘出选区轮廓；单击 🔁 按钮可以预览抠图效果。如果效果不完美，还可以使用其他工具进行调修。

描绘内部轮廓

描绘外部轮廓

抠出的图像

相关链接
关于"抽出"滤镜的下载与使用方法，以及 Mask Pro、Knockout 的使用方法，可参阅由我编著的《Photoshop 专业抠图技法》一书。

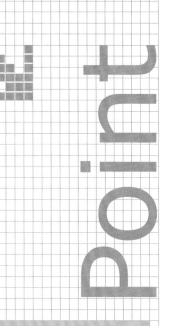

第3章 绘画类工具

3.1 设置前景色与背景色

Photoshop工具箱底部有一组前景色和背景色设置图标，如图3-1所示。前景色决定了使用绘画工具（画笔和铅笔）绘制线条，以及使用文字工具创建文字时的颜色；背景色则决定了使用橡皮擦工具擦除图像时，被擦除区域所呈现的颜色。此外，增加画布大小时，新增的画布也以背景色填充。

 本章我们来学习绘画类工具的使用方法。

 用Photoshop能画什么样的画呀？

 Photoshop提供了完备的绘画和色彩处理工具，无论是人物肖像、素描、油画、水粉、水墨画，还是卡通漫画等，都可以惟妙惟肖地表现出来。在绘画类工具中，画笔工具最重要。画笔工具类似于传统的毛笔，它不仅可以绘制线条，还常常用来编辑蒙版和通道。

 一支画笔就有这么大的用处呀？

 别看Photoshop只提供了一支"画笔"，它可是能更换不同样式的笔尖的。

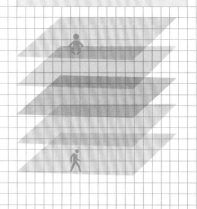

修改前景色和背景色 ··

默认情况下，前景色为黑色，背景色为白色。单击设置前景色或背景色图标，如图3-2、图3-3所示，可以打开"拾色器"修改它们的颜色。此外，也可以在"颜色"面板和"色板"面板中设置，或使用吸管工具 🖋 拾取图像中的颜色来作为前景色或背景色。

切换前景色和背景色

设置前景色 ————

默认前景色和背景色 ————

———— 设置背景色

图3-1

图3-2    图3-3

切换前景色和背景色 ··

单击切换前景色和背景色图标 ↰ 或按下X键，可以切换前景色和背景色的颜色，如图3-4所示。

恢复为默认的前景色和背景色 ··

修改了前景色和背景色以后，如图3-5所示，单击默认前景色和背景色图标 ▣ 或按下D键，可以将它们恢复为默认的颜色，如图3-6所示。

图3-4    图3-5 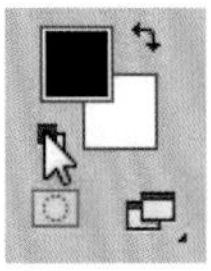   图3-6

学习重点 Learning Objectives

设置前景色与背景色/P28　画笔工具/P31

用拾色器设置颜色/P30　渐变工具/P40

3.2 使用拾色器

我们使用画笔、渐变和文字等工具，以及进行填充、描边选区、修改蒙版、修饰图像等操作时，都需要指定颜色。Photoshop提供了非常出色的颜色选择和编辑工具，可以帮助我们找到所需要的任何色彩，例如，我们既可以通过“色板”❶直接拾取颜色，也可以在“颜色”面板❷、“拾色器”中精确设置颜色。下面，我们就来看一下，怎样通过“拾色器”基于HSB（色相、饱和度、亮度）、RGB（红色、绿色、蓝色）、Lab、CMYK（青色、洋红、黄色、黑色）等颜色模型来指定颜色。

3.2.1 了解拾色器

单击工具箱中的前景色或背景色图标，打开“拾色器”，如图3-7所示。

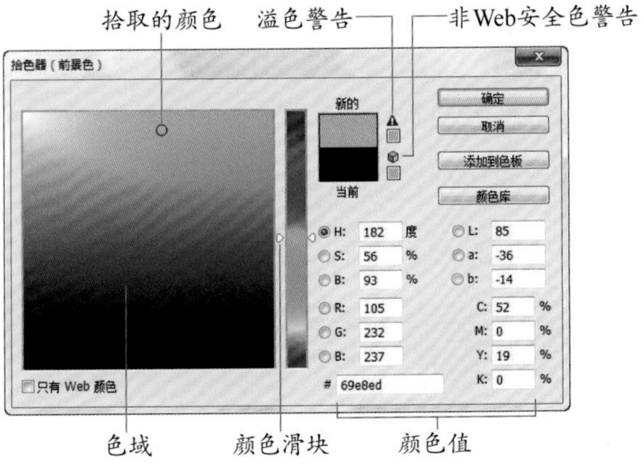

图3-7

● 色域/拾取的颜色：在“色域”中拖动鼠标可以改变当前拾取的颜色。

● 新的/当前：“新的”颜色块中显示的是当前设置的颜色；“当前”颜色块中显示的是上一次使用的颜色。

● 颜色滑块：拖动颜色滑块可以调整颜色范围。

● 颜色值：显示了当前设置的颜色的颜色值。也可以输入颜色值来精确定义颜色。在“CMYK”颜色模型内，可以用青色、洋红、黄色和黑色的百分比来指定每个分量的值；在“RGB”颜色模型内，可以指定0到255之间的分量值（0是黑色，255是白色）；在“HSB”颜色模型内，可通过百分比来指定饱和度和亮度，以0度到360度的角度（对应于色轮上的位置）指定色相；在“Lab”模型内，可以输入0到100之间的亮度值(L)以及-128到+127之间的a值（绿色到洋红色）和b值（蓝色到黄色）；在“#”文本框中，可以输入一个十六进制值，例如，000000是黑色，ffffff是白色，ff0000是红色，该选项主要用于指定网页色彩。

● 溢色警告⚠：由于RGB、HSB和Lab颜色模型中的一些颜色（如霓虹色）在CMYK模型中没有等同的颜色，因此无法准确打印出来，这些颜色就是所说的“溢色”。出现该警告以后，可单击它下面的小方块，将颜色替换为CMYK色域（打印机颜色）中与其最为接近的颜色，如图3-8、图3-9所示。

● 非Web安全色警告：这表示当前设置的颜色不能在网上准确显示，单击警告下面的小方块，可以将当前颜色替换为与其最为接近的Web安全颜色，如图3-10、图3-11所示。

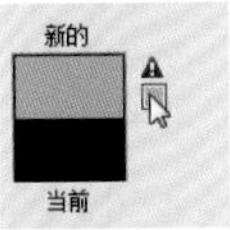

图3-8

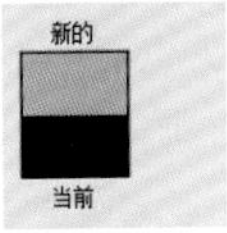

图3-9

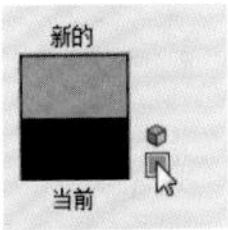

图3-10

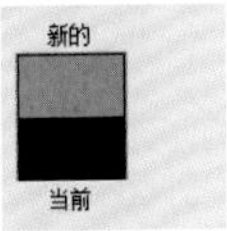

图3-11

● 只有Web颜色：表示只在色域中显示Web安全色。

● 添加到色板：单击该按钮，可以将当前设置的颜色添加到“色板”面板。

● 颜色库：单击该按钮，可以切换到“颜色库”中。

相关链接

❶“色板”面板中的颜色都是预先设置好的，使用时单击即可，关于“色板”的更多内容请参阅第112页。❷“颜色”面板可以用来调整颜色，增减各种颜色成分的比例，使用方法参阅第113页。

3.2.2 用拾色器设置颜色（实战）

■视频：光盘>视频文件夹　■难度：★☆☆☆☆
■实例类型：软件功能　■实例应用：在拾色器中设置颜色及使用颜色库

01 单击工具箱中的前景色图标（如果要设置背景色，则单击背景色图标），打开"拾色器"。在竖直的渐变条上单击，可以定义颜色范围，如图3-12所示；在色域中单击可以调整颜色深浅，如图3-13所示。

定义颜色范围

图3-12

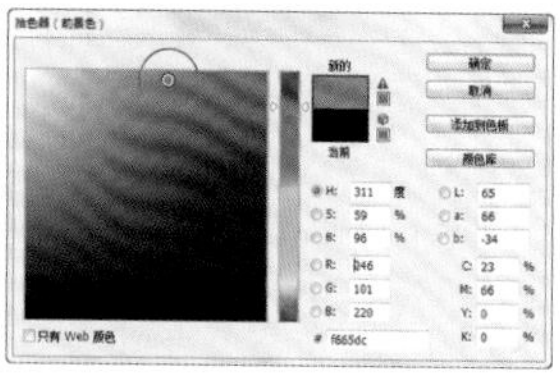

调整色相

图3-13

02 下面来调整颜色的饱和度。先选中S单选钮，如图3-14所示，然后拖动渐变条即可调整饱和度，如图3-15所示。

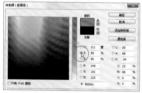

选中S单选钮

图3-14

调整颜色的饱和度

图3-15

03 如果要调整颜色的亮度，可以选中B单选钮，如图3-16所示，然后再拖动颜色条进行调整，如图3-17所示。调整完成后，单击"确定"按钮（或按下回车键）关闭对话框，即可将其设置为前景色。

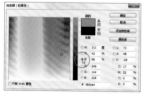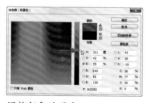

选中B单选钮

图3-16

调整颜色的明度

图3-17

👤 提示

如果知道所需颜色的色值，可在颜色模型右侧的文本框中输入数值来精确定义颜色，例如，可以指定R（红）、G（绿）和B（蓝）的颜色值来确定显示颜色，可以指定C（青）、M（洋红）、Y（黄）和K（黑）的百分比来设置印刷色。

04 "拾色器"中有一个"颜色库"按钮，单击该按钮可切换到"颜色库"对话框中，如图3-18所示。

05 在"色库"下拉列表中选择一个颜色系统，如图3-19所示，然后在光谱上选择颜色范围，如图3-20所示，最后在颜色列表中单击需要的颜色，可将其设置为当前颜色，如图3-21所示。

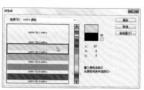

图3-18

图3-19

图3-20

图3-21

👤 提示

如果要切换回"拾色器"，可单击"颜色库"对话框中的"拾色器"按钮。

👓 技术看板：
常用的颜色系统简介

颜色系统没有一个统一的标准，许多国家都定制了符合自己规范的颜色系统。

● PANTONE用于专色重现。PANTONE 颜色参考和芯片色标簿会印在涂层、无涂层和哑面纸样上，以确保精确显示印刷结果并更好地进行印刷控制，另外，还可以在 CMYK下印刷 PANTONE 纯色。

● DIC颜色参考通常在日本用于印刷项目。

● FOCOLTONE由763种CMYK 颜色组成，通过显示补偿颜色的压印，可避免印前陷印和对齐问题。

● HKS在欧洲用于印刷项目。每种颜色都有指定的CMYK 颜色，可以从 HKS E（适用于连续静物）、HKS K（适用于光面艺术纸）、HKS N（适用于天然纸）和 HKS Z（适用于新闻纸）中选择，有不同缩放比例的颜色样本。

● TOYO Color Finder由基于日本最常用的印刷油墨的 1000 多种颜色组成。

● TRUMATCH提供了可预测的 CMYK 颜色，它们与两千多种可实现的、计算机生成的颜色相匹配。

3.3 画笔工具

画笔工具 ✏ 类似于传统的毛笔，它使用前景色绘制线条。在Photoshop中，画笔不仅能够绘制图画，还可以修改蒙版和通道。

3.3.1 画笔工具概览

画笔工具选项

选择画笔工具 ✏ 后，在工具选项栏中可以设置画笔大小、模式、不透明度及流量等参数，图3-22所示为画笔工具的工具选项栏。

图3-22

● **画笔下拉面板**：单击"画笔"选项右侧的 ▪ 按钮，可以打开画笔下拉面板，在面板中可以选择笔尖，设置画笔的大小和硬度参数。

● **模式❶**：在下拉列表中可以选择画笔笔迹颜色与下面的像素的混合模式。图3-23所示为"正常"模式的绘制效果；图3-24所示为"滤色"模式的绘制效果。

图3-23

图3-24

● **不透明度**：用来设置画笔的不透明度，该值越低，线条的透明度越高。图 3-25 所示是该值为100%时的绘制效果；图3-26所示是该值为50%的绘制效果。

图3-25

图3-26

● **流量**：用来设置当光标移动到某个区域上方时应用颜色的速率。在某个区域上方涂抹时，如果一直按住鼠标按键，颜色将根据流动速率增加，直至达到不透明度设置。图 3-27 所示是该值为100%的绘制效果；图3-28所示是该值为50%的绘制效果。

● **喷枪** ✎：按下该按钮，可以启用喷枪功能，Photoshop 会根据鼠标按键的单击程度确定画笔线条的填充数量。例如，未启用喷枪时，鼠标每单击一次便填充一次线条，如图3-29所示，启用喷枪后，按住鼠标左键不放，便可持续填充线条，如图3-30所示。

图3-27

图3-28

图3-29

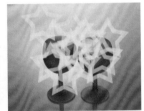
图3-30

● **绘图板压力按钮** ✎ ✎：按下这两个按钮后，使用数位板绘画时，光笔压力可覆盖"画笔"面板中的不透明度和大小设置。

 技术看板：
画笔工具使用技巧

● 按下 [键可将画笔调小，按下] 键则调大。对于实边圆、柔边圆和书法画笔，按下 Shift+[键可减小画笔的硬度，按下Shift+] 键则增加硬度。

● 按下键盘中的数字键可调整画笔工具的不透明度。例如，按下1，画笔不透明度为10%；按下75，不透明度为75%；按下0，不透明度会恢复为100%。

● 使用画笔工具时，在画面中单击，然后按住Shift键单击任意一点，两点之间会以直线连接。按住Shift键还可以绘制水平、垂直或以45°角为增量的直线。

相关链接
❶关于各种混合模式的特点与用途，请参阅第134页。

画笔工具下拉面板

单击工具选项栏中的 ▾ 按钮，可以打开画笔下拉面板。在面板中不仅可以选择笔尖，调整画笔大小，还可以调整笔尖的硬度，如图3-31所示。

● 大小：拖动滑块或在文本框中输入数值可调整画笔的大小。

● 硬度：用来设置画笔笔尖的硬度。

● 创建新的预设 🔲 ：单击该按钮，可以打开"画笔名称"对话框，输入画笔的名称后，单击"确定"按钮，可以将当前画笔保存为一个预设的画笔。

面板菜单

单击画笔下拉面板右上角的 ⚙ 按钮，或单击"画笔预设"面板右上角的 ▀▀ 按钮，可以打开完全相同的面板菜单，如图3-32所示。在菜单中可以选择面板的显示方式，以及载入预设的画笔库等。

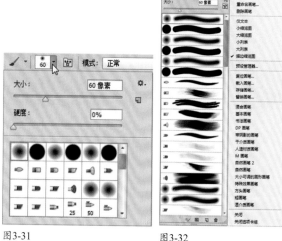

图3-31　　　　图3-32

● 新建画笔预设：用来创建新的画笔预设，它与画笔下拉面板中的 🔲 按钮的作用相同。

● 重命名画笔：选择一个画笔后，可执行该命令重命名画笔。

● 删除画笔：选择一个画笔，执行该命令可将其删除。

● 仅文本/小缩览图/大缩览图/小列表/大列表/描边缩览图：可以设置画笔在面板中的显示方式。选择"仅文本"，只显示画笔的名称；选择"小缩览图"和"大缩览图"，只显示画笔的缩览图和画笔大小；选择"小列表"和"大列表"，则以列表的形式显示画笔的名称和缩览图；选择"描边缩览图"，可以显示画笔的缩览图和使用时的预览效果，图3-33所示为具体样式。

 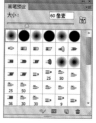 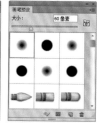

仅文本　　　　小缩览图　　　　大缩览图

  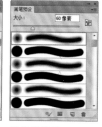

小列表　　　　大列表　　　　描边缩览图

图3-33

● 预设管理器：执行该命令可以打开"预设管理器"。

● 复位画笔：当进行了添加或者删除画笔的操作以后，如果想要让面板恢复为显示默认的画笔状态，可执行该命令。

● 载入画笔：执行该命令可以打开"载入"对话框，选择一个外部的画笔库可将其载入下拉面板、"画笔预设"面板中，如图3-34、图3-35所示。

 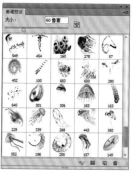

图3-34　　　　　　　图3-35

● 存储画笔：可以将面板中的画笔保存为一个画笔库。

● 替换画笔：执行该命令可以打开"载入"对话框，在对话框中选择一个画笔库来替换面板中的画笔。

● 画笔库：面板菜单底部是 Photoshop 提供的各种预设的画笔库。选择一个画笔库，如图3-36所示，可以弹出提示信息，单击"确定"按钮，可以载入画笔并替换面板中原有的画笔，如图3-37所示；单击"追加"按钮，可以将载入的画笔添加到原有的画笔后面；单击"取消"按钮则取消载入操作。

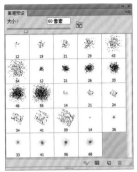

图3-36　　　　　　　　图3-37

3.3.2 自定义画笔绘制T恤图案（实战）

■ 素材：光盘>素材文件夹　■ 视频：光盘>视频文件夹　■ 难度：★★★☆☆
■ 实例类型：软件功能　■ 实例应用：将熊猫图案定义为画笔进行绘画

　　在Photoshop中，可以将绘制的图形，整个图像或者选区内的部分图像创建为自定义的画笔。

01 按下Ctrl+O快捷键，打开光盘中的素材文件，如图3-38所示。

02 执行"编辑>定义画笔预设"命令，打开"画笔名称"对话框，默认情况下会以当前文档名称自动命名画笔，如图3-39所示，也可以重新输入画笔名称，按下回车键完成画笔的定义。

图3-38　　　　　　图3-39

提示

在定义画笔时，如果图案不是100%黑色，而是以50%灰色填充，那么画笔将具有一定的透明特性。

03 打开一个文件，如图3-40所示，单击"图层"面板底部的 按钮，新建一个图层，在该图层中为T恤绘制熊猫图案。操作时难免会有图案超出衣服的范围，可以按下Alt+Ctrl+G快捷键创建剪贴蒙版❶，使衣服以外的图案不会显示在画面中，如图3-41所示。

图3-40　　　　　　　　图3-41

04 选择画笔工具 ，单击工具选项栏中的 按钮，打开画笔下拉面板，选择新建的画笔，如图3-42所示。按下F5快捷键打开"画笔"面板❷，单击左侧的"画笔笔尖形状"选项，设置间距为186，如图3-43所示。

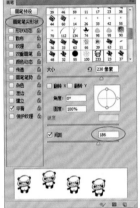

图3-42　　　　　　　　图3-43

05 单击"形状动态"选项，设置大小抖动为60%，角度抖动为40%，如图3-44所示；单击"颜色动态"选项，设置亮度抖动为100%，如图3-45所示。

图3-44　　　　　　　　图3-45

相关链接
❶剪贴蒙版用基底图层的像素限制内容图层的显示，更多内容请参阅第395页。❷在"画笔"面板中可以进行画笔大小、角度、纹理和散布等相对更为复杂、全面的设置，关于该面板的使用方法请参阅第117页。

CHAPTER 03

06 按下D键恢复系统默认的前景色与背景色。在衣服上按住鼠标拖动，绘制出不同大小、角度和明度的熊猫图案，也可以采用单击的方法，逐一添加图案，可以更好地组织图案的位置，如图3-46所示。

图3-46

3.3.3 载入画笔库（实战）

■素材：光盘>素材文件夹 ■视频：光盘>视频文件夹 ■难度：★☆☆☆☆
■实例类型：软件功能 ■实例应用：载入画笔库

01 选择画笔工具 ✐，单击画笔下拉面板右上角的 ⚙ 按钮，在菜单中选择"特殊效果画笔"命令，如图3-47所示，这时会弹出一个提示信息，单击"确定"按钮，载入"特殊效果画笔"库，同时替换面板中原有的画笔，如图3-48所示。

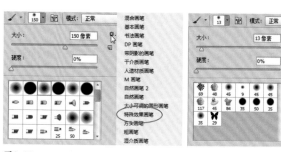

图3-47　　　　　　　　　　图3-48

02 在菜单中选择"载入画笔"命令，打开"载入"对话框，选择光盘中提供的画笔库，如图3-49所示，载入外部画笔库，如图3-50所示。

图3-49　　　　　　　　　　图3-50

03 如果要使"画笔"下拉面板恢复到初始状态，可以选择面板菜单中的"复位画笔"命令。

👤 提示

在定义画笔时，即便选择的是彩色图像，定义后的画笔依然是灰度图像。

3.4 铅笔工具（实战表情涂鸦）

■素材：光盘>素材文件夹 ■视频：光盘>视频文件夹 ■难度：★★★★☆ ■实例类型：平面设计+鼠绘 ■实例应用：用铅笔工具在表情图像上绘画

铅笔工具 ✎ 也是使用前景色来绘制线条的，它与画笔工具的区别在于，画笔工具可以绘制带有柔边效果的线条，而铅笔工具只能绘制硬边线条。下面，将用铅笔工具基于现有的表情图像，设计出一个可爱的形象。

01 按下Ctrl+O快捷键，打开一个文件，如图3-51所示。下面基于素材中的嘴巴设计出一个生动的人物形象。单击"图层"面板底部的 🔲 按钮，创建一个图层，如图3-52所示。

图3-51　　　　　　　　　　图3-52

02 选择铅笔工具 ✐ ，在工具选项栏的下拉面板中选择一个圆笔尖，设置大小为12像素，如图3-53所示。将前景色设置为黑色，基于底层图像中嘴的位置，画出人物的五官、帽子和用来装饰的蝴蝶结，如图3-54所示。

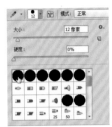

图3-53　　　　　图3-54

03 按住Ctrl键单击"图层"面板底部的 ⬚ 按钮，在当前图层下方新建一个图层，如图3-55所示。将前景色设置为白色。按下] 键将笔尖调大，绘制出眼睛、蝴蝶结边缘的白色部分，如图3-56所示，绘制时不要超出轮廓线。

图3-55　　　　　图3-56

04 给帽子涂黄色，蝴蝶结涂粉红色，如图3-57所示。在鼻子和脸蛋上涂色，给蝴蝶结涂上彩色的圆点作为装饰，在左下角的台词框内涂紫色，如图3-58所示。

图3-57　　　　　图3-58

05 用铅笔工具 ✐ 在台词框内书写文字，一幅生动、有趣的表情涂鸦就绘制完成了，如图3-59所示。图3-60、图3-61所示为使用不同素材，并根据嘴唇形状设计出的形象。

图3-59

图3-60　　　　　图3-61

铅笔工具选项

图3-62所示为铅笔工具的工具选项栏，除"自动抹除"功能外，其他选项均与画笔工具相同。

图3-62

● 自动抹除：选择该项后，开始拖动鼠标时，如果光标的中心在包含前景色的区域上，可将该区域涂抹成背景色，如图3-63所示；如果光标的中心在不包含前景色的区域上，则可将该区域涂抹成前景色，如图3-64所示。

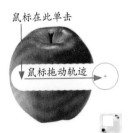

图3-63　　　　　图3-64

💡 提示

执行"编辑>首选项>光标"命令，在打开的对话框中可以设置铅笔工具的光标显示方式。

铅笔工具 ✏️ 只能绘制出硬边线条，如果我们用缩放工具 🔍 放大观察铅笔工具绘制的线条就会发现，线条边缘呈现清晰的锯齿。铅笔工具的这种特色与现在非常流行的像素画有密切关系，因为像素画主要是通过铅笔工具绘制的，并且需要出现这种锯齿。

像素画是一门独特的电脑绘画艺术，它由不同颜色的点组合与排列而成，这些点称为像素 (pixel)。像素画是一种图标风格的图像，要练习像素画，可以用实物或素材图片作为参考，通过提炼加工，把造型复杂的东西简单化。首先从整体形态入手，然后再一步一步绘制细节。绘制像素画除了要有耐心外，掌握正确的绘制方法也是很重要的。例如，线条必须规范，在绘制像素画时，规范的线条会使画面显得细腻、结构清晰，不会给人以边缘粗糙的感觉。下图为像素画中几种常见的线条。

   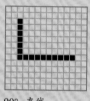 

22.6° 斜线　　30° 斜线　　45° 斜线　　90° 直线　　弧线

其次是色彩的规范。像素画的色彩可分为平面的纯色填充、中间色的过渡和色彩明暗关系的确立。纯色填充是最简单的一种填色方式；颜色的过渡则分为同一色系中颜色按深浅进行渐变排列、颜色以点状进行疏密排列，以及在一种颜色的基础上再叠加网格等方式。绘制时把握好明暗关系，可以使画面的色彩更加生动。

纯色填充　　　　中间色过渡　　　　中间色过渡　　　色彩明暗关系确立

相关链接
在Photoshop中，绘画与绘图是两个截然不同的概念，绘画是绘制和编辑基于像素的位图图像，绘图则是使用矢量工具创建和编辑矢量图形。本章介绍的是绘画工具，在第5章将会介绍绘图工具。

3.5 颜色替换工具(实战绚丽唇彩)

■素材：光盘>素材文件夹 ■视频：光盘>视频文件夹 ■难度：★★☆☆☆ ■实例类型：平面设计+鼠绘 ■实例应用：用颜色替换工具修改图像颜色

颜色替换工具 可以用前景色替换图像中的颜色。该工具不能用于位图、索引或多通道颜色模式的图像。

01 按下Ctrl+O快捷键，打开一个文件，如图3-65所示。这是一个分层文件，部分素材位于"组1"文件夹中，暂时处于隐藏状态，如图3-66所示。

图3-65　　　　　　　　　　图3-66

02 按下Ctrl+J快捷键复制"背景"图层，如图3-67所示。选择颜色替换工具 ，在工具选项栏中选择柔角笔尖并单击连续按钮 ，将"限制"设置为"查找边缘"，"容差"设置为50%，如图3-68所示。

图3-67　　　　　　　　　　图3-68

03 在"色板"中拾取紫色作为前景色，如图3-69所示。在嘴唇边缘涂抹，替换原有的粉红色，如图3-70所示。在操作时应注意，光标中心的十字线不要碰到面部皮肤，否则，也会替换其颜色。

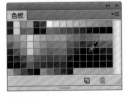

图3-69　　　　　　　　　　图3-70

04 拾取"色板"中的黄橙色作为前景色，给下嘴唇涂色，如图3-71、图3-72所示。用浅青色涂抹上嘴唇，与紫色形成呼应，涂抹到嘴角时可按下 [键将笔尖调小，以便于绘制，而且也可以避免将颜色涂到皮肤上，如图3-73、图3-74所示。

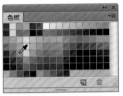

图3-71　　　　　　　　　　图3-72

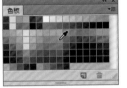

图3-73　　　　　　　　　　图3-74

05 最后，将笔尖调小，用洋红色修补一下各颜色的边缘区域，使笔触看起来更加自然，如图3-75、图3-76所示。

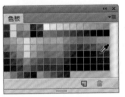

图3-75　　　　　　　　　　图3-76

06 在"组1"前面单击，显示该图层组，如图3-77、图3-78所示。

图3-77　　　　　　　　　　图3-78

颜色替换工具选项栏

图3-79所示为颜色替换工具的工具选项栏。

图3-79

● 模式：用来设置可以替换的颜色属性，包括"色相"、"饱和度"、"颜色"和"明度"。默认为"颜色",它表示可同时替换色相、饱和度和明度。

● 取样:用来设置颜色取样的方式。单击连续按钮 🖌,在拖动鼠标时可连续对颜色取样;单击一次按钮 🖌,只替换包含第一次单击的颜色区域中的目标颜色;单击背景色板按钮 🖌,只替换包含当前背景色的区域。

● 限制:选择"不连续",可替换出现在光标下任何位

置的样本颜色;选择"连续",只替换与光标下的颜色邻近的颜色;选择"查找边缘",可替换包含样本颜色的连接区域,同时保留形状边缘的锐化程度。

● 容差:用来设置工具的容差。颜色替换工具只替换鼠标单击点颜色容差范围内的颜色,因此,该值越高,包含的颜色范围越广。

● 消除锯齿:勾选该项,可以为校正的区域定义平滑的边缘,从而消除锯齿。

3.6 混合器画笔工具(实战油画效果)

■素材: 光盘>素材文件夹 ■视频: 光盘>视频文件夹 ■难度: ★★☆☆☆ ■实例类型: 软件功能+鼠绘 ■实例应用: 用混合器画笔工具表现油彩效果

混合器画笔工具 🖌 可以混合像素,它能模拟真实的绘画技术,如混合画布上的颜色、组合画笔上的颜色以及在描边过程中使用不同的绘画湿度。混合器画笔有两个绘画色管(一个储槽和一个拾取器)。储槽存储最终应用于画布的颜色,并且具有较多的油彩容量;拾取色管接收来自画布的油彩,其内容与画布颜色是连续混合的。

01 按下Ctrl+O快捷键,打开光盘中的素材文件,如图3-80所示。按下Ctrl+J快捷键复制"背景"图层,如图3-81所示。

图3-80

图3-81

02 选择混合器画笔工具 🖌,在下拉面板中选择粉笔60像素笔尖,在"预设"下拉列表中选择"潮湿,深混合",设置"潮湿"和"载入"参数均为50%,如图3-82所示。

图3-82

03 在天空上横向涂抹,混合原有颜色,从而改变云彩的形态,如图3-83所示。

图3-83

04 执行"滤镜>艺术效果>底纹效果"命令,给图像添加纹理,增强绘画感,如图3-84所示。

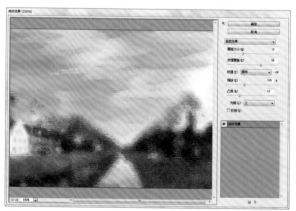

图3-84

05 设置该图层的不透明度为60%,如图3-85、图3-86所示。

图3-85　　　　图3-86

06 单击"调整"面板中的 ▽ 按钮，创建"自然饱和度"❶调整图层，设置自然饱和度参数为65，如图3-87、图3-88所示。

图3-87　　　　图3-88

混合器画笔工具选项栏·······

图3-89所示为混合器画笔的工具选项栏。

图3-89

- 当前画笔载入弹出式菜单：单击 ⌄ 按钮可以弹出一个下拉菜单，如图3-90所示。使用混合器画笔工具 时，按住Alt键单击图像，可以将光标下方的颜色（油彩）载入储槽。如果选择"载入画笔"选项，可以拾取光标下方的图像，如图3-91所示，此时画笔笔尖可以反映出取样区域中的任何颜色变化；如果选择"只载入纯色"选项，则可拾取单色，如图3-92所示，此时画笔笔尖的颜色比较均匀。如果要清除画笔中的油彩，可以选择"清理画笔"选项。

图3-90　　　　图3-91　　　　图3-92

- 预设：提供了"干燥"、"湿润"和"潮湿"等预设的画笔组合，如图3-93所示。图3-94所示为原图像，图3-95、图3-96所示为使用不同预设选项时的涂抹效果。

- 自动载入 ／清理 ：单击 按钮，可以使光标下的颜色与前景色混合，如图3-97、图3-98所示；单击 按钮，可以清理油彩。如果要在每次描边后执行这些任务，可以单击这两个按钮。

- 潮湿：可以控制画笔从画布拾取的油彩量。较高的设置会产生较长的绘画条痕。

图3-93　　　　　　　　　图3-94

湿润，浅混合　　　　　　非常潮湿，深混合

图3-95　　　　　　　　　图3-96

图3-97　　　　　　　　　图3-98

- 载入：用来指定储槽中载入的油彩量。载入速率较低时，绘画描边干燥的速度会更快。

- 混合：用来控制画布油彩量同储槽油彩量的比例。比例为100%时，所有油彩将从画布中拾取；比例为0%时，所有油彩都来自储槽。

- 对所有图层取样：拾取所有可见图层中的画布颜色。

相关链接·······
❶"自然饱和度"命令可以在增加饱和度的同时防止颜色过于饱和而出现溢色，相关内容请参阅第294页。

CHAPTER 03

3.7 渐变工具

渐变工具用来在整个文档或选区内填充渐变颜色。渐变在Photoshop中的应用非常广泛，它不仅可以填充图像，还可以用来填充图层蒙版、快速蒙版和通道。此外，调整图层和填充图层也会用到渐变。

3.7.1 渐变工具概览

渐变工具选项

选择渐变工具 ▣ 后，需要先在工具选项栏选择一种渐变类型，并设置渐变颜色和混合模式等选项，如图3-99所示，然后再来创建渐变。

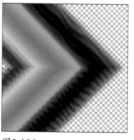
图3-99

- 渐变颜色条：渐变色条 ▬▬▬ 中显示了当前的渐变颜色，单击它右侧的 ▾ 按钮，可以在打开的下拉面板中选择一个预设的渐变，如图3-100所示。如果直接单击渐变颜色条，则会弹出"渐变编辑器"，在"渐变编辑器"中可以编辑渐变颜色，或者保存渐变。

- 渐变类型：单击线性渐变按钮 ▣，可创建以直线从起点到终点的渐变；单击径向渐变按钮 ▣，可创建以圆形图案从起点到终点的渐变；单击角度渐变按钮 ▣，可创建围绕起点以逆时针扫描方式的渐变；单击对称渐变按钮 ▣，可创建使用均衡的线性渐变在起点的任意一侧渐变；单击菱形渐变按钮 ▣，则会以菱形方式从起点向外渐变，终点定义菱形的一个角。图3-101～图3-105所示为不同类型的渐变效果。

渐变下拉面板
图3-100

线性渐变
图3-101

径向渐变
图3-102

角度渐变
图3-103

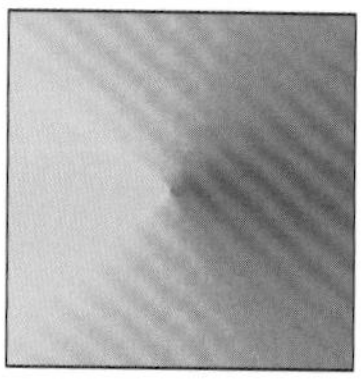

对称渐变
图3-104

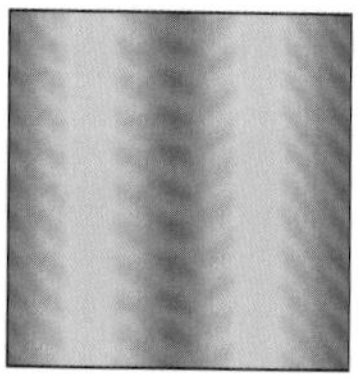

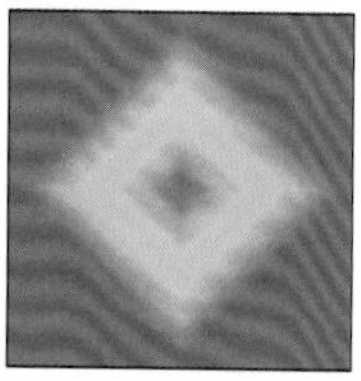

菱形渐变
图3-105

- 模式：用来设置应用渐变时的混合模式。

- 不透明度：用来设置渐变效果的不透明度。

- 反向：可转换渐变中的颜色顺序，得到反方向的渐变结果。

- 仿色：勾选该项，可以使渐变效果更加平滑。它主要用于防止打印时出现条带化现象，在屏幕上不能明显地体现出作用。

- 透明区域：勾选该项，可以创建包含透明像素的渐变，如图3-106所示；取消勾选则创建实色渐变，如图3-107所示。

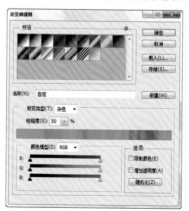

图3-106    图3-107

3.7.2 杂色渐变

杂色渐变包含了在指定范围内随机分布的颜色，它的颜色变化效果更加丰富。在"渐变编辑器"的"渐变类型"下拉列表中选择"杂色"，在对话框中就会显示杂色渐变选项，如图3-108所示。

图3-108

- 粗糙度：用来设置渐变的粗糙度，该值越高，颜色的层次越丰富，但颜色间的过渡会变得更加粗糙，如图3-109、图3-110所示。

图3-109　　　　　　　　　　图3-110

● 颜色模型：在下拉列表中可以选择一种颜色模型来设置渐变，包括RGB、HSB和LAB。每一种颜色模型都有对应的颜色滑块，拖动滑块即可调整渐变颜色，如图3-111所示。

RGB模型　　　　　　　　　拖动滑块调整颜色

HSB模型　　　　　　　　　拖动滑块调整颜色

LAB模型　　　　　　　　　拖动滑块调整颜色

图3-111

● 限制颜色：将颜色限制在可以打印的范围内，防止颜色过于饱和。

● 增加透明度：可以向渐变中添加透明像素，如图3-112所示。

● 随机化：每单击一次该按钮，就会随机生成一个新的渐变颜色，如图3-113所示。

图3-112　　　　　　　　　　图3-113

3.7.3 透明渐变

透明渐变是指包含透明像素的渐变。打开"渐变编辑器"，选择一个预设的实色渐变。选择渐变条上方的不透明度色标，如图3-114所示；调整它的"不透明度"值，即可使色标所在位置的渐变颜色呈现透明效果，如图3-115所示。

图3-114　　　　　　　　　　图3-115

拖动不透明度色标，或者在"位置"文本框中输入数值，可以调整色标的位置，如图3-116所示。拖动中点（菱形图标），则可以调整该图标一侧颜色与另一侧透明色的混合位置，如图3-117所示。

图3-116　　　　　　　　　　图3-117

提示

在渐变条上方单击，可以添加不透明度色标；将色标拖出对话框外，可删除色标。

3.7.4 存储与载入渐变

在"渐变编辑器"中调整好一个渐变以后，在"名称"选项中输入渐变的名称，如图3-118所示，单击"新建"按钮，可将其保存到渐变列表中，如图3-119所示。

图3-118　　　　　　　　　　图3-119

提示

单击"存储"按钮，可在打开的"存储"对话框中将渐变列表内所有的渐变保存为一个渐变库。

载入Photoshop渐变库

在"渐变编辑器"中，单击渐变列表右上角的 按钮，可以打开一个下拉菜单，如图3-120所示，菜单底部包含了Photoshop提供的预设渐变库。选择一个渐变库，会弹出一个提示对话框，单击"确定"按钮，可载入渐变并替换列表中原有的渐变，如图3-121所示；单击"追加"按钮，可在原有渐变的基础上添加载入的渐变；单击"取消"按钮，则取消操作。

图3-120

图3-121

载入外部渐变库

单击"渐变编辑器"对话框中的"载入"按钮，可以打开"载入"对话框，选择光盘中的渐变库，如图3-122所示，单击"载入"按钮可将其载入使用，如图3-123所示。

复位渐变

在"渐变编辑器"中载入渐变或删除渐变后，如果想要恢复为默认的渐变，可执行该对话框菜单中的"复位渐变"命令，如图3-124所示，此时会弹出一个提示，如图3-125所示，单击"确定"按钮，即可恢复为默认的渐变；单击"追加"按钮，则可将默认的渐变添加到当前列表中。

图3-122

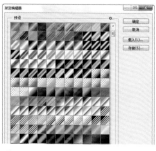
图3-123

图3-124

图3-125

3.7.5 制作水晶按钮（实战）

■素材：光盘>素材文件夹 ■视频：光盘>视频文件夹 ■难度：★★★☆☆
■实例类型：软件功能+特效 ■实例应用：用各种渐变表现水晶的透明质感

01 按下Ctrl+N快捷键打开"新建"对话框，在"预设"下拉列表中选择Web，在"大小"下拉列表中选择1024×768，单击"确定"按钮新建一个文档。

02 将前景色设置为白色，背景色设置为浅绿色（R132、G204、B202）。选择渐变工具 ，单击径向渐变按钮 ，在渐变下拉面板中选择"前景色到背景色渐变"，如图3-126所示。由画面中心向底边拖动鼠标，创建径向渐变，如图3-127所示。

图3-126

图3-127

03 单击"图层"面板底部的 按钮，新建一个图层❶，如图3-128所示。使用椭圆选框工具 ❷按住Shift键创建一个圆形选区，如图3-129所示。

图3-128

图3-129

提示

使用渐变工具 时，按住Shift拖动鼠标可以创建水平、垂直或以45°角为增量的渐变。在创建径向渐变时无需使用该方法，但是其他渐变则会经常用到。

04 将前景色设置为深蓝色（R0、G75、B192），按下Alt+Delete快捷键在选区内填充蓝色，按下Ctrl+D快捷键取消选择，如图3-130所示。再创建一个椭圆形的选区，如图3-131所示。

相关链接
❶关于创建图层的内容，可参阅第354~357页。❷椭圆选框工具的使用方法，可参阅第10页。

图3-130　　　　　　　　　图3-131

05 新建一个图层。将前景色设置为白色，选择渐变工具，在工具选项栏中按下线性渐变按钮，选择"前景色到透明渐变"，将渐变的不透明度设置为50%，如图3-132所示。在选区内由上至下填充渐变，如图3-133所示，按下Ctrl+D快捷键取消选择，如图3-134所示。

图3-132

图3-133　　　　　　　　　图3-134

06 新建一个图层。选择椭圆选框工具，在工具选项栏中设置羽化参数为10像素，在按钮的下半部分创建一个椭圆选区，如图3-135所示；将前景色设置为蓝色（R0、G173、B234），用渐变工具由下至上填充"前景色到透明渐变"，按下Ctrl+D快捷键取消选择，如图3-136所示。

图3-135　　　　　　　　　图3-136

07 新建一个图层。将前景色设置为深灰色（R12、G86、B153），在工具选项栏中单击径向渐变按

钮，用渐变工具由按钮中心向外创建渐变，范围不要超出按钮，如图3-137所示。按下Ctrl+T快捷键显示定界框❶，如图3-138所示。

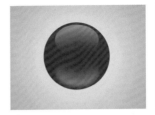
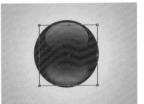

图3-137　　　　　　　　　图3-138

08 将光标放在定界框的上边，向下拖动鼠标，将圆形压扁（将光标放在定界框内拖动可移动图形位置），如图3-139所示，按下回车键确认操作。按下Shift+Ctrl+[快捷键将该图层移至底层，使其位于按钮后面，作为投影出现，如图3-140所示。

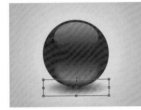

图3-139　　　　　　　　　图3-140

09 打开光盘中的素材文件，使用移动工具将图标素材拖入按钮文档中，设置混合模式为"滤色"❷，如图3-141、图3-142所示。

图3-141　　　　　　　　　图3-142

> **提示**
>
> 在按钮制作完成后，可以按住Shift键单击"图层1"，选取除"背景"以外的所有图层，当前状态为移动工具的情况下，工具选项栏中有相应的对齐按钮，可以单击水平居中对齐按钮以对齐各个图形。

相关链接
❶定界框的调整方法，可参阅第255页。❷关于混合模式的更多内容，可参阅第134页。

欧洲绘画的最初源头在于古希腊、古罗马艺术。古希腊、古罗马绘画注重人体比例关系的正确和空间的透视变化。从14世纪开始萌芽的意大利文艺复兴中，一大批艺术家更是将以模拟再现自然界的写实绘画推向了巅峰。15世纪尼德兰凡·爱克兄弟发明了油画绘画技法，并很快传遍欧洲各地。17~19世纪以油画和壁画为主的西方绘画在全欧洲蓬勃发展，涌现出了大量名垂史册的绘画大师。代表人物有达·芬奇、米开朗基罗和拉斐尔（文艺复兴画坛三杰）。

19世纪末，油画艺术在发展进入顶峰之后走向了解体，以法国印象派为始的西方画家们开始不再将准确模拟自然创作作为艺术手段，不再注重素描造型的准确，而是力图通过变化多样的色彩、笔触、构图来传达他们内在的精神世界。

到了20世纪，欧洲画坛更是涌现出了大批新的流派：抽象主义、立体主义、极简主义、表现主义、波普主义，等等。这些现代绘画，或强调形式结构与画面点线面元素的构成秩序，或关心内在的情感和精神的表达，使绘画呈现出更加多姿多彩的面貌。

1946年2月14日，世界上第一台电脑ENIAC在美国宾夕法尼亚大学诞生。1975年，首台个人计算机Altair研制成功。两年后，苹果Ⅱ型电脑问世。计算机的出现无论是在人类的科技史还是艺术史上，都是一座划时代的里程碑。计算机的最初目的是使之成为处理抽象符号的数学工具，直到加上显示器运行之后，人们才能看到计算结果。这种视觉的、而不是书写的结果，导致了电子图像的产生，最终成为一种新的艺术表达形式。

1968年，首届计算机美术作品巡回展览自伦敦开始，遍历欧洲各国，最后在纽约闭幕，从此宣告了计算机美术成为一门富有特色的应用科学和艺术表现形式，开创了设计艺术领域的新天地。现在，无论是素描、水彩、水粉、油画、丙稀、版画、粉笔甚至国画，都可以在电脑上轻松地表现出来。以往传统绘画能够表现的，电脑都能够做到。而传统绘画不能做到的，电脑也可以呈现出令人叹为观止的效果。

《蒙娜·丽莎》达·芬奇　　《西斯廷圣母》拉斐尔

《日出·印象》印象派画家莫奈　　《向日葵》凡·高

计算机分形艺术图案　　计算机分形艺术图案

国外艺术家的电脑绘画作品

3.8 油漆桶工具（实战卡通画填色）

■素材：光盘>素材文件夹 ■视频：光盘>视频文件夹 ■难度：★★☆☆☆ ■实例类型：软件功能+鼠绘 ■实例应用：用油漆桶工具为卡通画填色

　　油漆桶工具 🖌 可以在图像中填充前景色或图案。如果创建了选区，填充的区域为所选区域；如果没有创建选区，则填充与鼠标单击点颜色相近的区域。下面我们就用油漆桶工具为一幅卡通画填色。

01 打开光盘中的素材文件，如图3-143所示。选择油漆桶工具 🖌 ，在工具选项栏中将"填充"设置为"前景"，"容差"设置为30，勾选"消除锯齿"和"连续的"选项，如图3-144所示。

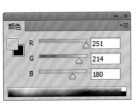

图3-143　　　　　　　　图3-144

02 在"颜色"面板中调整前景色，如图3-145所示。在小卡通的脸和耳朵上单击，填充前景色，如图3-146所示。

图3-145　　　　　　　　图3-146

03 将前景色调整为黄色，如图3-147所示，为头发填色，如图3-148所示。采用同样方法，调整前景色，分别为头饰、衣服、鞋子和背景填色，如图3-149、图3-150所示。

图3-147　　　　　　　　图3-148

图3-149　　　　　　　　图3-150

04 在工具选项栏中将"填充"设置为"图案"，然后选择一个图案，如图3-151所示，在背景上单击填充图案，如图3-152所示。

图3-151　　　　　　　　图3-152

05 执行"编辑>渐隐油漆桶"命令，打开"渐隐"对话框，将所填充的图案的混合模式改为"叠加"，如图3-153所示，让背景色透过图案显示出来，如图3-154所示。

图3-153　　　　　　　　图3-154

06 选择画笔工具 🖌 ，在画笔下拉面板中选择"硬边圆"画笔，设置大小为100像素，"模式"为"正片叠底"，如图3-155所示。给小卡通画两个红脸蛋，如图3-156所示。

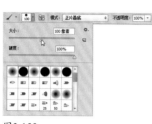

图3-155　　　　　　　　　　图3-156

油漆桶工具选项栏

图3-157所示为油漆桶工具的选项栏。

图3-157

● 填充内容： 单击油漆桶图标右侧的 ⬥ 按钮，在下拉列表中选择填充内容，包括"前景色"和"图案"。

● 模式/不透明度： 用来设置填充内容的混合模式和不透明度。如果将"模式"设置为"颜色"，则填充颜色时不会破坏图像中原有的阴影和细节。

● 容差： 用来定义必须填充的像素的颜色相似程度。低容差会填充颜色值范围内与单击点像素非常相似的像素，高容差则填充更大范围内的像素。

● 消除锯齿： 可以平滑填充选区的边缘。

● 连续的： 只填充与鼠标单击点相邻的像素；取消勾选时可填充图像中的所有相似像素。

● 所有图层： 选择该项，表示基于所有可见图层中的合并颜色数据填充像素；取消勾选则仅填充当前图层。

👓 **技术看板：**
用渐隐命令修改编辑结果

当使用画笔、滤镜编辑图像，或者进行了填充、颜色调整、添加了图层效果等操作以后，"编辑"菜单中的"渐隐"命令可以使用，执行该命令可修改操作结果的不透明度和混合模式。

原图　　　　　　　　使用"去色"命令处理图像

打开"渐隐"命令对话框　　修改混合模式与不透明度的效果

3.9　历史记录画笔工具（实战局部绘画）

■素材： 光盘>素材文件夹　■视频： 光盘>视频文件夹　■难度： ★★☆☆☆　■实例类型： 软件功能　■实例应用： 用历史记录画笔工具恢复部分图像

历史记录画笔工具 🖌 可以将图像恢复到编辑过程中的某一步骤状态，或者将部分图像恢复为原样。该工具需要配合"历史记录"面板❶一同使用。

01 打开光盘中的素材，如图3-158所示。按下Ctrl+J快捷键复制"背景"图层，如图3-159所示。

02 按下Ctrl+U快捷键打开"色相/饱和度"对话框，设置饱和度参数30，如图3-160、图3-161所示。

图3-158　　　　　　　　图3-159

图3-160　　　　　　　　图3-161

相关链接
❶"历史记录"面板可以将图像恢复到打开时的状态或操作过程中的某一步状态，也可以再次回到当前的操作状态，关于"历史记录"面板的相关内容，可参阅第214页。

03 执行"滤镜>素描>绘图笔"命令，制作素描效果，如图3-162所示。

图3-162

04 打开"历史记录"面板，对图像进行的编辑操作都会记录在该面板中。想要将部分内容恢复到哪一个操作阶段的效果（或者恢复为原始图像），就在"历史记录"面板中该操作步骤前面单击，所选步骤前面会显示历史记录画笔的源图标 ✎，如图3-163所示。

选择历史记录画笔工具 ✎，在工具选项栏中设置大小为50像素，涂抹画框以外的图像，即可将其恢复到"色相/饱和度"时的状态，如图3-164所示。

图3-163

图3-164

提示

"历史记录"面板中设置历史记录画笔的源图标 ✎ 所在的位置将作为源图像。打开图像时，它的初始状态会自动登录到快照区，该图标也在原始图像的快照上。在本实例中，如果想要部分内容恢复原始图像，则不用修改 ✎ 图标的位置。

3.10 历史记录艺术画笔工具（实战水彩画）

■素材：光盘>素材文件夹 ■视频：光盘>视频文件夹 ■难度：★★☆☆☆ ■实例类型：软件功能+鼠绘 ■实例应用：用历史记录艺术画笔工具绘制图像

历史记录艺术画笔工具 ✎ 与历史记录画笔的工作方式完全相同，但它在恢复图像的同时会进行艺术化处理，创建出独具特色的艺术效果。

01 按下Ctrl+O快捷键，打开光盘中的素材文件，如图3-165所示。

图3-165

02 选择历史记录艺术画笔工具 ✎，在画笔下拉面板中选择"硬画布蜡笔"，在样式下拉列表中选择"绷紧短"，如图3-166所示。

03 按下Ctrl+J快捷键复制"背景"图层，如图3-167所示。在图像上拖动鼠标涂抹（包括边缘），进行艺术化处理，如图3-168所示。

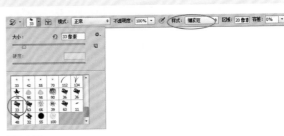

图3-166

图3-167

图3-168

04 用历史记录艺术画笔工具 对全部图像都进行艺术化处理，如图3-169所示，增强绘画感。

图3-169

05 将该图层的不透明度设置为80%，使图像呈现透明效果，如图3-170、图3-171所示。

图3-170

图3-171

06 按下Ctrl+J快捷键复制"图层1"，设置混合模式为"叠加"，然后再将不透明度设置为50%，如图3-172、图3-173所示。

图3-172

图3-173

07 按住Ctrl键单击RGB通道❶，如图3-174所示，从图像的亮部区域载入选区，如图3-175所示。

图3-174

图3-175

08 按下Shift+Ctrl+I快捷键反选，选取图像中的暗部区域，单击"调整"面板中的 按钮，基于选区创建"曲线"调整图层❷，拖动曲线将图像调亮，如图3-176所示，选区会转换到调整图层的蒙版中，对图像形成遮盖，如图3-177所示，使图像中的亮部区域不受影响。暗部区域经过调整会变亮，如图3-178所示。图3-179所示为局部效果。

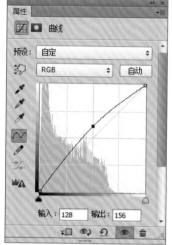

图3-176

图3-177

图3-178

图3-179

相关链接

❶将通道作为选区载入及"通道"面板的使用方法，可参阅第147页。❷调整图层的相关内容，可参阅第385页。

紧绷短

紧绷中

提示

在绘制图像时，可以使用旋转视图工具 🖑 旋转画布，使绘画更加方便。

历史记录艺术画笔工具选项栏

在历史记录艺术画笔的工具选项栏中，"画笔"、"模式"、"不透明度"等都与画笔工具的相应选项相同。其他选项介绍如下。

● 样式：可以选择一个选项来控制绘画描边的形状，包括"绷紧短"、"绷紧中"和"绷紧长"等，如图3-180~图3-182所示。

紧绷长

松散中等

松散长

轻涂

样式： 绷紧短
绷紧短
绷紧中
绷紧长
松散中等
松散长
轻涂
绷紧卷曲
绷紧卷曲长
松散卷曲
松散卷曲长

图3-180

绷紧卷曲

绷紧卷曲长

松散卷曲

松散卷曲长

图3-182

原图
图3-181

● 区域： 用来设置绘画描边所覆盖的区域。 该值越高，覆盖的区域越广，描边的数量也越多。

● 容差： 容差值可以限定可应用绘画描边的区域。 低容差可用于在图像中的任何地方绘制无数条描边，高容差会将绘画描边限定在与源状态或快照中的颜色明显不同的区域。

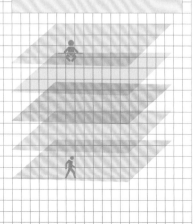

第4章 修饰类工具

4.1 污点修复画笔工具（实战去除色斑）

■视频：光盘>视频文件夹 ■难度：★★☆☆☆ ■实例类型：照片处理 ■实例应用：去除面部色斑

污点修复画笔工具 ✐ 可以快速去除照片中的污点、划痕和其他不理想的部分。它与修复画笔的工作方式类似，也是使用图像或图案中的样本像素进行绘画，并将样本像素的纹理、光照、透明度和阴影与所修复的像素相匹配。但修复画笔要求指定样本，而污点修复画笔可以自动从所修饰区域的周围取样。

01 按下Ctrl+O快捷键，打开光盘中的素材文件，如图4-1所示。选择污点修复画笔工具 ✐，在工具选项栏中选择柔角笔尖，将"类型"设置为"内容识别"，如图4-2所示。

图4-1   图4-2

02 将光标放在鼻子上的斑点处，如图4-3所示，单击即可将斑点清除，如图4-4所示。采用同样方法修复下巴和眼角的皱纹，如图4-5所示。

图4-3   图4-4   图4-5

本章我们来学习图像修饰类工具的使用方法。

早就听说，照片修饰是Photoshop的看家本领。好像很多人还称它为"数码暗房"？

在胶片时代，摄影师会将胶卷交由专业冲印单位进行加工，而好摄影师往往不满足于大众化的输出制作，他们会亲自动手，在自己的暗房里进行再次构图，再次曝光，配合不同相纸和显影液及时间的掌控等手段，制作出精彩的照片。自Photoshop出现以后，传统暗房的工作也被数码化的电脑修图所传承，如调整曝光、手工着色、锐化、去除多余对象等，都可以在Photoshop中轻松搞定。

学习重点 Learning Objectives

污点修复画笔工具/P50
修复画笔工具/P51
修补工具/P52
仿制图章工具/P55

污点修复画笔工具选项栏

图4-6所示为污点修复画笔的工具选项栏。

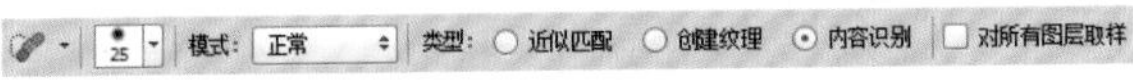

图4-6

- **模式：** 用来设置修复图像时使用的混合模式。除“正常”、“正片叠底”等常用模式外，该工具还包含一个“替换”模式。选择该模式时，可以保留画笔描边的边缘处的杂色、胶片颗粒和纹理。
- **类型：** 用来设置修复方法。选择“近似匹配”，可以使用选区边缘周围的像素来查找要用作选定区域修补的图像区域，如果该选项的修复效果不能令人满意，可还原修复并尝试“创建纹理”选项；选择“创建纹理”，可以使用选区中的所有像素创建一个用于修复该区域的纹理，如果纹理不起作用，可多涂抹几次；选择“内容识别”，可使用选区周围的像素进行修复。
- **对所有图层取样：** 如果当前文档中包含多个图层，勾选该项后，可以从所有可见图层中对数据进行取样；取消勾选，则只从当前图层中取样。

4.2 修复画笔工具(实战去除鱼尾纹)

■素材：光盘>素材文件夹 ■视频：光盘>视频文件夹 ■难度：★★☆☆☆ ■实例类型：照片处理 ■实例应用：用修复画笔工具去除鱼尾纹

修复画笔工具与仿制图章工具❶类似，即利用图像或图案中的样本像素来绘画。但该工具可以从被修饰区域的周围取样，并将样本的纹理、光照、透明度和阴影等与所修复的像素匹配，从而去除照片中的污点和划痕，修复结果人工痕迹不明显。

01 按下Ctrl+O快捷键，打开光盘中的素材文件，如图4-7所示。

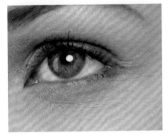

图4-7

02 选择修复画笔工具，在工具选项栏中选择柔角笔尖，在“模式”下拉列表中选择“替换”，将“源”设置为“取样”。将光标放在眼角附近没有皱纹的皮肤上，按住Alt 键单击进行取样，如图4-8所示；放开Alt 键，在眼角的皱纹处单击并拖动鼠标进行修复，如图4-9所示。

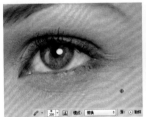

图4-8

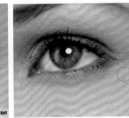

图4-9

03 继续按住Alt 键在眼角周围没有皱纹的皮肤上单击取样，然后修复鱼尾纹，如图4-10所示。在修复的过程中可适当调整工具的大小。采用同样方法在眼白上取样，修复眼中的血丝，如图4-11所示。

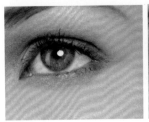

图4-10

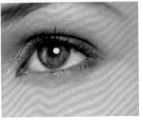

图4-11

相关链接

❶仿制图章工具的使用方法，详见第55页。

修复画笔工具选项栏

图4-12所示为修复画笔的工具选项栏。

图4-12

- **模式**：在下拉列表中可以设置修复图像的混合模式。"替换"模式比较特殊，它可以保留画笔描边的边缘处的杂色、胶片颗粒和纹理，使修复效果更加真实。

- **源**：设置用于修复的像素的来源。选择"取样"，可以直接从图像上取样，例如，图4-13所示为原图像，图4-14所示为修复效果；选择"图案"，则可在图案下拉列表中选择一个图案作为取样来源，如图4-15、图4-16所示，此效果类似于使用图案图章绘制图案。

- **对齐**：勾选该项，会对像素进行连续取样，在修复过程中，取样点随图修复位置的移动而变化；取消勾选，则在修复过程中始终以一个取样点为起始点。

- **样本**：用来设置从指定的图层中进行数据取样。如果要从当前图层及其下方的可见图层中取样，可以

选择"当前和下方图层"；如果仅从当前图层中取样，可以选择"当前图层"；如果要从所有可见图层中取样，可以选择"所有图层"。

图4-13　　　　　　　图4-14

图4-15　　　　　　　图4-16

4.3 修补工具（实战复制人像）

■素材：光盘>素材文件夹　■视频：光盘>视频文件夹　■难度：★★☆☆☆　■实例类型：照片处理　■实例应用：用修补工具复制图像

　　修补工具🔲与修复画笔工具类似，它也可以用其他区域或图案中的像素来修复选中的区域，并将样本像素的纹理、光照和阴影与源像素进行匹配。该工具的特别之处是需要用选区来定位修补范围。

01 按下Ctrl+O快捷键，打开光盘中的素材文件，如图4-17所示。

02 选择修补工具🔲，在工具选项栏中将"修补"设置为"目标"，在画面中单击并拖动鼠标创建选区，将女孩选中，如图4-18所示。

图4-17　　　　　　図4-18

03 将光标放在选区内，单击并向左侧拖动复制图像，如图4-19所示。

图4-19

04 按下Ctrl+D快捷键取消选择，可以复制出一个一模一样的小女孩，效果如图4-20所示。

👤 **提示**

用矩形选框工具、魔棒工具或套索等工具等创建选区后，可以用修补工具拖动选中的图像进行修补。

图4-20

修补工具选项栏

图4-21所示为修补工具的选项栏。

图4-21

- **选区创建方式**：按下新选区按钮 ▢ ，可以创建一个新的选区，如果图像中包含选区，则新选区会替换原有选区；按下添加到选区按钮 ▢ ，可以在当前选区的基础上添加新的选区；按下从选区减去按钮 ▢ ，可以在原选区中减去当前绘制的选区；按下与选区交叉按钮 ▢ ，可得到原选区与当前创建的选区相交的部分。

- **修补方法**：用来设置修补方式。如果选择"源"选项，将选区拖至要修补的区域后，会用当前选区中的图像修补原来选中的图像，如图4-22、图4-23所示；如果选择"目标"，则会将选中的图像复制到目标区域，如图4-24所示。

图4-22

图4-23

图4-24

- **透明**：勾选该项后，可以使修补的图像与原图像产生透明的叠加效果。

- **使用图案**：在图案下拉面板中选择一个图案后，单击该按钮，可以使用图案修补选区内的图像。

4.4 红眼工具（实战去除红眼）

■素材：光盘>素材文件夹 ■视频：光盘>视频文件夹 ■难度：★☆☆☆☆ ■实例类型：照片处理 ■实例应用：用红眼工具修复红眼照片

红眼工具 ⁺👁 可以去除用闪光灯拍摄的人物照片中的红眼，以及动物照片中的白色或绿色反光。

01 按下Ctrl+O快捷键，打开光盘中的素材文件，如图4-25所示。

02 选择红眼工具 ⁺👁 ，将光标放在红眼区域上，如图4-26所示，单击即可校正红眼，如图4-27所示。另一只眼睛也采用同样方法校正，如图4-28所示。如果对结果不满意，可执行"编辑>还原"命令还原，然后设置不同的"瞳孔大小"和"变暗量"参数并再次尝试。

图4-27

图4-28

红眼工具选项栏

图4-29所示为红眼工具的选项栏。

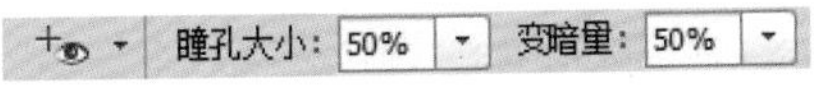

图4-29

- **瞳孔大小**：可设置瞳孔（眼睛暗色的中心）的大小。

- **变暗量**：用来设置瞳孔的暗度。

图4-25

图4-26

4.5 内容感知移动工具(实战重组图像)

■素材: 光盘>素材文件夹 ■视频: 光盘>视频文件夹 ■难度: ★★☆☆☆ ■实例类型: 照片处理 ■实例应用: 用内容感知移动工具移动与重组图像

内容感知移动工具 ✄ 是Photoshop CS6新增的工具,用它将选中的对象移动或扩展到图像的其他区域时,可以重组和混合对象,产生出色的视觉效果。

01 按下Ctrl+O快捷键,打开光盘中的照片素材,如图4-30所示。按下Ctrl+J快捷键复制"背景"图层,如图4-31所示。

图4-30　　　　　　　　图4-31

02 选择内容感知移动工具 ✄ ,在工具选项栏中将"模式"设置为"移动",如图4-32所示,在画面中单击并拖动鼠标创建选区,将长颈鹿选中,如图4-33所示。

图4-32　　　　　　　　图4-33

03 将光标放在选区内,然后单击并向画面左侧拖动鼠标,如图4-34所示,放开鼠标后,Photoshop便会将长颈鹿移动到新位置,并自动填充空缺的部分,如图4-35所示。

图4-34　　　　　　　　图4-35

04 在工具选项栏中选择"扩展"选项,如图4-36所示,将光标放在选区内,单击并向画面右侧拖动鼠标,复制出一只长颈鹿,如图4-37、图4-38所示。

图4-36　　　　　　　　图4-37

图4-38

内容感知移动工具选项栏·······················

图4-39所示为内容感知移动工具的选项栏。

图4-39

● 模式: 用来选择图像移动方式,包括"移动"和"扩展"。

● 适应: 用来设置图像修复精度。

● 对所有图层取样: 如果文档中包含多个图层,勾选该项,可以对所有图层中的图像进行取样。

👤提示··········

将长颈鹿移动到新的位置后,按下Ctrl+H快捷键可以隐藏选区,以便于查看图像的编辑效果,再次按下该快捷键可以显示选区。

4.6 仿制图章工具（实战克隆）

■素材：光盘>素材文件夹　■视频：光盘>视频文件夹　■难度：★★★☆☆■实例类型：照片处理　■实例应用：用仿制图章工具复制小狗图像

仿制图章工具 🖳 可以从图像中拷贝信息，将其应用到其他区域或其他图像中。该工具常用于复制图像内容或去除照片中的缺陷。

01 打开光盘中的照片素材，如图4-40所示。选择仿制图章工具 🖳，在工具选项栏中选择柔角笔尖，设置画笔大小为80像素，硬度为50%，如图4-41所示。

 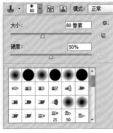

图4-40　　　　　　　　　图4-41

02 将光标放在最左侧的狗狗的面部，如图4-42所示，按住Alt键单击鼠标进行取样，然后将光标放在它旁边的狗狗的面部，如图4-43所示，单击并拖动鼠标进行复制，如图4-44所示。

图4-42　　　　　　图4-43　　　　　　图4-44

03 按下[键将笔尖调小，再降低画笔的硬度和不透明度❶，在狗狗的耳朵上涂抹，仔细处理耳朵，如图4-45所示。增加工具的硬度和不透明度，仔细处理狗狗的爪子和琴键，如图4-46所示。如果琴键的衔接不够完美，可以对琴键单独取样，再仔细调整。

图4-45　　　　　　　　　图4-46

04 采用同样的方法对最右侧的狗狗进行取样，然后将复制的内容应用到它身边的狗狗上，进而将其替换，图4-47所示为最终的复制结果。

图4-47

仿制图章工具选项栏

图4-48所示为仿制图章的工具选项栏，除"对齐"和"样本"外，其他选项均与画笔工具相同。

图4-48

● 对齐：勾选该项，可以连续对像素进行取样；取消选择，则每单击一次鼠标，都使用初始取样点中的样本像素，因此，每次单击都被视为是另一次复制。

● 样本：用来选择从指定的图层中进行数据取样。如果要从当前图层及其下方的可见图层中取样，应选择"当前和下方图层"；如果仅从当前用图层中取样，可选择"当前图层"；如果要从所有可见图层中取样，可选择"所有图层"；如果要从调整图层以外的所有可见图层中取样，可选择"所有图层"，然后单击选项右侧的忽略调整图层按钮 🚫。

● 切换仿制源面板 🖳：单击该按钮可以打开"仿制源"面板。

● 切换画笔面板 📋：单击该按钮可以打开"画笔"面板。

相关链接
❶在工具选项栏中可以调整工具的不透明度，详见第31页；在工具下拉面板中可以调整工具的大小和硬度，详见第32页。

技术看板：
光标中心的十字线有什么用处？

使用仿制图章时，按住Alt键在图像中单击，定义要复制的内容（称为"取样"），然后将光标放在其他位置，放开Alt键拖动鼠标涂抹，即可将复制的图像应用到当前位置。与此同时，画面中会出现一个圆形光标和一个十字形光标，圆形光标是我们正在涂抹的区域，而该区域的内容则是从十字形光标所在位置的图像上拷贝的。在操作时，两个光标始终保持相同的距离，只要观察十字形光标位置的图像，便知道将要涂抹出什么样的图像内容了。

4.7 图案图章工具(实战给鞋面添加图案)

■素材：光盘>素材文件夹 ■视频：光盘>视频文件夹 ■难度：★☆☆☆☆ ■实例类型：软件功能 ■实例应用：用图案图章工具在鞋面上绘制图案

图案图章工具 🖈 可以利用Photoshop提供的图案或者用户自定义的图案进行绘画。下面我们来用该工具为鞋面描绘图案。

01 打开光盘中的素材，如图4-49所示。按下Ctrl+J快捷键复制"背景"图层，如图4-50所示。

图4-49

图4-50

02 打开"路径"面板，按住Ctrl键单击"路径1"，载入鞋面的选区，如图4-51、图4-52所示。

图4-51

图4-52

03 选择图案图章工具 🖈，在工具选项栏中设置模式为"强光"，打开图案下拉面板，单击 ⚙ 按钮，打开面板菜单，选择"图案"命令，加载该图案库，然后选择"斑马"图案，如图4-53所示。

图4-53

04 分别在鞋头和鞋跟拖动鼠标涂抹，绘制图案，按下Ctrl+D快捷键取消选择，效果如图4-54所示。

图4-54

图案图章工具选项栏

图4-55所示为图案图章工具的选项栏。

图4-55

在图案图章的工具选项栏中，"模式"、"不透明度"、"流量"、喷枪等与仿制图章和画笔工具基本相同，其他选项用途如下。

● 对齐：选择该选项以后，可以保持图案与原始起点的连续性，即使多次单击鼠标也不例外，如图4-56所示；取消选择时，则每次单击鼠标都重新应用图案，如图4-57所示。

● 印象派效果：勾选该项后，可以模拟出印象派效果的图案，如图4-58、图4-59所示。

图4-56

图4-57

柔角画笔绘制的印象派效果
图4-58

尖角画笔绘制的印象派效果
图4-59

4.8 橡皮擦工具（实战绘制书籍图案）

■素材：光盘>素材文件夹 ■视频：光盘>视频文件夹 ■难度：★★☆☆☆ ■实例类型：软件功能 ■实例应用：用橡皮擦工具擦除图像的多余部分

橡皮擦工具 可以擦除图像。下面我们来用画笔工具绘图，再用橡皮擦工具擦除多余图像，制作一个书籍图案。

01 打开光盘中的素材文件，如图4-60所示。单击"图层"面板底部的按钮，在"背景"图层上方新建一个图层，如图4-61所示。

图4-60 　　　　图4-61

02 将前景色设置为绿色。选择画笔工具，设置画笔大小为77像素，在眼睛后面绘制一个书籍图形，如图4-62所示。

03 选择橡皮擦工具，设置大小为7像素，在绿色图形上单击，如图4-63所示；按住Shift键在图形以外右侧空白的位置单击，两点之间会自动形成一条直线，对图形进行擦除，如图4-64所示；用同样方法操作，表现出图书的书页部分，如图4-65、图4-66所示。

图4-62 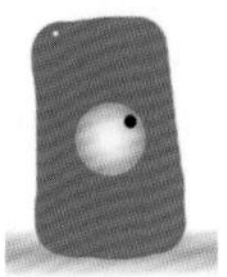　图4-63 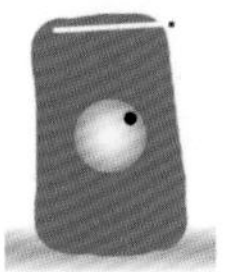　图4-64　图4-65　图4-66

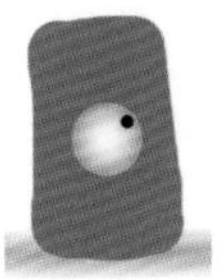

04 将前景色设置为紫色，用同样方法绘制另一个书籍图案，效果如图4-67所示。

图4-67

橡皮擦工具选项栏

图4-68所示为橡皮擦工具的选项栏。

图4-68

如果处理的是"背景"图层或锁定了透明区域（单击"图层"面板中的按钮）的图层，涂抹区域会显示为背景色，如图4-69所示；处理其他图层时，则可擦除涂抹区域的像素，如图4-70所示。

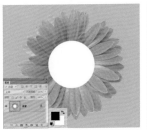
图4-69

图4-70

● 模式：可以选择橡皮擦的种类。选择"画笔"，可创建柔边擦除效果，如图4-71所示；选择"铅笔"，可创建硬边擦除效果，如图4-72所示；选择"块"，擦除的效果为块状，如图4-73所示。

● 不透明度：用来设置工具的擦除强度，100%的不透明度可以完全擦除像素，较低的不透明度将部分擦除像素。将"模式"设置为"块"时，不能使用该选项。

● 流量：用来控制工具的涂抹速度。

● 抹到历史记录：与历史记录画笔工具的作用相同。勾选该选项后，在"历史记录"面板选择一个状态或快照，在擦除时，可以将图像恢复为指定状态。

图4-71　　　　　图4-72　　　　　图4-73

4.9 背景橡皮擦工具（实战抠图）

■素材：光盘>素材文件夹 ■视频：光盘>视频文件夹 ■难度：★★☆☆☆ ■实例类型：抠图 ■实例应用：用背景橡皮擦工具抠出建筑

　　背景橡皮擦工具 是一种智能橡皮擦，它可以自动采集画笔中心的色样，同时删除在画笔内出现的这种颜色，使擦除区域成为透明区域。

01 按下Ctrl+O快捷键，打开光盘中的素材文件，如图4-74所示。

图4-74

02 选择背景橡皮擦工具 ，按下连续按钮 ，设置"容差"为25%。在背景图像上单击并拖动鼠标，将背景擦除，如图4-75所示。应注意光标中心的十字线不要碰触到建筑物。

图4-75

03 按住Ctrl键单击 按钮，在"图层0"下方新建一个图层❶，按下Alt+Delete快捷键填充黑色，如图4-76所示。单击"图层0"，选择该图层。观察黑色背景上的图像，发现有多余的内容就将其擦除干净，如图4-77所示。

图4-76　　　　　图4-77

04 打开一个天空图像，将它拖入建筑文档中，生成"图层2"，按下Ctrl+ [快捷键，将该图层调整到建筑层的下方，如图4-78、图4-79所示。

图4-78　　　　　图4-79

05 下面我们来调整颜色，让建筑与新添加的背景的色彩形成统一的风格，使整个图像呈现出油画般效果。单击"图层0"，然后单击"调整"面板中的 按钮，在该图层上方创建"色相/饱和度"❷调整图层，对色彩进行调整，如图4-80、图4-81所示。

相关链接
❶图层的创建与使用方法，可参阅第13章。❷"色相/饱和度"命令可以使图像的色彩更加鲜艳，也可以选择只对图像中的某种颜色进行调整，详细内容可参阅第295页。

图4-80　　　　　　图4-81

06 按下Alt+Ctrl+G快捷键创建剪贴蒙版❶，使调整图层只影响下方的建筑层，而不会影响到新加入的天空图层，如图4-82、图4-83所示。

图4-82　　　　　　图4-83

07 单击"调整"面板中的按钮，创建"渐变映射"❷调整图层。单击渐变颜色条，如图4-84所示，打开"渐变编辑器"调整颜色，如图4-85所示。按下Alt+Ctrl+G快捷键，将该调整层也加入到剪贴蒙版组中，设置该图层的混合模式为"颜色加深"，如图4-86、图4-87所示。

图4-84　　　　　　图4-85

图4-86　　　　　　图4-87

08 选择渐变工具，在工具选项栏中按下线性渐变按钮，按住Shift键在画面中由上至下拖动鼠标，在蒙版❹中填充黑白渐变，如图4-88所示，使"渐变映射"调整图层只对画面底部的水面产生效果，如图4-89所示。

图4-88　　　　　　图4-89

背景橡皮擦工具选项栏

图4-90所示为背景橡皮擦工具的选项栏。

图4-90

● 取样：用来设置取样方式。单击连续按钮，在拖动鼠标时可连续对颜色取样，凡是出现在光标中心十字线内的图像都会被擦除；单击一次按钮，只擦除包含第一次单击点颜色的图像；单击背景色板按钮，只擦除包含背景色的图像，如图4-91所示。

连续　　　　　一次　　　　背景色板

图4-91

● 限制：定义擦除时的限制模式。选择"不连续"，可擦除出现在光标下任何位置的样本颜色；选择"连续"，只擦除包含样本颜色并且互相连接的区域；选择"查找边缘"，可擦除包含样本颜色的连接区域，同时更好地保留形状边缘的锐化程度。

● 容差：用来设置颜色的容差范围。低容差仅限于擦除与样本颜色非常相似的区域，高容差可擦除范围更广的颜色。

● 保护前景色：勾选该项，可防止擦除与前景色匹配的区域。

相关链接
❶剪贴蒙版可以用基底图层的像素限制内容图层的显示，详细内容请参阅第395页。❷"渐变映射"命令可以替换图像中的各级灰度，从而改变图像颜色，详细内容请参阅第315页。❸渐变工具的使用方法请参阅第40页。❹在图层蒙版中，白色对应的图像是可见的，黑色则会隐藏图像，详细内容请参阅第391页。

4.10 魔术橡皮擦工具（实战抠图）

■素材：光盘>素材文件夹 ■视频：光盘>视频文件夹 ■难度：★★☆☆☆ ■实例类型：抠图 ■实例应用：用魔术橡皮擦工具擦除背景

魔术橡皮擦工具可以自动分析图像的边缘。如果在"背景"图层或其他图层使用该工具，被擦除的区域会成为透明区域，同时"背景"图层也会转换为普通图层；如果是在锁定了透明区域的图层中使用该工具，被擦除的区域会变为背景色。

01 按下Ctrl+O快捷键，打开光盘中的素材文件，如图4-92、图4-93所示。

图4-92

图4-93

02 选择魔术橡皮擦工具，在工具选项栏中将"容差"设置为40，在画面右侧的背景上单击，删除背景，如图4-94所示，同时，"背景"图层会自动转换为普通图层❶，如图4-95所示。

图4-94

图4-95

03 继续在背景的天空上单击，直到背景成为透明区域，如图4-96、图4-97所示。

图4-96

图4-97

魔术橡皮擦工具选项栏

图4-98所示为魔术橡皮擦工具的选项栏。

图4-98

- 容差：用来设置可擦除的颜色范围。低容差会擦除颜色值范围内与单击点像素非常相似的像素，高容差可擦除范围更广的像素。
- 消除锯齿：可以使擦除区域的边缘变得平滑。
- 连续：只擦除与单击点像素邻近的像素；取消勾选时，可擦除图像中所有相似的像素。
- 对所有图层取样：对所有可见图层中的组合数据来采集抹除色样。
- 不透明度：用来设置擦除强度，100%的不透明度完全擦除像素，较低的不透明度可部分擦除像素。

4.11 模糊工具（实战表现景深）

■素材：光盘>素材文件夹 ■视频：光盘>视频文件夹 ■难度：★★☆☆☆ ■实例类型：照片处理 ■实例应用：用模糊工具对背景进行虚化处理

模糊工具可以柔化图像，减少图像的细节。选择该工具后，在图像中单击并拖动鼠标即可进行处理。如果反复涂抹图像上的同一区域，会使该区域变得更加模糊。

01 打开光盘中的素材，如图4-99所示。按下Ctrl+J快捷键复制"背景"图层，如图4-100所示。

图4-99

图4-100

相关链接
❶ "背景"图层位于"图层"面板最底层，在双击或执行特定操作后会转变为普通图层，相关内容请参阅第355页。

02 选择模糊工具 ⬙ ，在工具选项栏中设置工具大小为50像素，"强度"为100%，如图4-101所示，在花朵以外的背景上单击并拖动鼠标，扩大景深范围，使背景变得模糊，画面的视觉焦点聚集在花朵上，如图4-102所示。

图4-101　　　　　图4-102

模糊工具选项栏

图4-103所示为模糊工具的选项栏。

图4-103

● **画笔**：可以选择一个笔尖，模糊或锐化区域的大小取决于画笔的大小。单击 按钮，可以打开"画笔"面板。
● **模式**：用来设置工具的混合模式。
● **强度**：用来设置工具的强度。
● **对所有图层取样**：如果文档中包含多个图层，勾选该选项，表示使用所有可见图层中的数据进行处理；取消勾选，则只处理当前图层中的数据。

4.12 锐化工具（实战局部细节突出）

■素材：光盘>素材文件夹 ■视频：光盘>视频文件夹 ■难度：★★☆☆☆ ■实例类型：照片处理 ■实例应用：用锐化工具增加花朵的清晰度

锐化工具 △ 可以增强相邻像素之间的对比，提高图像的清晰度❶，如果反复涂抹同一区域，则会造成图像失真。

01 在上一个实例中，使用模糊工具将背景做了虚化处理，下面，再使用锐化工具将图中的花朵处理得更加清晰。选择锐化工具 △ ，设置工具大小为50像素，"强度"为50%，在花朵上涂抹，使花朵变得清晰，突出细节，如图4-104所示。

02 用快速选择工具 ✐ ❷在花朵上单击并拖动鼠标，将其选取，按住Alt键在选中的花朵的空隙处单击并拖动鼠标，进行选区运算，将多选的图像从选区中排除，如图4-105所示。

图4-106　　　　　图4-107

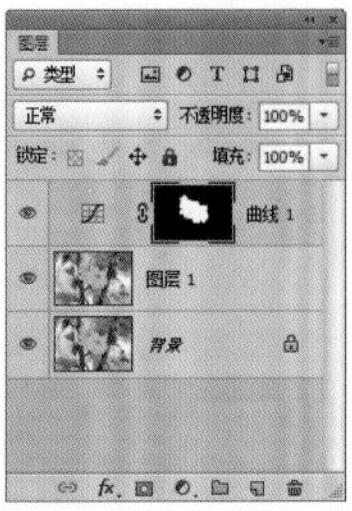

图4-108　　　　　图4-109

图4-104 　　　　　图4-105

03 单击"调整"面板中的 按钮，创建"曲线"❸调整图层，在"预设"下拉列表中选择"增加对比度（RGB）"，如图4-106所示。选区会转换为调整图层的蒙版，如图4-107所示，调整后花朵的对比度得到增强，而背景区域不会产生变化，图4-108所示为原图像，图4-109所示为进行模糊、锐化处理后的效果。

锐化工具选项栏

图4-110所示为锐化工具的选项栏，选项设置与模糊工具基本相同。

图4-110

● **保护细节**：可以在保护细节时最小化像素。

相关链接
❶模糊和锐化工具适合处理小范围内的图像细节，如果要对整幅图像进行处理，最好使用"模糊"和"锐化"滤镜。这两个滤镜的使用方法，可参阅光盘中的《Photoshop内置滤镜》电子书。❷快速选择工具可以快速的绘制选区，关于该工具的使用方法，请参阅第21页。❸关于如何用"曲线"命令调整图像，请参阅第284页。

4.13 涂抹工具（实战融化特效）

■素材：光盘>素材文件夹 ■视频：光盘>视频文件夹 ■难度：★★★☆☆ ■实例类型：视觉特效 ■实例应用：用涂抹工具表现液体流淌效果

　　使用涂抹工具 🖐 涂抹图像时，可拾取鼠标单击点的颜色，并沿拖移的方向展开这种颜色，模拟出类似于手指拖过湿油漆时的效果。

01 打开光盘中的素材，如图4-111所示。按下Ctrl+J快捷键复制"背景"图层，如图4-112所示。

图4-111　　　　　　　　　图4-112

02 选择画笔工具 🖌，在工具选项栏中设置工具大小为40像素，按下 I 键转换为吸管工具 🖉，在鞋附近单击，拾取该区域颜色作为前景色，如图4-113所示；按B键在鞋上涂抹，如图4-114所示。

图4-113　　　　　　　　　图4-114

03 再拾取裤子附近的颜色，在裤子上涂抹，将裤子覆盖，如图4-115所示。设置画笔工具的不透明度为20%，在过渡不均匀的颜色上涂抹，使这部分背景看起来更加自然，如图4-116所示。

图4-115　　　　　　　　　图4-116

04 选择涂抹工具 🖐，在工具选项栏中设置工具大小为5像素，"强度"为90%，在裤子的左侧阴影区域按下鼠标，然后按住Shift键拖动鼠标，涂抹出一条黑线，如图4-117所示；按下] 键将笔尖调大，沿裤子的右侧边缘向下拖动鼠标进行涂抹，如图4-118所示。

图4-117　　　　　　　　　图4-118

05 继续沿裤子边缘向下涂抹，制作出液体流淌效果。像用油彩画画一样，在笔触末端画一个圈，表现出水珠效果，如图4-119、图4-120所示。

图4-119　　　　　　　　　图4-120

06 表现裤子的折边时，可以在裤子右侧的亮面按住鼠标，往左侧（暗面）拖动鼠标，将浅色像素拖到深色里，如图4-121所示。不仅要将裤子的像素向外涂抹，也可以由背景向裤子上推移，用这种方法可将多余的部分覆盖，如图4-122所示。图4-123为最终效果。

图4-121　　　　　　　　　图4-122

图4-123

涂抹工具选项栏

图4-124所示为涂抹工具❶的选项栏，除"手指绘画"外，其他选项均与模糊和锐化工具相同。

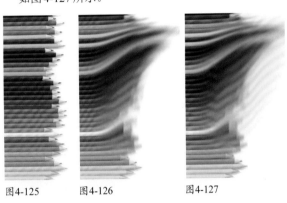

图4-124

● 手指绘画：勾选该选项后，可以在涂抹时添加前景色，如图4-125、图4-126所示；取消勾选，则使用每个描边起点处光标所在位置的颜色进行涂抹，如图4-127所示。

图4-125   图4-126   图4-127

4.14 减淡和加深工具（实战丰富照片细节）

■素材：光盘>素材文件夹　■视频：光盘>视频文件夹　■难度：★★☆☆☆　■实例类型：照片处理　■实例应用：用减淡工具和加深工具处理照片的曝光

　　在调节照片特定区域曝光度的传统摄影技术中，摄影师通过减弱光线以使照片中的某个区域变亮（减淡），或增加曝光度使照片中的区域变暗（加深）。Photoshop中的减淡工具 🔍 和加深工具 ◔ 正是基于这种技术，可以用于处理照片的局部曝光。

01 按下Ctrl+O快捷键，打开光盘中的素材文件，如图4-128所示。这张照片的暗部区域特别暗，已经看不清楚细节，要通过减淡工具 🔍 对这部分区域进行处理。按下Ctrl+J快捷键复制"背景"图层，如图4-129所示。

👤 提示

曝光是摄影的专业名词，是指摄影的过程中允许进入镜头照在感光媒体（胶片相机的底片或是数码照相机的图像传感器）上的光量。曝光决定一张照片的好坏，无论曝光过度或曝光不足都会使照片缺失细节。

图4-128　　　　　　　　图4-129

相关链接
❶涂抹工具适合扭曲小范围图像，图像太大则不容易控制，并且处理速度较慢。如果要处理大面积的图像，可以使用"液化"滤镜，相关内容请参阅第429页。

02 选择减淡工具 🔍，设置工具大小为60像素，在"范围"下拉列表中选择"阴影"，设置"曝光度"为30%，勾选"保护色调"选项，在雕塑面部的阴影区域涂抹，进行减淡处理，如图4-130所示。注意不要涂抹次数太多，以免色调变得太淡，失去原本自然的感觉。

03 选择加深工具 🔍，在"范围"下拉列表中选择"中间调"，仔细观察人物眉眼处，在过浅的地方涂抹一下，加深色调。按下] 键将笔尖调大，在画面下方人物身体上涂抹，使这部分色调变得稍暗一些，如图4-131所示。

图4-130　　　　　　图4-131

04 单击"调整"面板中的 🎚 按钮，创建"曲线"调整图层，在曲线上添加控制点，适当增加图像的亮度，如图4-132、图4-133所示。

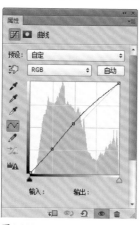 

图4-132　　　　　　图4-133

👤提示

加深工具和减淡工具的"曝光度"参数越大、涂抹次数越多，反差会越强烈，也容易失去细节。一般情况下，为了避免图像出现不自然的反差，建议将"曝光度"参数设置在50%以下。

减淡工具选项栏 ··

　　减淡工具和加深工具的工具选项栏是相同的，图4-134所示为减淡工具的选项栏。

图4-134

● 范围：可以选择要修改的色调。选择"阴影"，可以处理图像中的暗部色调；选择"中间调"，可以处理图像的中间调（灰色的中间范围色调）；选择"高光"，则处理图像的亮部色调。图4-135所示为原图及使用减淡工具 🔍 和加深工具 🔍 处理后的效果。

原图像

减淡阴影　　　减淡中间调　　　减淡高光

加深阴影　　　加深中间调　　　加深高光

图4-135

● 曝光度：可以为减淡工具或加深工具指定曝光。该值越高，效果越明显。

● 喷枪 🖌：单击该按钮，可以为画笔开启喷枪功能。

● 保护色调：可以保护图像的色调不受影响。

4.15 海绵工具(实战色彩加减法)

■素材：光盘>素材文件夹 ■视频：光盘>视频文件夹 ■难度：★★☆☆☆ ■实例类型：照片处理 ■实例应用：用海绵工具进行背景去色人物加色的处理

海绵工具 🧽 可以修改色彩的饱和度。选择该工具后，在画面单击并拖动鼠标涂抹即可进行处理。下面，我们就使用该工具对一张照片进行处理，使模特服饰更加鲜艳，让背景变为黑白效果。

01 按下Ctrl+O快捷键，打开光盘中的素材文件，如图4-136所示。按下Ctrl+J快捷键复制"背景"图层，如图4-137所示。

图4-136　　　　图4-137

02 选择海绵工具 🧽，设置工具大小为50像素，在"模式"下拉列表中选择"降低饱和度"，勾选"自然饱和度"选项，在背景上涂抹，进行去色处理，如图4-138所示。

03 处理完背景后，在"模式"下拉列表中选择"饱和"，在人物身上涂抹，增加衣服色彩的饱和度，如图4-139所示。

图4-138　　　　　　图4-139

04 单击"调整"面板中的 按钮，创建"曲线"调整图层，在曲线上添加控制点，适当增加图像中间调的亮度，如图4-140、图4-141所示。

图4-140　　　　　　图4-141

海绵工具选项栏

图4-142所示为海绵工具的选项栏，其中"画笔"和"喷枪"选项与加深和减淡工具相同。

图4-142

● 模式：如果要增加色彩的饱和度，可以选择"饱和"；如果要降低饱和度，则选择"降低饱和度"，如图4-143～图4-145所示。

原图　　　　　增加饱和度　　　　降低饱和度
图4-143　　　　图4-144　　　　　图4-145

● 流量：可以为海绵工具指定流量。该值越高，修改强度越大。

● 自然饱和度：选择该项后，在进行增加饱和度的操作时，可以避免颜色过于饱和而出现溢色。

65

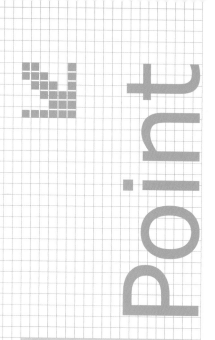

Point

第5章 绘图和文字类工具

本章我们来学习绘图和文字类工具的使用方法。

我记得在第4章铅笔工具一节曾经介绍过，绘图是指创建和编辑矢量图形。

不错，本章介绍的绘图和文字工具都是与矢量对象相关的工具。矢量对象的特点是文件小，并且可以任意缩放和旋转而不会出现锯齿，即不会影响图形的清晰度。主要用于制作Logo等需要按照不同尺寸打印的对象。

矢量工具分为3类。第一类是钢笔工具，主要用来绘图和抠图；第二类是各种形状工具，用来绘制各种固定的矢量图形；第三类是文字工具，用来创建和编辑文字。

5.1 路径与矢量图形

矢量图是由数学定义的矢量形状组成的，因此，矢量工具创建的是一种由锚点和路径组成的图形。

5.1.1 认识路径和锚点

路径是可以转换为选区或使用颜色填充和描边的轮廓，它包括有起点和终点的开放式路径，如图5-1所示，以及没有起点和终点的闭合式路径两种，如图5-2所示。此外，路径也可以由多个相互独立的路径组件组成，这些路径组件被称为子路径，图5-3所示的路径中包含3个子路径。

图5-1   图5-2   图5-3

一条完整的路径由两段或更多的直线路径段或曲线路径段组成，如图5-4所示，它们通过锚点连接。

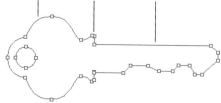

图5-4

锚点分为两种，一种是平滑点，另外一种是角点。平滑点连接可以形成平滑的曲线，如图5-5所示；角点连接形成直线或者转角曲线，如图5-6、图5-7所示。

相关链接 ....
路径是矢量对象，不包含像素，没有经过填充或描边处理是不能打印出来的。使用PSD、TIFF、JPEG、PDF等格式存储文件可以保存路径。关于文件格式的设置方法详见第227页。
....

平滑点连接的曲线　　　角点连接的直线　　　角点连接的转角曲线
图5-5　　　　　　　　　图5-6　　　　　　　　图5-7

　　曲线路径段上的锚点带有方向线，方向线的端点是方向点，它们用于调整曲线的形状❶，如图5-8所示。

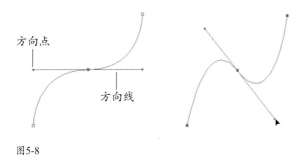

方向点

方向线

图5-8

5.1.2 选择绘图模式

　　Photoshop中的钢笔和形状等矢量工具可以创建不同类型的对象，包括形状图层、工作路径和像素图形。选择一个矢量工具后，需要先在工具选项栏中选择相应的绘制模式，然后再进行绘图操作。

　　选择"形状"选项后，可以在单独的形状图层中创建形状。形状图层由填充区域和形状两部分组成，填充区域定义了形状的颜色、图案和图层的不透明度，形状则是一个矢量图形，它同时出现在"路径"面板中，如图5-9所示。

图5-9

　　选择"路径"选项后，可以创建工作路径，它出现在"路径"面板❷中，如图5-10所示。路径可以转换为选区或创建矢量蒙版❸，也可以填充和描边以得到光栅化的图像。

图5-10

　　选择"像素"选项后，可以在当前图层上绘制栅格化的图形（图形的填充颜色为前景色）。由于不能创建矢量图形，因此，"路径"面板中也不会有路径，如图5-11所示。该选项不能用于钢笔工具。

图5-11

相关链接
❶曲线形状的调整方法详见第73页。❷"路径"面板用来保存路径、对路径进行填色和描边，以及对路径和选区进行转换，关于该面板的更多内容请参见第158页。❸关于矢量蒙版，请详见第393页。

5.1.3 形状

　　在工具选项栏中选择"形状"选项后，可以在"填充"选项下拉列表以及"描边"选项组中单击一个按钮，然后选择用纯色、渐变和图案对图形进行填充和描边，如图5-12～图5-15所示。

　　在"描边"选项组中，可以用纯色、渐变和图案为图形进行描边，如图5-16～图5-18所示。

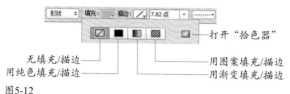

图5-12

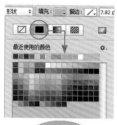

用纯色填充
图5-13

用渐变填充
图5-14

用图案填充
图5-15

用纯色描边
图5-16

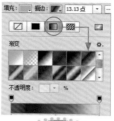

用渐变描边
图5-17

用图案描边
图5-18

> 📌 提示
> 如果要自定义填充或描边颜色，可单击▣按钮，打开"拾色器"进行调整。

调整描边宽度

　　单击工具选项栏中的 ▾ 按钮打开下拉菜单，拖动滑块可以调整描边宽度，如图5-19、图5-20所示。

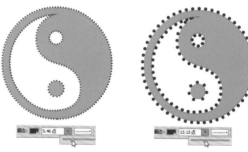

图5-19　　　　　图5-20

设置描边选项

　　单击工具选项栏中的 ▾ 按钮，打开下拉面板，如图5-21所示，在该面板中可以设置描边选项。

● 描边选项：可以选择用实线、虚线和圆点来描边，如图5-22～图5-24所示。

● 对齐：单击↕按钮，可以在打开的下拉菜单中选择描边与路径的对齐方式，包括内部▣、居中▣和外部▣。

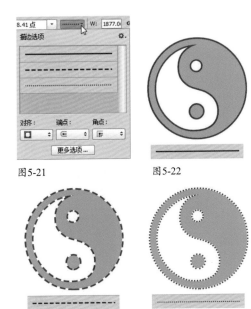

图5-21　　　　　　　　图5-22

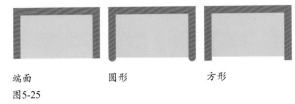

图5-23　　　　　　　　图5-24

- 端点：单击 ↕ 按钮，可在打开的下拉菜单中选择路径端点的样式，包括端面 ▐、圆形 ▐ 和方形 ▐，效果如图 5-25 所示。

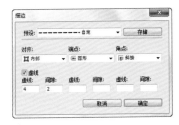

端面　　　　　圆形　　　　　方形

图5-25

- 角点：单击 ↕ 按钮打开下拉菜单，在菜单中可以选择路径转角处的转折样式，包括斜接 ▐、圆形 ▐ 和斜面 ▐，效果如图 5-26 所示。

斜接　　　　　圆形　　　　　斜面

图5-26

- 更多选项：单击该按钮，可以打开"描边"对话框，该对话框中除包含前面的选项外，还可以调整虚线间距，如图 5-27 所示。

图5-27

5.1.4　路径

　　在工具选项栏中选择"路径"选项并绘制路径后，可以单击"选区"、"蒙版"和"形状"按钮，将路径转换为选区、矢量蒙版或形状图层，如图5-28所示。

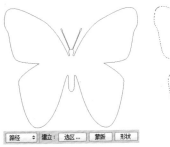

绘制的路径　　　　　　得到的选区（选区按钮）

得到的矢量蒙版（蒙版按钮）　　得到的形状图层（形状按钮）

图5-28

5.1.5　像素

　　在工具选项栏中选择"像素"选项后，选项栏中会出现如图5-29所示的选项，此时可以为绘制的图像设置混合模式和不透明度。

图5-29

- 模式：可以设置混合模式，让绘制的图像与下方其他图像产生混合效果。
- 不透明度：可以为图像指定不透明度，使其呈现透明效果。
- 消除锯齿：可以平滑图像的边缘，消除锯齿。

5.2 自由钢笔工具

自由钢笔工具 ✐ 用来绘制比较随意的图形，它的使用方法与套索工具 ⌀❶ 非常相似。选择该工具后，在画面中单击并拖动鼠标即可绘制路径，Photoshop会自动生成锚点，如图5-30~图5-32所示。

图5-30

图5-31

图5-32

5.3 磁性钢笔工具（实战抠图）

■素材：光盘>素材文件夹　■视频：光盘>视频文件夹　■难度：★★☆☆☆　■实例类型：抠图　■实例应用：用磁性钢笔工具抠小财神

选择自由钢笔工具 ✐ 后，在工具选项栏中勾选"磁性的"选项，可将它转换为磁性钢笔工具 ✐。磁性钢笔与磁性套索工具 ⌀❷ 非常相似，在使用时，只需在对象边缘单击，然后松开鼠标沿边缘拖动，Photoshop便会紧贴对象轮廓生成路径。在绘制时，可以按下Delete键删除锚点，双击则闭合路径。

01 按下Ctrl+O快捷键，打开光盘中的素材文件，如图5-33所示。选择自由钢笔工具 ✐，在工具选项栏中选择"路径"选项，并勾选"磁性的"选项，如图5-34所示。

图5-33

图5-35

图5-36

图5-34

02 将光标放在小财神的帽子边缘，如图5-35所示，单击鼠标，然后松开鼠标并沿着边界拖动鼠标绘制出路径，如图5-36所示。

03 当光标移动到最开始处的锚点时，单击鼠标封闭路径。按下Ctrl+回车键，将路径转换为选区，如图5-37所示。按下Ctrl+J快捷键，将选中的图像复制到新的图层中。图5-38所示为隐藏"背景"图层后，小财神在透明背景上的效果。

相关链接
❶套索工具的使用方法详见第14页。❷磁性套索工具可以自动识别对象的边界，它的使用方法请参见第17页。

图5-37　　　　　　图5-38

磁性钢笔工具选项············

单击工具选项栏中的 ⚙ 按钮，可打开下拉面板，如图5-39所示。"曲线拟合"和"钢笔压力"是

自由钢笔工具和磁性钢笔的共同选项，"磁性的"是控制磁性钢笔工具的选项。

● 曲线拟合：控制最终路径对鼠标或压感笔移动的灵敏度，该值越高，生成的锚点越少，路径越简单。

图5-39

● 磁性的："宽度"用于设置磁性钢笔工具的检测范围，该值越高，工具的检测范围就越广；"对比"用于设置工具对于图像边缘的敏感度，如果图像的边缘与背景的色调比较接近，可将该值设置得大一些；"频率"用于确定锚点的密度，该值越高，锚点的密度越大。

● 钢笔压力：如果计算机配置有数位板，可以选择"钢笔压力"选项，然后通过钢笔压力控制检测宽度，钢笔压力的增加将导致工具的检测宽度减小。

5.4 路径选择工具（实战）

■素材：光盘>素材文件夹 ■视频：光盘>视频文件夹 ■难度：★★☆☆☆ ■实例类型：软件功能类 ■实例应用：使用路径选择工具编辑路径

使用钢笔工具、磁性钢笔工具绘图或描摹对象的轮廓时，有时不能一次就绘制准确，而需要在绘制完成后，通过对锚点和路径的编辑来达到目的。路径选择工具 ▶ 可以选择和移动路径，以及对其进行变换操作。

01 打开光盘中的素材文件。打开"路径"面板，单击路径层，将其选择，如图5-40所示，此时文档窗口中会显示路径，如图5-41所示。

 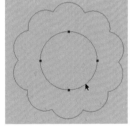 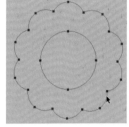

图5-40　　　　　　图5-41

图5-42　　　　　　图5-43

03 单击并拖动一个路径，可将其移动，如图5-44所示。按下Delete键可将其删除，如图5-45所示。

02 使用路径选择工具 ▶ 单击路径即可选择路径，如图5-42所示。如果要添加选择子路径，可以按住Shift键逐一单击需要选择的对象，如图5-43所示，也可以单击并拖动出一个选框，将需要选择的对象框选。如果要取消选择，可在画面空白处单击。

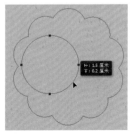 

图5-44　　　　　　图5-45

路径选择工具选项 ······································

图5-46所示为路径选择工具的选项栏。

图5-46

● W/H： 可以调整所选路径的宽度和高度。

● 对齐与分布： 使用路径选择工具 ▶ 选择多个子路径
  后， 单击工具选项栏中的 ▤ 按钮打开下拉菜单， 如
  图5-47所示， 选择一个选项， 即可对所选路径进行
  对齐与分布操作。 图5-48所示为按下不同按钮的对
  齐与分布效果。 需要注意的是， 进行路径分布操作
  时， 需要至少选择3个路径组件。 此外， 选择 "对
  齐到画布" 选项， 可以相对于画布来对齐或分布对
  象。 例如， 按下左边按钮 ▤， 可以将路径对齐到
  画布的左侧边界上。

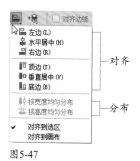

图5-47

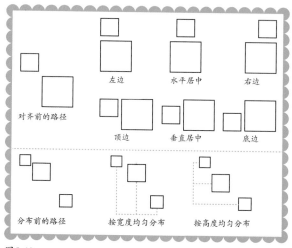

图5-48

● 调整路径堆叠顺序： 选择一个路径后， 单击工具选
  项栏中的 ▧ 按钮， 可以在打开的下拉菜单中选择一
  个选项， 调整路径的堆叠顺序， 如图5-49所示。

图5-49

5.5 直接选择工具（实战）

■素材：光盘>素材文件夹 ■视频：光盘>视频文件夹 ■难度：★☆☆☆☆ ■实例类型：软件功能类 ■实例应用：使用直接选择工具编辑锚点

直接选择工具 ▶ 可以选择和移动锚点和路径段， 也可以调整方向点， 从而改变路径的形状。

01 打开光盘中的素材文件。单击 "路径" 面板中
的路径层， 如图5-50所示， 在文档窗口中显示路
径， 如图5-51所示。

图5-50

图5-51

02 使用直接选择工具 ▶ 单击一个锚点即可选择该
锚点， 选中的锚点为实心方块， 未选中的锚点为
空心方块， 如图5-52所示。单击一个路径段时， 可以选
择该路径段， 如图5-53所示。

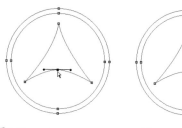

图5-52　　　　　　　　　　图5-53

03 选择锚点、 路径段和路径后， 按住鼠标并拖动，
即可将其移动， 如图5-54、 图5-55所示。如果选
择了锚点， 光标从锚点上移开， 这时又想移动锚点， 则
应将光标重新定位在锚点上， 单击并拖动鼠标才能将其
移动， 否则， 只能在画面中拖动出一个矩形框， 此时可
以框选锚点或者路径段， 但不能移动锚点。

图5-54　　　　　　图5-55

线时，则只调整与方向线同侧的曲线路径段，如图5-57所示。

图5-56　　　　　　图5-57

04 使用直接选择工具 ▶ 拖曳平滑点上的方向线，方向线始终保持为一条直线状态，锚点两侧的路径段都会发生改变，如图5-56所示。移动角点上的方向

5.6 转换点工具（实战）

■素材：光盘>素材文件夹　■视频：光盘>视频文件夹　■难度：★★☆☆☆　■实例类型：软件功能类　■实例应用：使用转换点工具编辑锚点

转换点工具 ⌐ 用于转换锚点的类型，它可以将角点转换为平滑点，也可以将平滑点转换为角点。此外，使用该工具调整平滑点一侧的方向线时，不会影响另外一侧。

01 打开上一个实例的素材文件。单击"路径"面板中的路径层，在文档窗口中显示路径。

02 选择转换点工具 ⌐ ，单击路径（此时会临时转换为直接选择工具 ▶ ），显示锚点和方向线、方向点，如图5-58所示。将光标放在角点上，如图5-59所示，单击并拖动鼠标可将其转换为平滑点，如图5-60所示。

工具 ⌐ 拖动平滑点上的方向线时，可单独调整一侧的方向线，而不会影响到另外一侧的方向线和同侧的路径段，如图5-63所示。移动角点上的方向线时，也只调整与方向线同侧的曲线路径段，如图5-64所示。

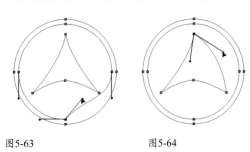

图5-63　　　　　　图5-64

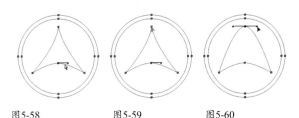

图5-58　　　图5-59　　　图5-60

03 单击平滑点，可将其转换为角点，如图5-61、图5-62所示。

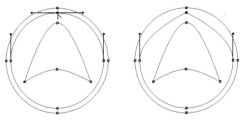

图5-61　　　　　　图5-62

04 执行"文件>恢复"命令，将路径恢复为原状，在"路径"面板中重新选择路径层。使用转换点

技术看板：
锚点转换技巧

● 使用直接选择工具 ▶ 时，按住Ctrl+Alt快捷键（可切换为转换点工具 ⌐ ）单击并拖动锚点，可将其转换为平滑点；按住Ctrl+Alt快捷键单击平滑点可将其转换为角点。

● 使用钢笔工具 ✎ 时，将光标放在锚点上时，按住Alt键（可切换为转换点工具 ⌐ ）单击并拖动角点可将其转换为平滑点；按住Alt键单击平滑点则可将其转换为角点。

5.7 添加锚点与删除锚点工具（实战）

■素材：光盘>素材文件夹 ■视频：光盘>视频文件夹 ■难度：★☆☆☆☆ ■实例类型：软件功能类 ■实例应用：在路径上添加和删除锚点

　　如果路径上锚点过少，则形状有可能达不到我们预期的效果，此时可以用添加锚点工具 ![add] 在路径上添加锚点；如果路径上的锚点过多，则路径会变得不够平滑，可以用删除锚点工具 ![del] 删除多余的锚点。

01 打开光盘中的素材文件。单击"路径"面板中的路径层，在文档窗口中显示路径。

02 选择添加锚点工具 ![add]，将光标放在路径上，如图5-65所示，当光标变为 ![cur] 状时，单击即可添加一个锚点，如图5-66所示；如果单击并拖动鼠标，则可同时调整路径形状，如图5-67所示。

03 选择删除锚点工具 ![del]，将光标放在锚点上，如图5-68所示，当光标变为 ![cur] 状时，单击即可删除该锚点，如图5-69所示。使用直接选择工具 ![arrow] 选择锚点后，按下Delete键也可以将其删除，但该锚点两侧的路径段也会被同时删除。如果路径为闭合式路径，则会变为开放式路径，如图5-70所示。

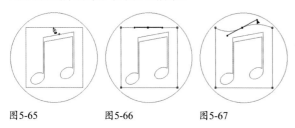

图5-65　　　　　图5-66　　　　　图5-67

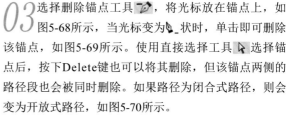

图5-68　　　　　图5-69　　　　　图5-70

5.8 钢笔工具

■Adobe官方相关视频：www.adobe.com/go/vid0037_cn

　　钢笔工具可以绘制直线和光滑流畅的曲线。用钢笔绘制的曲线叫做贝塞尔曲线。它是由法国计算机图形学大师Pierre E.Bézier在20世纪70年代早期开发的一种锚点调节方式，其原理是在锚点上加上两个控制柄，不论调整哪一个控制柄，另外一个始终与它保持成一直线并与曲线相切。贝塞尔曲线具有精确和易于修改的特点，被广泛地应用在计算机图形领域，如Illustrator、CorelDRAW、FreeHand、Flash和3ds Max等软件都包含绘制贝塞尔曲线的工具。

5.8.1 绘制直线（实战）

■视频：光盘>视频文件夹 ■难度：★☆☆☆☆
■实例类型：软件功能 ■实例应用：用钢笔工具绘制直线

01 按下Ctrl+N快捷键，新建一个文档。选择钢笔工具 ![pen]，在工具选项栏中选择"路径"选项，如图5-71所示。将光标移至画面中（光标变为 ![cur] 状），单击即可创建一个锚点，如图5-72所示。放开鼠标按键，将光标移至下一处位置单击，创建第二个锚点，两个锚点会连接成一条由角点定义的直线路径。在其他区域单击可以继续绘制直线路径，如图5-73所示。

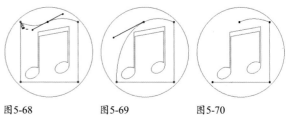

图5-71

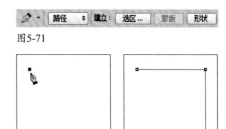

图5-72　　　　图5-73

02 如果要闭合路径，可以将光标放在路径的起点，当光标变为 ![cur] 状时，如图5-74所示，单击即可闭合路径，如图5-75所示。

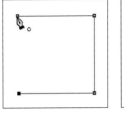 

图5-74　　　　　图5-75

03 如果要结束一段开放式路径的绘制，可以按住Ctrl键（转换为直接选择工具）在画面的空白处单击，单击其他工具，或者按下Esc键也可以结束路径的绘制。

提示

直线的绘制方法比较简单，在操作时只能单击，不要拖动鼠标，否则将创建曲线路径。如果要绘制水平、垂直或以45°角为增量的直线，可按住Shift键操作。

5.8.2 绘制曲线（实战）

■视频：光盘>视频文件夹 ■难度：★★☆☆☆
■实例类型：软件功能 ■实例应用：用钢笔工具绘制光滑流畅的曲线

01 选择钢笔工具，在工具选项栏中选择"路径"选项，在画面中单击并向上拖动鼠标创建一个平滑点，如图5-76所示。

02 将光标移动至下一处位置，如图5-77所示，单击并向下拖动鼠标，创建第二个平滑点，如图5-78所示。在拖动的过程中可以调整方向线的长度和方向，进而影响由下一个锚点生成的路径的走向，因此，要绘制好曲线路径，需要控制好方向线。

03 继续创建平滑点即可生成一段光滑、流畅的曲线，如图5-79所示。

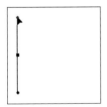 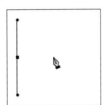

图5-76　　　　　图5-77

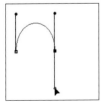 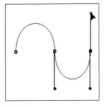

图5-78　　　　　图5-79

5.8.3 绘制转角直线（实战）

■视频：光盘>视频文件夹 ■难度：★★☆☆☆
■实例类型：软件功能 ■实例应用：用钢笔工具绘制心形图形

通过单击并拖动鼠标的方式可以绘制光滑流畅的曲线，但是如果想要绘制与上一段曲线之间出现转折的曲线（即转角曲线），就需要在创建锚点前改变方向线的方向。下面就通过转角曲线绘制一个心形图形。

01 按下Ctrl+N快捷键打开"新建"对话框，创建一个大小为788像素×788像素，分辨率为100像素/英寸的文件。执行"视图>显示>网格"命令显示网格，通过网格辅助绘图很容易创建对称图形。当前的网格颜色为黑色，不利于观察路径，可执行"编辑>首选项>参考线、网格和切片"命令，将网格颜色改为灰色，如图5-80所示。

图5-80

02 选择钢笔工具，选择"路径"选项。在网格点上单击并向画面右上方拖动鼠标，创建一个平滑点，如图5-81所示；将光标移至下一个锚点处，单击并向下拖动鼠标创建曲线，如图5-82所示；将光标移至下一个锚点处，单击但不要拖动鼠标，创建一个角点，如图5-83所示，这样就完成了右侧心形的绘制。

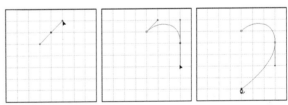

图5-81　　　　图5-82　　　　图5-83

03 在如图5-84所示的网格点上单击并向上拖动鼠标，创建曲线；将光标移至路径的起点上，单击鼠标闭合路径，如图5-85所示。

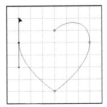 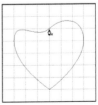

图5-84　　　　　图5-85

04 按住Ctrl键切换为直接选择工具 ▶，在路径的起始处单击显示锚点，如图5-86所示；此时当前锚点上会出现两条方向线，将光标移至左下角的方向线上，按住Alt键切换为转换点工具 ▶，如图5-87所示；单击并向上拖动该方向线，使之与右侧的方向线对称，如图5-88所示。按下Ctrl+'快捷键隐藏网格，完成绘制，如图5-89所示。

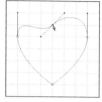
图5-86

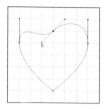
图5-87

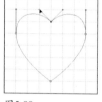
图5-88

图5-89

5.8.4 使用钢笔工具抠图（实战）

■素材：光盘>素材文件夹 ■视频：光盘>视频文件夹 ■难度：★★★★☆
■实例类型：抠图 ■实例应用：抠人像并用路径制作纱巾

01 打开光盘中的素材文件，如图5-90所示。选择钢笔工具 ✐，在工具选项栏中选择"路径"选项。连续按几次Ctrl++快捷键，放大窗口的显示比例，如图5-91所示。

图5-90

图5-91

02 在头发边界处单击并拖动鼠标，创建平滑点，如图5-92所示。当轮廓线的转折比较大时，可以按住Alt键拖动方向点，将方向线调短，并使其与下一段路径的走向相匹配，然后再创建锚点。这是一种边绘制路

径边调整形状的方法。

图5-92

03 再来看另外一种方法。继续沿轮廓绘制路径，如图5-93所示。当轮廓的转折点达到接近90°时，只要按住Alt键在该锚点上单击一下，将其转换为只有一个方向线的角点，这样绘制下一段路径时就可以发生转折了，如图5-94所示。

图5-93

将光标放在锚点上　　按住Alt键单击　　继续创建平滑点
图5-94

04 外轮廓绘制完成后，在路径的起点上单击，将路径封闭，如图5-95所示。下面来进行路径运算。在工具选项栏中按下从路径区域减去按钮 ▣，在手臂、手提包的空隙处绘制路径，如图5-96、图5-97所示。

精确度最高的抠图工具：钢笔 GALLERY

 在 Photoshop 的所有抠图工具中，钢笔工具的精确度最高，它具有良好的可控性，能够按照我们描绘的范围创建平滑的路径，边界清楚、明确，非常适合选择边缘光滑的对象，而且路径可以随时修改，甚至能够导入矢量软件中。钢笔工具是一种矢量工具，它的用法比较特殊，对于初学者，可能掌握起来会有些困难。但它非常重要，尤其对于商业级应用，如抠出的对象用于制作书籍和杂志的封面或彩页、大公司的网页和宣传资料，以及电影海报等，钢笔工具是不可或缺的抠图工具。要想用好钢笔工具，一是要了解它的特点，再就是要勤于练习，熟练之后用起来便会得心应手的，甚至离不开它。

 钢笔工具这么重要，看来我要多下些工夫学才行。我还有个疑问，既然钢笔工具的准确度最高，那是不是可以抠最复杂的图像？

 由钢笔工具绘制的路径所定义的边界线是极其清晰、明确的，这既是它的优点，也是其缺点。从优点上来看，这种边界非常适合选择边缘光滑的对象，如汽车、电器、家具、瓷器、建筑等。尤其是在对象与背景之间没有足够的颜色或色调差异，采用其他工具和方法不能奏效的情况下，使用钢笔工具往往可以得到满意的结果。但也正由于边界过于明确，使得钢笔工具无法选择边界模糊的对象或是透明的对象，如毛发、玻璃杯、烟雾、运动的对象等。此外，在选择枝叶等细节较多的对象时，也应该避免使用钢笔工具。这是因为，用钢笔工具描绘此类对象的边界将是一项非常繁重的工作，Photoshop 有其他方法选择这种对象，如通道、"调整边缘命令"和"色彩范围"命令等。

适合用钢笔工具抠图的图像

边界清晰的对象　　　无毛发干扰的人像　　　边缘光滑流畅的对象　　　用于商业用途的对象（如封面）

不适合用钢笔工具抠图的图像

毛发　　　　　　　　边界模糊的对象　　　　透明的对象　　　　　　　边缘过于复杂的对象

相关链接

关于通道抠图方法，请参见第152页。关于通过"调整边缘"命令抠图方法，请参见第419页。关于"色彩范围"命令抠图方法，请参见第414页。

图5-95

图5-98

图5-99

图5-96

图5-97

图5-100

图5-101

图5-102

提示

如果锚点偏离了轮廓，可以按住Ctrl键切换为直接选择工具 ▷，将它拖回到轮廓线上。用钢笔工具抠图时，最好通过快捷键来切换直接选择工具 ▷（按住Ctrl键）和转换点工具 ◣（按住Alt键），在绘制路径的同时便对路径进行调整。此外，还可以适时按下Ctrl++或Ctrl+－快捷键放大或缩小窗口，按住空格键并拖动鼠标移动画面。

05 按下Ctrl+回车键，将路径转换为选区，如图5-98所示。打开光盘中的素材文件，使用移动工具 ▶⊕ 将人像拖入该文档，放在"背景"图层上方，如图5-99、图5-100所示。

06 选择"草地"图层，如图5-101所示，单击"调整"面板中的 ▣ 按钮，在该图层上方创建"可选颜色"调整图层，如图5-102所示。

07 在"属性"面板中分别选择"黄色"、"绿色"、"白色"和"中性色"进行单独调整，如图5-103~图5-107所示。

图5-103 图5-104

图5-105 图5-106

图5-107

08 下面来制作一条纱制飘带。按下Ctrl+N快捷键，创建一个空白的文档。使用钢笔工具 ✐ 绘制一段路径，如图5-108所示。

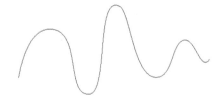

图5-108

09 新建一个图层。选择画笔工具 ✐ ，在工具选项栏中选择尖角笔尖并设置参数，如图5-109所示，单击"路径"面板底部的 ○ 按钮，用画笔描边路径，如图5-110所示。执行"编辑>定义画笔预设"命令，将绘制的线条定义为笔尖。将该文档关闭。

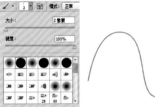

图5-109 图5-110

10 在"画笔"面板中选择自定义的笔尖并调整参数，如图5-111、图5-112所示。新建一个图层，将前景色设置为白色，用画笔工具 ✐ 绘制出弯曲的弧形，即可生成飘带，如图5-113所示。

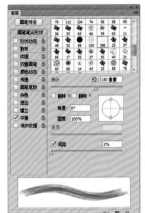

图5-111 图5-112

图5-113

11 最后，在"图层"面板中将隐藏的图层显示出来，效果如图5-114、图5-115所示。

图5-114

图5-115

使用钢笔工具时 ✎，光标在路径和锚点上会呈现不同的显示状态，通过对光标的观察可以判断钢笔工具此时的功能，从而更加灵活地使用钢笔工具。

● ✎*：光标在画面中显示为 ✎*状时，单击可创建一个角点；单击并拖动鼠标可创建一个平滑点。

● ✎+：在工具选项栏中勾选了"自动添加/删除"选项后，当光标在路径上变为 ✎+状时，单击可在路径上添加锚点。

● ✎_：勾选了"自动添加/删除"选项后，当光标在锚点上变为 ✎_状时，单击可删除该锚点。

● ✎○：在绘制路径的过程中，将光标移至路径起始处的锚点上，光标会变为 ✎○状，此时单击可闭合路径。

● ✎/：选择一个开放式路径，将光标移至该路径的一个端点上，光标变为 ✎/状时单击，然后便可以继续绘制该路径；如果在绘制路径的过程中将钢笔工具移至另外一条开放路径的端点上，光标变为 ✎。状时单击，则可以将这两段开放式路径连接成为一条路径。

5.9 矩形工具

矩形工具 ▢ 用来绘制矩形和正方形。选择该工具后，单击并拖动鼠标可以创建矩形；按住Shift键拖动则可以创建正方形；按住Alt键拖动会以单击点为中心向外创建矩形；按住Shift+Alt键会以单击点为中心向外创建正方形。单击工具选项栏中的 ⚙ 按钮，打开一个下拉面板，如图5-116所示，在面板中可以设置矩形的创建方法。

图5-116

● 不受约束：可以创建任意大小的矩形和正方形，如图5-117所示。

● 方形：只能创建正方形，如图5-118所示。

● 固定大小：勾选该项并在它右侧的文本框中输入数值（W为宽度，H为高度），此后单击鼠标时，只创建预设大小的矩形。图5-119所示为创建的W为5厘米、H为10厘米的矩形。

● 比例：勾选该选项后，在它右侧的文本框中输入数值（W为宽度比例，H为高度比例），此后在画面中拖动鼠标创建矩形时，无论多大的矩形，其宽度和高度都保持预设的比例，如图5-120所示（W为1、H为2）。

● 从中心：以任何方式创建矩形时，鼠标在画面中的单击点即为矩形的中心，拖动鼠标时矩形将由中心向外扩展。

图5-117

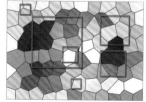

图5-118

图5-119　　　　　　　　图5-120

其他选项

- 建立：单击"选区"、"蒙版"或"形状"按钮，可以将路径转换为选区、矢量蒙版或形状图层❶。

- 路径运算：使用路径选择工具 ▶ 选择多个子路径后，单击工具选项栏中的 🔲 按钮，打开下拉菜单，选择一个选项❷，可以对所选路径进行运算，从而生成新的图形。

- 对齐与分布：使用路径选择工具 ▶ 选择多个子路径后，单击工具选项栏中的 🔳 按钮，打开下拉菜单，

选择一个选项❸，可以对所选路径进行对齐与分布操作。

- 调整路径堆叠顺序：选择一个路径后，单击工具选项栏中的 按钮，可以在打开的下拉菜单中选择一个选项，调整路径的堆叠顺序。

- 对齐边缘：勾选该项后，矩形的边缘与像素的边缘重合，图形的边缘不会出现锯齿，如图5-121所示；取消勾选时，矩形边缘会出现模糊的像素，如图 5-122 所示。

图5-121　　　　　　　　图5-122

5.10　圆角矩形工具

　　圆角矩形工具 🔲 用来创建圆角矩形。它的使用方法以及选项与矩形工具基本相同，只是多了一个"半径"选项。如图5-123所示。"半径"用来设置圆角半径，该值越高，圆角越广。图5-124、图5-125所示是分别设置该值为10像素和50像素创建的圆角矩形。

图5-123　　　　　　　图5-124　　　　　图5-125

5.11　椭圆工具

　　椭圆工具 ⬭ 用来创建椭圆形和圆形，如图5-126~图5-128所示。选择该工具后，单击并拖动鼠标可以创建椭圆形，按住Shift键拖动则可创建圆形。椭圆工具的选项及创建方法与矩形工具基本相同，可以创建不受约束的椭圆和圆形，也可以创建固定大小和固定比例的图形。

图5-126　　　　　　　图5-127　　　　　图5-128

相关链接
❶关于选区、蒙版和形状图层的具体效果，详见第67页。❷路径运算的具体效果详见第85页。❸路径的对齐与分布效果，详见第72页。

5.12 多边形工具

多边形工具 ⬡ 用来创建多边形和星形。选择该工具后，首先要在工具选项栏中设置多边形或星形的边数，范围是3～100。单击工具选项栏中的 ⚙ 按钮，打开下拉面板，在面板中可以设置多边形的选项。

● 半径： 设置多边形或星形的半径长度，此后单击并拖动鼠标时，将创建指定半径值的多边形或星形。

● 平滑拐角： 创建具有平滑拐角的多边形和星形，如图5-129所示，图5-130所示为未勾选该项创建的多边形和星形。

● 星形： 勾选该项可以创建星形。在"缩进边依据"选项中可以设置星形边缘向中心缩进的数量，该值越高，缩进量越大，如图5-131、图5-132所示。勾选"平滑缩进"，可以使星形的边平滑地向中心缩进，如图5-133所示。

图5-129　　　　　　　图5-130　　　　　　图5-131 　　　　　图5-132 　　　　　图5-133

5.13 直线工具

直线工具 ╱ 用来创建直线和带有箭头的线段。选择该工具后，单击并拖动鼠标可以创建直线或线段，按住Shift键可创建水平、垂直或以45°角为增量的直线。其工具选项栏中包含了设置直线粗细的选项，此外，下拉面板中还包含了设置箭头的选项，如图5-134所示。

● 起点/终点： 勾选"起点"选项后，可以在直线的起点添加箭头，如图5-135所示；勾选"终点"，可在直线的终点添加箭头，如图5-136所示；两项都勾选，则起点和终点都会添加箭头，如图5-137所示。

● 长度： 用来设置箭头长度与直线宽度的百分比，范围为10％～5000％。图5-140、图5-141所示是分别使用不同长度百分比创建的带有箭头的直线。

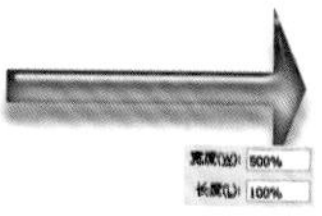

图5-140　　　　　　　　图5-141

● 凹度： 用来设置箭头的凹陷程度，范围为-50％～50％。该值为0％时，箭头尾部平齐，如图5-142所示；该值大于0％时，向内凹陷，如图5-143所示；小于0％时，向外凸出，如图5-144所示。

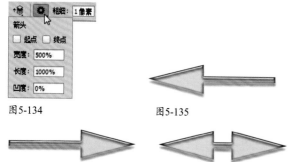

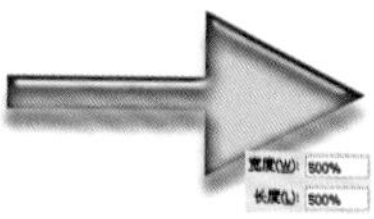

图5-134　　　　　　　图5-135

图5-136　　　　　图5-137　　　　　图5-142　　　　　　图5-143

● 宽度： 用来设置箭头宽度与直线宽度的百分比，范围为10％～1000％。图5-138、图5-139所示是分别设置不同宽度百分比所创建的带有箭头的直线。

图5-144

图5-138　　　　　　　图5-139

5.14 自定形状工具 (实战金属徽标)

■素材: 光盘>素材文件夹　■视频: 光盘>视频文件夹　■难度: ★★☆☆☆　■实例类型: 质感类　■实例应用: 绘制卡通图形并添加效果

使用自定形状工具 🐾 可以创建Photoshop预设的形状、用户自定义的形状❶或者外部提供的形状。

01 按下Ctrl+N快捷键, 创建一个文档, 如图5-145所示。选择自定形状工具 🐾, 在工具选项栏中单击 "形状" 选项右侧的 ▾ 按钮, 打开下拉面板, 单击面板右上角的 ⚙ 按钮, 打开面板菜单, 菜单底部是Photoshop提供的自定义形状, 包括箭头、标识、指示牌等, 如图5-146所示。

图5-145　　　　图5-146

02 选择 "全部" 命令, 载入全部形状, 此时会弹出一个提示对话框, 如图5-147所示。单击 "确定" 按钮, 载入的形状会替换面板中原有的形状; 单击 "追加" 按钮, 则可在原有形状的基础上添加载入的形状。图5-148所示为载入的全部预设形状。

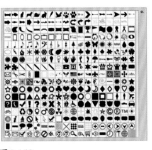

图5-147　　　　图5-148

03 选择如图5-149所示的图形及 "形状" 选项并设置填充颜色为黄色。在画面中单击并拖动鼠标即

可创建该图形, 如图5-150所示。如果要保持形状的比例, 可以按住 Shift 键绘制图形。

04 选择矩形工具 ▣, 在工具选项栏中选择 "形状" 选项和减去顶层形状 ⬚ 选项, 创建一个矩形, 如图5-151、图5-152所示。使用路径选择工具 ▸ 单击矩形, 将其选择, 如图5-153所示, 按下Ctrl+C快捷键复制。

图5-149

图5-150　　　　图5-151

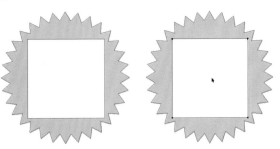

图5-152　　　　图5-153

05 按下Ctrl+V快捷键粘贴图形。按下Ctrl+T快捷键显示定界框, 在工具选项栏中输入旋转角度为45度, 对图形进行旋转, 如图5-154所示。按下回车键确认。在画面的空白处单击, 取消路径的选择。

06 选择椭圆工具 ⬭, 在工具选项栏中选择 "形状" 选项和减去顶层形状 ⬚ 选项, 在画面中创建

相关链接
❶在Photoshop中, 用户可以将自己绘制的图形创建为自定义形状, 操作方法参见第261页。

一个圆形，如图5-155所示。

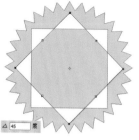

图5-154

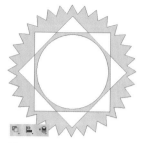

图5-155

👤 提示

使用矩形、圆形、多边形、直线和自定义形状工具时，创建形状的过程中按下键盘中的空格键并拖动鼠标，可以移动形状。

07 下面来载入光盘中提供的形状。打开形状下拉面板菜单，执行面板菜单中的"载入形状"命令，如图5-156所示，在打开的对话框中选择光盘中的形状库文件，如图5-157所示，单击"载入"按钮，即可将其载入到Photoshop中。

图5-156

图5-157

👤 提示

如果想要恢复为Photoshop默认的形状，可以在形状下拉面板菜单中选择"复位形状"命令，在弹出的对话框中单击"确定"按钮即可。

08 选择载入的小熊图形，在工具选项栏中选择"形状"和合并形状选项，如图5-158所示。

图5-158

09 绘制该图形，如图5-159所示。打开"样式"面板，执行面板菜单中的"载入样式"命令，如图5-160所示，载入光盘中的样式素材，如图5-161

所示。单击载入的样式，为图形添加该效果，制作出金属徽章效果，如图5-162~图5-164所示。

图5-159

图5-160

图5-161

图5-162

图5-163

图5-164

技术看板：
路径运算

使用钢笔工具或形状工具时，可以对路径进行运算，以便生成所需轮廓。单击工具选项栏中的□按钮，可以在打开的下拉菜单中选择路径运算方式。下面有两个矢量图形，邮票是先绘制的路径，人物是后绘制的路径。绘制完邮票图形后，单击不同的运算按钮，再绘制人物图形，就会得到不同的运算结果。

先绘制的路径
后绘制的路径

新建图层 □：单击该按钮，可以创建一个新的路径层。

合并形状 □：单击该按钮，新绘制的图形会与现有的图形合并。

减去顶层形状 □：单击该按钮，可以从现有的图形中减去新绘制的图形。

与形状区域相交 □：单击该按钮，得到的图形为新图形与现有图形相交的区域。

排除重叠形状 □：单击该按钮，得到的图形为合并路径中排除重叠的区域。

合并形状组件 □：单击该按钮，可以合并重叠的路径组件。

路径是矢量对象，修改起来要比光栅图像容易得多，即便绘制好图形之后，也可以重新对其进行运算。操作方法是用路径选择工具选择多个子路径，然后单击工具选项栏中的运算按钮即可。

5.15 横排文字工具

Photoshop 中的文字是由以数学方式定义的形状组成的，在将文字栅格化以前，会保留基于矢量的文字轮廓，因此，我们可以任意缩放文字，或调整文字大小而不会出现锯齿。Photoshop提供了4种文字工具，其中，横排文字工具 T 和直排文字工具 IT 用来创建点文字、段落文字和路径文字，横排文字蒙版工具 T 和直排文字蒙版工具 IT 用来创建文字状选区。

5.15.1 文字工具选项栏

在使用文字工具输入文字之前，需要在工具选项栏或"字符"面板中设置字符的属性，包括字体、大小、文字颜色等。图5-165所示为横排文字工具的选项栏。

图5-165

● 更改文本方向 T：如果当前文字为横排文字，单击该按钮可将其转换为直排文字；如果是直排文字，则可将其转换为横排文字。也可以使用"文字 > 取向"下拉菜单中的命令进行切换。

● 设置字体：可以选择一种字体。

● 设置字体样式：字体样式是单个英文字体的变体，包括 Regular（规则的）、Italic（斜体）、Bold（粗体）和 Bold Italic（粗斜体）等，如图5-166、图5-167所示。

● 设置文字大小：可以设置文字的大小，也可直接输入数值并按下回车键来进行调整。

图5-166

ps *ps* **ps** *ps*

规则的　　　斜体　　　粗体　　　粗斜体

图5-167

● 消除锯齿：Photoshop 中的文字是使用 PostScript 信息从数学上定义的直线或曲线来表示的，文字的边缘会产生硬边和锯齿。为文字选择一种消除锯齿方法后，Photoshop 会填充文字边缘的像素，使其混合到背景中，便看不到锯齿了。在该选项和"文字 > 消除锯齿"下拉菜单中都可以选择消除锯齿的方法，如图5-168、图5-169所示。图5-170所示为各种方法的具体效果。选择"无"，表示不进行消除锯齿处理；"锐利"可轻微使用消除锯齿，文本的效果显得锐利；"犀利"可轻微使用消除锯齿，文本的效果显得稍微锐利；"浑厚"可大量使用消除锯齿，文本的效果显得更粗重；"平滑"可大量使用消除锯齿，文本的效果显得更平滑。

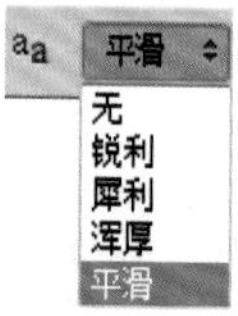

图5-168

图5-169

无　　　锐利　　　犀利　　　浑厚　　　平滑

图5-170

● 对齐文本：根据输入文字时鼠标单击点的位置来对齐文本，包括左对齐文本 、居中对齐文本 和右对齐文本 ，效果如图5-171～图5-174所示。

在画面中心单击

图5-171

左对齐文本

图5-172

居中对齐文本

图5-173

右对齐文本

图5-174

● 设置文本颜色：单击颜色块，可以打开"拾色器"设置文字的颜色。

● 创建变形文字 ：单击该按钮，可以打开"变形文字"对话框，为文本添加变形样式，从而创建变形文字。

● 显示/隐藏字符和段落面板 ：单击该按钮，可以显示或隐藏"字符"和"段落"面板。

5.15.2 创建点文字（实战）

■素材：光盘 > 素材文件夹　■视频：光盘 > 视频文件夹　■难度：★★☆☆☆
■实例类型：软件功能　■实例应用：用横排文字工具创建和编辑点文字

点文字是一个水平或垂直的文本行。在处理标题等字数较少的文字时，可以通过点文字来完成。

01 选择横排文字工具 T，在工具选项栏中设置字体、大小和颜色，如图5-175所示。

图5-175

02 打开光盘中的素材。将光标放在画面中，如图5-176所示，单击鼠标设置插入点，画面中会出现一个闪烁的"I"形光标，如图5-177所示，此时可输入文字，如图5-178所示。将光标放在字符外，单击并拖动鼠标，将文字移动到画面中央，如图5-179所示。

图5-176

图5-177

图5-178

图5-179

03 单击工具选项栏中的 ✔ 按钮结束文字的输入操作，如图5-180所示，"图层"面板中会生成一个文字图层，如图5-181所示。如果要放弃输入，可以按下工具选项栏中的 🚫 按钮或Esc键。单击其他工具、按下数字键盘中的回车键、按下Ctrl+回车键也可以结束文字的输入操作。此外，输入点文字时，如果要换行，可以按下回车键。

图5-180

图5-181

04 下面来编辑文字。使用横排文字工具 **T** 在文字上单击并拖动鼠标选择部分文字，如图5-182所示；在工具选项栏中修改所选文字的颜色（也可以修改字体和大小），如图5-183所示。

图5-182

图5-183

💬 提示

在文字输入状态下，单击3次可以选择一行文字；单击4次可以选择整个段落；按下Ctrl+A快捷键可以选择全部的文本。

05 重新输入文字，可修改所选文字，如图5-184所示；按下Delete键则删除所选文字，如图5-185所示。单击工具选项栏中的 ✔ 按钮结束文字的编辑。

图5-184

图5-185

06 再来看一下怎样添加文字。将光标放在文字行上，光标变为"I"状时，如图5-186所示，单击鼠标，设置文字插入点，此时输入文字，便可添加文字，如图5-187所示。

图5-186

图5-187

5.15.3 创建段落文字（实战）

■素材：光盘>素材文件夹　■视频：光盘>视频文件夹　■难度：★★☆☆☆
■实例类型：软件功能　■实例应用：创建和编辑段落文字

段落文字是在定界框内输入的文字，它具有自动换行、可调整文字区域大小等优势。在需要处理文字量较大的文本（如宣传手册）时，可以使用段落文字来完成。

01 打开光盘中的素材，如图5-188所示。选择横排文字工具 **T**，在"字符"面板中设置字体、字号和颜色，如图5-189所示。

02 在画面中单击并向右下角拖出一个定界框，如图5-190所示，放开鼠标时，会出现闪烁的"I"形光标，此时可输入文字，当文字到达文本框边界时

相关链接
创建文字后，可以在工具选项栏、"字符"面板和"段落"面板中设置文字属性，如字体、字符间距和段落间距等。"字符"面板详见第163页；"段落"面板详见第165页。

会自动换行，如图5-191所示。

图5-188

图5-189

图5-190

图5-191

■提示

在单击并拖动鼠标定义文字区域时，如果同时按住 Alt 键，会弹出"段落文字大小"对话框，在对话框中输入"宽度"和"高度"值，可以精确定义文字区域的大小。

03 单击工具选项栏中的 ✔ 按钮，即可创建段落文本，如图5-192所示。创建段落文字后，可以根据需要调整定界框的大小，文字会自动在调整后的定界框内重新排列，通过定界框还可以旋转、缩放和斜切文字。使用横排文字工具 **T** 在文字中单击，设置插入点，同时显示文字的定界框，如图5-193所示。

图5-192

图5-193

04 拖动控制点调整定界框的大小，文字会在调整后的定界框内重新排列，如图5-194所示。如果定界框内不能显示全部文字时，它右下角的控制点会变为 ⊞

状，如图5-195所示。

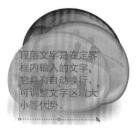
图5-194

图5-195

05 按住Ctrl键拖曳控制点，可以等比缩放文字，如图5-196所示。将光标移至定界框外，当指针变为弯曲的双向箭头时拖动鼠标可以旋转文字，如图5-197所示。如果同时按住Shift 键，则能够以15°角为增量进行旋转。单击工具选项栏中的 ✔ 按钮，结束文本的编辑操作。

图5-196

图5-197

5.15.4 创建路径文字（实战）

■素材：光盘>素材文件夹 ■视频：光盘>视频文件夹 ■难度：★★☆☆☆
■实例类型：软件功能 ■实例应用：创建和编辑路径文字

路径文字是指创建在路径上的文字，文字会沿着路径排列，改变路径形状时，文字的排列方式也会随之改变。

01 打开一个文件，如图5-198所示。选择钢笔工具 ✑，在工具选项栏中选择"路径"选项，沿手部轮廓绘制一条路径，如图5-199所示。

图5-198

图5-199

相关链接 ⋯⋯⋯⋯⋯⋯⋯⋯⋯⋯⋯⋯⋯⋯⋯⋯⋯⋯⋯⋯⋯⋯⋯⋯⋯⋯⋯⋯⋯⋯⋯⋯⋯⋯⋯⋯
点文本与段落文本可以互相转换，操作方法参见第410页。

02 选择横排文字工具 **T**，设置字体、大小和颜色，如图5-200所示。

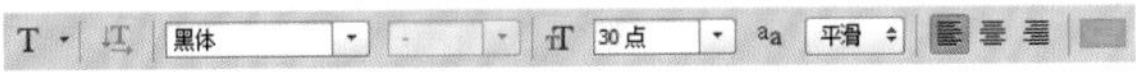

图5-200

03 将光标移动到路径上方，当光标变为状时，如图5-201所示，单击鼠标设置文字插入点，画面中会出现"I"形光标，输入文字即可沿着路径排列，如图5-202所示。按下Ctrl+回车键结束操作，在"路径"面板的空白处单击隐藏路径，如图5-203所示。

图5-201　　　　　　　　图5-202

图5-203

04 下面来编辑路径文字。在"图层"面板中选择文字图层，如图5-204所示，画面中会显示路径，如图5-205所示。

图5-204 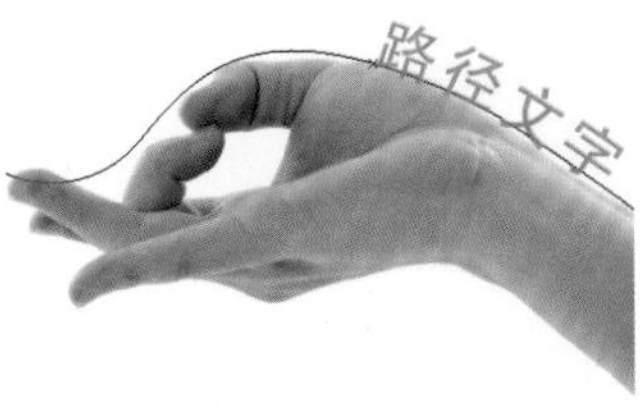　　　　　　　　图5-205

05 选择直接选择工具 或路径选择工具 ，将光标定位到文字上，光标会变为状，如图5-206所示，单击并沿路径拖动鼠标可以移动文字，如图5-207所示。单击并向路径的另一侧拖动文字，可以翻转文字，如图5-208所示。

06 继续前面的操作，将文字重新翻转到路径上面。选择直接选择工具 ，在路径上单击，显示锚点，如图5-209所示。

图5-206　　　　　　　　图5-207

图5-208　　　　　　　　图5-209

07 移动锚点或者调整方向线修改路径的形状，文字会沿修改后的路径重新排列，如图5-210、图5-211所示。

图5-210　　　　　　　　图5-211

5.15.5 创建变形文字（实战）

■素材：光盘>素材文件夹 ■视频：光盘>视频文件夹 ■难度：★★★☆☆
■实例类型：特效字 ■实例应用：通过对文字变形制作烟雾状特效字

变形文字是指对创建的文字进行变形处理后得到的文字。例如，可以将文字变形为扇形、旗帜形或波浪形等。

01 打开光盘中的素材，如图5-212所示。选择文字图层，如图5-213所示。

图5-212　　　　　　　　图5-213

02 执行"文字>文字变形"命令，打开"变形文字"对话框，在"样式"下拉列表中选择"旗

帜"，并调整变形参数，如图5-214所示。创建变形文字后，文字层的缩览图中会出现出一条弧线，如图5-215所示，文字效果如图5-216所示。

图5-214　　　　　　　　　　图5-215

图5-216

03 按下Ctrl+T快捷键显示定界框，将光标放在定界框外，单击并拖动鼠标，将文字旋转；再将光标放在定界框内，拖动鼠标，将文字向咖啡杯方向移动，如图5-217所示。按下回车键确认。

图5-217

04 双击文字图层，打开"图层样式"对话框，添加"外发光"效果，如图5-218所示。设置该图层的填充不透明度为0%，如图5-219所示，将文字隐藏，只显示添加的效果，如图5-220所示。

图5-218　　　　　　　　　　图5-219

图5-220

05 按两次Ctrl+J快捷键，复制出两个文字图层，如图5-221所示。选择最下方的文字层，如图5-222所示。

图5-221　　　　　　　　　　图5-222

06 执行"文字>栅格化文字图层"命令，将文字栅格化，使其变为图像，如图5-223所示。执行"滤镜>模糊>动感模糊"命令，对文字进行模糊处理，如图5-224、图5-225所示。

图5-223　　　　　　　　　　图5-224

图5-225

设置变形文字选项 ·········

    "变形文字"对话框中的选项用于设置变形选项，包括文字的变形样式和变形程度。

● 样式： 在该选项的下拉列表中可以选择15种变形样式，效果如图5-226所示。

图5-226

● 水平/垂直： 选择"水平"选项，文本向水平方向扭曲；选择"垂直"选项，文本向垂直方向扭曲。

● 弯曲： 用来设置文本的弯曲程度。

● 水平扭曲/垂直扭曲： 可以让文本产生透视扭曲效果，如图5-227所示。

水平扭曲0，垂直扭曲0   水平扭曲-100，垂直扭曲0   水平扭曲0，垂直扭曲50

图5-227

重置变形 ·········

    选择一个文字工具，单击工具选项栏中的创建文字变形按钮，或执行"文字>文字变形"命令，可以打开"变形文字"对话框修改变形参数，也可在"样式"下拉列表中选择另外一种样式。

取消变形 ·········

    在"变形文字"对话框的"样式"下拉列表中选择"无"，可以将文字恢复为变形前的状态。

5.16 直排文字工具

    直排文字工具↓T的使用方法与横排文字工具 T 基本相同，它也可以通过3种方法创建文字：在点上创建、在段落中创建和沿路径创建，区别是它创建的是纵向排列的文字。

    图5-228所示为使用直排文字工具↓T创建的纵向排列的段落文本。

5.17 横排文字蒙版和直排文字蒙版工具

    横排文字蒙版工具和直排文字蒙版工具用来创建文字状选区。选择其中的一个工具，在画面单击，然后输入文字即可创建文字选区，也可以使用创建段落文字的方法，单击并拖出一个矩形定界框，在定界框内输入文字创建文字选区。文字选区可以像任何其他选区一样移动、拷贝、填充或描边。

    图5-229所示为使用横排文字蒙版工具创建的选区，图5-230所示为使用"编辑>描边"命令对选区进行描边后产生的文字轮廓线。

图5-228

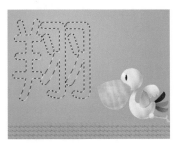

图5-229

图5-230

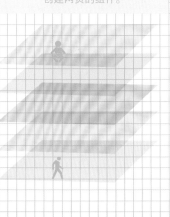

Point

本章我们来学习图像裁剪工具，以及与网页制作相关的工具。

我听说ImageReady是做网页的软件。

ImageReady最早出现在Photoshop 5.5版中，它填补了Photoshop在Web功能上的欠缺。到2005年时，Adobe收购了Macromedia公司，该公司的Fireworks取代了ImageReady，成为了一个独立的网页制作软件，ImageReady也从Photoshop中退出了。不过，Photoshop已经集成了ImageReady几乎所有的功能。现在，Photoshop中的 Web 工具可以帮助我们设计和优化单个Web 图形或整个页面布局，轻松创建网页的组件。

第6章 裁剪和切片类工具

6.1 裁剪工具（实战照片裁剪）

■视频：光盘>视频文件夹 ■难度：★★☆☆☆ ■实例类型：数码照片处理 ■实例应用：使用裁剪工具裁剪数码照片，让构图更加合理
■Adobe官方相关视频：http://tv.adobe.com/watch/learn-photoshop-cs6/using-the-new-crop-tool/?go=13222
■Adobe官方相关视频：http://tv.adobe.com/watch/visual-design-cs6/straightening-a-crooked-image/?go=13212

编辑数码照片或图像素材时，经常要裁剪图像❶，以便删除多余的内容，使画面的构图更加完美。Photoshop提供了全新的裁剪工具，可以对图像进行非破坏性的裁剪（即保留被才掉的图像）。在画布上，还可以精确地控制图像、灵活地旋转图像。

01 打开光盘中的照片素材，如图6-1所示。选择裁剪工具 ，在画面中单击并拖动鼠标，如图6-2所示，放开鼠标后可创建矩形裁剪框，如图6-3所示。在图像上单击，也可以显示裁剪框。

图6-1　　　　　　　图6-2　　　　　　　图6-3

02 拖动裁剪框上的控制点可以同时调整裁剪框的宽度和高度，如图6-4所示，按住Shift键拖动，可进行等比缩放。如果要单独调整裁剪框的宽度或高度，可以拖动裁剪框的边界线，如图6-5所示。

03 将光标放在裁剪框外，单击并拖动鼠标，可以旋转图像，如图6-6所示。将光标放在裁剪框内，单击并拖动鼠标则可以移动图像，如图6-7所示。

04 我们重新调整裁剪框，如图6-8所示，然后单击工具选项栏中的 ✔ 按钮或按下回车键确认，即可裁剪图像，如图6-9所示。

相关链接 ....
❶除裁剪工具外，Photoshop还提供"裁剪"命令（第339页）、"裁切"命令（第339页）和"裁剪并修齐照片"命令（第237页）用于裁剪图像。

击并拖出一条直线，让它与地平线、建筑物墙面等关键元素对齐，如图6-11所示，Photoshop便会将倾斜的画面校正过来，按下回车键确认，如图6-12所示。

图6-4

图6-5

图6-6

图6-7

图6-8

图6-9

图6-10

图6-11

图6-12

05 下面再来看一下，怎样校正画面倾斜的照片。打开另一张照片素材，如图6-10所示。选择裁剪工具 🔲，在工具选项栏中单击拉直按钮 🔲，在画面中单

93

裁剪工具选项栏

图6-13所示为裁剪工具 🔳 的选项栏。

图6-13

使用预设的裁剪选项

单击 ⬍ 按钮,可以在打开的下拉菜单中选择预设的裁剪选项,如图6-14所示。

图6-14

- 不受约束:选择该选项后,可以自由调整裁剪框的大小。

- 原始比例:选择该项后,拖动裁剪框时始终会保持图像原始的长宽比例。

- 预设长宽比:"1×1(方形)"、"5×7"等选项是Photoshop提供的预设长宽比。如果要自定义长宽比,可在该选项右侧的文本框中输入数值。

- 大小和分辨率:选择该项后,可以打开一个对话框,输入图像的宽度、高度和分辨率值并单击"确定"按钮,即可按照设定的尺寸裁剪图像。例如,输入宽度为11厘米、高度为13厘米、分辨率为150像素/厘米,在进行裁剪时,虽然创建的裁剪区域大小并不相同,但裁剪后图像的尺寸和分辨率会与设定的尺寸一致,如图6-15~图6-18所示。

输入大小和分辨率并定义裁剪范围

图6-15

裁剪后的图像效果及当前文档的尺寸

图6-16

重新定义裁剪范围

图6-17

裁剪后的图像

图6-18

- 存储预设/删除预设:拖出裁剪框后,选择"存储预设"命令,可以将当前创建的长宽比保存为一个预设文件。如果要删除自定义的预设文件,可将其选择,再执行"删除预设"命令即可。

设置视图选项

单击"视图"选项右侧的 ⬍ 按钮,可以打开一个下拉菜单,如图6-19所示。

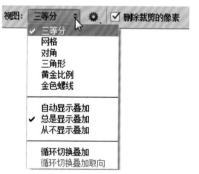

图6-19

- 显示裁剪参考线:Photoshop提供了一系列参考线选项,可以帮助我们进行合理构图,使画面更加艺术、美观。图6-20所示为各个参考线的具体效果。"三等分"比较常用,它基于摄影中的三分法则,是摄影师构图时使用的一种技巧。简单来说,就是把画面按水平方向在1/3、2/3位置画两条水平线,按垂直方向在1/3、2/3位置画两条垂直线,然后把景物尽量放在交点上。

三等分　　　　网格　　　　对角

三角形　　　　黄金比例　　　金色螺线

图6-20

- 自动显示叠加：自动显示裁剪参考线。
- 总是显示叠加：始终显示裁剪参考线。
- 从不显示叠加：从不显示裁剪参考线。
- 循环切换叠加：选择该项或按下O键，可以循环切换各种裁剪参考线。
- 循环切换叠加取向：显示三角形和金色螺线时，选择该项或按下Shift+O键，可以旋转参考线。

设置裁剪选项

　　单击工具选项栏中的 ✿ 按钮，可以打开下拉面板，如图6-21所示。

- 使用经典模式：勾选该选项后，可以使用Photoshop CS6以前版本的裁剪工具来操作。例如，将光标放在裁剪框外，单击并拖动鼠标进行旋转操作时，可以旋转裁剪框，如图6-22所示；Photoshop CS6版则旋转的是图像内容，而非裁剪框，如图6-23所示。

图6-21　　　　图6-22　　　　图6-23

- 启用裁剪屏蔽：勾选该选项后，裁剪框外的区域会被颜色选项中设置的颜色屏蔽（默认颜色为白色，不透明度为75%）。可以在"颜色"下拉列表中选择"自定义"命令，打开"拾色器"调整屏蔽颜色，效果如图6-24、图6-25所示，还可以在"不透明度"选项调整颜色的不透明度，效果如图6-26所示。此外，勾选"自动调整不透明度"选项，Photoshop会自动调整屏蔽颜色的不透明度。

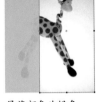

屏蔽颜色为绿色　　屏蔽颜色为红色　　不透明度为100%
图6-24　　　　　图6-25　　　　　图6-26

设置其他选项

- 纵向与横向旋转裁剪框 ⟳：单击该按钮，可以将裁剪框旋转90°。
- 删除裁剪的像素：在默认情况下，Photoshop会将裁掉的图像保留在文件中，可以使用移动工具 ⊹ 拖动图像，将隐藏的图像内容显示出来，如图6-27、图6-28所示。如果要彻底删除被裁剪的图像，可勾选该项，再进行裁剪操作。

图6-27　　　　　　　图6-28

- 复位 ↻：单击该按钮，可以将裁剪框、图像旋转以及长宽比恢复为最初状态。
- 提交 ✔：如果要确认裁剪操作，可单击该按钮或按下回车键。
- 取消 ⊘：如果要放弃裁剪操作，可单击该按钮或按下Esc键。

6.2 透视裁剪工具(实战校正透视畸变)

■视频: 光盘>视频文件夹 ■难度: ★★☆☆☆ ■实例类型: 数码照片处理 ■实例应用: 使用透视裁剪工具校正透视畸变

　　拍摄高大的建筑时, 由于视角较低, 竖直的线条会向消失点集中, 从而产生透视畸变。Photoshop CS6
新增的透视裁剪工具 🖽 能够很好地解决这个问题。

01 打开光盘中的素材文件, 如图6-29所示, 可以看到, 两侧的建筑向中间倾斜, 这是透视畸变的明显特征。选择透视裁剪工具 🖽, 在画面中单击并拖动鼠标, 创建矩形裁剪框, 如图6-30所示。

图6-29

图6-30

02 将光标放在裁剪框左上角的控制点上, 按住Shift键(可以锁定水平方向)单击并向右侧拖动; 右上角的控制点向左侧拖动, 让边线适当靠近建筑的边界线, 如图6-31所示。

03 单击工具选项栏中的 ✔ 按钮或按下回车键裁剪图像, 即可完成裁剪图像的同时校正透视畸变, 如图6-32所示。

图6-31

图6-32

透视裁剪工具选项栏

　　图6-33所示为透视裁剪工具的选项栏。

图6-33

● W/H: 输入图像的宽度(W)和高度值(H), 可以按照设定的尺寸裁剪图像。单击 ⇄ 按钮可以对调这两个数值。

● 分辨率: 可以先输入图像的分辨率, 然后再裁剪图像, 裁剪后, Photoshop会自动将图像的分辨率调整为设定的大小。例如, 图6-34所示为裁剪前的图像, 图6-35所示是设置分辨率为300像素/英寸后的裁剪效果。

图6-34

图6-35

● 前面的图像: 单击该按钮, 可在"W"、"H"和"分辨率"文本框中显示当前文档的尺寸和分辨率。如果同时打开了两个文档, 则会显示另外一个文档的尺寸和分辨率。

● 清除: 单击该按钮, 可清空"W"、"H"和"分辨率"文本框中的数值。

● 显示网格: 勾选该项, 可以显示网格线; 取消勾选, 则隐藏网格线。

6.3 切片工具（实战）

■视频：光盘>视频文件夹 ■难度：★★☆☆☆ ■实例类型：网页制作类 ■实例应用：使用切片工具分割图像

在制作网页时，通常要对页面进行分割，即制作切片。通过优化切片❶可以对分割的图像进行不同程度的压缩，以便减少图像的下载时间。另外，还可以为切片制作动画，链接到URL地址，或者使用它们制作翻转按钮。

01 按下Ctrl+O快捷键，打开光盘中的素材文件，如图6-36所示。

02 选择切片工具 ✐，在工具选项栏的"样式"下拉列表中选择"正常"，如图6-37所示，在要创建切片的区域上单击并拖出一个矩形框（可同时按住空格键并拖动鼠标移动定界框），如图6-38所示，放开鼠标即可创建一个用户切片，它以外的部分会生成自动切片，如图6-39所示。如果按住Shift键拖动鼠标，则可以创建正方形切片；按住Alt键拖动，可以从中心向外创建切片。

图6-36

图6-37

图6-38

图6-39

切片工具选项栏

图6-40所示为切片工具 ✐ 的选项栏。在"样式"下拉列表中可以选择切片的创建方法，包括"正常"、"固定长宽比"和"固定大小"。

图6-40

- ● 正常：可通过拖动鼠标自由定义切片的大小。
- ● 固定长宽比：输入高宽比并按下回车键，可以创建具有固定长宽比的切片。例如，要创建一个宽度是高度2倍的切片，可输入宽度为2、高度为1。
- ● 固定大小：输入切片的高度和宽度值，然后在画面单击，可创建指定大小的切片。

> 👓 **技术看板：**
> **切片的种类**
>
> 使用切片工具 ✐ 创建的切片称作用户切片，通过图层创建的切片❷称作基于图层的切片。创建新的用户切片或基于图层的切片时，会生成附加的自动切片来占据图像的其余区域，自动切片可填充图像中用户切片或基于图层的切片未定义的空间。每次添加或编辑用户切片或基于图层的切片时，都会重新生成自动切片。用户切片和基于图层的切片由实线定义，而自动切片则由虚线定义。

←用户切片

←自动切片

相关链接
❶创建切片后，可以对图像进行优化，以减少文件占用的存储空间，用户在网上能够更快地浏览图像，关于图像优化方法详见第228页。❷通过图层也可以创建切片，详见第402页。

6.4 切片选择工具(实战)

■视频: 光盘>视频文件夹 ■难度: ★★☆☆☆ ■实例类型: 网页制作类 ■实例应用: 使用切片选择工具选择、移动切片, 调整切片大小

　　创建切片以后, 可以使用切片选择工具 ✂ 选择、移动切片或组合多个切片, 也可以复制切片、删除切片, 或者为切片设置输出选项, 指定输出内容, 为图像指定URL链接信息等。

01 打开光盘中的素材。使用切片选择工具 ✂ 单击一个切片, 将它选择, 如图6-41所示; 按住Shift键单击其他切片, 可选择多个切片, 如图6-42所示。

图6-41　　　　　　　　图6-42

02 选择切片后, 拖动切片定界框上的控制点可以调整切片大小, 如图6-43所示。

03 拖动切片则可以移动切片, 如图6-44所示; 按住Shift 键拖动鼠标可将移动限制在垂直、水平或45°对角线的方向上; 按住Alt键拖动鼠标, 可以复制切片。

图6-43　　　　　　　　图6-44

04 使用切片选择工具 ✂ 选择两个或更多的切片, 如图6-45所示, 单击右键打开下拉菜单, 选择

"组合切片"命令, 可以将所选切片组合为一个切片, 如图6-46所示。

图6-45　　　　　　　　图6-46

05 选择一个或多个切片后, 按下Delete 键可将其删除。如果要删除所有用户切片和基于图层的切片, 可以执行"视图>清除切片"命令。

切片工具选项栏 ·········

　　在切片选择工具 ✂ 的选项栏中提供了可调整切片的堆叠顺序、对切片进行对齐与分布的选项, 如图6-47所示。

图6-47

● 调整切片堆叠顺序: 在创建切片时, 最后创建的切片是堆叠顺序中的顶层切片。当切片重叠时, 可单击该选项中的按钮, 改变切片的堆叠顺序, 以便能够选择到底层的切片。单击置为顶层按钮 🗂, 可将所选切片调整到所有切片之上; 单击前移一层按钮 🗂, 可将所选切片向上层移动一个顺序; 单击后移一层按钮 🗂, 可将所选切片向下层移动一个顺序; 单击置为底层按钮 🗂, 可将所选切片移动到所有切片之下。

● 提升: 单击该按钮, 可以将所选的自动切片或图层切片转换为用户切片。

● 划分: 单击该按钮, 可以打开"划分切片"对话框对所选切片进行划分。

相关链接 ·········
❶对齐和分布切片的操作与对齐和分布图层效果大致相同, 相关效果请参阅第403页和第404页。

● 对齐与分布切片❶：选择了两个或多个切片后，单击相应的按钮可以让所选切片对齐或均匀分布，这些按钮分别是顶对齐 ▜、垂直居中对齐 ▐ 、底对齐 ▟ 、左对齐 ▛、水平居中对齐 ▟ 和右对齐 ▟ ；如果选择了3个或3个以上切片，可单击相应的按钮使所选切片按照一定的规则均匀分布，这些按钮包括按顶分布 ▟ 、垂直居中分布 ▟ 、按底分布 ▟ 、按左分布 ▟ 、水平居中分布 ▟ 和按右分布 ▟ 。

● 隐藏自动切片：单击该按钮，可以隐藏自动切片。

● 设置切片选项 ▤：单击该按钮，可以打开"切片选项"对话框，设置切片的名称、类型并指定URL地址等，如图6-48所示。

图6-48

划分切片

使用切片选择工具 ▞ 选择切片后，如图6-49所示，单击工具选项栏中的"划分"按钮，可在打开的"划分切片"对话框中设置切片的划分方式，如图6-50所示。

图6-49

图6-50

● 水平划分为：勾选该选项后，可以在长度方向上划分切片，它包含两种划分方式。选择"个纵向切片，均匀分隔"，可输入切片的划分数目；选择"像素/切片"，可输入一个数值，基于指定数目的像素创建切片，如果按该像素数目无法平均地划分切片，则会将剩余部分划分为另一个切片。例如，如果将100像素宽的切片划分为3个30像素宽的新切片，则剩余的10像素宽的区域将变成一个新的切片。图6-51所示为选择"个纵向切片，均匀分隔"选项后，设置数值为3的划分结果；图6-52所示为选择"像素/切片"选项后，输入数值为200像素的划分结果。

图6-51　　　　　　　　　图6-52

● 垂直划分为：勾选该项后，可在宽度方向上划分切片。它也包含两种划分方法。图6-53所示为选择"个横向切片，均匀分隔"选项后，设置数值为3的划分结果，图6-54所示为选择"像素/切片"选项后，设置数值为200像素的划分结果。

图6-53　　　　　　　　　图6-54

● 预览：在画面中预览切片划分结果。

技术看板：
Web安全色

颜色是网页设计的重要内容，然而，我们在电脑屏幕上看到的颜色却不一定都能够在其他系统上的 Web 浏览器中以同样的效果显示。为了使Web图形的颜色能够在所有的显示器上看起来一模一样，在制作网页时，就需要使用Web安全颜色。在"颜色"面板或"拾色器"中调整颜色时，如果出现警告图标 ▣ ，可单击该图标，将当前颜色替换为与其最为接近的 Web 安全颜色。

在"颜色"面板或"拾色器"中设置颜色时，也可以选择相应的选项，以便始终在Web 安全颜色模式下工作。

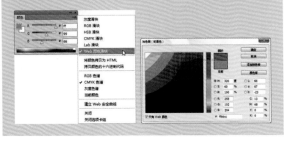

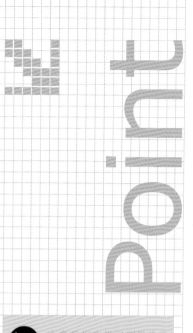

第7章 测量类工具

7.1 注释工具(实战)

■视频：光盘>视频文件夹 ■难度：★★☆☆☆ ■实例类型：软件功能类 ■实例应用：在图像中添加注释

　　使用注释工具可以在图像的任何区域添加文字注释❶。我们可以用它来标记制作说明或其他有用信息。

01 按下Ctrl+O快捷键，打开光盘中的素材，如图7-1所示。选择注释工具 ，在工具选项栏中输入作者信息，单击"颜色"选项右侧的颜色块，打开"拾色器"将颜色设置为蓝色，如图7-2所示。

图7-1　　　　　　　　　　　　　　图7-2

02 在画面中单击，弹出"注释"面板❷，输入注释内容。例如，可输入图像的制作过程、某些特殊的操作以及注意事项方法等，如图7-3所示。创建注释后，鼠标单击处就会出现一个注释图标 ，如图7-4所示。

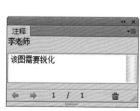

图7-3　　　　　　　　　　　　　　图7-4

03 拖动注释图标可以移动它的位置，如图7-5所示。如果要查看注释，可双击注释图标，在弹出的"注释"面板中会显示注释内容。如果在文档中添加了多个注释，如图7-6所示，则可单击 或 按钮，循环显示各个注释内容，如图7-7所示。在画面中，当前显示的注释为 状。如果要删除注释，可在注释上单击右键，打开快捷菜单，如图7-8所示，选择"删除注释"命令。如果选择"删除所有注释"命令，或单击工具选项栏中的"清除全部"按钮，则可删除所有注释。

相关链接·····
❶在Photoshop中，可以将PDF文件中包含的注释导入图像中，相关内容请参阅第233页。❷关于"注释"面板，请参阅第213页。

本章我们来学习测量类工具的使用方法。

测量类工具是用来做什么的？

测量类工具属于辅助工具，不能用来编辑图像，它们的用途是可以帮助我们更好地完成定位、测量、识别信息，以及添加注释等任务。

看来这类工具的用途不大呀！

测量类工具看似简单，有时也会对我们有很大的帮助。例如，当你制作出一个满意的效果后，想要将操作方法保存起来，就可以通过注释工具在图像中添加注释信息，将操作方法记录下来，以后便可随时查阅。

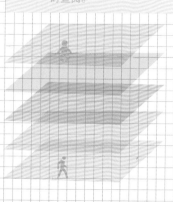

图7-5

图7-6

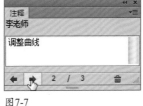

图7-7

图7-8

7.2 计数工具（实战）

■视频：光盘>视频文件夹　■难度：★★☆☆☆　■实例类型：软件功能　■实例应用：用计数工具计算小熊猫的数量

　　使用计数工具 ₁₂³ 可以计算图像上的项目数，然后记录此项目数，使用该工具在图像中单击，Photoshop会跟踪单击次数。计数数目会显示在项目上和计数工具选项栏中。计数数目会在存储文件时存储。Photoshop也可以自动对图像中的多个选定区域计数，并将结果记录在"测量记录"面板中。

01 打开光盘中的素材，如图7-9所示。选择计数工具 ₁₂³，在工具选项栏中调整标记大小和标签大小参数，标记颜色设置为绿色，如图7-10所示。

图7-9

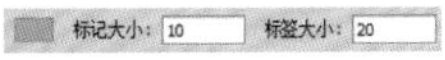

标记大小: 10　标签大小: 20

图7-10

02 在各个小熊猫上依次单击，Photoshop会跟踪单击次数，并将计数数目显示在项目上和"计数工具"选项栏中，如图7-11、图7-12所示。

图7-11

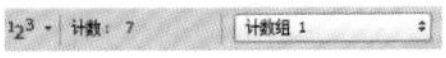

₁₂³ ▾　计数: 7　　　计数组 1

图7-12

03 执行"图像>分析>记录测量命令"，可以将计数数目记录到"测量记录"面板❶中，如图7-13所示。如果要移动计数标记，可以将光标放在标记或数字上方，当光标变成方向箭头时，再进行拖动；按住 Shift 键可限制为沿水平或垂直方向拖动；按住Alt键单击标记，可删除标记。

图7-13

计 数 工 具 选 项 栏 ·····

　　选择计数工具后，在工具选项栏中会显示计数数目、颜色和标记大小等选项，如图7-14所示。

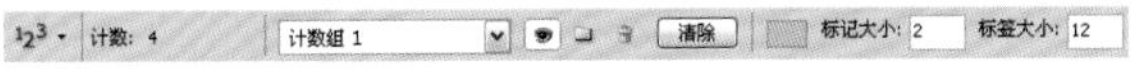

₁₂³ ▾　计数: 4　　　计数组 1　　　清除　　　标记大小: 2　标签大小: 12

图7-14

● 计数：显示了总的计数数目。

● 计数组：计数组类似于图层组，可包含计数，每个

相关链接·····
❶关于"测量记录"面板，详见第214页。

计数组都可以有自己的名称、标记和标签大小以及颜色。单击文件夹图标 📁 可以创建计数组；单击眼睛图标 👁 可以显示或隐藏计数组；单击删除图标 🗑 可以删除计数组。

● 清除：单击该按钮，可将计数复位到0。

● 颜色：单击颜色块，可以打开"拾色器"设置计数组的颜色，图7-15所示为设置为红色时的效果。

● 标记大小：可输入1至10之间的值，定义计数标记的大小。图7-16所示是该值为10的标记。

● 标签大小：可输入8至72之间的值，定义计数标签的大小。图7-17所示是该值为72的标签。

计数颜色为红色　　　标记大小为10　　　标签大小为72

图7-15　　　　　　图7-16　　　　　　图7-17

7.3 标尺工具（实战）

■视频：光盘>视频文件夹　■难度：★★☆☆☆　■实例类型：软件功能类　■实例应用：使用标尺工具测量距离和角度

标尺工具 📏 可以帮助我们计算工作区内任意两点之间的距离。当测量两点间的距离时，将绘制一条不会打印出来的直线，并且在工具选项栏和"信息"面板上显示信息。

01 打开光盘中的素材。执行"图像>分析>标尺工具"命令，或在工具箱中选择标尺工具 📏。将光标放在需要测量的起点处，光标会变为 ⌐ 状，如图7-18所示；单击并拖动鼠标至测量的终点处，测量结果会显示在工具选项栏和"信息"面板中，如图7-19所示。

图7-18　　　　　　图7-19

02 下面来测量剪刀夹角的角度。单击工具选项栏中的"清除"按钮，清除画面中的测量线。将光标放在角度的起点处，如图7-20所示，单击并拖动到夹角处，然后放开鼠标，如图7-21所示。

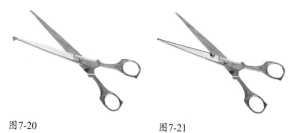

图7-20　　　　　　图7-21

👤 提示

如果要创建水平、垂直或以45°角为增量的测量线，可按住Shift键拖动鼠标。创建测量线后，将光标放在测量线的一个端点上，拖动鼠标可以移动测量线。

03 按住Alt键，光标会变为 📐 状，如图7-22所示，单击并拖动鼠标至测量的终点，放开鼠标后，角度的测量结果便显示在工具选项栏中，如图7-23所示。

图7-22　　　　　　图7-23

识别测量数据

● X/Y：起始位置（x 和 y）。

● W/H：在x轴和y轴上移动的水平（W）和垂直（H）距离。

● A：相对于轴测量的角度（A）。

● L1/L2：使用量角器时移动的两个长度（L1 和 L2）。

7.4 吸管工具（实战）

■视频：光盘>视频文件夹 ■难度：★★☆☆☆ ■实例类型：软件功能 ■实例应用：使用吸管工具拾取颜色

吸管工具 🖋 可以从当前图像或屏幕上的任何位置采集色样，然后将其指定为新的前景色或背景色。

01 打开光盘中的素材文件。选择吸管工具 🖋，将光标放在图像上，单击鼠标可以显示一个取样环，此时可拾取单击点的颜色并将其设置为前景色，如图7-24所示；按住鼠标移动，取样环中会出现两种颜色，下面的是前一次拾取的颜色，上面的则是当前拾取的颜色，如图7-25所示。

图7-24

图7-25

02 按住Alt键单击，可拾取单击点的颜色并将其设置为背景色，如图7-26所示。如果在图像上单击，然后按住鼠标在屏幕上拖动，则可以拾取窗口、菜单栏和面板的颜色，如图7-27所示。

图7-26

图7-27

吸管工具选项栏

图7-28所示为吸管工具的选项栏。

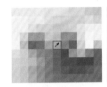

图7-28

● **取样大小**：用来设置吸管工具的取样范围。选择"取样点"，可拾取光标所在位置像素的精确颜色；选择"3×3平均"，可拾取光标所在位置3个像素区域内的平均颜色；选择"5×5平均"，可拾取光标所在位置5个像素区域内的平均颜色，如图7-29所示。其他选项以此类推。

取样点　　　　　3×3平均　　　　　5×5平均

图7-29

● **样本**：选择"当前图层"表示只在当前图层上取样；选择"所有图层"表示在所有图层上取样。

● **显示取样环**：勾选该选项后，拾取颜色时会显示取样环。如果没有显示取样环，可执行"编辑>首选项>性能"命令，打开"首选项"对话框，勾选"使用图形处理器"选项，然后重新启动Photoshop即可。

7.5 颜色取样器工具

调整图像时，如果需要精确地了解颜色值的变化情况，可以使用颜色取样器工具 🖋 在需要观察的图像区域单击，建立取样点，这时会自动弹出"信息"面板并显示取样位置的颜色值，如图7-30所示。在开始调整时，面板中会出现两组数字，斜杠前面的是调整前的颜色值，斜杠后面的是调整后的新的颜色值，如图7-31所示。

一个图像中最多可以放置4个取样点。单击并拖曳取样点，可以移动它的位置，"信息"面板中的颜色值也会随之改变。按住 Alt 键单击颜色取样点，可将其删除。如果要在调整对话框处于打开的状态下删除颜色取样点，可按住 Alt+Shift键单击取样点。如果要删除所有颜色取样点，可单击工具选项栏中的"清除"按钮。

图7-30

图7-31

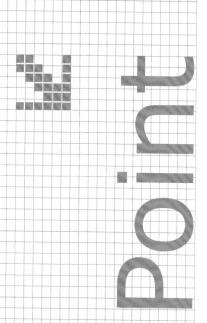

第8章 3D 和导航类工具

8.1 3D 功能概述

■Adobe官方相关视频：http://tv.adobe.com/watch/photoshop-cs6-featuretour/new-possibilities-in-3d

Photoshop Extended可以打开和处理由 Adobe Acrobat 3D Version 8、3ds Max、Alias、Maya 以及 GoogleEarth 等程序创建的 3D 文件。

8.1.1 3D 操作界面

在Photoshop Extended中打开、创建或编辑3D文件时，会自动切换到3D界面中，如图8-1所示。Photoshop能够保留对象的纹理、渲染和光照信息，并将3D模型放在3D 图层上，在其下面的条目中显示对象的纹理。

3D场景　　　3D对象　　　3D工具　　3D对象使用的材质　　3D图层

图8-1

在经过大幅简化的3D界面中，可以轻松创建3D模型，控制框架以产生3D凸出效果、更改场景和对象方向以及编辑光线，还可以将3D对象自动对齐全图像中的消失点上。

全新的反射与可拖曳阴影效果，能够在地面上添加和加强阴影与反射效果，还可以拖曳阴影以重新调整光源位置，并轻松编辑地面反射、阴影和其他效果。此外，还可以基于一个2D图层创建3D内容，如立方体、球面、圆柱和3D明信片等。

 本章我们来学习3D和导航类工具的使用方法。

 Photoshop真是越来越强大了，竟然能编辑3D文件。我知道3D文件的格式很多，Photoshop可以编辑哪种文件呀？

包括U3D、3DS、OBJ、KMZ和DAE等3D文件。不过，一定得是扩展版的Photoshop才有3D功能，标准版的没有哦。

 扩展版和标准版有什么区别呀？

 扩展版全称为Photoshop Extended，它包含标准版的所有功能，此外，还添加了3D、动画和高级图像分析等工具。

8.1.2 3D文件的组件

3D文件包含网格、材质和光源等组件。其中，网格相当于3D模型的骨骼；材质相当于3D模型的皮肤；光源相当于太阳或白炽灯，可以使3D场景亮起来，让3D模型可见。

网 格

网格提供了3D模型的底层结构。通常，网格看起来是由成千上万个单独的多边形框架结构组成的线框，如图8-2所示。在 Photoshop中，可以在多种渲染模式下查看网格，还可以分别对每个网格进行操作，也可以用2D图层创建3D网格。但要编辑3D模型本身的多边形网格，则必须使用3D程序。

图8-2

材 质

一个网格可具有一种或多种相关的材质，它们控制整个网格的外观或局部网格的外观。材质映射

到网格上，可以模拟各种纹理和质感，例如颜色、图案、反光度或崎岖度等。图8-3、图8-4所示为3D人模型使用的纹理材质。

图8-3 图8-4

光 源

光源类型有3种，即点光、聚光灯和无限光，如图8-5所示。光源可以移动、调整颜色和强度。在3D场景中还可以添加新的光源。

点光 聚光灯 无限光

图8-5

8.2 3D工具

在Photoshop Extended中打开3D文件后，选择移动工具 ，在其工具选项栏中包含一组3D工具，如图8-6所示。使用这些工具可以修改3D模型的位置、大小，还可以修改3D场景视图，调整光源位置。

8.2.1 旋转3D对象工具

选择旋转3D对象工具 ，在3D模型上单击，

选择模型，如图8-7所示，上下拖动可以使模型围绕其 x 轴旋转，如图8-8所示；拖曳两侧可围绕其 y 轴旋转，如图8-9、图8-10所示；按住 Alt键的同时拖动

则可以滚动模型。

拖动可沿 x/z 方向移动。

旋转3D对象工具 —┐　　　　┌— 滑动3D对象工具

3D 模式: 　　　　　　— 缩放3D对象工具

滚动3D对象工具 —┘　　　　└— 拖动3D对象工具

图8-6

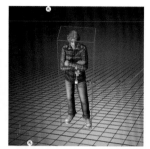

图8-13　　　　图8-14

图8-7　　　　图8-8

8.2.4 滑动 3D 对象工具

使用滑动3D对象工具 在3D对象两侧拖动可沿水平方向移动模型，如图8-15所示；上下拖动可将模型移近或移远，如图8-16所示；按住Alt键的同时拖动可沿x/y方向移动。

图8-9　　　　图8-10

图8-15　　　　图8-16

8.2.2 滚动 3D 对象工具

使用滚动3D对象工具 在3D对象两侧拖动可以使模型围绕其 z 轴旋转，如图8-11、图8-12所示。

8.2.5 缩放 3D 对象工具

使用缩放3D对象工具 单击3D对象并上下拖动鼠标，可以放大或缩小模型，如图8-17、图8-18所示；按住Alt键的同时拖动可沿 z 方向缩放。按住Shift键并进行拖动，可将旋转、平移、滑动或缩放操作限制为沿单一方向移动。

图8-11　　　　图8-12

8.2.3 拖动 3D 对象工具

使用拖动3D对象工具 在3D对象两侧拖动可沿水平方向移动模型，如图8-13所示；上下拖动可沿垂直方向移动模型，如图8-14所示；按住Alt键的同时

图8-17　　　　图8-18

8.2.6 3D 相机调整工具

进入3D操作界面后，选择移动工具 ▶✛，在模型以外的空间单击（即不要选择模型），如图8-19所示，此时可以在工具选项栏中选择相应的工具，通过操作调整相机视图，而保持3D对象的位置不变。

图8-19

● 旋转：选择旋转3D对象工具 🔄，上、下、左、右拖动鼠标可以旋转相机视图，如图8-20所示。

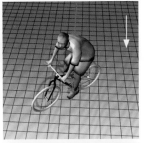
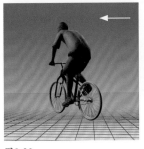
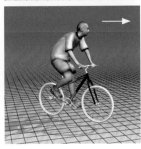

图8-20

● 滚动：使用滚动3D对象工具 🔄 拖动可以滚动相机视图，如图8-21所示。

图8-21

● 平移：使用拖动3D对象工具 ✛ 可以让相机沿 x 或 y 方向平移，如图8-22所示。

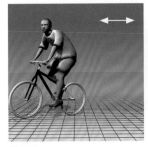

图8-22

● 移动：使用滑动3D对象工具 ✛ 可以步进相机，如图8-23所示。

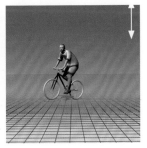

图8-23

● 缩放：使用缩放3D对象工具 🔄 可以更改3D相机的视角。

8.2.7 使用3D轴调整模型

选择3D对象后，画面中会出现3D轴，如图8-24所示，它显示了3D空间中模型（或相机、光源和网格）在当前 x、y 和 z 轴的方向。将光标放在3D轴的控件上，使其高亮显示，然后单击并拖动鼠标即可移动、旋转和缩放3D项目。可用的轴控件随当前编辑模式（对象、相机、网格或光源）的变化而变化，因此，3D轴除了可以调整模型外，还能用来调整相机、网格和光源。

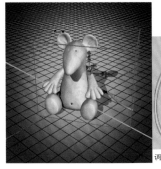 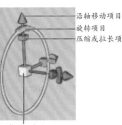

沿轴移动项目
旋转项目
压缩或拉长项目

调整项目大小

图8-24

● 沿 x/y/z 轴移动项目： 将光标放在任意轴的锥尖上，
向相应的方向拖动， 如图 8-25 所示。

图8-25

● 旋转项目： 单击轴尖内弯曲的旋转线段， 此时会出
现旋转平面的黄色圆环， 围绕 3D 轴中心沿顺时针
或逆时针方向拖动圆环即可旋转模型， 如图 8-26 所
示。 要进行幅度更大的旋转， 可将鼠标向远离 3D
轴的方向移动。

● 调整项目大小 （等比缩放）： 向上或向下拖动 3D
轴中的中心立方体， 如图 8-27 所示。

● 沿轴压缩或拉长项目 （不等比缩放）： 将某个彩色
的变形立方体朝中心立方体拖动， 或向远离中心立
方体的位置拖动， 如图 8-28 所示。

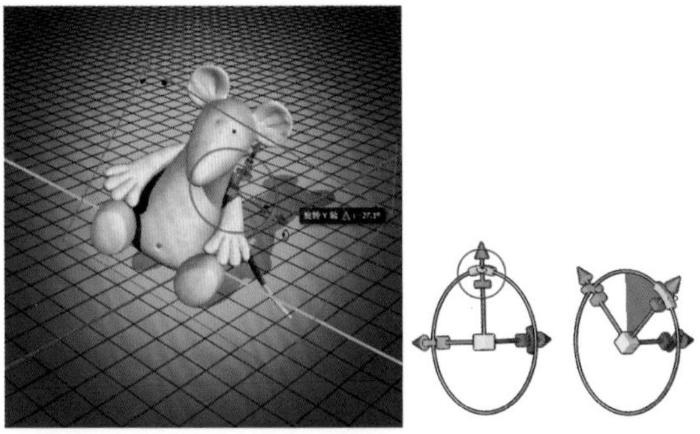

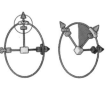

图8-26

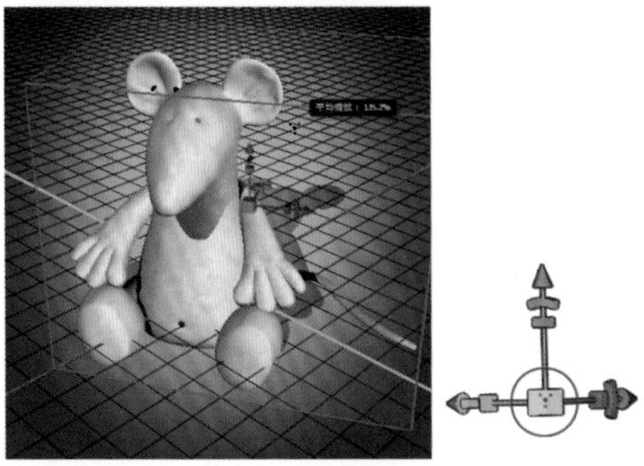

图8-27

图8-28

8.3 3D材质吸管工具 (实战材质设定)

■视频：光盘>视频文件夹 ■难度：★★★☆☆ ■实例类型：3D类 ■实例应用：为3D模型贴图，让其呈现真实的金属质感

　　如果要编辑3D对象的材质，可以使用3D材质吸管工具 🖌 在3D对象上单击，对材质进行取样，然后通过 "属性" 面板修改材质。

01 按下Ctrl+O快捷键，打开光盘中的素材文件，如
图8-29所示。选择3D模型所在的图层，如图8-30
所示。选择移动工具 ▶♣，然后在工具选项栏中选择旋
转3D对象工具 🐾，在窗口中单击并拖动鼠标调整模型
的观察角度，如图8-31所示。

02 选择3D材质吸管工具 🖌，将光标放在模型上，
单击鼠标，对材质进行取样，如图8-32所示。

03 "属性" 面板中会显示所选材质。单击 "漫射"
选项右侧的 📁 按钮，打开下拉列表，选择 "载
入纹理" 材质，如图8-33所示，在弹出的对话框中选择
光盘中的贴图素材，如图8-34所示。

图8-29

图8-30

图8-31

图8-32

图8-33

图8-34

04 单击"打开"按钮，将所选图像素材贴在模型表面，小天使雕塑便会呈现出真实的金属质感，如图8-35所示。

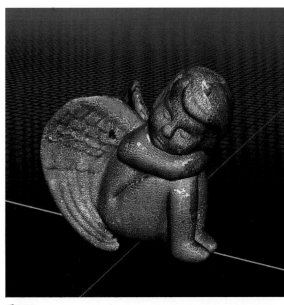
图8-35

8.4 3D材质拖放工具（实战材质设定）

■视频：光盘>视频文件夹 ■难度：★★☆☆☆ ■实例类型：3D类 ■实例应用：使用3D材质拖放工具，将材质拖放到3D模型上

使用3D材质拖放工具 🖑 单击3D对象，可以将当前选择的材质应用于对象。

01 按下Ctrl+O快捷键，打开光盘中的3D模型文件，如图8-36所示。在"图层"面板中单击3D模型所在的图层，如图8-37所示。

02 选择3D材质拖放工具 🖑，在工具选项栏中打开材质下拉列表，选择石砖材质，如图8-38所示。

03 将光标放在小熊模型上，单击鼠标，即可将所选材质应用到模型中，如图8-39所示。

图8-36

图8-37

图8-38

图8-39

8.5 抓手工具(实战文档导航)

■视频: 光盘>视频文件夹 ■难度: ★★☆☆☆ ■实例类型: 软件功能 ■实例应用: 使用抓手工具调整窗口的显示比例、移动画面

　　抓手工具🖐是用来进行查看图像的工具❶。当图像尺寸较大, 或者由于放大窗口的显示比例而不能显示全部图像时, 可以使用抓手工具🖐移动画面, 查看图像的不同区域。该工具也可用于缩放窗口。

01 打开光盘中的素材, 如图8-40所示。选择抓手工具🖐, 将光标放在窗口中, 按住Alt键单击可以缩小窗口, 如图8-41所示。

图8-40　　　　　　　　　　图8-41

02 按住Ctrl键单击可以放大窗口, 如图8-42所示。放大窗口后, 放开快捷键, 单击并拖动鼠标即可移动画面, 如图8-43所示。

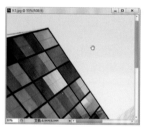

图8-42　　　　　　　　　　图8-43

03 按住H键, 然后单击鼠标, 窗口中就会显示全部图像并出现一个矩形框, 将矩形框定位在需要查看的区域, 如图8-44所示, 然后放开鼠标按键和H键,

可以快速放大并转到这一图像区域, 如图8-45所示。

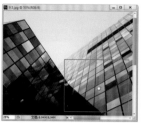

图8-44　　　　　　　　　　图8-45

抓手工具选项栏

　　图8-46所示为抓手工具的选项栏。

| 🖐 ▾ | ☐ 滚动所有窗口 | 实际像素 | 适合屏幕 | 填充屏幕 | 打印尺寸 |

图8-46

● 滚动所有窗口: 如果同时打开了多个图像, 勾选该项后, 移动画面的操作将用于所有不能完整显示的图像。

● 实际像素: 图像以实际像素 (即100%) 的比例显示。 也可以双击缩放工具🔍来进行同样的操作。

● 适合屏幕: 可以在窗口中最大化显示完整的图像。也可以双击抓手工具🖐来进行同样的操作。

● 填充屏幕: 可在整个屏幕范围内最大化显示完整的图像。

● 打印尺寸: 图像按照实际的打印尺寸显示。

8.6 旋转视图工具(实战画布旋转)

■视频: 光盘>视频文件夹 ■难度: ★★☆☆☆ ■实例类型: 软件功能 ■实例应用: 使用旋转视图工具旋转画布

　　绘画或修饰图像时, 可以使用旋转视图工具🖐旋转画布, 如同在纸上绘画一样。

01 打开光盘中的素材。选择旋转视图工具🖐, 在窗口中单击, 会出现一个罗盘, 红色的指针指向北方, 如图8-47所示。

02 按住鼠标按键拖动即可旋转画布, 如图8-48所示。如果要精确旋转画布, 可在工具选项栏的"旋转角度"文本框中输入角度值, 如图8-49所示。如

相关链接
❶除抓手工具外, Photoshop还提供了缩放工具 (详见第111页)、"导航器"面板 (详见第212页), 以及"视图"菜单中的命令 (详见第449页) 等用于查看图像。

果打开了多个图像，勾选"旋转所有窗口"选项，可以同时旋转这些窗口。如果要将画布恢复到原始角度，可单击"复位视图"按钮或按下Esc键。

图8-48

图8-47

图8-49

8.7 缩放工具

选择缩放工具 🔍 后，将光标放在画面中（光标会变为 🔍 状），单击可以放大窗口的显示比例；按住Alt键（光标会变为 🔍 状）单击可缩小窗口的显示比例。

在工具选项栏中选择"细微缩放"选项，然后单击并向右侧拖动鼠标，能够以平滑的方式快速放大窗口；向左侧拖动鼠标，则会快速缩小窗口比例。

8.8 更改屏幕模式按钮

单击工具箱底部的屏幕模式按钮 🖵，可以显示一组用于切换屏幕模式的按钮，包括标准屏幕模式按钮 🖵、带有菜单栏的全屏模式 🖵 和全屏模式 🖵。标准屏幕模式是默认的屏幕模式，可以显示菜单栏、标题栏、滚动条和其他屏幕元素，如图8-50所示；带有菜单栏的全屏模式可以显示有菜单栏和50%灰色背景，无标题栏和滚动条的全屏窗口，如图8-51所示；全屏模式可以显示只有黑色背景，无标题栏、菜单栏和滚动条的全屏窗口，如图8-52所示。

图8-50

图8-52

图8-51

相关链接
旋转画布功能需要启用"图形处理器设置"。我们可以通过"首选项"来进行设定，详细内容请参阅第270页。旋转视图工具能够在不破坏图像的情况下按照任意角度旋转画布，而图像本身的角度并未实际旋转。如果要旋转图像，需要使用"图像>图像旋转"菜单中的命令。详细操作方法请参阅第338页。

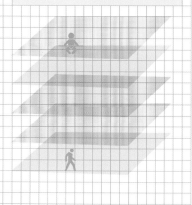

Point

第9章 面板

9.1 色板面板（实战）

■视频：光盘>视频文件夹 ■难度：★☆☆☆☆ ■实例类型：软件功能

"色板"面板是颜色设置工具，它与工具箱中的前景色和背景色图标相关联，也就是说，通过该面板可以修改前景色和背景色❶。在默认情况下，"色板"面板中显示了Photoshop预设的122种颜色，这其中既有常用的色谱颜色，也有各种明度的灰色。

 本章我们来学习面板的使用方法。

 Photoshop中有多少个面板？

 如果将工具箱和工具选项栏算上的话，一共是28个。除这两个之外，其他的停靠在窗口右侧。我们编辑大图时，可以单击面板组右上角的 ▶▶ 按钮，将面板收起，它们会折叠为图标状，将空间让给文档窗口。要使用哪个面板，单击相应的图标就可将其展开。

 如果打乱了面板的顺序和位置，该怎样将它们恢复到默认位置？

 只需执行"窗口>工作区>复位"命令便可。

01 执行"窗口>色板"命令，打开"色板"面板。"色板"中的颜色都是预先设置好的，单击一个颜色，即可将其设置为前景色，如图9-1所示。按住Ctrl键单击，则可将其设置为背景色，如图9-2所示。

 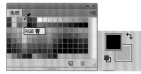

图9-1　　　　　　　　　　　　图9-2

02 "色板"面板菜单中包含了各种色板库。选择一个色板库，如图9-3所示，弹出提示信息，如图9-4所示，单击"确定"按钮，可载入色板库并替换面板中原有的颜色，如图9-5所示；单击"追加"按钮，可在原有的颜色后面追加载入的颜色。

 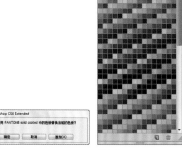

图9-3　　　　　　　　　　图9-4　　　　　　　　图9-5

03 执行菜单中的"复位色板"命令，让面板恢复为默认的颜色。单击面板中的 ▣ 按钮，打开"色板名称"对话框，输入颜色名称并单击"确定"按钮，可以将当前的前景色保存到"色板"面板中，如图9-6、图9-7所示。如果要删除一种颜色，可将其拖动到 🗑 按钮上。

相关链接
❶前景色和背景色的切换、恢复等设置方法，请参阅第28页。

图9-6

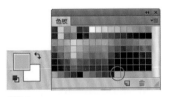

图9-7

技术看板：
保持颜色的一致性

执行"色板"面板菜单中的"存储色板以供交换"命令，可以将面板中的颜色保存为Illustrator和InDesign中可以使用的色板。当多个软件协同工作时，使用同一个色板既可节省调色时间，也能确保颜色在不同程序中的一致性。

9.2 颜色面板（实战）

■视频：光盘>视频文件夹 ■难度：★☆☆☆☆ ■实例类型：软件功能

　　"颜色"面板也是用于调整前景色和背景色的工具，既可以通过移动滑块来实时混合颜色，也可以通过输入数值来精确定义颜色。此外，该面板底部还提供了与"拾色器"类似的光谱条，允许我们在光谱中拾取颜色。

01 执行"窗口>颜色"命令，打开"颜色"面板。"颜色"面板采用类似于美术调色的方式来混合颜色，如果要编辑前景色，可单击前景色块，如图9-8所示；如果要编辑背景色，则需要单击背景色块，如图9-9所示。

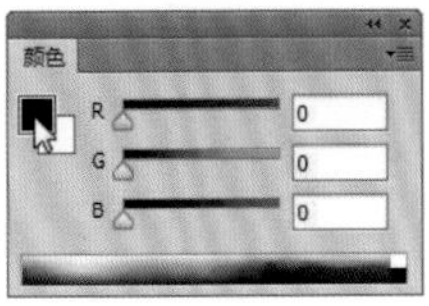

图9-8

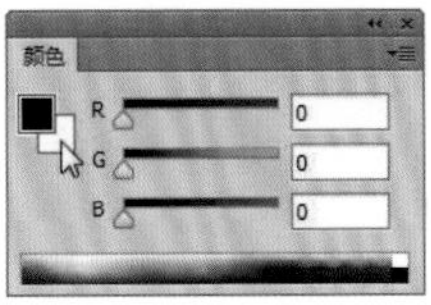

图9-9

02 在R、G、B文本框中输入数值，或拖曳滑块可以调整颜色，如图9-10、图9-11所示。

图9-10

图9-11

03 将光标放在面板下面的光谱条上，光标会变为状，此时单击可采集色样，如图9-12、图9-13所示。

示。打开面板菜单，选择不同的命令可以修改光谱条的显示模式，如图9-14所示。

图9-12

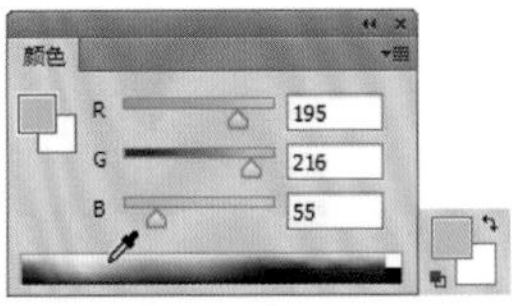

图9-13

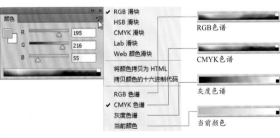

图9-14

提示

按住Shift键单击光谱条，可以显示不同颜色模式的光谱。这样操作的优点是不必使用菜单命令进行切换。

9.3 Kuler 面板(实战)

■视频: 光盘>视频文件夹 ■难度: ★★☆☆☆ ■实例类型: 软件功能 ■Adobe官方相关视频: www.adobe.com/go/lrvid4088_xp_cn

　　当我们将电脑连接到互联网后, 便可通过"Kuler"面板访问由在线设计人员社区所创建的数千个颜色组, 以便为配色提供参考。我们也可以下载其中一些主题进行编辑, 或者使用"Kuler"面板来创建和存储颜色主题, 然后将其上载到Kuler社区, 让其他Photoshop用户也能共享由我们创建的颜色主题。

01 执行"窗口>扩展功能>Kuler"命令, 打开"Kuler"面板。单击"浏览"按钮, 如图9-15所示; 再单击 ⬍ 按钮, 打开下拉列表选择"最受欢迎"选项, Photoshop会自动从Kuler社区下载最受欢迎的颜色主题, 如图9-16所示。

02 选择一组颜色, 如图9-17所示, 单击 ▦ 按钮, 可将其下载到"色板"面板中, 如图9-18所示。

03 单击 ✎ 按钮, 可将其添加到"创建"面板中, 如图9-19所示。此时从"选择规则"菜单中选择一种颜色协调规则, 可以从基色中自动生成与之匹配的颜色, 如图9-20所示。例如, 如果选择红色基色和"互补色"颜色协调规则, 则可生成由基色(红色)及其补色(蓝色)组成的颜色组。

技术看板:
搜索和刷新主题

在文本框中输入主题名称、标签或创建者并按下回车键, 可在线查找相应的主题。在搜索时, 应只使用字母数字字符(Aa~Zz、0~9)。单击面板中的 ▶ 按钮和 ◀ 按钮, 可查看下一组或上一组主题。单击 ⟳ 按钮, 可刷新Kuler社区中的主题。

搜索主题　　　搜索主题　　　查看下一主题

04 也可以拖曳R、G、B滑块, 如图9-21所示, 或移动色轮来调整基色, 如图9-22所示, Photoshop会根据所选颜色协调规则生成新的颜色组。

05 单击一个基色后, 拖动亮度滑块还可以调整其亮度, 如图9-23所示。

图9-15

图9-16

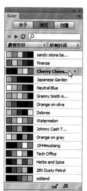

图9-17

图9-21

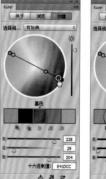

图9-22

图9-23

💡 提示

单击"Kuler"面板底部的 💾 按钮, 可以保存当前面板中正在编辑的颜色主题; 单击 按钮, 可以将当前颜色主题上传到Kuler社区。

图9-18　　　图9-19　　　图9-20

Kuler 网站：我的配色好帮手 GALLERY

 单击"Kuler"面板中的"关于"按钮，面板中会显示 Kuler 在线社区的简单介绍。单击链接地址，则可以链接到 Kuler 网站（https://kuler.adobe.com/#themes/rating?time=30）。

可通过浏览和搜索 Kuler 的资料库来找主题

单击 Newset、Most Popular、Higherst Rated 等条目，可浏览最新的，最受欢迎的，最高得分的颜色主题

可注册一个 Adobe ID 账户

可登录 Adobe ID 账户，下载颜色样本文件，这种文件包含了整套颜色主题

单击链接地址

Kuler 网站主页

创建自定义的颜色主题

Kuler 为快速创建新主题提供了极为高效的工具。我们可以选择不同的调色规则，然后使用交互式色盘、亮度以及不同颜色模式的滑块来建立颜色，也可以从图片中提取颜色，或者直接输入颜色代码。

单击 Create（创建）

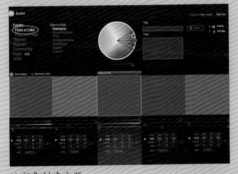

从颜色创建主题

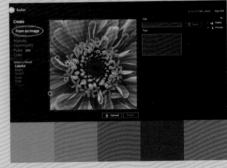

从图片创建主题

从图片中提取颜色主题

Kuler 提供了一个非常有用工具，即用户将图片上传到该网站后，可分析出图片的主色调。我们可以从本地上传或者使用 Flickr 相册里的图片。Kuler 提供了几种调色规则：Colorful（五彩缤纷）、Bright（明亮的）、Muted（浅色的）、Deep（深色的）、Dark（灰暗的）和 Custom（自定）。选择规则后，会自动从图片中提取生成颜色。通过移动标记点的位置，Kuler 提取当前位置的颜色并中图片下面的主题预览中显示出来。Kuler 支持的图片格式有 TIFF、JPEG、GIF、PNG 和 BMP。

下载颜色主题

登陆 Adobe ID 账户后，选择一个颜色主题，单击下载图标，即可将其下载。下载的颜色主题可以在 Photoshop "色板"面板中使用。

下载的 .ASE 格式文件

上传的图片

上传 Flickr 相册里的图片

从本地上传图片

选择颜色主题并单击下载图标

打开"色板"面板菜单，选择"载入色板"命令，可载入色板文件

色相环：专业配色工具 GALLERY

 我们常会听人说："这个色彩真漂亮"、"那套颜色真美"，这是人们对于色彩搭配所发出的赞叹。其实，色彩本身并没有所谓美与丑的概念，色彩美感是在色彩关系的基础上表现出的一种总体感觉。使用色相环❶可以帮助我们了解色彩关系，进行合理的配色设计。

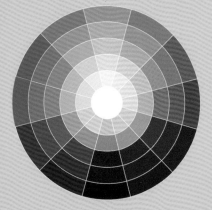

R240 G240 B240	R109 G63 B0	R195 G53 B0
R235 G235 B235	R131 G86 B5	R203 G88 B49
R215 G215 B215	R158 G117 B53	R211 G116 B74
R205 G205 B205	R178 G142 B86	R219 G144 B105
R165 G165 B165	R207 G181 B142	R225 G164 B129

单色搭配

一种色相由暗、中、明3种色调组成，这就是单色调色板。单色搭配不能形成颜色的层次变化，但可以形成明暗的变化。

同类色搭配

同类色是指色相环中相距45°左右的颜色。同类色是极为协调和单纯的色调，这种颜色搭配可以产生低对比度的和谐美感，令人赏心悦目。

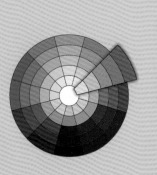

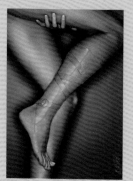

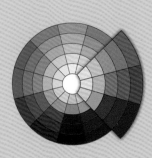

互补色搭配

色相环上相距180°的颜色为互补色。互补色是最为强烈的色彩组合，可以表达活力、兴奋，但如果使用不当则会显得生硬、浮躁。要想达到最佳效果，可以通过处理色彩面积大小（即让一种颜色较少，另一种颜色较多），或者使用分散形态的方法来进行调节和缓和。

分裂互补色搭配

选择一种颜色，与它的补色在色相环的左侧或右侧的色相进行组合，便可以得到分裂互补色。分裂互补色搭配不仅具有同类色的低对比度美感，还具有互补色的力量感，因而可以形成既和谐又具有重点的颜色效果。

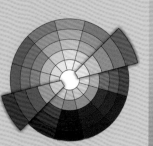

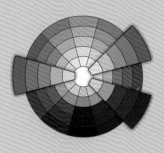

相关链接
❶色相环也称色轮，在通道调色时可用它来预判色彩的变化趋势，详细内容请参阅第149页。

9.4 画笔面板

"画笔"面板是Photoshop中最重要的面板之一，它可以为绘画工具（画笔、铅笔和历史记录画笔等），以及修饰工具（涂抹、加深、减淡、模糊和锐化等）提供各种类型的笔尖，也可以调整画笔大小和硬度，还可以创建自己需要的特殊画笔。

9.4.1 画笔面板概览

执行"窗口>画笔"命令，可以打开"画笔"面板，如图9-24所示。如果当前使用的是绘画和修饰工具，则可单击工具选项栏中的 按钮，打开"画笔"面板。

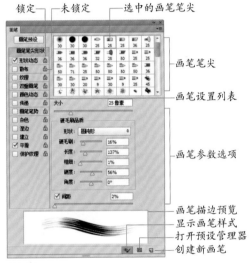

图9-24

● 画笔预设：单击该按钮，可以打开"画笔预设"面板❶。

● 画笔设置列表：单击列表中的选项，面板中会显示所选选项的详细设置内容，它们用来改变画笔的角度、圆度，以及为其添加纹理、颜色动态等变量。

● 锁定/未锁定：显示锁定图标 时，表示当前画笔的笔尖形状属性（如形状动态、散布和纹理等）为锁定状态。单击该图标即可取消锁定（图标会变为 状）。

● 选中的画笔笔尖：当前选择的画笔笔尖。

● 画笔笔尖/画笔描边预览：显示了Photoshop提供的预设画笔笔尖。选择一个笔尖后，可在"画笔描边预览"选项中预览该笔尖的形状。

● 画笔参数选项：用来调整所选笔尖的参数。

● 显示画笔样式 ：使用毛刷笔尖时，在窗口中显示笔尖样式。

● 打开预设管理器 ：单击该按钮，可以打开"预设管理器"❷。

● 创建新画笔 ：在面板中选择一个预设的画笔并调整其参数后，可单击该按钮，将其保存为一个新的预设的画笔。

9.4.2 圆形笔尖

Photoshop提供了3种类型的画笔笔尖，分别是圆形笔尖、非圆形的图像样本笔尖，以及毛刷笔尖，如图9-25所示。

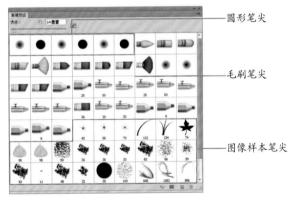

图9-25

圆形笔尖包含尖角、柔角、实边和柔边几种样式，如图9-26所示。

图9-26

相关链接
❶关于"画笔预设"面板请参阅第126页。❷关于"预设管理器"请参阅第263页。

使用尖角和实边笔尖绘制的线条具有清晰的边缘；而所谓的柔角和柔边，就是线条的边缘柔和，呈现逐渐淡出的效果。

比较常用的是尖角和柔角笔尖。将笔尖硬度设置为100%可以得到尖角笔尖，它具有清晰的边缘，如图9-27所示；笔尖硬度低于100%时可得到柔角笔尖，它的边缘是模糊的，如图9-28所示。

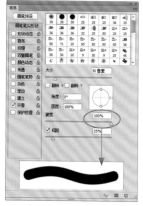
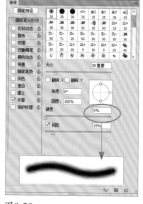

图9-27　　　　　　图9-28

9.4.3 图像样本笔尖

在Photoshop中，可以通过"编辑>定义画笔预设"命令❶，将任意图像定义为画笔笔尖，即图像样本笔尖。例如，图9-29、图9-30所示的由数字组成的人像❷便是通过自定义的图像样本笔尖绘制的。

照片素材
图9-29

使用图像样本笔尖绘画

将数字"0"和"1"定义为图像样本笔尖

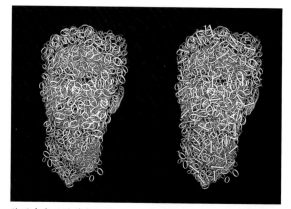

使用自定义的笔尖绘画

通过设置图层混合模式让数字与人像产生融合效果
图9-30

9.4.4 毛刷笔尖

毛刷笔尖可以创建逼真的、带有纹理的笔触效果。使用此类笔尖时，单击"画笔"面板中的🖌️按钮，文档窗口中还会出现一个显示该画笔具体样式的小窗口，如图9-31、图9-32所示。在它上面单击可以显示如图9-33所示的状态，绘制时该笔刷还可以显示笔尖的运行方向，如图9-34所示。

相关链接
❶关于"定义画笔预设"命令请参阅第259页。❷数字人像绘制方法，请参阅由笔者编著的《好学、好用、好玩的Photoshop——写给初学者的入门书》。

图9-31

图9-32

图9-33

图9-34

9.4.5 画笔笔尖形状

如果要对预设的画笔进行一些修改，如调整画笔的大小、角度、圆度、硬度和间距等笔尖形状特性，可单击"画笔"面板中的"画笔笔尖形状"选项，然后在显示的选项中进行设置，如图9-35所示。图9-36所示为普通画笔笔尖的绘制效果，图9-37所示为改变形状后的绘制效果。

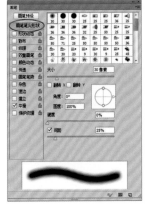

图9-35

图9-36　　　　　图9-37

● 大小：用来设置画笔的大小，范围为1~5000像素，

如图9-38、图9-39所示。

大小25像素
图9-38

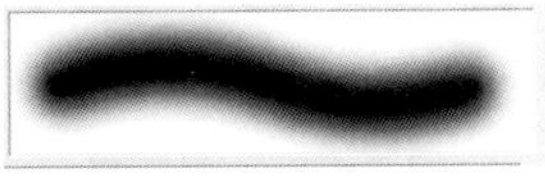

大小50像素
图9-39

● 翻转X/翻转Y：用来改变画笔笔尖在其x轴或y轴上的方向，如图9-40～图9-42所示。

原画笔
图9-40

勾选"翻转X"
图9-41

勾选"翻转Y"
图9-42

● 角度：用来设置椭圆笔尖和图像样本笔尖的旋转角度。可以在文本框中输入角度值，也可以拖曳箭头进行调整，如图9-43、图9-44所示。

图9-43

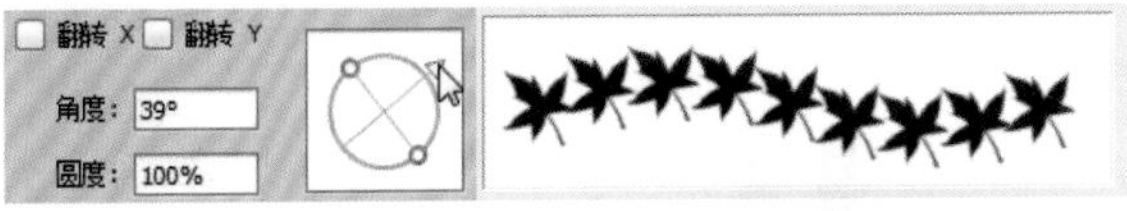

图9-44

● 圆度：用来设置画笔长轴和短轴之间的比率。可以在文本框中输入数值，或拖曳控制点来调整。当该值为100%时，笔尖为圆形，设置为其他值时可将画笔压扁，如图9-45、图9-46所示。

图9-45

图9-46

● 硬度：用来设置画笔硬度中心的大小。该值越小，画笔的边缘越柔和，如图9-47所示。

硬度0%
图9-47

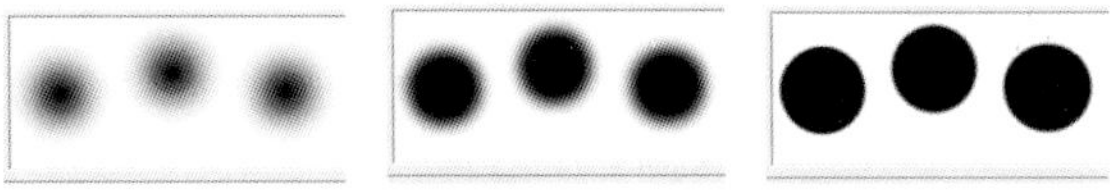

硬度50%

硬度100%

● 间距：用来控制描边中两个画笔笔迹之间的距离。该值越高，笔迹之间的间隔距离越大，如图9-48所示。如果取消选择，则Photoshop会根据光标的移动速度调整笔迹的间距。

间距1%

间距100%

间距200%

图9-48

9.4.6 形状动态

"形状动态"决定了描边中画笔的笔迹如何变化，可以使画笔的大小、圆度等产生随机变化效果。图9-49所示为"画笔"面板中的"形状动态"选项。图9-50所示为未设置形状动态的画笔绘制效果，图9-51所示为设置后的绘制效果。

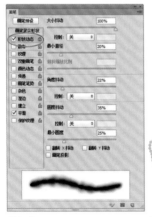

图9-49   图9-50   图9-51

● 大小抖动：用来设置画笔笔迹大小的改变方式。该值越高，轮廓越不规则，如图9-52、图9-53所示。在"控制"选项下拉列表中可以选择抖动的改变方式，选择"关"，表示无抖动，如图9-54所示；选择"渐隐"，可按照指定数量的步长在初始直径

和最小直径之间渐隐画笔笔迹，使其产生逐渐淡出的效果，如图9-55所示。如果计算机配置有数位板❶，则可以选择"钢笔压力"、"钢笔斜度"、"光笔轮"和"旋转"选项，此后可根据钢笔的压力、斜度、钢笔拇指轮位置或钢笔的旋转来改变初始直径和最小直径之间的画笔笔迹大小。

大小抖动0%
图9-52

大小抖动100%
图9-53

控制设置为"关"
图9-54

控制设置为"渐隐"
图9-55

● 最小直径：当启用"大小抖动"选项后，可通过该选项来设置画笔笔迹可以缩放的最小百分比。该值越高，笔尖直径的变化越小，如图9-56、图9-57所示。

最小直径0%
图9-56

最小直径100%
图9-57

● 角度抖动：可以改变画笔笔迹的运行角度，如图9-58、图9-59所示。如果要指定画笔角度的改变方式，可在"控制"下拉列表中选择一个选项。

角度抖动0%
图9-58

角度抖动30%
图9-59

● 圆度抖动/最小圆度：用来设置画笔笔迹的圆度在描边中的变化方式，如图9-60、图9-61所示。可以在"控制"下拉列表中选择一种控制方法，当启用了一种控制方法后，可在"最小圆度"中设置画笔笔迹的最小圆度。

圆度抖动0%
图9-60

圆度抖动50%
图9-61

● 翻转X抖动/翻转Y抖动：用来设置笔尖在其x轴或y轴上的方向。

相关链接
❶数位板是电脑绘画工具。关于数位板的更多内容可参见第121页。

数位板：电脑绘画利器 GALLERY

何为数位板？

使用电脑绘画有一个很大的问题，就是鼠标不能像画笔一样听话。对于专业的绘画和数码艺术创作者来说，最好是配备一个数位板，在数位板上作画。数位板由一块画板和一只无线的压感笔组成，就像是画家的画板和画笔。我们使用压感笔在数位板上作画时，随着笔尖在画板上着力的轻重、速度、角度的改变，绘制出的线条就会产生粗细、浓淡等变化，与在纸上画画的感觉几乎没有任何区别。

Wacom 影拓数位板及绘制的笔触效果

数位板购买小建议

Wacom 是最专业的数位板生产厂商。该公司针对不同的用户推出了不同功能和价位的数位板，学生和入门级用户可以选择丽图系列（价格在￥500 以内）；CG 爱好者和美术专业的学生可以选择贵凡系列（￥1500 以内）；专业的画家和资深的 CG 用户一般使用影拓系列。

Wacom 官方网站：http://www.wacom.com.cn/

 下图为笔者使用 Wacom 数位板绘制的 CG 风格人物插画。该插画的绘制方法可参见《突破平面——Photoshop CS3 设计与制作深度剖析》。

绘制轮廓 上基本色调 深入刻画 最终效果

 对于想要专门从事电脑绘画创作的人，笔者建议可以学一学 Painter。Painter 也是位图软件，它与 Photoshop 功能有相似之处，例如它们都有图层和画笔，可以编辑和绘制图像。但 Painter 拥有更加全面和逼真的仿自然画笔，可通过数码手段模拟自然媒质效果。

相关链接
如需了解从传统绘画到电脑数字绘画的演变过程，请参阅第 44 页。

9.4.7 散布

　　"散布"决定了描边中笔迹的数目和位置，使笔迹沿绘制的线条扩散。图9-62所示为"画笔"面板中的"散布"选项。图9-63所示为未设置散布的画笔绘制效果，图9-64所示为设置后的绘制效果。

图9-63

图9-62

图9-64

● 散布/两轴：用来设置画笔笔迹的分散程度，该值越高，分散的范围越广，如图9-65、图9-66所示。如果勾选"两轴"，画笔笔迹将以中间为基准，向两侧分散，如图9-67所示。如果要指定画笔笔迹如何散布变化，可以在"控制"下拉列表中选择一个选项。

散布0%
图9-65

散布200%
图9-66

散布200%并勾选两轴
图9-67

● 数量：用来指定在每个间距间隔应用的画笔笔迹数量。增加该值时可以重复笔迹，如图9-68、图9-69所示。

散布70%、数量1
图9-68

散布70%、数量10
图9-69

● 数量抖动/控制：用来指定画笔笔迹的数量如何针对于各种间距间隔而产生变化，如图9-70、图9-71所示。"控制"选项用来设置画笔笔迹的数量如何变化。

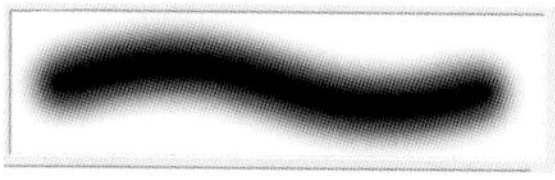

散布0%、数量抖动0%
图9-70

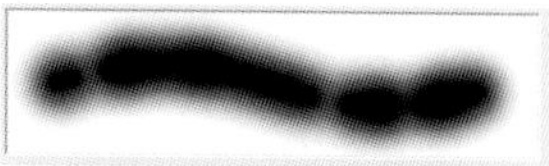

散布0%、数量抖动100%
图9-71

9.4.8 纹理

　　如果要使画笔绘制出的线条像是在带纹理的画布上绘制的一样，可以单击"画笔"面板左侧的"纹理"选项，选择一种图案，将其添加到描边中，以模拟画布效果，如图9-72所示。图9-73所示为未设置纹理的画笔绘制效果，图9-74所示为设置后的绘制效果。

图9-72

图9-73

图9-74

● 设置纹理/反相：单击图案缩览图右侧的▪按钮，可以在打开的下拉面板中选择一个图案，将其设置为纹理。勾选"反相"，可基于图案中的色调反转纹理中的亮点和暗点。

● 缩放：用来缩放图案，如图9-75、图9-76所示。

缩放100%
图9-75

缩放200%
图9-76

● 为每个笔尖设置纹理：用来决定绘画时是否单独渲

染每个笔尖。 如果不选择该项, 将无法使用 "深度" 变化选项。

● 模式: 在该选项下拉列表中可以选择图案与前景色之间的混合模式。

● 深度: 用来指定油彩渗入纹理中的深度。 该值为 0% 时, 纹理中的所有点都接收相同数量的油彩, 进而隐藏图案; 该值为 100% 时, 纹理中的暗点不接收任何油彩, 如图 9-77、 图 9-78 所示。

深度 0%　　　　　　　深度 100%
图 9-77　　　　　　　图 9-78

● 最小深度: 用来指定当 "控制" 设置为 "渐隐"、 "钢笔压力"、 "钢笔斜度" 或 "光笔轮", 并选中 "为每个笔尖设置纹理" 时油彩可渗入的最小深度, 如图 9-79、 图 9-80 所示。 只有勾选 "为每个笔尖设置纹理" 选项后, 打开 "控制" 选项, 该选项才可用。

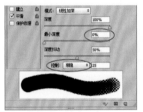

最小深度 0%　　　　最小深度 100%
图 9-79　　　　　　图 9-80

● 深度抖动: 勾选 "为每个笔尖设置纹理" 选项后, 可通过该选项来设置纹理抖动的最大百分比, 如图 9-81、 图 9-82 所示。 如果要指定如何控制画笔笔迹的深度变化, 可以在 "控制" 下拉列表中选择一个选项。

深度抖动 0%　　　　深度抖动 100%
图 9-81　　　　　　图 9-82

9.4.9 双重画笔

　　"双重画笔" 是指让描绘的线条中呈现出两种画笔效果。要使用双重画笔, 首先要在 "画笔笔尖形状" 选项设置主笔尖, 如图 9-83 所示, 然后再从 "双重画笔" 部分中选择另一个笔尖, 如图 9-84 所示。图 9-85 所示为未设置双重画笔的效果; 图 9-86 所示为设置后的效果。

● 模式: 在该选项的下拉列表可以选择两种笔尖在组合时使用的混合模式。

● 大小: 用来设置笔尖的大小。

● 间距: 用来控制描边中出现的双笔尖画笔笔迹之间的距离。

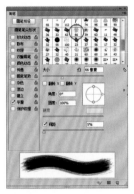

图 9-83　　　　　　　图 9-84

图 9-85　　　　　　　图 9-86

● 散布: 用来指定描边中双笔尖画笔笔迹的分布方式。 如果勾选 "两轴", 双笔尖画笔笔迹按径向分布; 取消勾选, 则双笔尖画笔笔迹垂直于描边路径分布。

● 数量: 用来指定在每个间距间隔应用的双笔尖笔迹数量。

9.4.10 颜色动态

　　如果要让绘制出的线条的颜色、饱和度和明度等产生变化, 可单击 "画笔" 面板左侧的 "颜色动态" 选项, 通过设置选项来改变描边路线中油彩颜色的变化方式, 如图 9-87 所示。图 9-88 所示为未设置颜色动态的画笔绘制效果; 图 9-89 所示为设置后的绘制效果。

CHAPTER 09

图9-87

图9-88　　　　　　　　图9-89

● 前景/背景抖动：用来指定前景色和背景色之间的油彩变化方式。该值越小，变化后的颜色越接近前景色；该值越高，变化后的颜色越接近背景色，如图9-90、图9-91所示。如果要指定如何控制画笔笔迹的颜色变化，可以在"控制"选项下拉列表中选择一个选项。

前景/背景抖动0%　　　　前景/背景抖动100%
图9-90　　　　　　　　图9-91

● 色相抖动：用来设置颜色变化范围。该值越小，颜色越接近前景色；该值越高，色相变化越丰富，如图9-92、图9-93所示。

色相抖动50%　　　　　　色相抖动100%
图9-92　　　　　　　　图9-93

● 饱和度抖动：用来设置颜色的饱和度变化范围。该值越小，饱和度越接近前景色；该值越高，色彩的饱和度越高，如图9-94、图9-95所示。

饱和度抖动0%　　　　　　饱和度抖动100%
图9-94　　　　　　　　图9-95

● 亮度抖动：用来设置颜色的亮度变化范围。该值越小，亮度越接近前景色；该值越高，颜色的亮度值越大，如图9-96、图9-97所示。

亮度抖动0%　　　　　　亮度抖动100%
图9-96　　　　　　　　图9-97

● 纯度：用来设置颜色的纯度。该值为-100%时，笔迹的颜色为黑白色；该值越高，颜色饱和度越高，如图9-98、图9-99所示。

纯度-100%　　　　　　纯度+100%
图9-98　　　　　　　　图9-99

9.4.11 传递

　　"传递"用来确定油彩在描边路线中的改变方式，如图9-100所示。图9-101所示为未设置其他动态的画笔绘制效果；图9-102所示为设置该选项后的绘制效果。

图9-100

图9-101   图9-102

- 不透明度抖动：用来设置画笔笔迹中油彩不透明度的变化程度。如果指定如何控制画笔笔迹的不透明度变化，可在"控制"下拉列表中选择一个选项。
- 流量抖动：用来设置画笔笔迹中油彩流量的变化程度。如果要指定如何控制画笔笔迹的流量变化，可在"控制"下拉列表中选择一个选项。

提示

如果配置了数位板和压感笔，则"湿度抖动"和"混合抖动"选项可用。

9.4.12 画笔笔势

"画笔笔势"用来调整毛刷画笔笔尖、侵蚀画笔笔尖的角度，如图9-103、图9-104所示。

- 倾斜 X/倾斜 Y：可以让笔尖沿 x 轴或 y 轴倾斜。
- 旋转：用来旋转笔尖。
- 压力：用来调整画笔压力，该值越高，绘制速度越快，线条越粗犷。

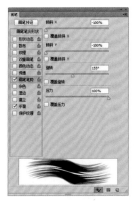

默认的毛刷笔尖及启用"画笔笔势"控制

图9-103   图9-104

默认的侵蚀笔尖及启用"画笔笔势"控制

9.4.13 其他选项

"画笔"面板最下面几个选项是"杂色"、"湿边"、"建立"、"平滑"和"保护纹理"，如图9-105所示，它们没有可供调整的数值，如果要启用一个选项，将其勾选即可。

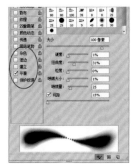

图9-105

- 杂色：可以为个别画笔笔尖增加额外的随机性。当应用于柔画笔笔尖（包含灰度值的画笔笔尖）时，该选项最有效。
- 湿边：可以沿画笔描边的边缘增大油彩量，创建水彩效果。
- 建立：将渐变色调应用于图像，同时模拟传统的喷枪技术。该选项与工具选项栏中的喷枪选项相对应，勾选该选项，或者按下工具选项栏中的喷枪按钮，都能启用喷枪功能。
- 平滑：在画笔描边中生成更平滑的曲线。当使用压感笔进行快速绘画时，该选项最有效；但是它在描边渲染中可能会导致轻微的滞后。
- 保护纹理：将相同图案和缩放比例应用于具有纹理的所有画笔预设。选择该选项后，使用多个纹理画笔笔尖绘画时，可以模拟出一致的画布纹理。

125

9.5 画笔预设面板

如果我们只需要选择一个预设的笔尖并进行简单调整，则不必使用复杂的"画笔"面板，可执行"窗口>画笔预设"命令，打开"画笔预设"面板进行设置，如图9-106所示。"画笔预设"面板中提供了各种预设的画笔笔尖。它们带有诸如大小、形状和硬度等定义的特性。单击一个笔尖将其选择后，拖曳"大小"滑块可调整笔尖大小，如图9-107所示。

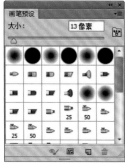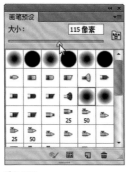

图9-106　　　　图9-107

- 切换画笔面板 📷：单击该按钮，可以打开"画笔"面板。
- 显示画笔样式 👁：使用毛刷笔尖时，单击该按钮，可在窗口中显示笔尖样式。
- 打开预设管理器 🔲：单击该按钮，可以打开"预设管理器"❶。
- 创建新画笔 🔲：选择一个预设的笔尖并调整大小后，单击该按钮，可将其保存为一个预设的笔尖。
- 删除画笔 🗑：选择一个笔尖后，单击该按钮可将其删除。

9.6 工具预设面板

"工具预设"面板用来存储工具的各项设置预设、编辑和创建工具预设库，以及载入工具预设。执行"窗口>工具预设"命令，可以打开该面板。

"工具预设"面板中存储了各种设定好参数的工具，可直接使用。例如，使用油漆桶工具 🖐❷时，选择如图9-108所示的工具预设，可以填充气泡状图案，如图9-109所示。

图9-108　　　　图9-109

- 新建工具预设 🔲：在工具箱中选择一个工具，然后在工具选项栏中设置工具的选项，单击"工具预设"面板中的 🔲 按钮，可基于当前设置的工具选项创建一个工具预设。

- 删除工具预设 🗑：选择一个工具预设后，单击该按钮可将其删除。
- 仅限当前工具：选择该项时，只显示工具箱中所选工具的预设，如图9-110所示。
- 复位工具预设：当选择一个工具预设后，以后每次选择该工具时，都会应用这一预设。如果要清除预设，可单击面板右上角的 ▼≡ 按钮，打开面板菜单，选择"复位工具"命令，如图9-111所示。如果要清除所有工具的预设，可以选择"复位所有工具"命令。

图9-110　　　　图9-111

相关链接
❶使用"预设管理器"可以载入各种工具预设，以及画笔库、形状库、渐变库和样式库等外部资源库文件。相关内容请参阅请参阅第263页。❷有关油漆桶工具的内容，请参阅第45页。

9.7 仿制源面板

■Adobe官方相关视频：www.adobe.com/go/vid0011_cn

使用仿制图章工具❶或修复画笔工具❷时，可以通过"仿制源"面板设置不同的样本源、显示样本源的叠加，以帮助我们在特定位置仿制源。此外，它还可以缩放或旋转样本源，以便我们更好地匹配目标的大小和方向。

打开一个图像素材文件，如图9-112所示，执行"窗口>仿制源"命令，打开"仿制源"面板，如图9-113所示。

图9-112　　　　　图9-113

● 仿制源：单击仿制源按钮后，如图9-114所示，使用仿制图章工具或修复画笔工具按住 Alt 键在画面中单击，可设置取样点，如图9-115所示；再单击下一个按钮，还可以继续取样，采用同样方法最多可以设置5个不同的取样源。"仿制源"面板会存储样本源，直到关闭文档。

图9-114　　　　　图9-115

● 位移：指定 X 和 Y 像素位移时，可在相对于取样点的精确位置进行绘制。

● 缩放：输入 W（宽度）和 H（高度）值，可以缩放所仿制的源图像，如图9-116、图9-117所示。默认情况下会约束比例。如果要单独调整尺寸或恢复约束选项，可以单击保持长宽比按钮。

图9-116　　　　　图9-117

● 旋转：在文本框中输入旋转角度，可以旋转仿制的源图像，如图9-118、图9-119所示。

图9-118　　　　　图9-119

● 翻转：单击按钮，可以水平翻转图像，如图9-120所示；单击按钮，可以垂直翻转图像，如图9-121所示。

图9-120　　　　　图9-121

相关链接
❶仿制图章工具使用方法，请参阅请参阅第55页。❷修复画笔工具使用方法，请参阅第51页。

● 重置转换  ：单击该按钮，可以将样本源复位到
  其初始的大小和方向。

● 帧位移/锁定帧：在"帧位移"选项中输入帧数，
  可以使用与初始取样的帧相关的特定帧进行绘制。
  输入正值时，要使用的帧在初始取样的帧之后；输
  入负值时，要使用的帧在初始取样的帧之前；如果
  选择"锁定帧"，则总是使用初始取样的相同帧进
  行绘制。

● 显示叠加：选择"显示叠加"并指定叠加选项，
  可在使用仿制图章或修复画笔时更好地查看叠加以
  及下面的图像，如图9-122、图9-123所示。其中，
  "不透明度"用来设置叠加图像的不透明度；选择
  "自动隐藏"，可在应用绘画描边时隐藏叠加；选
  择"已剪切"，可将叠加剪切到画笔大小；如果要
  设置叠加的外观，可以从"仿制源"面板底部的弹
  出菜单中选择一种混合模式；勾选"反相"，可反
  相叠加中的颜色。

图9-122　　　　　　　　　图9-123

9.8 图层面板

■Adobe官方相关视频：http://www.infiniteskills.com/blog/2012/08/adobe-photoshop-cs6-tutorial-layers-101-an-introduction/

　　图层是Photoshop最为核心的功能之一，它承载了几乎所有的编辑操作。如果没有图层，所有的图像
都将处在同一个平面上，这会使图像编辑工作变得异常复杂。

9.8.1 图层面板

　　"图层"面板用于创建、编辑和管理图层，以及为图层添加样式。面板中列出了文档中包含的所有的图
层、图层组和图层效果，如图9-124所示。图9-125所示为"图层"面板菜单。

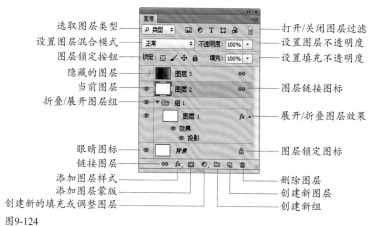

选取图层类型　　　　　　打开/关闭图层过滤
设置图层混合模式　　　　设置图层不透明度
图层锁定按钮　　　　　　设置填充不透明度
隐藏的图层
当前图层　　　　　　　　图层链接图标
折叠/展开图层组
　　　　　　　　　　　　展开/折叠图层效果
眼睛图标
链接图层　　　　　　　　图层锁定图标
添加图层样式　　　　　　删除图层
添加图层蒙版　　　　　　创建新图层
创建新的填充或调整图层　创建新组

图9-124

图9-125

● 选取图层类型：当图层数量较多时，可在该选项下拉列表中选择一种图层类型（包括名称、效果、模式、属
  性和颜色），让"图层"面板只显示此类图层，隐藏其他类型的图层。

● 打开/关闭图层过滤 ▦：单击该按钮，可以启用或停用图层过滤功能。

核心功能大揭秘：图层的原理 GALLERY

 我们使用传统工具绘画时，不论素描、水彩，还是其他画种，都是画在一张画纸上，而 Photoshop 的绘画和图像编辑方式则完全颠覆了单张画纸这个概念。在 Photoshop 中，一幅画或一个图像，可以绘制或者拆分到无数张画纸上，这些画纸除图像以外的部分都是透明的，它们相互叠加，就组成了一幅完整的画面。Photoshop 中这些画纸有一个特别的名字，叫做"图层"。

传统绘画方式，画家在画布上作画

辑一个层上的图像，而不必担心会影响其他层上的图像了。

为背景层填充渐变颜色，不会影响其他图层

如果我只想处理一个层上的部分图像，而不是整个图层，该怎么办呢？

这就要用到一个叫做选区的功能了。遇到这种情况时，先要通过选区将需要编辑的对象选中，使之与其他图像隔离开，这样可以避免其他图像受到影响。

例如，下面有两幅图像，一个是原图，另一个是颜色抽离特效，它的制作方法就是先选中前一个女孩，再用"黑白"命令调整而实现的。

颠覆传统的 Photoshop 图像编辑方式，图像内容在不同的图层中

图层是 Photoshop 最为重要的核心功能，因为图像都是以它为依托。有了图层，我们就可以放心地编

选中前面的女孩

将选中的图像调成黑白效果

由此可见，Photoshop 图像编辑的基本流程是先找到我们要编辑的对象所在的图层，然后通过选区来限定编辑范围，之后再进行相应的编辑操作。

- 设置图层混合模式：用来设置当前图层的混合模式，使之与下面的图像产生混合。
- 设置图层不透明度：用来设置当前图层的不透明度，使之呈现透明状态，让下面图层中的图像内容显示出来。
- 设置填充不透明度：用来设置当前图层的填充不透明度，它与图层不透明度类似，但不会影响图层所添加的效果（如"投影"）。
- 图层锁定按钮 ⊠ ✎ ✛ 🔒：用来锁定当前图层的属性，使其不可编辑，包括透明像素 ⊠、图像像素 ✎、位置 ✛ 和锁定全部属性 🔒。例如，单击 ⊠ 按钮后，使用画笔工具涂抹图像时，头像之外的透明区域不会受到影响，如图9-126所示。单击 ✎ 按钮后，只能对图层进行移动和变换操作，不能在图层上绘画、擦除或应用滤镜。图9-127所示为使用画笔工具涂抹图像时弹出的提示信息。

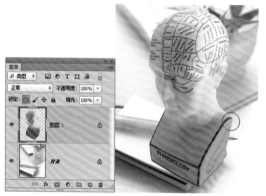

图9-126

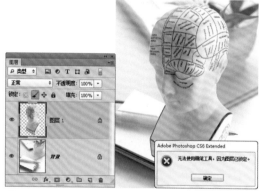

图9-127

- 当前图层：当前选择和正在编辑的图层。
- 眼睛图标 👁：有该图标的图层为可见图层，如图9-128所示。单击它可以隐藏图层，如图9-129所示。隐藏的图层不能进行编辑。将光标放在一个图层的眼睛图标 👁 上，单击并在眼睛图标列拖动鼠标，可以快速隐藏（或显示）多个相邻的图层，如图9-130所示。

图9-128

图9-129

图9-130

- 图层链接图标 🔗：显示该图标的多个图层为彼此链接的图层，它们可以一同移动或进行变换操作。
- 折叠/展开图层组 ▼📁：单击该图标可折叠或展开图层组。
- 展开/折叠图层效果 ▲：单击该图标可以展开图层效果列表，显示出当前图层添加的所有效果的名称，如图9-131所示。再次单击可折叠图层效果列表，如图9-132所示。

图9-131

图9-132

● 图层锁定图标 🔒：显示该图标时，表示图层处于锁定状态。

● 链接图层 🔗：用来链接当前选择的多个图层。

● 添加图层样式 𝒇𝒙：单击该按钮，在打开的下拉菜单中选择一个效果❶，可以为当前图层添加图层样式（如"投影"）。

● 添加图层蒙版 ▣：单击该按钮，可以为当前图层添加图层蒙版❷。图层蒙版用于遮盖图像，但不会破坏图像。

● 创建新的填充或调整图层 ◐：单击该按钮，在打开的下拉菜单中可以选择创建新的填充图层或调整图层❸。

● 创建新组 📁：单击该按钮可以创建一个图层组。

● 创建新图层 🗐：单击该按钮可以创建一个图层。

● 删除图层 🗑：选择面板中的图层或图层组后，单击该按钮可将其删除。

技术看板：
调整图层缩览图的大小

在"图层"面板中，图层名称左侧的图像是该图层的缩览图，它显示了图层中包含的图像内容，缩览图中的棋盘格代表了图像的透明区域。在图层缩览图上单击右键，可在打开的快捷菜单中调整缩览图的大小。

9.8.2 图层的种类

Photoshop中可以创建多种类型的图层，它们都有各自不同的功能和用途，在"图层"面板中的显示状态也各不相同，如图9-133所示。

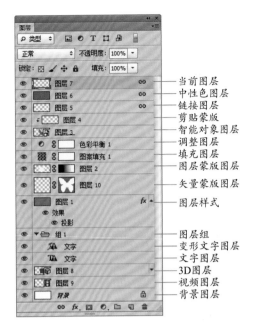

图9-133

各个标注从上到下为：当前图层、中性色图层、链接图层、剪贴蒙版、智能对象图层、调整图层、填充图层、图层蒙版图层、矢量蒙版图层、图层样式、图层组、变形文字图层、文字图层、3D图层、视频图层、背景图层

● 中性色图层：填充了中性色并预设了混合模式的特殊图层，可用于承载滤镜或在上面绘画。

● 链接图层：保持链接状态的多个图层。

● 剪贴蒙版：蒙版的一种，可使用一个图层中的图像控制它上面多个图层的显示范围。

● 智能对象：包含有智能对象的图层。

● 调整图层：可以调整图像的亮度、色彩平衡等，但不会改变像素值，而且可以反复编辑。

● 填充图层：填充了纯色、渐变或图案的特殊图层。

● 图层蒙版图层：添加了图层蒙版的图层，蒙版可以控制图像的显示范围。

● 矢量蒙版图层：添加了矢量形状的蒙版图层。

● 图层样式：添加了图层样式的图层，通过图层样式可以快速创建特效，如投影、发光和浮雕效果等。

● 图层组：用来组织和管理图层，以便查找和编辑图层，类似于Windows的文件夹。

● 变形文字图层：进行了变形处理后的文字图层。

● 文字图层：使用文字工具输入文字时创建的图层。

● 视频图层：包含视频文件帧的图层。

● 3D图层：包含3D文件或置入的3D文件的图层。

● 背景图层：新建文档时创建的图层，它始终位于面板的最下层，名称为"背景"二字，且为斜体。

相关链接
❶关于图层样式，请参阅请参阅第358页。❷关于图层蒙版，请参阅第388页。❸关于填充图层和调整图层，请参阅第380页和第385页。

CHAPTER 09

9.8.3 图层的使用规范

图层就如同堆叠在一起的透明纸，每一张纸（图层）上都保存着不同的图像，我们可以透过上面图层的透明区域看到下面层中的图像。

各个图层中的对象都可以单独处理，而不会影响其他图层中的内容，如图9-134所示。图层可以移动，也可以调整堆叠顺序，如图9-135所示。通过眼睛图标👁可以切换图层的可视性。

图9-134

图9-135

除"背景"图层外，其他图层都可以通过调整不透明度，让图像内容变得透明，如图9-136所示；还可以修改混合模式，让上下层之间的图像产生特殊的混合效果，如图9-137所示。不透明度和混合模式可以反复调节，而不会损伤图像。

图9-136

图9-137

图层名称左侧的图像是该图层的缩览图，它显示了图层中包含的图像内容，缩览图中的棋盘格代表了图像的透明区域。如果隐藏所有图层，则整个文档窗口都会铺满棋盘格。

9.8.4 选择图层

编辑图层前，首先应在"图层"面板中单击所需图层，将其选择❶，所选图层称为"当前图层"。绘画、颜色和色调调整都只能在一个图层中进行，而移动、对齐、变换或应用"样式"面板中的样式时，可以一次处理所选的多个图层。

● 选择一个图层：单击"图层"面板中的一个图层即可选择该图层，如图9-138所示。

● 选择多个图层：如果要选择多个相邻的图层，可以单击第一个图层，然后按住 Shift 键单击最后一个图层，如图9-139所示；如果要选择多个不相邻的图层，可按住 Ctrl 键分别单击这些图层，如图9-140、图9-141所示。

图9-138

图9-139

图9-140

图9-141

相关链接 ·······························
❶图层也可以通过菜单命令来进行选择，相关内容请参阅第413页。

技术看板:
快速切换当前图层

选择一个图层，按下Alt+]快捷键，可将当前图层切换为与之相邻的上一个图层；按下Alt+[快捷键，可将当前图层切换为与之相邻的下一个图层。

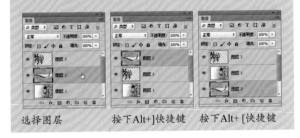

选择图层　　　按下Alt+]快捷键　　　按下Alt+[快捷键

9.8.5 设置图层的不透明度（实战）

■素材：光盘>素材文件夹　■视频：光盘>视频文件夹　■难度：★★☆☆☆
■实例类型：软件功能　■实例应用：调整图像和效果的不透明度
■Adobe官方相关视频：www.adobe.com/go/vid0012_cn

　　"图层"面板中有两个控制图层不透明度的选项："不透明度"和"填充"。在这两个选项中，100%是完全不透明状态；50%代表了半透明；0%则为完全透明状态。

　　"不透明度"用于控制图层、图层组中绘制的像素和形状的不透明度，如果对图层应用了图层样式❶，则图层样式的不透明度也会受到该值的影响。"填充"只影响图层中绘制的像素和形状的不透明度，不会影响图层样式的不透明度。

01 打开光盘中的素材文件，如图9-142所示。双击"图层0"，如图9-143所示。

图9-142　　　　　　　　图9-143

02 打开"图层样式"对话框，在左侧列表中选择"投影"效果，如图9-144、图9-145所示。按下回车键关闭对话框。

图9-144　　　　　　　　图9-145

03 下面来调整图层的不透明度，设置不透明度为50%，如图9-146、图9-147所示。可以看到，图像及添加的投影都呈现出透明效果。

图9-146　　　　　　　　图9-147

04 将图层的不透明度恢复为100%。将"填充"设置为50%，如图9-148、图9-149所示。此时只有图像呈现透明状态，投影效果的透明度没有任何改变。

图9-148　　　　　　　　图9-149

技术看板:
快速修改图层的不透明度

使用除画笔、图章、橡皮擦等绘画和修饰之外的其他工具时，按下键盘中的数字键即可快速修改图层的不透明度。例如，按下"5"，不透明度会变为50%；按下"55"，不透明度会变为55%；按下"0"，不透明度会恢复为100%。

相关链接
❶与图层样式相关的内容请参阅第358页。

9.8.6 设置图层的混合模式

混合模式是Photoshop的核心功能之一，它决定了像素的混合方式，可用于合成图像、制作选区和特殊效果，但不会对图像造成任何实质性的破坏。

在"图层"面板中选择一个图层后，单击面板顶部的 ⬍ 按钮，打开下拉列表即可选择混合模式，如图9-150所示。

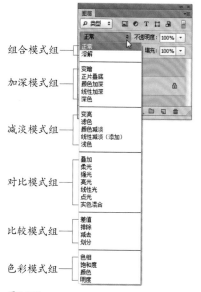

组合模式组
加深模式组
减淡模式组
对比模式组
比较模式组
色彩模式组

图9-150

混合模式分为6组，共27种，每一组的混合模式都可以产生相似的效果或有着相近的用途。

● 组合模式组中的混合模式需要降低图层的不透明度才能产生作用。

● 加深模式组中的混合模式可以使图像变暗，在混合过程中，当前图层中的白色将被底层较暗的像素替代。

● 减淡模式组与加深模式组产生的效果截然相反，它们可以使图像变亮。图像中的黑色会被较亮的像素替换，而任何比黑色亮的像素都可能加亮底层图像。

● 对比模式组中的混合模式可以增强图像的反差。在混合时，50%的灰色会完全消失，任何亮度值高于50%灰色的像素都可能加亮底层的图像，亮度值低于50%灰色的像素则可能使底层图像变暗。

● 比较模式组中的混合模式可以比较当前图像与底层图像，然后将相同的区域显示为黑色，不同的区域显示为灰度层次或彩色。如果当前图层中包含白

色，白色的区域会使底层图像反相，而黑色不会对底层图像产生影响。

● 使用色彩模式组中的混合模式时，Photoshop会将色彩分为3种成分（色相、饱和度和亮度），然后再将其中的一种或两种应用在混合后的图像中。

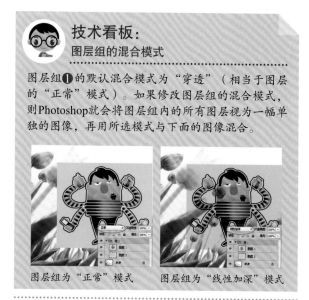

技术看板：
图层组的混合模式

图层组❶的默认混合模式为"穿透"（相当于图层的"正常"模式）。如果修改图层组的混合模式，则Photoshop就会将图层组内的所有图层视为一幅单独的图像，再用所选模式与下面的图像混合。

图层组为"正常"模式　　　图层组为"线性加深"模式

9.8.7 混合模式效果

图9-151所示为一个PSD格式的分层文件，接下来，我们将调整"图层1"的混合模式，演示它与下面图层中的像素（"背景"图层）是如何混合的。

图9-151

相关链接
❶图层组用来管理图层，具体使用方法请参阅第355页。

- 正常模式：默认的混合模式，图层的不透明度为100%时，完全遮盖下面的图像，如图9-152所示。降低不透明度可以使其与下面的图层混合。

- 溶解模式：设置为该模式并降低图层的不透明度时，可以使半透明区域上的像素离散，产生点状颗粒，如图9-153所示。

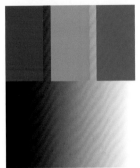

正常
图9-152

溶解
图9-153

- 变暗模式：比较两个图层，当前图层中较亮的像素会被底层较暗的像素替换，亮度值比底层像素低的像素保持不变，如图9-154所示。

- 正片叠底模式：当前图层中的像素与底层的白色混合时保持不变，与底层的黑色混合时则被其替换，混合结果通常会使图像变暗，如图9-155所示。

变暗
图9-154

正片叠底
图9-155

- 颜色加深模式：通过增加对比度来加强深色区域，底层图像的白色保持不变，如图9-156所示。

- 线性加深模式：通过减小亮度使像素变暗，它与"正片叠底"模式的效果相似，但可以保留下面图像更多的颜色信息，如图9-157所示。

- 深色模式：比较两个图层的所有通道值的总和并显示值较小的颜色，但不会生成第三种颜色，如图9-158所示。

- 变亮模式：与"变暗"模式的效果相反，当前图层中较亮的像素会替换底层较暗的像素，而较暗的像素则被底层较亮的像素替换，如图9-159所示。

颜色加深
图9-156

线性加深
图9-157

深色
图9-158

变亮
图9-159

- 滤色模式：与"正片叠底"模式的效果相反，它可以使图像产生漂白的效果，类似于多个摄影幻灯片在彼此之上投影，如图9-160所示。

- 颜色减淡模式：与"颜色加深"模式的效果相反，它通过减小对比度来加亮底层的图像，并使颜色变得更加饱和，如图9-161所示。

滤色
图9-160

颜色减淡
图9-161

- 线性减淡（添加）模式：与"线性加深"模式的效果相反。该模式通过增加亮度来减淡颜色，亮化效果比"滤色"和"颜色减淡"模式都强烈，如图9-162所示。

- 浅色模式：比较两个图层的所有通道值的总和并

CHAPTER 09

显示值较大的颜色，但不会生成第三种颜色，如图 9-163 所示。

线性减淡（添加）　　　浅色

图9-162　　　　　　　图9-163

- 叠加模式：可增强图像的颜色，并保持底层图像的高光和暗调，如图 9-164 所示。

- 柔光模式：当前图层中的颜色决定了图像变亮或是变暗。如果当前图层中的像素比 50% 灰色亮，则图像变亮；如果像素比 50% 灰色暗，则图像变暗。该混合模式产生的效果与发散的聚光灯照在图像上相似，如图 9-165 所示。

叠加　　　　　　　　　柔光

图9-164　　　　　　　图9-165

- 强光模式：当前图层中比 50% 灰色亮的像素会使图像变亮；比 50% 灰色暗的像素会使图像变暗。该模式产生的效果与耀眼的聚光灯照在图像上相似，如图 9-166 所示。

- 亮光模式：如果当前图层中的像素比 50% 灰色亮，则通过减小对比度的方式使图像变亮；如果当前图层中的像素比 50% 灰色暗，则通过增加对比度的方式使图像变暗。可以使混合后的颜色更加饱和，如图 9-167 所示。

- 线性光模式：如果当前图层中的像素比 50% 灰色亮，可通过增加亮度使图像变亮；如果当前图层中的像素比 50% 灰色暗，则通过减小亮度使图像变暗。与"强光"模式相比，"线性光"可以使图像产生更高的对比度，如图 9-168 所示。

- 点光模式：如果当前图层中的像素比 50% 灰色亮，则替换暗的像素；如果当前图层中的像素比 50% 灰色暗，则替换亮的像素，这对于向图像中添加特殊效果时非常有用，如图 9-169 所示。

强光　　　　　　　　　亮光

图9-166　　　　　　　图9-167

线性光　　　　　　　　点光

图9-168　　　　　　　图9-169

- 实色混合模式：如果当前图层中的像素比 50% 灰色亮，会使底层图像变亮；如果当前图层中的像素比 50% 灰色暗，则会使底层图像变暗。该模式通常会使图像产生色调分离效果，如图 9-170 所示。

- 差值模式：当前图层的白色区域会使底层图像产生反相效果，而黑色则不会对底层图像产生影响，如图 9-171 所示。

实色混合　　　　　　　差值

图9-170　　　　　　　图9-171

● 排除模式： 该模式与"差值"模式的原理基本相似， 但效果弱一些， 可以创建对比度更低的混合效果， 如图9-172所示。

● 减去模式： 可以从目标通道中相应的像素上减去源通道中的像素值， 如图9-173所示。

排除
图9-172

减去
图9-173

● 划分模式： 查看每个通道中的颜色信息， 从基色中划分混合色， 如图9-174所示。

👤 提示

基色是图像中的原稿颜色。 混合色是通过绘画或编辑工具应用的颜色。 结果色是混合后得到的颜色。

● 色相模式： 将当前图层的色相应用到底层图像的亮度和饱和度中， 可以改变底层图像的色相， 但不会影响其亮度和饱和度。 对于黑色、 白色和灰色区域， 该模式不起作用， 如图9-175所示。

划分
图9-174

色相
图9-175

● 饱和度模式： 将当前图层的饱和度应用到底层图像的亮度和色相中， 可以改变底层图像的饱和度， 但不会影响其亮度和色相， 如图9-176所示。

● 颜色模式： 将当前图层的色相与饱和度应用到底层图像中， 但保持底层图像的亮度不变， 如图9-177所示。

● 明度模式： 将当前图层的亮度应用于底层图像的颜色中， 可改变底层图像的亮度， 但不会对其色相与饱和度产生影响， 如图9-178所示。

饱和度
图9-176

颜色
图9-177

明度
图9-178

技术看板：
为黑白照片上色

"颜色"模式可用于为给黑白照片上色。 例如， 将画笔工具的混合模式设置为"颜色"以后， 使用不同的颜色在黑白图像上涂抹， 即可为其着色。

9.8.8 背后模式与清除模式

Photoshop提供的混合模式并非完全在"图层"面板中， 如绘画工具、 "填充"命令和"描边"命令便包含两种特别的混合模式， 即"背后"模式和"清除"模式， 如图9-179、 图9-180所示。

图9-179

图9-180

使用形状工具时， 如果在工具选项栏中选择"像素"选项， 则"模式"下拉列表中也包含这两种模式， 如图9-181所示。

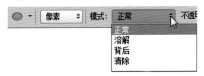

图9-181

使用“背后”模式时，仅在图层的透明区域编辑或绘画，而不会影响图层中原有的图像，就像在当前图层下面的图层绘画一样，如图9-182、图9-183所示。

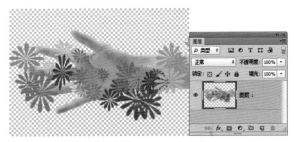

在“正常”模式下使用画笔工具涂抹的效果

图9-182

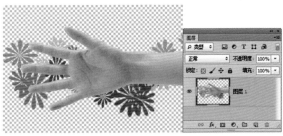

在“背后”模式下使用画笔工具的涂抹效果

图9-183

“清除”模式与橡皮擦工具的作用类似。在该模式下，工具或命令的不透明度决定了像素是否被完全清除，当不透明度为100%时，可以完全清除像素，如图9-184所示；不透明度小于100%时，则部分清除像素，如图9-185所示。

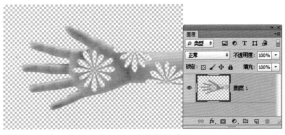

画笔工具的不透明度为100%时的涂抹效果

图9-184

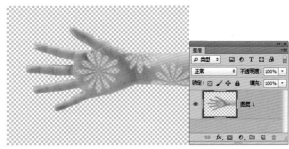

画笔工具的不透明度为50%时的涂抹效果

图9-185

提示

“背后”模式和“清除”模式只能用于未锁定透明区域的图层，如果锁定了图层的透明区域，即按下“图层”面板中的 按钮，则这两种混合模式不能使用。

9.8.9 相加模式与减去模式

除“背后”模式和“清除”模式外，“应用图像”命令和“计算”命令❶也包含两种特殊的混合模式，即“相加”模式和“减去”模式。这两种模式可以进行通道运算。

例如，图9-186所示为两个Alpha通道，当对它们应用“相加”模式时，如图9-187所示，可以生成如图9-188所示的通道；应用“减去”模式时，则可生成如图9-189所示的通道。

图9-186

图9-187

图9-188

图9-189

相关链接

❶“应用图像”命令与“计算”命令具体使用方法请参阅第341页和第345页。

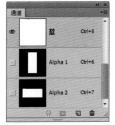

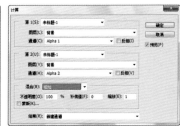

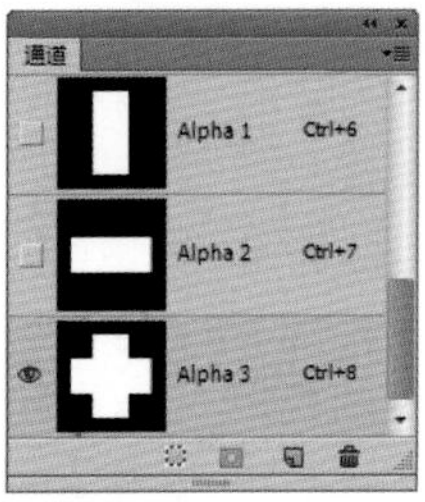

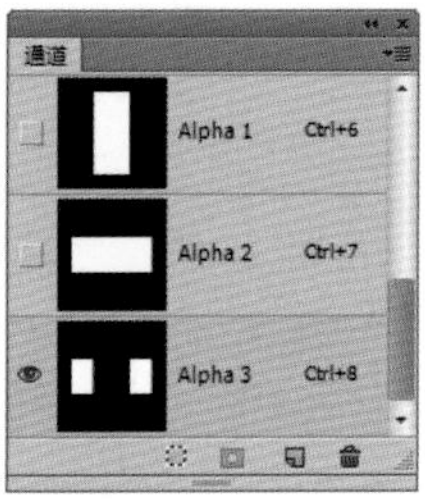

核心功能大揭秘：混合模式的应用方向 GALLERY

在 Photoshop 中，许多工具和命令都包含混合模式设置选项，如"图层"面板、绘画和修饰工具的工具选项栏、"图层样式"对话框，以及"填充"、"描边"、"计算"和"应用图像"等命令。如此多的功能都与混合模式有关，足见混合模式的重要以及应用的广泛。

混合图层

在"图层"面板中，混合模式用于控制当前图层中的像素与它下面图层中的像素如何混合。除"背景"图层外，其他图层都支持混合模式。

正常模式

画笔工具在"点光"模式下涂抹出的枫叶

混合通道

使用"应用图像"和"计算"命令时，混合模式可以混合通道，创建特殊的图像合成效果，也可以用来制作选区。

明度模式

使用"计算"命令在通道中制作的选区

混合像素

在绘画和修饰工具的工具选项栏，以及"渐隐"、"填充"、"描边"命令和"图层样式"对话框中，混合模式只将所添加的内容与当前操作的图层混合，而不会影响其他图层。

画笔工具在"正常"模式下涂抹出的枫叶

使用该选区抠出的人像

9.8.10 鼠标新面孔（实战特效合成）

■素材：光盘>素材文件夹 ■视频：光盘>视频文件夹 ■难度：★★★☆☆
■实例类型：特效+软件功能 ■实例应用：通过混合模式制作个性化鼠标

01 按下Ctrl+O快捷键，打开光盘中的鼠标素材和图
案素材，如图9-190所示。我们来为鼠标贴上有
趣的图案。为了方便操作，每个鼠标都位于单独的图层
中，贴图文件则由各种各样的图案组成，如图9-191、
图9-192所示。

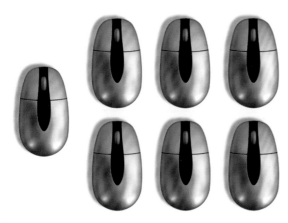

图9-190

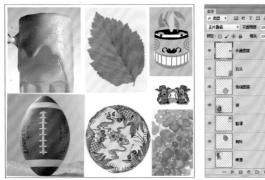

图9-191   图9-192

02 选择移动工具 ▶✛，在工具选项栏中勾选"自动
选择"，选择"图层"选项，如图9-193所示。

▶✛ ▾ ☑ 自动选择： 图层 ⬍

图9-193

03 先将卡通图案拖动到鼠标文档中，将它所在的图
层移至"鼠标"图层的上方，按下Alt+Ctrl+G快

捷键创建剪贴蒙版，作为基底图层的鼠标就可以限定卡
通图案的显示范围了，如图9-194、图9-195所示。

图9-194   图9-195

04 设置该图层的混合模式为"正片叠底"，效果如
图9-196所示。使用横排文字工具 **T** ❶输入文
字，然后设置文字图层的混合模式为"叠加"，效果如
图9-197所示。

图9-196   图9-197

👤 **提示**

在为第一个鼠标贴图后，可以将与它相关的图层选
取，然后按下Ctrl+G快捷键创建到一个图层组内，这
样有利于管理图层。

05 下面来制作啤酒质感鼠标。将素材文件中的啤
酒图像拖曳到鼠标文档中，使它位于第一行第
一个鼠标上方，如图9-198所示。在"图层"面板中，
也要将啤酒图层调整到该鼠标图层的上方，然后按下
Alt+Ctrl+G快捷键创建剪贴蒙版❷，如图9-199所示。

相关链接 ⋯⋯
❶关于文字工具的使用方法，请参阅第85页和第91页。❷关于剪贴蒙版的更多内容，请参阅第395页。

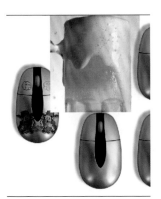 

图9-198　　　　　　　　　图9-199

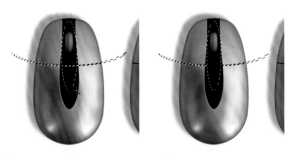

图9-204　　　　　　　　　图9-205

06 创建剪贴蒙版后，鼠标的滚轮和接缝被挡住了，下面要将它们选取出来。先隐藏啤酒图层，然后选择鼠标所在的图层，如图9-200所示。使用椭圆选框工具 ◯ 在鼠标的接缝处创建一个选区，如图9-201所示，单击工具选项栏中的从选区减去按钮 🔲❶，再创建一个选区，创建的过程中可以按住空格键移动选区，如图9-202所示，放开鼠标后可得到如图9-203所示的选区。单击工具选项栏中的添加到选区按钮 🔲，将滚轮部分选取，如图9-204所示，这样选区就制作完成了，如图9-205所示。

07 按下Ctrl+C快捷键复制选区内的图像，选择"啤酒"图层，然后单击创建新图层按钮 🔲，在该图层上面新建"图层1"，按下Ctrl+V快捷键粘贴图像，再按下Ctrl+D快捷键取消选择。显示"啤酒"图层，如图9-206、图9-207所示。将组成啤酒鼠标的这3个图层选取，按下Ctrl+G快捷键，将它们创建在一个图层组内。

 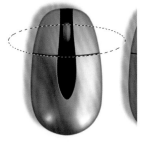

图9-200　　　　　　　　　图9-201

 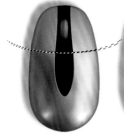

图9-202　　　　　　　　　图9-203

 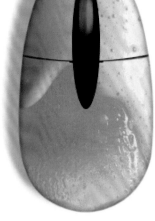

图9-206　　　　　　　　　图9-207

08 将树叶素材拖动到鼠标文件中，使它位于第一行第二个鼠标上方❷。按下Alt+Ctrl+G快捷键创建剪贴蒙版，设置树叶图层的混合模式为"叠加"。按下Ctrl+T快捷键显示定界框，将树叶向顺时针方向旋转，如图9-208所示，按下回车键确认。

09 采用同样方法制作脸谱鼠标，设置该图案的混合模式为"叠加"，效果如图9-209所示。

相关链接
❶关于选区运算的更多内容，请参阅第9页。❷关于图层顺序的调整方法，请参阅第403页。

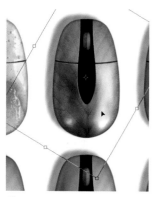

图9-208

图9-209

图9-210

图9-211

10 制作橄榄球鼠标时，设置图案的混合模式为"强光"，效果如图9-210所示。

11 制作传统图案鼠标时，设置图案的混合模式为"叠加"，如图9-211所示，然后按下Ctrl+J快捷键复制该图层，设置混合模式为"线性加深"，不透明度为60%，效果如图9-212所示。

12 制作蓝色水晶石鼠标时，设置石头图案的混合模式为"强光"，效果如图9-213所示。

图9-212

图9-213

9.9 图层复合面板（实战展示设计方案）

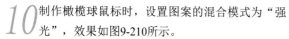

■视频：光盘>视频文件夹 ■难度：★★☆☆☆ ■实例类型：软件功能 ■实例应用：通过图层复合展示设计方案

图层复合是"图层"面板状态的快照（类似于"历史记录"面板中的快照），它记录了当前文档中图层的可见性、位置和外观（包括图层的不透明度、混合模式以及图层样式等）。通过图层复合可以快速地在文档中切换不同版面的显示状态，适合用来展示多种设计方案。

01 按下Ctrl+O快捷键，打开光盘中的素材文件，如图9-214、图9-215所示。

图9-214

图9-215

02 执行"窗口>图层复合"命令，打开"图层复合"面板。单击面板底部的 按钮，打开"新建图层复合"对话框，设置名称为"方案1"，并选择"可见性"选项，如图9-216所示，单击"确定"按钮，创建一个图层复合，如图9-217所示。它记录了"图层"面板中图层的当前显示状态。

图9-216

图9-217

📍 提示

在"新建图层复合"对话框中，"名称"用来设置图层复合的名称；"可见性"用来确定记录图层是显示或是隐藏；"位置"记录图层的位置；"外观"记录是否将图层样式应用于图层和图层的混合模式；"注释"可以添加说明性注释。

03 单击"调整"面板中的  按钮，如图9-218所示，在"图层"面板中创建"色相/饱和度"调整图层。按下Alt+Ctrl+G快捷键，创建剪贴蒙版，如图9-219所示。

图9-218　　　　图9-219

04 打开"属性"面板，调整图像颜色，如图9-220、图9-221所示。

图9-220　　　　图9-221

05 单击"图层复合"面板底部的  按钮，再创建一个图层复合，设置它的名称为"方案2"，如图9-222、图9-223所示。

图9-222　　　　图9-223

06 至此，我们就通过图层复合记录了两套设计方案。向客户展示方案时，可以在"方案1"和"方案2"的名称前单击，让应用图层复合图标 显示出来，图像窗口中便会显示此图层复合记录的快照，如图9-224、图9-225所示。也可以单击 ◀ 和 ▶ 按钮来进行循环切换。

图9-224

图9-225

"图层复合"面板选项

　　"图层复合"面板用来创建、编辑、显示和删除图层复合，如图9-226所示。图9-227所示为该面板的菜单。

图9-226　　　　图9-227

相关链接
如果安装了Web 照片画廊增效工具，可以将图层复合导出到 Web 照片画廊 。在Photoshop安装盘上的 "实用组件"文件夹中可以找到该增效工具。

按钮/选项	说明
应用图层复合 📱	显示该图标的图层复合为当前使用的图层复合
无法完全恢复图层复合 ⚠	如果在"图层"面板中进行了删除图层、合并图层、将图层转换为背景，或者转换颜色模式等操作，有可能会影响到其他图层复合所涉及的图层，甚至不能够完全恢复图层复合，在这种情况下，图层复合名称右侧会出现 ⚠ 状警告图标
应用选中的上一图层复合 ◀	切换到上一个图层复合
应用选中的下一图层复合 ▶	切换到下一个图层复合
更新图层复合 🔄	如果更改了图层复合的配置，可单击该按钮进行更新
创建新的图层复合 🗔	用来创建一个新的图层复合
删除图层复合 🗑	用来删除当前创建的图层复合

技术看板：
图层复合更新方法

当"图层复合"面板中出现无法完全恢复图层复合警告图标 ⚠ 时，可以采用以下方法来进行处理。

●单击警告图标，会弹出一个提示，它说明图层复合无法正常恢复。单击"清除"按钮可清除警告，使其余的图层保持不变。

●如果不对警告进行任何处理，可能会导致丢失一个或多个图层，而其他已存储的参数可能会保留下来。

●单击更新图层复合按钮 🔄 ，对图层复合进行更新，这可能导致以前记录的参数丢失，但可以使复合保持最新状态。

●右键单击警告图标，打开下拉菜单可以选择清除当前图层复合的警告或清除所有图层复合的警告。

9.10 样式面板（实战趣味特效字）

■视频：光盘>视频文件夹 ■难度：★★☆☆☆ ■实例类型：软件功能+特效字 ■实例应用：通过图层样式制作特效字

图层样式也叫图层效果，它可以为图层中的图像内容添加诸如投影、发光、浮雕、描边等效果，创建具有真实质感的水晶、玻璃、金属和纹理特效。"样式"面板用来保存、管理和应用图层样式。我们也可以将Photoshop提供的预设样式，或者外部样式库载入到该面板中使用。

01 按下Ctrl+O快捷键，打开光盘中的素材文件，如图9-228所示。在"图层"面板中单击"图层2"，将其选中，如图9-229所示。

02 执行"窗口>样式"命令，打开"样式"面板。单击如图9-230所示的样式，为所选图层添加该样式，如图9-231、图9-232所示。

图9-228

图9-229　　　　图9-230　　　　图9-231

图9-237

05 下面来加载光盘中的样式库。打开"样式"面板菜单，选择"载入样式"命令，打开"载入"对话框，选择光盘中的样式文件，如图9-238所示，将它载入到面板中，如图9-239所示。

图9-232

03 除了"样式"面板中显示的样式外，Photoshop还提供了其他的样式，它们按照不同的类型放在不同的库中。打开"样式"面板菜单，选择一个样式库，如图9-233所示，弹出一个对话框，单击"确定"按钮，可载入样式并替换面板中的样式，如图9-234所示；单击"追加"按钮，可以将样式添加到现有样式的后面；单击"取消"按钮，则取消载入样式的操作。

图9-238　　　　　　　　图9-239

06 单击"样式"面板中新载入的样式，为所选图层添加该效果，如图9-240所示。

图9-233　　　　　　　　图9-234

04 单击如图9-235所示的样式，为图层添加该样式，新样式会替换原有的样式，如图9-236、图9-237所示。如果要保留原有效果，可以按住 Shift 键单击"样式"面板中的样式。

图9-240

07 将光标放在效果图标 *fx*. 上，如图9-241所示，按住Alt键单击并向"图层1"拖动鼠标，将效果复制到该图层，如图9-242、图9-243所示。

图9-235　　　　　图9-236

图9-241　　　　　　　图9-242

CHAPTER 09

图9-243

技术看板：
复位"样式"面板

删除"样式"面板中的样式或载入其他样式库后，如果想要让面板恢复为Photoshop默认的预设样式，可以打开"样式"面板菜单，选择其中的"复位样式"命令。

"样式"面板选项

- 清除样式 ⊘：当选择添加了样式的图层以后，如图9-244所示，单击该按钮，可以将样式清除，如图9-245所示。

图9-244　　　　图9-245

- 创建新样式 ⬜：当使用"图层样式"命令为某个图层添加了一种或多种效果后，如图9-246所示，选择该图层，如图9-247所示，单击"样式"面板中的创建新样式按钮 ⬜，打开如图9-248所示的对话框，设置选项并单击"确定"按钮，即可将样式添加的"样式"面板中，如图9-249所示。

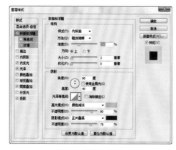 

图9-246　　　　图9-247

图9-248　　　　图9-249

提示

在"新建样式"对话框中，"名称"选项用来设置样式的名称；勾选"包含图层效果"选项，可以将当前的图层效果设置为样式；如果当前图层设置了混合模式，勾选"包含图层混合选项"，新建的样式将具有这种混合模式。

- 删除样式 🗑：将"样式"面板中的一个样式拖到删除样式按钮 🗑 上，即可将其删除，如图9-250、图9-251所示。此外，按住 Alt 键单击一个样式，则可直接将其删除。

图9-250　　　　图9-251

技术看板：
存储样式库

如果在"样式"面板中创建了大量的自定义样式，可以将这些样式保存为一个独立的样式库。操作方法是，执行"样式"面板菜单中的"存储样式"命令，打开"存储"对话框，输入样式库名称和保存位置，单击"确定"按钮，即可将面板中的样式保存为一个样式库。如果将自定义的样式库保存在 Photoshop 程序文件夹的"Presets>Styles"文件夹中，则重新运行Photoshop后，该样式库的名称会出现在"样式"面板菜单的底部。

9.11 通道面板

通道用来保存图像内容、色彩信息和选区。通道是Photoshop中的核心功能，比较难于掌握，但专业的抠图技术、高级调色技术，以及复杂的特效制作等都离不开它。因此，学习好通道对于充分发挥Photoshop的强大功能是非常有帮助的。

9.11.1 通道基本操作

在Photoshop中打开一个图像时，如图9-252所示，"通道"面板中便会自动生成图像的颜色信息通道，如图9-253所示。Photoshop中可以创建3种类型的通道，即颜色通道、Alpha通道和专色通道。我们可以使用"通道"面板来保存和管理这些通道。

图9-254

● 将选区存储为通道 ▣：在图像中创建选区后，单击该按钮，可以将选区保存在通道内，如图9-255所示。

图9-255

图9-252

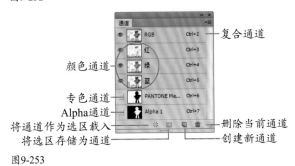

图9-253

● 将通道作为选区载入 ⬚：在"通道"面板中选择通道后，单击该按钮，可以将通道中的选区内载入到图像上。此外，按住Ctrl键单击通道也可以载入选区，如图9-254所示。这样操作的好处是不必反复切换通道。

技术看板：
选区的载入技巧

如果当前图像中包含选区，则按住Ctrl键单击"通道"、"路径"、"图层"面板中的缩览图时，可以通过按下按键来进行选区运算。例如，按住Ctrl键（光标变为 状）单击可以将它作为一个新选区载入；按住Ctrl+Shift快捷键（光标变为 状）单击可将它添加到现有选区中；按住Ctrl+Alt快捷键（光标变为 状）单击可以从当前的选区中减去载入的选区；按住Ctrl+Shift+Alt快捷键（光标变为 状）单击可进行与当前选区相交的操作。

相关链接
进行内容识别比例缩放时，可以通过通道控制变形区域，详细操作方法请参阅第253页。

● 创建新通道 🔲 ：单击该按钮，可以创建一个
Alpha 通道，如图 9-256 所示。将一个通道拖曳到该
按钮上，则可以复制该通道，如图 9-257 所示。

图9-256

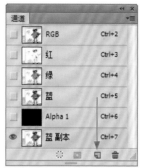
图9-257

● 删除当前通道 🗑 ：单击该按钮，可删除当前选择的
通道。复合通道不能删除也不能复制。颜色通道可
以复制，但如果删除了，图像就会自动转换为多通
道模式❶，如图 9-258 所示（删除蓝通道）。

● 修改通道名称：双击"通道"面板中一个通道的
名称，在显示的文本输入框中可以为它输入新的名
称，如图 9-259 所示。需要注意的是，复合通道和
颜色通道不能重命名。

图9-258

图9-259

● 选择通道：如果要编辑一个通道，可单击该通
道，此时文档窗口会显示所选通道中的灰度图
像，如图 9-260 所示。按住 Shift 键单击其他通
道，可以选择多个通道，此时窗口中会显示所选
颜色通道的复合信息❷，如图 9-261 所示。如果
要编辑所有颜色通道，可单击 RGB 复合通道，此
时所有颜色通道重新被激活，如图 9-262 所示。
通道名称的左侧显示了通道内容的缩览图，在编
辑通道时，缩览图会自动更新。

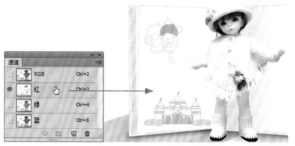
图9-260

图9-261

图9-262

技术看板：
通过快捷键选择通道

按下 Ctrl+数字键可以快速选择通道。例如，如果
图像为 RGB 模式，按下 Ctrl+3 快捷键可以选择红通
道；按下 Ctrl+4 快捷键可以选择绿通道；按下 Ctrl+5
快捷键可以选择蓝通道；按下 Ctrl+6 快捷键可以选
择蓝通道下面的 Alpha 通道；如果要回到 RGB 复合
通道，可以按下 Ctrl+2 快捷键。

相关链接
❶关于多通道模式，请参阅第278页。❷选择一个颜色通道时，文档窗口中显示的是黑白图像，而同时选择两个颜色
通道时，则会出现彩色图像，这是由所选颜色通道中的复合信息叠加而成。通过设置首选项，可以让通道面板中的
各个颜色通道以原色显示，相关操作方法请参阅第269页。

9.11.2 白雪变金沙（实战颜色通道）

■素材：光盘>素材文件夹 ■视频：光盘>视频文件夹 ■难度：★★★☆☆
■实例类型：调色 ■实例应用：使用通道调整照片颜色

颜色通道是打开新图像时Photoshop自动创建的通道，它们就像是摄影胶片，记录了图像内容和颜色信息。

图像的颜色模式不同❶，颜色通道的数量也不相同。例如，RGB模式的图像包含红、绿、蓝和一个用于编辑图像内容的复合通道，如图9-263所示；CMYK模式的图像包含青色、洋红、黄色、黑色和一个复合通道，如图9-264所示；Lab模式的图像包含明度、a、b和一个复合通道，如图9-265所示；位图、灰度、双色调和索引颜色模式的图像都只有一个通道，如图9-266所示。

图9-263

图9-264

图9-265

图9-266

每一个颜色通道都是一个256级色阶的灰度图像，当我们修改这些灰度图像时，就会影响整个图像内容，例如，图9-267、图9-268所示分别为原图像和修改结果。

图9-267

图9-268

颜色通道中的灰色代表了一种颜色的明暗变化。当调整灰色的色调时，就会影响整个图像的颜色，但不会改变图像内容。下面就通过实际操作来看一下，调整颜色通道时会对颜色产生怎样的影响。

01 按下Ctrl+O快捷键，打开一张照片，如图9-269所示。这是一张冬日的照片。从画面中可以看到，即便是夕阳西下，色调还是很清冷的，这是冬天的特点。使用通道可以将它调整为暖色调，使白雪变成金色的沙粒。

图9-269

相关链接
❶关于颜色模式的种类、特点，以及如何转换颜色模式，请参阅第4页和第274页。

02 单击"调整"面板中的 按钮，创建"曲线"调整图层。选择红通道，在曲线上单击，添加一个控制点并向上拖动曲线，将该通道调亮，增加红色，如图9-270所示。

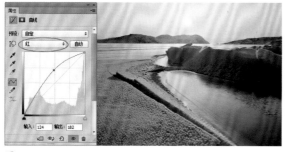

图9-270

03 选择蓝通道，向下拖动曲线，将该通道调暗，减少蓝色，同时可以增加它的补色黄色。当红色和黄色得到增强以后，画面中就会呈现出暖暖的金黄色，如图9-271所示。

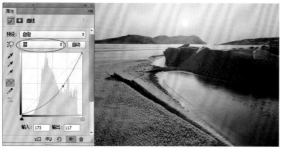

图9-271

04 选择RGB复合通道，将曲线调整为"S"形，增加对比度，如图9-272所示。调整时注意观察太阳，不要出现过曝情况，尽量保留更多的细节。

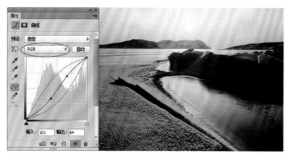

图9-272

 图像的颜色信息保存在颜色通道中，因此，我们使用任何一个调整命令调色时，都是通过通道来影响色彩。

 那么使用通道来调色有没有规律可循呢？

 有的。在颜色通道中，灰色代表了一种颜色的含量，明亮的区域表示包含大量对应的颜色，暗的区域表示对应的颜色较少。如果要在图像中增加某种颜色，可以将相应的通道调亮；要减少某种颜色，将相应的通道调暗即可。下面的图示展示了通道变亮、变暗对色彩产生的影响。

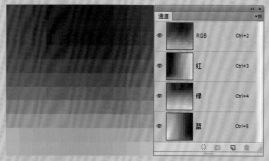

调整前的图像及通道

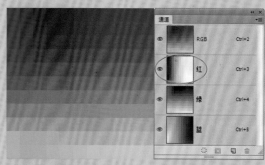

将红通道调亮时增加红色

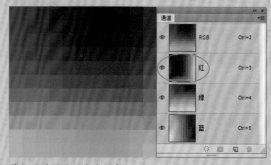

将红通道调暗时减少红色

通道调色原理 GALLERY

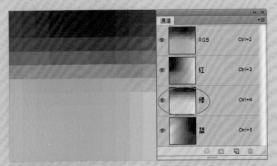

将绿通道调亮时增加绿色

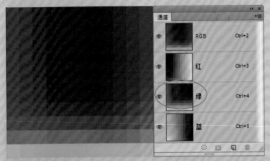

将绿通道调暗时减少绿色

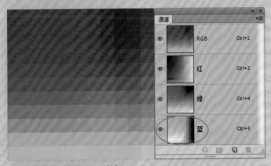

将蓝通道调亮时增加蓝色

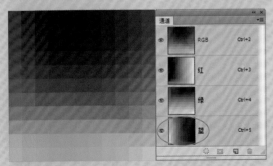

将蓝通道调暗时减少蓝色

观察色轮，了解色彩的转换关系

通过前面的介绍可以了解到，通道的明度与其包含的颜色量有密切关系，然而，这只是一个方面。在颜色通道中，色彩还可以互相影响，当我们增加一种颜色含量的同时，还会减少它的补色的含量；反之，减少一种颜色的含量，就会增加它的补色的含量。做个形象的比喻，通道调色就像是压跷跷板，一边下去了，另一边（补色）一定上来。下图中的色轮和色相环显示了颜色的互补关系，处于相对位置的颜色互为补色，如洋红与绿、黄与蓝。

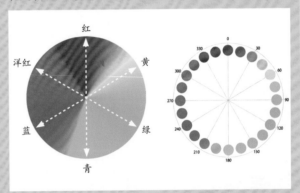

色轮   24色色相环

有了色轮，我们就可以在调整一个颜色通道时，预先了解会对相应的颜色以及它的补色产生怎样的影响。例如，将红色通道调亮，可增加红色，并减少它的补色青色；将红色通道调暗，则减少红色，同时增加青色。其他颜色通道也是如此。了解这个规律以后，就可以用通道调整任意的颜色了。此外，"色阶"和"曲线"对话框中都包含通道选项，可以选择一个通道，调整它的明度，从而影响颜色。

相关链接 ·················
在CMYK模式的图像中，通道亮度代表的含义与RGB图像正好相反，通道越暗，说明图像中包含的该通道的颜色就越多。因此，想要在图像中增加某种颜色，将相应的通道调暗即可。关于颜色模式的更多内容，请参阅第274页。

9.11.3 抠水晶球（实战 Alpha 通道）

■素材：光盘>素材文件夹　■视频：光盘>视频文件夹　■难度：★★★★☆
■实例类型：抠图　■实际应用：使用通道抠透明的对象

　　Alpha 通道与图像的内容和颜色没有任何关系，它在Photoshop中扮演的是角色转换的任务，既可以将我们创建的选区转换为通道中的灰度图像，也可以将灰度图像（Alpha 通道图像）转换为选区。

　　将选区存储为Alpha 通道中的灰度图像后，我们就能够用画笔、加深、减淡等工具以及各种滤镜编辑Alpha通道，从而修改选区范围。

　　在Alpha通道中，白色代表了可以被选择的区域，黑色代表了不能被选择的区域，灰色代表了可以被部分选择的区域（即羽化区域）。用白色涂抹Alpha通道可以扩大选区范围；用黑色涂抹则收缩选区；用灰色涂抹可以增加羽化范围。图9-273所示为原图像，在Alpha通道制作一个呈现灰度阶梯的选区，可以选取出如图9-274所示的图像。

图9-273

图9-274

　　通过前面的介绍，我们了解了Alpha通道的原理。下面就将其付诸于实践，通过Alpha通道编辑选区并抠图。

　　01 按下Ctrl+O快捷键，打开光盘中的素材文件，如图9-275所示。

图9-275

　　02 使用椭圆选框工具 ⬭ 选择球体，如图9-276所示。单击"通道"面板底部的 ▣ 按钮，将选区保存起来，如图9-277所示。

图9-276　　　　　　　　　　　图9-277

　　03 按下Ctrl+D快捷键取消选择。使用快速选择工具 ✐ 选择底座，如图9-278所示。单击"通道"面板底部的 ▣ 按钮，将选区保存到"Alpha 2"通道中，如图9-279所示。

图9-278　　　　　　　　　　　图9-279

　　04 分别按下Ctrl+3、Ctrl+4、Ctrl+5快捷键，在窗口中查看红、绿和蓝通道，如图9-280所示。

红通道　　　　　　绿通道　　　　　　蓝通道
图9-280

　　05 可以看到，红通道中圣诞老人与雪的色调较浅，背景色调较深，它们的对比十分清晰，只是圣诞

老人局部（如手部）有些暗色，稍修饰一下即可。我们就用该通道制作选区。将红通道拖曳到创建新通道按钮 ☐ 上复制，如图9-281所示。

图9-281

06 选择减淡工具 🔍，在工具选项栏中设置"范围"为"中间调"。在水晶球轮廓处涂抹，将色调调浅，如图9-282、图9-283所示。

图9-282　　　　　　　　图9-283

07 将"范围"设置为"高光"，在圣诞老人身体上涂抹，如图9-284所示；再用画笔工具 🖌 将圣诞老人身体涂白，如图9-285所示。

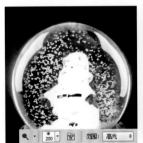
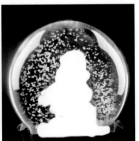

图9-284　　　　　　　　图9-285

08 选择加深工具 ✏️，将"范围"设置为"阴影"，如图9-286所示，在雪花上涂抹，让背景色调变深，如图9-287、图9-288所示。

图9-286

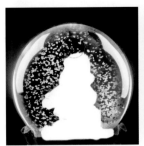
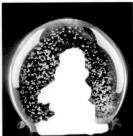

图9-287　　　　　　　　图9-288

09 现在我们一共制作了3个选区，下面就来通过快捷键对这几个选区进行运算，将水晶球的准确选区提取出来。按住Ctrl键单击"红副本"通道的缩览图，载入该通道中保存的选区（即水晶球内部选区），如图9-289、图9-290所示。

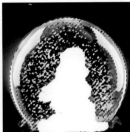

图9-289　　　　　　　　图9-290

10 按住Shift+Ctrl+Alt键单击Alpha1通道缩览图，让红副本通道与该通道进行交叉运算，这样就可以避免球体之外的浅色图像进入到选区内，如图9-291、图9-292所示。

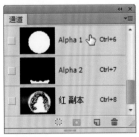
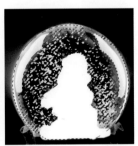

图9-291　　　　　　　　图9-292

11 按住Shift+Ctrl键单击Alpha2通道，加入底座选区，如图9-293、图9-294所示。这样便可得到最终的选区。

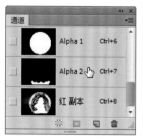

图 9-293

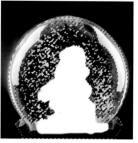

图 9-294

图 9-298

12 单击"通道"面板底部的 ▣ 按钮，将选区保存到"Alpha 3"通道中，如图9-295所示。在通道名称上双击，显示文本框之后，修改该通道的名称，以便于识别，如图9-296所示。

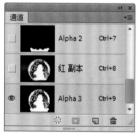

图 9-295

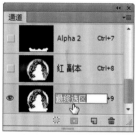

图 9-296

13 按下Ctrl+2快捷键，返回到RGB复合通道显示彩色图像，如图9-297所示。

图 9-297

图 9-299

16 水晶球是一个无色透明的玻璃球。但在原素材中，它处于一个蓝色背景之上，因此，环境光使球体也呈现蓝色。所以需要修改玻璃的颜色，才能使合成效果更加真实。单击"调整"面板中的 ▣ 按钮，创建"色相/饱和度"调整图层，对颜色进行调整，如图9-300所示。按下Alt+Ctrl+G快捷键创建剪贴蒙版，使调整图层只影响水晶球，如图9-301、图9-302所示。

14 按住Alt键双击"背景"图层，再单击 ▣ 按钮，为其添加蒙版，如图9-298所示。

15 打开一个背景文件，将水晶球拖入该文档中，如图9-299所示。

图 9-300

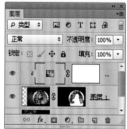

图 9-301

图9-302

17 用画笔工具 ✎ 在圣诞老人身体以及底座上涂抹黑色,排除调整图层对这些区域的影响,将图像的颜色恢复过来,如图9-303、图9-304所示。

图9-303

图 9-304

9.11.4 为印刷使用的图像定义专色(实战专色通道)

■素材:光盘>素材文件夹 ■视频:光盘>视频文件夹 ■难度:★★★☆☆
■实例类型:软件功能 ■实例应用:定义专色

专色是特殊的预混油墨,如金属金银色油墨、荧光油墨等,如图9-305、图9-306所示。它们用于替代或补充印刷色 (CMYK) 油墨,因为印刷色油墨无法混合出金属和荧光等鲜艳颜色。

图9-305

图9-306

专色也可以是普通油墨,例如,当客户无法负担四色(全色)印刷费用,而只想用两种和3种颜色印刷时,就会使用专色。此外,绝大多数大公司的徽标也有特殊要求,以确保在不同的媒介中使用时颜色完全相同,它们多采用PANTONE颜色系统中的专色。

专色通道用来存储专色,且通常使用油墨的名称来命名。例如,图9-307所示的背景色便是一种专色,观察通道的名称可以看到,这种专色是"PANTONE 805C"。

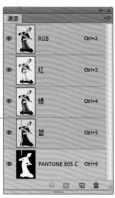

图9-307

在印刷带有专色的图像时,需要创建存储这些专色的专色通道,每种专色都要求使用专用的印版。下面就来了解如何为图像设置专色。需要指出的是,由于显示设备的局限,在屏幕上观察到的专色与实际颜色并不完全相符,在实际操作中,最好配备专色色谱书籍,从中选择颜色。

01 打开光盘中的素材文件，如图9-308所示。我们下面要做的是将这个麒麟放在一个专色背景上。使用魔棒工具 🪄❶按住Shift键在白色的背景上单击，选择背景，如图9-309所示。

图9-308

图9-309

02 打开"通道"面板菜单，选择"新建专色通道"命令，如图9-310所示，打开"新专色通道"对话框。单击"颜色"后的颜色块，如图9-311所示，打开"拾色器"❷，再单击"颜色库"按钮，如图9-312所示，切换到"颜色库"对话框，选择一个颜色系统中的预设专色，如图9-313所示。

图9-310

图9-311

图9-312

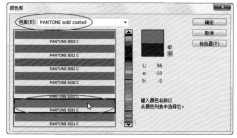

图9-313

> 🔲 **提示**
>
> 在"新建专色通道"对话框中，"密度"值用于在屏幕上模拟印刷时专色的密度，100% 可以模拟完全覆盖下层油墨的油墨（如金属质感油墨），0% 可以模拟完全显示下层油墨的透明油墨（如透明光油）。在通常情况下，预览PANTONE Solid Coated油墨时，将密度设置为0%可以获得较好的预览效果。如果是PANTONE Metallic和Pastel系列油墨，则使用高密度会获得更精确的预览效果。此外，不要修改"名称"选项，如果修改了专色的名称，则可能无法打印此文件。

03 单击"确定"按钮返回到"新建专色通道"对话框；再单击"确定"按钮，即可创建专色通道，如图9-314所示，选区内的图像会以指定的专色填充，如图9-315所示。

图9-314

图9-315

相关链接
❶魔棒工具使用方法请参阅第19页。❷关于"拾色器"的更多内容，请参阅第29页。

04 创建专色通道后，可以使用绘画或编辑工具在图像中涂抹。用黑色涂抹可添加更多不透明度为100%的专色；用灰色涂抹可添加不透明度较低的专色；用白色涂抹的区域无专色。按下Ctrl++快捷键，放大图像观察比例，可以看到，麒麟的脚部没有处理好，还有一些投影，如图9-316所示。使用画笔工具 ✎ 在投影上涂抹黑色，用专色将投影区域覆盖，如图9-317所示。检查其他区域，如发现有相同情况，也进行同样的处理。

图9-316　　　　　图9-317

05 执行"滤镜>其它>最小值"命令，打开"最小值"对话框，将半径设置为1像素，如图9-318所示。该滤镜可以扩展黑色，收缩白色，从而将专色的范围向图像内部扩展1像素，以覆盖背景专色与麒麟之间的细小空隙，如图9-319所示，这样在套色印刷时就不会出现颜色衔接不上的问题。

图9-318

图9-319

 提示

如果要修改专色的颜色，可双击专色通道缩览图，在打开的"专色通道选项"对话框中进行设置。

技术看板：
通过色谱了解精确的印刷色数值

本书光盘中附赠的《CMYK色谱手册》占据了61页的篇幅，详细提供了各种印刷色的印刷效果与精确数值（CMYK值）。

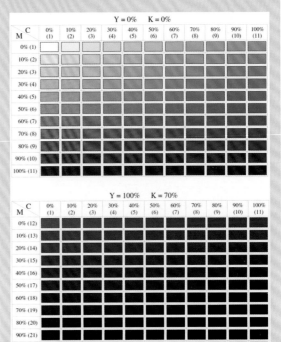

《常用颜色色谱表》电子书包含了网页设计颜色及其他常用颜色的中、英文名称和颜色值。

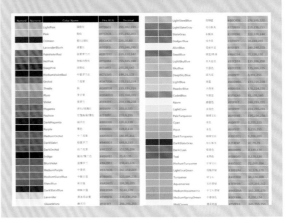

9.12 路径面板

在Photoshop中使用钢笔工具、形状工具等矢量工具时，如果在工具选项栏中将绘图模式❶设置为"形状"或"路径"，则"路径"面板中便会保存所绘制的路径。此外该面板还可以用于管理路径、显示当前工作路径和当前矢量蒙版的名称和缩览图。

9.12.1 路径面板基本操作

执行"窗口>路径"命令，打开"路径"面板，如图9-320所示。

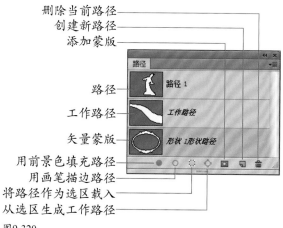

删除当前路径
创建新路径
添加蒙版
路径
工作路径
矢量蒙版
用前景色填充路径
用画笔描边路径
将路径作为选区载入
从选区生成工作路径

图9-320

● 路径/工作路径/矢量蒙版：显示了当前文档中包含的路径、临时路径和矢量蒙版。

● 用前景色填充路径 ●：在图像上绘制路径后，如图9-321所示，单击该按钮，可以使用前景色填充路径所围合的区域，如图9-322所示。

图9-321

图9-322

● 用画笔描边路径 ○：单击该按钮，可以使用画笔工具 ✐❷对路径区域进行描边，如图9-323、图9-324所示。

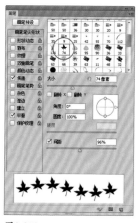

图9-323　　　　　　　图9-324

● 将路径作为选区载入 ⬚：单击面板中的路径，如图9-325所示，单击该按钮可以将所选路径转换为选区，如图9-326所示。也可以不必选择路径，而是按住Ctrl键单击路径层来载入选区。

图9-325　　　　　　　图9-326

● 从选区生成工作路径 ◇：在图像上创建选区后，

相关链接
❶关于绘图模式的设置方法，请参阅第67页。❷关于使用画笔工具描边路径的具体操作方法，请参阅第160页。

如图9-327所示，单击该按钮，可以从选区中生成工作路径，如图9-328所示。

图9-327　　　　　　　　　　　图9-328

● 添加蒙版 ▣：选择路径层以后，如图9-329所示，单击该按钮，可以从路径中生成矢量蒙版❶，如图9-330~图9-332所示。

图9-329　　　　　　　　　　　图9-330

图9-331　　　　　　　　　　　图9-332

● 创建新路径 ▣：单击该按钮，可以创建一个空白的路径层。如果要在新建路径层时为路径命名，可以按住Alt键单击 ▣ 按钮，在打开的"新建路径"对话框中进行设置，如图9-333、图9-334所示。在

"路径"面板中将路径层拖曳到 ▣ 按钮上，则可以复制路径层。

图9-333　　　　　　　　　　　图9-334

● 删除当前路径 🗑：选择一个路径层后，单击该按钮，可将其删除。如果要删除画面中的路径，则可以使用路径选择工具 单击画面中的路径，再按下Delete键进行删除。

● 选择/取消选择路径：单击"路径"面板中的路径层即可选择路径，如图9-335所示。选择路径后，文档窗口中会始终显示该路径，即使使用其他工具进行图像处理也是如此。如果要保持路径的选取状态，但又不希望路径对视线造成干扰，可按下Ctrl+H快捷键隐藏画面中的路径。再次按下Ctrl+H快捷键可以重新显示路径。如果要取消路径的选择，在面板的空白处单击，如图9-336所示，此时也会隐藏文档窗口中的路径。

图9-335　　　　　　　　　　　图9-336

技术看板：
工作路径有什么特点

使用钢笔工具或形状工具绘图时，如果单击"路径"面板中的 ▣ 按钮，创建一个路径层，然后再绘图，可以创建路径；如果没有单击 ▣ 按钮而直接绘图，则创建的是工作路径。工作路径是一种临时路径，用于定义形状的轮廓。如果要保存工作路径而不重命名，可以将它拖曳到面板底部的 ▣ 按钮上；如果要存储并重命名，可双击它的名称，在打开的"存储路径"对话框中进行设置。

路径　　　　　　　　　　　工作路径

相关链接
❶关于矢量蒙版的编辑方法，请参阅第393页。

9.12.2 制作邮票齿孔（实战描边路径）

■素材：光盘>素材文件夹　■视频：光盘>视频文件夹　■难度：★★★☆☆
■实例类型：平面设计+软件功能　■实例应用：制作邮票齿孔效果

01 按下Ctrl+O快捷键，打开光盘中的素材文件，如
图9-337、图9-338所示。

图9-337　　　　　　　　　图9-338

02 双击"图层1"，打开"图层样式"对话框❶。
在左侧列表中选择"描边"选项，然后设置描边
颜色为白色，位置为"内部"，大小为13像素，添加
"描边"效果，如图9-339、图9-340所示。

图9-339

图9-340

03 单击"图层"面板中的 🔲 按钮，新建一个图
层。按住Ctrl键单击"图层1"的缩览图，载入选
区，如图9-341、图9-342所示。

图9-341　　　　　　　　图9-342

04 打开"路径"面板，单击 ◇ 按钮，将选区保存
为路径，如图9-343所示。选择画笔工具 🖌️❷。
打开"画笔"面板，选择一个笔尖，然后修改它的大小
为12像素，间距为150%，如图9-344所示。

图9-343　　　　　　　　图9-344

05 将前景色设置为白色，单击"路径"面板中的 ○
按钮，用画笔描边路径，生成邮票齿孔。在面板
的空白处单击隐藏路径，如图9-345、图9-346所示。

图9-345　　　　　　　　图9-346

06 双击"图层2"，打开"图层样式"对话框，在
左侧列表中选择"内阴影"选项并设置参数，如

相关链接
❶关于图层样式的设置方法，请参阅第358页。❷画笔工具的使用方法，请参阅第31页。

图9-347所示，效果如图9-348所示。

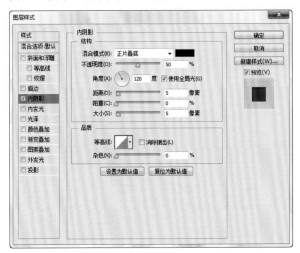

图9-347

图9-351

图9-348

图9-352

07 选择这两个图层，按下Ctrl+E快捷键合并，如图9-349所示。按下Ctrl+T快捷键显示定界框，按住Shift键拖曳定界框的一角，将图像等比例缩小，如图9-350所示。按下回车键确认。

图9-349　　　　图9-350

08 选择移动工具，按住Alt+Shift键分别向水平和垂直方向拖曳图像进行复制，生成四方联，如图9-351所示。

09 打开光盘中的素材文件，使用移动工具将其拖入狗狗文档中，效果如图9-352所示。

技术看板：
使用其他绘画工具描边路径

创建路径后，执行"路径"面板菜单中的"描边路径"命令，可以打开"描边路径"对话框选择其他绘画工具，如铅笔、橡皮擦、仿制图章和历史记录画笔等工具对路径进行描边。在该对话框中，还可以勾选"模拟压力"选项，使描边线条产生粗细变化。通过这种方式描边路径前，需要先在工具选项栏或"画笔"面板中设置好相应工具的参数。

9.12.3 制作套娃图案（实战填充路径）

■素材：光盘>素材文件夹 ■视频：光盘>视频文件夹 ■难度：★★☆☆☆
■实例类型：软件功能 ■实例应用：填充图案

01 打开光盘中的素材文件，如图9-353所示。执行"编辑>定义图案"命令，打开"图案名称"对话框，如图9-354所示，单击"确定"按钮，将图像定义为图案。

图9-353　　　　图9-354

02 打开另一个素材，如图9-355所示。使用快速选择工具 ❶选择套娃，如图9-356所示。

图9-355　　　　图9-356

03 按下Shift+Ctrl+I快捷键反选，如图9-357所示。单击"路径"面板中的 ⬡ 按钮，将选区转换为路径，如图9-358所示。

图9-357　　　　图9-358

04 打开"路径"面板菜单，选择"填充路径"命令，如图9-359所示，打开"填充路径"对话框。

先在"使用"下拉列表中选择"图案"，然后在"自定图案"下拉列表中选择我们定义的图案，并将"羽化半径"设置为5像素，如图9-360所示。

图9-359　　　　图9-360

05 单击"确定"按钮，用图案填充路径区域。在"路径"面板空白处单击隐藏路径，如图9-361所示，效果如图9-362所示。

图9-361　　　　图9-362

"填充路径"面板选项

- 使用：可选择用前景色、背景色、黑色、白色或其他颜色填充路径。如果选择"图案"，则可以在下面的"自定图案"下拉面板中选择一种图案来填充路径。

- 模式/不透明度：可以设置填充效果的混合模式和不透明度❷。

- 保留透明区域：仅限于填充包含像素的图层区域。

- 羽化半径：可为填充设置羽化。

- 消除锯齿：可部分填充选区的边缘，在选区的像素和周围像素之间创建精细的过渡。

相关链接
❶快速选择工具的使用方法，请参阅第21页。❷关于图层的不透明度和混合模式，请参阅第133页和第134页。

9.13 字符面板

"字符"面板用来格式化字符,即设置字符的各种属性,如字体、大小等。在默认情况下,设置字符属性时会影响所选文字图层中的所有文字,如果要修改部分文字,可以先用文字工具将它们选择❶,再进行编辑。

使用文字工具时,可以在工具选项栏或"字符"面板中设置文字的字体、大小和颜色等属性,然后再创建文字;也可以先创建文字,再通过工具选项栏或"字符"面板修改字符的属性。

"字符"面板提供了比文字工具选项栏❷更多的选项,如图9-363所示。

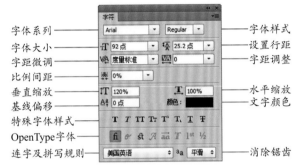

图9-363

- 字体系列: 在该选项下拉列表中可以选择一种字体,如图9-364所示。字体名称右侧是字体的预览效果。Photoshop允许用户自由调整预览字体的大小,方法是打开"文字>字体预览大小"菜单,选择其中的一个命令即可,图9-365所示为选择"中"选项后的字体预览效果。

图9-364

图9-365

- 字体样式: 字体样式是单个字体的变体,包括Regular(规则的)、Italic(斜体)、Bold(粗体)和Bold Italic(粗斜体)等,如图9-366所示。该选项只对部分英文字体有效。

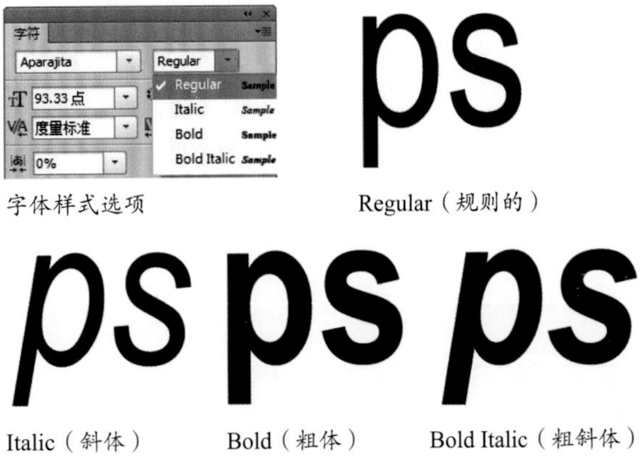

字体样式选项   Regular(规则的)

Italic(斜体)   Bold(粗体)   Bold Italic(粗斜体)

图9-366

- 字体大小: 可以设置文字的大小,也可直接输入数值并按下回车键来进行调整。默认的文字度量单位是点。如果要修改文字的度量单位,可以打开"首选项"对话框❸,在"单位与标尺"选项中调整。

- 设置行距: 行距是指文本中各个文字行之间的垂直间距。同一段落的行与行之间可以设置不同的行距,但文字行中的最大行距决定了该行的行距。图9-367所示是行距为72点的文本(文字大小为72点);图9-368所示是行距调整为100点的文本。

图9-367

图9-368

- 字距微调: 可调整两个字符之间的间距。操作时需在要调整的两个字符之间单击,设置插入点,如图9-369所示,然后再调整数值。图9-370所示为增

相关链接

❶关于文字的选择方法,请参阅第87页。❷关于文字工具选项栏,请参阅第85页。❸关于首选项的设置方法,请参阅第267页。

加该值后的文本；图9-371所示为减少该值后的文本效果。

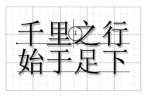

图9-369

 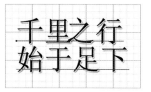

图9-370　　　　　　　图9-371

- 字距调整 **VA**：选择部分字符时，可以调整所选字符的字间距，如图9-372所示；未选择字符时，可调整所有字符的字间距，如图9-373所示。

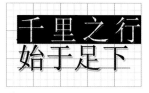 

图9-372　　　　　　　图9-373

- 比例间距 🔳：用来设置所选字符的比例间距。

- 水平缩放 **T**/垂直缩放 **IT**：水平缩放用于调整字符的宽度，垂直缩放用于调整字符的高度。这两个百分比相同时，可进行等比缩放；不同时，可进行不等比缩放。

- 基线偏移 **A⁺**：当使用文字工具在图像中单击设置文字插入点时，会出现一个闪烁的"I"形光标，光标中的小线条标记的便是文字的基线（文字所依托的假想线条）。在默认情况下，绝大部分文字位于基线之上，小写的g、p、q位于基线之下。通过该选项可以调整字符的基线，使字符上升或下降，以满足一些特殊文本的需要，如图9-374所示。

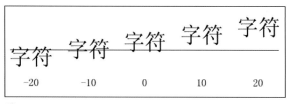

图9-374

- 文字颜色：单击颜色块，可以打开"拾色器"设置文字的颜色。

- 特殊字体样式："字符"面板下面的一排"T"状按钮用来创建仿粗体、斜体等文字样式，以及为字符添加下划线或删除线，如图9-375所示（括号内的 a 为各种效果的示意图）。

仿斜体（*a*）　　　　　　　　　　　　　下划线（a̲）
仿粗体（**a**）　　　　　　　　　　　　　删除线（a̶）
全部大写字母（A）　　　　　　　　　　下标（a）
小型大写字母（A）　　　　　　　　　　上标（a）

图9-375

- OpenType 字体：OpenType 字体是 Windows 和 Mac 操作系统都支持的字体文件。因此，使用这种字体以后，在这两个操作平台间交换文件时，不会出现字体替换或其他导致文本重新排列的问题。OpenType 字体还包含当前 PostScript 和 TrueType 字体不具备的功能，如花饰字和自由连字等，如图 9-376 所示。有关 OpenType 字体的详细信息，可访问 www.adobe.com/go/opentype_cn。

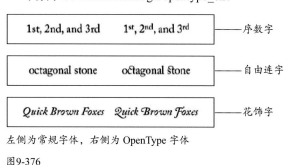

左侧为常规字体，右侧为 OpenType 字体

图9-376

技术看板：
字体图标

在"字符"面板或文字工具选项栏中选择字体时，可以看到字体前面都有一个个图标。图标代表了字体的类型。

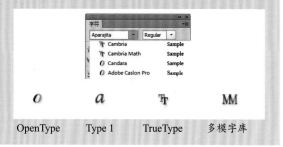

OpenType　　Type 1　　TrueType　　多模字库

- 连字及拼写规则：可对所选字符进行有关连字符和拼写规则的语言设置。Photoshop 使用语言词典检查连字符连接。

- 消除锯齿：Photoshop 中的文字是使用 PostScript 信息从数学上定义的直线或曲线来表示的，文字的边缘会产生硬边和锯齿。为文字选择一种消除锯齿方法后，Photoshop 会填充文字边缘的像素，使其混合到背景中，我们便看不到锯齿了。在该选项下拉列表中可以选择消除锯齿的方法，如图9-377所示。选择"无"，表示不进行消除锯齿处理；"锐利"可轻微使用消除锯齿，文本的效果显得锐利；"犀利"可轻微使用消除锯齿，文本的效果显得稍微锐利；"浑厚"可大量使用消除锯齿，文本的效果显得更粗重；"平滑"可大量使用消除锯齿，文本的效果显得更平滑。

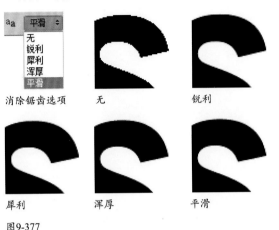

消除锯齿选项　无　锐利

犀利　浑厚　平滑

图9-377

技术看板：
文字编辑技巧

● 调整文字大小：选取文字后，按住Shift+Ctrl键并连续按下>键，能够以2点为增量将文字调大；按下Shift+Ctrl+<键，则以2点为增量将文字调小。

● 调整字间距：选取文字以后，按住Alt键并连续按下→键可以增加字间距；按下Alt+←键，则减小字间距。

● 调整行间距：选取多行文字以后，按住Alt键并连续按下↑键可以增加行间距；按下Alt+↓键，则减小行间距。

● 切换字体：在"字体系列"选项中单击，然后滚动鼠标中间的滚轮，可以快速切换字体。

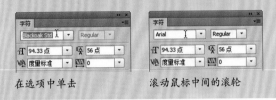

在选项中单击　滚动鼠标中间的滚轮

9.14 段落面板

"段落"面板用来格式化段落，即设置文本的段落属性，如段落的对齐、缩进和文字行的间距等。段落是末尾带有回车符的任何范围的文字，对于点文本来说，每行便是一个单独的段落；对于段落文本来说，由于定界框大小的不同，一段可能有多行。"字符"面板只能处理被选择的字符，而"段落"面板则不论是否选择了字符都可以处理整个段落。

执行"窗口>段落"命令，打开"段落"面板，如图9-378所示。

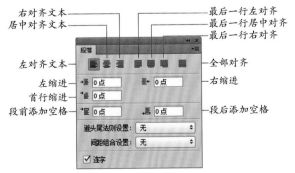

图9-378

如果要设置单个段落的格式，可以用文字工具在该段落中单击，设置文字插入点并显示定界框，如图9-379所示；如果要设置多个段落的格式，先要选择这些段落，如图9-380所示。如果要设置全部段落的格式，则可在"图层"面板中选择该文本图层，如图9-381所示。

图9-379

图9-380

图9-381

- **左对齐文本** ▤：文字左对齐，段落右端参差不齐，如图9-382所示。
- **居中对齐文本** ▤：文字居中对齐，段落两端参差不齐，如图9-383所示。
- **右对齐文本** ▤：文字右对齐，段落左端参差不齐，如图9-384所示。

图9-382　　　　图9-383　　　　图9-384

- **最后一行左对齐** ▤：最后一行左对齐，其他行左右两端强制对齐，如图9-385所示。
- **最后一行居中对齐** ▤：最后一行居中对齐，其他行左右两端强制对齐，如图9-386所示。

图9-385　　　　　　　图9-386

- **最后一行右对齐** ▤：最后一行右对齐，其他行左右两端强制对齐，如图9-387所示。
- **全部对齐** ▤：在字符间添加额外的间距，使文本左右两端强制对齐，如图9-388所示。

图9-387　　　　　　　图9-388

- **左缩进** ▤：横排文字从段落的左边缩进，直排文字从段落的顶端缩进，如图9-389所示。
- **右缩进** ▤：横排文字从段落的右边缩进，直排文字则从段落的底部缩进，如图9-390所示。
- **首行缩进** ▤：可缩进段落中的首行文字。对于横排文字，首行缩进与左缩进有关，如图9-391所

示；对于直排文字，首行缩进与顶端缩进有关。如果将该值设置为负值，则可以创建首行悬挂缩进效果。

图9-389　　　　图9-390　　　　图9-391

提示

缩进只影响选择的一个或多个段落，因此，我们可以为各个段落设置不同的缩进量。

- **段前添加空格** ▤/**段后添加空格** ▤：可以控制所选段落的间距，图9-392所示为选择的段落。图9-393所示设置段前添加空格为30点的效果；图9-394所示设置段后添加空格为30点的效果。

图9-392　　　　　　　图9-393

图9-394

- **连字**：在将文本强制对齐时，为了对齐的需要，会将某一行末端的单词断开至下一行，勾选该选项后，可以在断开的单词间显示连字标记。

9.15 字符样式面板（实战）

■素材：光盘>素材文件夹 ■视频：光盘>视频文件夹 ■难度：★★☆☆☆ ■实例类型：软件功能 ■实例应用：将定义的字符样式应用于文本
■Adobe官方相关视频：http://tv.adobe.com/watch/photoshop-cs6-featuretour/type-styles-in-photoshop-cs6/

"字符样式"面板是Photoshop CS6新增的面板，它可以保存文字样式，即诸多字符属性的集合，如字体、大小和颜色等，并快速应用于其他文字、线条或文本，从而极大地节省创作时间。

01 打开光盘中的素材文件，如图9-395所示。执行"窗口>字符样式"命令，打开"字符样式"面板。单击创建新的字符样式按钮 ，新建一个空白字符样式。

02 双击字符样式，如图9-396所示，打开"字符样式选项"对话框。

图9-398

图9-395

图9-396

03 选择字体，然后设置文字大小为160点，并勾选"下划线"、"仿粗体"和"仿斜体"选项，如图9-397所示。

图9-399

图9-400

06 单击"字符样式"面板中创建的字符样式，为文字应用该样式，如图9-401、图9-402所示。

图9-397

04 单击"颜色"选项右侧的颜色块，打开"拾色器"为文字设置颜色，如图9-398所示。单击"确定"按钮，关闭"字符样式选项"对话框。

05 单击"字符样式"面板中的"无"选项，恢复为默认的字符样式，如图9-399所示，使用横排文字工具 T 在画面中输入文字，如图9-400所示。

图9-401

图9-402

提示

如果要为现有的文字应用字符样式，需要先在"图层"面板中选择文字所在的图层，然后再单击"字符样式"面板中的相应样式。

9.16 段落样式面板

"段落样式"面板也是Photoshop CS6新增的面板，它可以保存字符和段落格式设置属性，并应用于一个或多个段落。

执行"窗口>段落样式"命令，打开"段落样式"面板，如图9-403所示。

在默认情况下，每个新文档中都包含一种"基本段落"样式。可以编辑该样式，但不能重命名或删除它。段落样式的创建和使用方法与字符样式基本相同。单击"段落样式"面板中的创建新的段落样式按钮，创建空白样式，然后双击该样式，如图9-404所示，可以打开"段落样式选项"面板设置段落属性，如图9-405所示。具体选项可参考"段落"面板。

图9-405

图9-403

图9-404

> **技术看板：**
> 加载字符和段落样式
>
> 创建字符样式和段落样式后，将文档保存为PSD格式即可存储样式。如果其他文档要使用该样式，可以打开"字符样式"或"段落样式"面板菜单，从中选择"载入字符样式"或"载入段落样式"命令即可。

"段落样式"面板选项

按钮/选项	说明
创建段落样式	如果要在没有首先选择文本的情况下创建样式，可单击"段落样式"面板底部的创建新的段落样式按钮
基于文本创建段落样式	如果要在现有文本格式的基础上创建一种新的样式，可在"图层"面板中选择该文本图层，或者选择文字，然后该文本中单击，设置文字插入点
编辑段落样式	双击段落样式，在打开的"段落样式选项"对话框中可以进行编辑。文档中使用此段落样式的文本会更新为新的格式。如果要编辑样式而不将其应用于文本，应先选择图像图层，例如"背景"图层，然后再编辑段落样式
应用段落样式	选择文本或文本图层，然后单击一种段落样式
清除覆盖	对文本应用段落样式后，如果重新编辑文本的段落属性，则在"段落样式"面板中，相应样式右侧会出现一个"+"号。单击该按钮，可以清除文本的段落样式
重新定义段落样式	对文本应用段落样式后，如果重新编辑文本的段落属性，则在"段落样式"面板中，相应样式右侧会出现一个"+"号。单击该按钮，可以将原有样式与现有样式合并，重新定义段落样式
删除段落样式	选择一个段落样式，单击该按钮，可将其删除

9.17 信息面板

"信息"面板是个多面手,当我们没有进行任何操作时,它会显示光标下面的颜色值、文档的状态,以及当前工具的使用提示等信息。如果执行了操作,例如,进行了变换或者创建了选区、调整了颜色等,面板中就会显示与当前操作有关的各种信息。

9.17.1 信息面板概览

执行"窗口>信息"命令,打开"信息"面板,在默认情况下,面板中显示以下选项。

● 显示颜色信息:将光标放在图像上,面板中会显示光标的精确坐标和光标下面的颜色值,如图9-406所示。如果颜色超出了 CMYK 色域,则CMYK 值旁边会出现一个惊叹号。

图9-406

● 显示选区大小:使用选框工具创建选区时,面板中会随着鼠标的拖动而实时显示选框的宽度(W)和高度(H),如图9-407所示。

图9-407

● 显示定界框的大小:使用裁剪工具![]和缩放工具![]时,会显示定界框的宽度(W)和高度(H),如图9-408所示。如果旋转裁剪框,则还会显示旋转角度值。

● 显示开始位置、变化角度和距离:当移动选区,或者使用直线工具![]、钢笔工具![]和渐变工具![]时,会随着鼠标的移动显示开始位置的x和y坐标、X 的变化(△X)、Y 的变化(△Y)、以及角度(A)和距离(L)。图9-409所示为使用直线工具绘制直线路径时显示的信息。

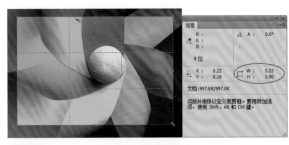

图9-408

图9-409

● 显示变换参数:在执行二维变换命令(如"缩放"和"旋转")时,会显示宽度(W)和高度(H)的百分比变化、旋转角度(A)以及水平切线(H)或垂直切线(V)的角度。图9-410所示为缩放选区内的图像时显示的信息。

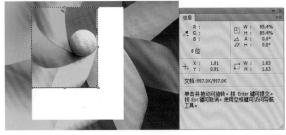

图9-410

● 显示状态信息:显示文档大小、文档配置文件、文档尺寸、暂存盘大小、效率、计时以及当前工具等信息。具体显示内容可以在"面板选项"对话框中设置。

● 显示工具提示:如果启用了"显示工具提示",可以显示与当前使用的工具有关的提示信息。

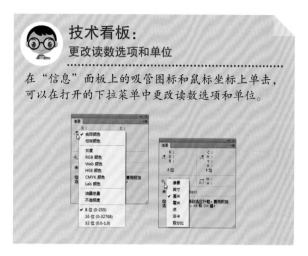

技术看板：
更改读数选项和单位

在"信息"面板上的吸管图标和鼠标坐标上单击，可以在打开的下拉菜单中更改读数选项和单位。

"信息"面板选项

执行"信息"面板菜单中的"面板选项"命令，可以打开"信息面板选项"对话框，如图9-411所示。

图9-411

● 第一颜色信息：在该选项的下拉列表中可以选择面板中第一个吸管显示的颜色信息。选择"实际颜色"，可显示图像当前颜色模式下的值；选择"校样颜色"，可显示图像的输出颜色空间的值；选择"灰度"、"RGB"和"CMYK"等颜色模式，可显示相应颜色模式下的颜色值；选择"油墨总量"，可显示光标当前位置所有 CMYK 油墨的总百分比；选择"不透明度"，可显示当前图层的不透明度，该选项不适用于背景。

● 第二颜色信息：设置面板中第二个吸管显示的颜色信息。

● 鼠标坐标：设置鼠标光标位置的测量单位。

● 状态信息：可设置面板中"状态信息"区域的显示

内容。

● 显示工具提示：勾选该项后，可以在面板底部显示当前使用的工具的各种提示信息。

9.17.2 用数字指导调色（实战信息面板）

■素材：光盘>素材文件夹　■视频：光盘>视频文件夹　■难度：★★★☆☆
■实例类型：数码照片处理　■实例应用：校正照片颜色和影调

01 打开光盘中的照片素材，如图9-412所示。我们仅从直观上判断，会发现它有几个比较明显的问题。首先是色调不清晰，调子有些发灰，以至于色彩不鲜亮；其次是颜色看上去有些偏绿，这在贝壳和海星后面的白色箱子上体现得非常明显。

图9-412

02 选择颜色取样器工具，在图像上单击，建立4个取样点，如图9-413所示。取样点1和2用来判断色彩的变化情况，取样点3用来观察图像中最亮的高光，取样点4用来观察最暗的阴影。在这4个点中，取样点1最重要，它受环境光和反射光（海星颜色的反射）的影响最小，并且该点本身应该是白色（或浅灰色）的，符合灰点的条件，可以作为我们调色的判断依据。这里有必要先解释一下中性灰。中性灰是指黑色、白色和灰色（灰色要求R、G、B数值相同），如图9-414所示。现在可以看看"信息"面板能够带给我们什么样的发现，如图9-415所示。取样点1的颜色值是R193、G201、B196，R与B值非常接近，G值较高，说明颜色偏绿（R为红光、G为绿光、B为蓝光），看来前面的判断没有错。取样点2的颜色值是R208、G214、B218，G和B值都高，绿光和蓝光混合生成的是青色，因此，该点的颜色是偏青色的。从其他两个取样点的数值中可以判断出，高光颜色没什么问题，只是阴影中黄色稍微多了一点。

图9-413

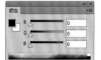

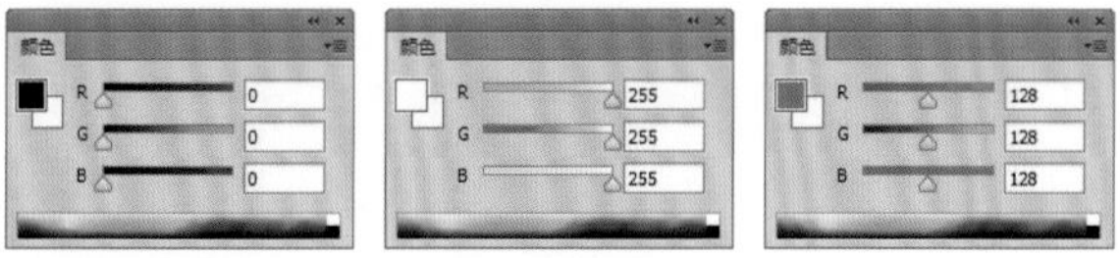

中性灰（黑色）　中性灰（白色）　中性灰（灰色）

图9-414

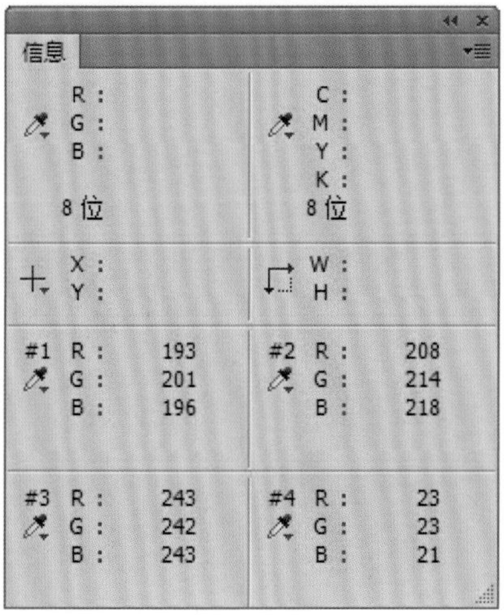

图9-416　　　　　　　　图9-417

图9-418

图9-415

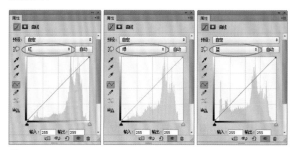

03 单击"调整"面板中的 按钮，创建"曲线"调整图层。观察直方图，如图9-416所示，可以发现，直方图中的山脉没有延伸到直方图的两个端点上，这说明图像中最亮的点不是白色，最暗的点也不是黑色，这就是照片色调不够清晰的原因。向中间拖曳高光和阴影滑块，将它们对齐到直方图的端点上，如图9-417、图9-418所示。

04 单击"调整"面板顶部的 按钮，在下拉列表中选择各个颜色通道来观察，如图9-419所示。可以发现，红、绿、蓝通道也存在着与RGB主通道相同的问题，直方图两端都有空缺，这就是色彩对比度不够的原因。

图9-419

05 按照前面的方法将滑块对齐到直方图的端点上，如图9-420所示。这样我们就初步解决了照片色调发灰、颜色不够鲜艳的问题，如图9-421所示。

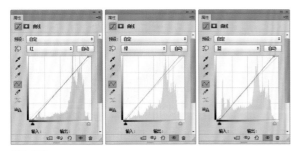

图9-420

图9-421

06 再来观察"信息"面板（斜杠后面是调整后的颜色值），如图9-422所示。可以看到，变化最大的是高光（取样点3）和阴影（取样点4），一个数值全部是255，另一个接近于0，这说明高光是纯白的，阴影近乎于纯黑的，色调因此而变得清晰了。但原片中接近于纯黑和纯白的灰调没有了，图像内容受到了轻微的损失，因为纯白和纯黑是没有任何细节的。就本实例来说，绝对高光（纯白）和绝对阴影（纯黑）的范围都不大，所以，以这点牺牲换来清晰的色调还是值得的。其他类型的图像就要根据情况具体分析了，关键是要把握好尺度。不过，任何调整都会对图像造成损害（不仅是丢失细节，还可能增加噪点），只是程度不同而已，绝对没有损害是不可能的。

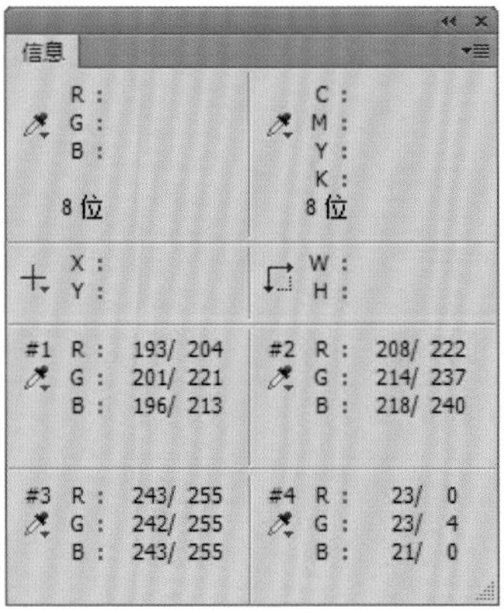

图9-422

07 下面我们来重点解决颜色有些偏绿的问题。现在取样点1的颜色值是R204、G221、B213，其中，R和B值低。在"调整"面板中选择工具，将光标放在取样点1上，曲线上会出现一个圆圈，它标识了光标在画面中的位置所对应曲线上的点位，单击鼠标，在曲线上放置一个控制点，如图9-423所示。向上拖动该点（也可以按下↑键来向上轻移控制点），同时观察信息面板中的数值，当R值与G值相同时，说明调整到位了。此时红通道的曲线向上扬起，画面中增加了红色，如图9-424所示。

图9-423

相关链接
颜色取样器工具请参阅第103页。调整图层请参阅第385页。曲线调整方法请参阅第284页。

图9-424

08 下面调整蓝通道，方法是一样的。首先将光标放在取样点1上，单击鼠标，准确定位控制点，如图9-425所示；然后按下↑键，使曲线向上扬起，并观察B值，将它也调为221，如图9-426所示。在画面中补偿红色和蓝色以后，R、G、B数值完全相同了，说明该点变为了中性灰，图像颜色偏绿的问题就被解决了。

图9-425

图9-426

09 最后就是整体评价和细部修改的工作了。目前，色调和色偏的问题都解决了，我们还可以让色彩再鲜艳一些。在红、蓝曲线靠近底部的位置各添加一个控制点，并通过↓键将它们向下轻移，使曲线变为"S"状，如图9-427、图9-428所示。虽然"S"形不明显，但也增强了色调的对比度，如果"S"形太大，反而会改变色彩平衡，导致色偏。对于RGB主通道，可通过添加两个控制点，将整个图像的色调提亮一些，以便让画面的颜色更加干净、通透，如图9-429所示。图9-430所示为原片及调整后的效果对比。

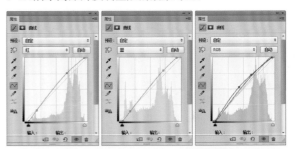

图9-427　　　图9-428　　　图9-429

原片

调色结果
图9-430

亮度幻觉图形 GALLERY

 当两种或两种以上色彩放在一起时，由于互相影响而出现的色相、明度、纯度（也称饱和度）等差别的现象称为"色彩对比"。

色相对比

明度对比

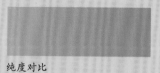

纯度对比

 色彩对比会造成错视，也就是说，我们看到的与客观事物不一致。例如，观察右图，在橘色、洋红和蓝色方块上各放一个相同的绿色圆形，于是出现了奇妙的现象，橘色上面的绿色偏蓝绿，蓝色上面的绿色偏黄绿，只有洋红色上的绿色偏差不大，但似乎这个绿色的饱和度更高了。

不同颜色背景上的绿色有什么变化？

 我们再来看一个由麻省理工学院视觉科学家泰德·艾德森设计的亮度幻觉图形。请你判断，A点和B点的方格哪一个颜色更深？

亮度幻觉图形

 看起来A点明显要深一些。

 实际上，它们的色调深浅不存在任何差别。浅色方格之所以不显得黑，是因为你的视觉系统认为"黑"是阴影造成的，而不是方格本身就有的。

A点颜色值（R107、G107、B107）

 难道我的眼睛骗了我？我还是有点不太相信。

B点颜色值（R107、G107、B107）

Photoshop为我们提供了一个可以准确识别色彩的工具——"信息"面板。执行"窗口>信息"命令，打开该面板，将光标放在需要查看的颜色上面，面板中就会显示它的颜色值。我们可以看到，这两点的颜色值完全一样。

9.18 直方图面板

直方图是一种统计图形，它由来已久，早在1891年，科学家们就把直方图图表用于各种使用目的了。直方图在图像领域的应用非常广泛，就拿我们使用的数码相机来说，多数中高档数码相机的LCD（显示屏）上都可以显示直方图，有了这项功能，我们便可以随时查看照片的曝光情况。在调整数码照片的影调时，直方图也非常重要。

9.18.1 直方图面板概述

Photoshop的直方图用图形表示了图像的每个亮度级别的像素数量，展现了像素在图像中的分布情况。通过观察直方图，可以判断出照片的阴影、中间调和高光是否包含足够多的细节，以便对其做出正确的调整。打开一张照片，如图9-431所示，执行"窗口>直方图"命令，打开"直方图"面板，如图9-432所示。

图9-431　　　　　图9-432

● 通道：在下拉列表中选择一个通道（包括颜色通道、Alpha 通道和专色通道）以后，面板中会显示该通道的直方图，图9-433所示为红通道的直方图；选择"明度"，可以显示复合通道的亮度或强度值，如图9-434所示；选择"颜色"，可以显示颜色中单个颜色通道的复合直方图，如图9-435所示。

图9-433　　　　　图9-434　　　　　图9-435

● 不使用高速缓存的刷新 🔄 ：单击该按钮可以刷新直方图，显示当前状态下最新的统计结果。

● 高速缓存数据警告 ⚠ ：使用"直方图"面板时，Photoshop 会在内存中高速缓存直方图，也就是说，最新的直方图是被 Photoshop 存储在内存中的，而并非实时显示在"直方图"面板中。此时直方图的显示速度较快，但不能及时显示统计结果，面板中

就会出现⚠图标。单击该图标，可以刷新直方图。

● 改变面板的显示方式："直方图"面板菜单中包含切换直方图显示方式的命令。"紧凑视图"是默认的显示方式，它显示的是不带统计数据或控件的直方图，如图9-436所示；"扩展视图"显示的是带有统计数据和控件的直方图（图9-432）；"全部通道视图"显示的是带有统计数据和控件的直方图，同时还显示每一个通道的单个直方图（不包括 Alpha 通道、专色通道和蒙版），如图9-437所示。如果选择面板菜单中的"用原色显示直方图"命令，还可以用彩色方式查看通道直方图，如图9-438所示。

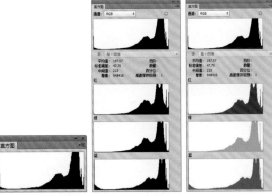

图9-436　　　　　图9-437　　　　　图9-438

技术看板：
调整图像时怎么出现两个直方图？

使用"色阶"或"曲线"调整图像时，"直方图"面板中会出现两个直方图，其中，黑色的是当前调整状态下的直方图（最新的直方图），灰色的是调整前的直方图。应用调整之后，原始直方图会被新直方图取代。

9.18.2 识别统计数据

当我们以"扩展视图"和"全部通道视图"显示"直方图"面板时，可以在面板中查看统计数据，如图9-439所示。如果在直方图上单击并拖动鼠标，则可以显示所选范围内的数据信息，如图9-440所示。

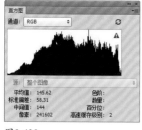

图9-439　　　　　　　图9-440

● 平均值：显示了像素的平均亮度值（0~255的平均亮度）。通过观察该值，我们可以判断出图像的色调类型。例如，在图9-441所示的图像中，"平均值"为145.62，此时直方图中的山峰位于直方图的中间偏右处，这说明该图像属于平均色调且偏亮。

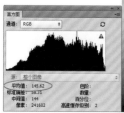

图9-441

● 标准偏差：显示了亮度值的变化范围，该值越高，说明图像的亮度变化越剧烈。图9-442所示为调高图像亮度后的状态，"标准偏差"由调整前的58.31变为53.35，说明图像的亮度变化在减弱。

图9-442

● 中间值：显示了亮度值范围内的中间值，图像的色调越亮，它的中间值越高，如图9-443所示。

平均值：100.15
标准偏差：65.63
中间值：83

平均值：175.69
标准偏差：53.42
中间值：183

图9-443

● 像素：显示了用于计算直方图的像素总数。

● 色阶/数量："色阶"显示了光标下面区域的亮度级别；"数量"显示了相当于光标下面亮度级别的像素总数，如图9-444所示。

● 百分位：显示了光标所指的级别或该级别以下的像素累计数。如果对全部色阶范围取样，该值为100；对部分色阶取样，显示的则是取样部分占总量的百分比，如图9-445所示。

● 高速缓存级别：显示了当前用于创建直方图的图像高速缓存的级别。

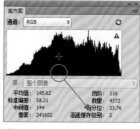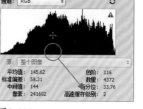

图9-444　　　　　　　图9-445

9.18.3 直方图与曝光

曝光是指相机通过光圈大小、快门时间长短以及感光度高低控制光线，并投射到感光元件，形成影像的过程。即按动快门形成影像的过程。曝光是摄影最为重要的要素之一，只有获得正确的曝光，才能拍摄出令人满意的作品。

使用Photoshop调整照片的影调时，我们能看懂直方图，才能找到最具针对性的处理方法。

在直方图中，左侧代表了图像的阴影区域，中间代表了中间调，右侧代表了高光区域，从阴影（黑色，色阶0）到高光（白色，色阶255）共有256级色调❶。直方图中的山脉代表了图像的数据，山峰则代表了数据的分布方式，较高的山峰表示该区域所包含的像素较多，较低的山峰则表示该区域所包含的像素较少，如图9-446所示。

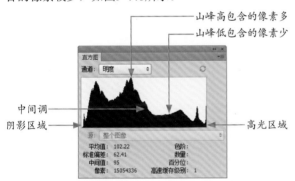

图9-446

图9-447

图9-448

曝光准确的照片

打开一张曝光准确的照片，如图9-447所示。曝光准确的照片色调均匀，明暗层次丰富，亮部分不会丢失细节，暗部分也不会漆黑一片。从直方图中可以看到，山峰基本在中心，并且从左（色阶0）到右（色阶255）每个色阶都有像素分布。

曝光不足的照片

图9-448所示为曝光不足的照片，画面色调非常暗。在它的直方图中，山峰分布在直方图左侧，中间调和高光都缺少像素。

曝光过度的照片

图9-449所示为曝光过度的照片，我们可以看到，画面色调较亮，人物的皮肤、衣服等高光区域都缺失层次。在它的直方图中，山峰整体都向右偏移，阴影缺少像素。

图9-449

相关链接
❶在"色阶"对话框中，直方图下方有一个黑白渐变条，它显示了色阶0~255的分布状态，详细内容请参阅第281页。

反差过小的照片

图9-450所示为反差过小的照片，照片灰蒙蒙的。在它的直方图中，两个端点出现空缺，说明阴影和高光区域缺少必要的像素，图像中最暗的色调不是黑色，最亮的色调不是白色，该暗的地方没有暗下去，该亮的地方也没有亮起来，所以照片是灰蒙蒙的。

图9-450

暗部缺失的照片

图9-451所示为暗部缺失的照片，头发的暗部漆黑一片，没有层次，也看不到细节。在它的直方图中，一部分山峰紧贴直方图左端，它们就是全黑的部分（色阶为0）。

图9-451

高光溢出的照片

图9-452所示为高光溢出的照片，衣服的高光区域完全变成了白色，没有任何层次。在它的直方图中，一部分山峰紧贴直方图右端，它们就是全白的部分（色阶为255）。

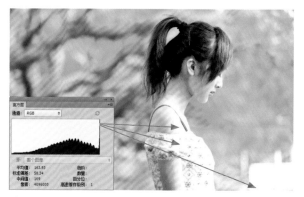

图9-452

9.18.4 L形直方图（实战照片调整）

■素材：光盘>素材文件夹 ■视频：光盘>视频文件夹 ■难度：★★★☆☆
■实例类型：数码照片处理 ■实例应用：校正曝光不足的照片

L形直方图的山峰位于直方图左侧，多出现于曝光不足的照片中，此类照片暗部的大量细节由于曝光不足而无法显现出来。下面就来看一下，如何校正这样的照片。

01 按下Ctrl+O快捷键，打开光盘中的照片素材，如图9-453所示。这张照片的色调较暗，色彩不鲜艳而且有些偏黄。

图9-453

02 按下Ctrl+L快捷键，打开"色阶"对话框，如图9-454所示。观察直方图可以看到，直方图中的山脉都在其左侧，说明阴影区域包含很多信息。向左侧拖曳中间调滑块，将色调调亮，就可以显示出更多的细节，如图9-455、图9-456所示。按下回车键关闭对话框。

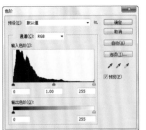

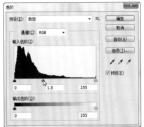

图9-454 　　　　　　图9-455

图9-461

图9-456

图9-462

03 按下Ctrl+U快捷键，打开"色相/饱和度"对话框，提高色彩的整体饱和度❶，如图9-457所示；再分别选择"红色"、"黄色"和"绿色"，调整它们的饱和度，如图9-458~图9-461所示。

04 现在色彩比较鲜艳了，但还有些偏色。执行"图像>自动色调"命令❷，自动校正色偏，效果如图9-462所示。

9.18.5 J形直方图（实战照片调整）

■素材：光盘>素材文件夹 ■视频：光盘>视频文件夹 ■难度：★★★☆☆
■实例类型：数码照片处理 ■实例应用：校正局部曝光

　　J形直方图的山峰位于直方图右侧，说明高光区域包含大量像素。可以通过将高光调暗的方式，让更多的细节显示出来。

01 按下Ctrl+O快捷键，打开光盘中的照片素材，如图9-463所示。观察它的直方图，如图9-464所示。这张照片的天空有些过曝，如果能够将天空的亮度降下来，就可以使云彩的层次更加丰富，整个场景就会更有气势。

02 按下Ctrl+J快捷键复制"背景"图层，得到"图层1"，将它的混合模式设置为"正片叠底"，将画面的整体色调调暗，云彩就会变得鲜明、有层次，

图9-457

图9-458

图9-459

图9-460

相关链接
❶关于"色相/饱和度"命令，请参阅第295页。❷关于"自动色调"命令，请参阅第335页。

如图9-465、图9-466所示。

图9-463

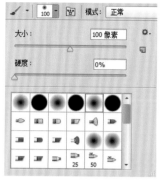

图9-467

图9-468

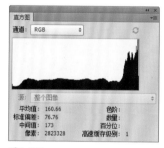

图9-464

图9-465

图9-469

04 按下Ctrl+J快捷键复制"图层1"，使云彩更暗，显示出更多的细节，如图9-470所示。

图9-466

03 天空的亮度降低以后，云彩清晰了，但画面的主要内容却变得过暗，我们来进行修正。单击"图层"面板底部的 □ 按钮，为"图层1"添加蒙版。选择画笔工具 ✐，在工具选项栏的画笔下拉面板中选择一个柔角笔尖，如图9-467所示。在除天空以外的其他图像上涂抹黑色，用蒙版遮盖图像内容，显示出"背景"图层中未经处理的原始图像，如图9-468、图9-469所示。

图9-470

05 仔细观察图像细节可以发现，建筑两侧与天空相交的区域有一圈晕影。单击图层蒙版，进入蒙版编辑状态，如图9-471所示。将前景色设置为白色，如图9-472所示。选择画笔工具 ✐，在工具选项栏中降低工具的不透明度，如图9-473所示，在晕影处涂抹白色，将其遮盖，如图9-474所示。

图9-471　　　　　　　图9-472

图9-473

图9-475　　　　　　　图9-476

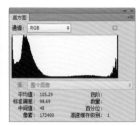

图9-474

9.18.6 U形直方图（实战照片调整）

■素材：光盘>素材文件夹　■视频：光盘>视频文件夹　■难度：★★★☆☆
■实例类型：数码照片处理　■实例应用：校正逆光照片

图9-477　　　　　　　图9-478

图9-479

U形直方图多出现于逆光照片中。逆光是指被摄对象背对着光源，图像的明亮部分和阴影部分均具有较高的反差，明亮部分曝光正常的话，阴影部分就会过暗，而看不清细节。这种照片需要分别对阴影和高光区域进行单独的处理。

01 按下Ctrl+O快捷键，打开光盘中的照片素材，如图9-475所示。图9-476所示为素材的直方图。

02 按下Ctrl+J快捷键复制"背景"图层，得到"图层1"，将其混合模式设置为"滤色"，如图9-477、图9-478所示。

03 现在，人物、游船和山的细节显现出来了，而天空又过于明亮了，需要修正曝光。选择一个柔角画笔，将工具的不透明度设置为50%，如图9-479所示。单击"图层"面板底部的 按钮，添加图层蒙版，在天空涂抹黑色，恢复色调，如图9-480、图9-481所示。

图9-480　　　　　　　图9-481

04 按下Ctrl+J快捷键，复制这个"滤色"图层，将画面再次提亮。单击蒙版缩览图，进入蒙版编辑状态，用柔角画笔 ✏️ 在湖面上涂抹黑色，降低湖面的亮度，如图9-482、图9-483所示。

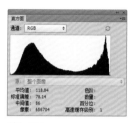
图9-485

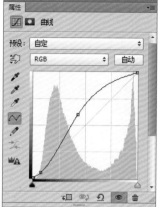
图9-486

图9-482

图9-483

9.18.7 M形直方图（实战照片调整）

■素材：光盘>素材文件夹 ■视频：光盘>视频文件夹 ■难度：★★★☆☆
■实例类型：数码照片处理 ■实例应用：校正不同区域的曝光

M形直方图说明照片中的像素集中在阴影和高光区域，而中间调缺少细节。

01 打开照片素材，如图9-484所示。图9-485所示为素材的直方图。

02 单击"调整"面板中的 🔲 按钮，创建"曲线"调整图层。在曲线上单击，添加两个控制点，拖曳它们，调整曲线形状，将图像调亮，让中间调显现出更多的细节，如图9-486、图9-487所示。

图9-487

03 选择画笔工具 ✏️，在工具选项栏中选择一个柔角笔尖并降低工具的不透明度，如图9-488所示，在天空涂抹黑色，让云彩重新显现出来；在远山涂抹灰色，降低调整强度，如图9-489、图9-490所示。

04 下面来处理云彩。单击"调整"面板中的 🔲 按钮，再创建一个"曲线"调整图层。拖曳曲线将图像调暗，此时云朵会显现出更多的细节，如图9-491、图9-492所示。

图9-484

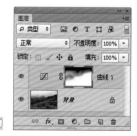
图9-489

图9-488

图9-490

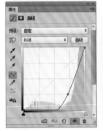

图9-491

图9-495

图9-496

图9-492

05 使用画笔工具 ✎ 在梯田上涂抹黑色、在远山和近处的草地上涂抹深灰色，然后再设置该图层的混合模式为"明度"，这样可以使调整只影响色调，不会影响色彩，如图9-493、图9-494所示。

原图
图9-497

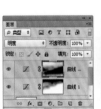

图9-493

图9-494

06 单击"调整"面板中的 按钮，创建一个"色相/饱和度"调整图层，如图9-495所示，选择"黄色"，提高饱和度，如图9-496所示。图9-497、图9-498所示分别为调整前和调整后的效果。

调整后的效果
图9-498

9.18.8 ⊥形直方图（实战照片调整）

■素材：光盘>素材文件夹 ■视频：光盘>视频文件夹 ■难度：★★★☆☆
■实例类型：数码照片处理 ■实例应用：校正灰蒙蒙的照片

　　⊥形直方图的特点是直方图的山脉没有延伸到其两侧端点处，因此，照片中最暗的色调不是黑色、最亮的色调不是白色，对比度较低，片子呈现灰蒙蒙的效果。

01 打开照片素材，如图9-499所示。图9-500所示为素材的直方图。

02 单击"调整"面板中的 按钮，创建"曲线"调整图层。将左下角和右上角的两个控制点向中间移动，使下方的滑块对齐到直方图山脉的边缘处，如图9-501所示，色调会变得清晰起来，如图9-502所示。

图9-499

图9-500　　　　　图9-501

图9-502

提示

将黑色滑块和白色滑块对齐到直方图的端点时，便可将图像中最暗的点映射为黑色、最亮的点映射为白色，整个色调范围恢复为0~255。

03 单击"调整"面板中的 按钮，再创建一个"曲线"调整图层。拖曳曲线，将中间色调和高光调亮，如图9-503、图9-504所示。

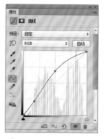

图9-503　　　　　图9-504

04 单击"调整"面板中的 按钮，创建"色相/饱和度"调整图层，分别调整"全图"和"红色"的饱和度，如图9-505~图9-507所示。从调整结果中可以看到，照片的色调清晰、通透。

图9-505　　　　　图9-506

图9-507

9.19 调整面板

在Photoshop中，图像色彩与色调的调整方式有两种，一种方式是执行"图像>调整"下拉菜单中的命令❶，另一种方式是使用调整图层来操作。调整图层的优点是不会修改像素❷。不仅如此，我们只要隐藏或删除调整图层，便可以将图像恢复为原来的状态。

打开一张照片，如图9-508所示。单击"调整"面板中的任意一个按钮，如图9-509所示，或执行"图层>新建调整图层"下拉菜单中的命令，即可在"图层"面板中创建调整图层，如图9-510所示，同时"属性"面板❸中会显示相应的参数设置选项，如图9-511所示。此时即可对图像的色彩或色调进行调整，如图9-512、图9-513所示。

图9-510

图9-511

图9-508

图9-509

图9-512

图9-513

"调整"面板按钮用途	"调整"面板按钮用途
亮度/对比度 ☀: 可以对色调范围进行调整	照片滤镜 🎴: 可以模拟相机的彩色滤镜
色阶 ⅲ: 可以分别对阴影、中间调和高光进行调整	通道混合器 ●: 可以混合颜色通道
曲线 ⊿: 可以分别对阴影、中间调和高光进行调整	颜色查找 ▦: 可以让色彩在不同的设备间精确再现
曝光度 ⅳ: 可以调整HDR图像的曝光	反相 ◩: 可以反转图像的颜色，创建负片效果
自然饱和度 ▽: 可以调整饱和度，且不会出现溢色	色调分离 ◪: 可以按照指定的色阶减少颜色
色相/饱和度 ▦: 可以分别调整色相、饱和度和明度	阈值 ◪: 可以将彩色图像转换为只有黑、白两色
色彩平衡 ⚖: 可以改变色彩的平衡关系	可选颜色 ▼: 可以有选择性地修改印刷色
黑白 ◨: 可用于制作黑白照片	渐变映射 ▤: 可以用渐变颜色替换图像中原有的颜色

相关链接
❶关于"图像>调整"命令，请参阅第12章。❷要了解调整图层更多的优点和编辑方法，请参阅第385页。❸关于"属性"面板，请参阅第186页。

185

9.20 属性面板

"属性"面板是一个多面手，它与调整图层、图层蒙版❶、矢量蒙版❷、形状图层❸和3D功能有关。当我们创建调整图层后，可以在"属性"面板中设置调整参数；创建图层蒙版、矢量蒙版和形状图层时，则可以调整蒙版的遮盖程度、添加羽化效果等。

9.20.1 与调整图层相关

　　执行"图层>新建调整图层"下拉菜单中的命令，或单击"调整"面板中的一个按钮创建调整图层后，如图9-514、图9-515所示，"属性"面板中便会显示相应的参数设置选项，如图9-516所示。

图9-514　　　　　　　　　　图9-515

创建剪贴蒙版
查看上一状态
复位到调整默认值
删除调整图层
切换图层可见性

图9-516

● 创建剪贴蒙版 🔲：按下该按钮，可以将当前的调整图层与它下面的图层创建为一个剪贴蒙版组❹，使调整图层仅影响它下面的一个图层，如图9-517所示；再次单击该按钮时，调整图层会影响下面的所有图层，如图9-518所示。

图9-517

图9-518

● 切换图层可见性 👁：单击该按钮，可以隐藏或重新显示调整图层❺。隐藏调整图层后，图像便会恢复为原状，如图9-519所示。

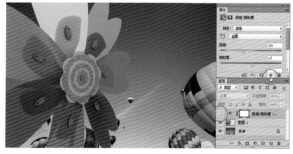

图9-519

● 查看上一状态 👁：调整参数以后，单击该按钮，可以在窗口中查看图像的上一个调整状态，以便比较两种效果。

相关链接
❶图层蒙版详细内容请参阅第388页。❷矢量蒙版详细内容请参阅第393页。❸形状图层详细内容请参阅第67页。❹剪贴蒙版是用于控制图像显示区域的功能，详细内容请参阅第395页。❺图层可视性的切换方法，请参阅第130页。

- 复位到调整默认值 ↺：单击该按钮，可以将调整
  参数恢复为默认值。
- 删除调整图层 🗑：单击该按钮，可以删除当前调整
  图层。

9.20.2 与蒙版相关

　　"属性"面板用于调整所选图层中的图层蒙
版、矢量蒙版和形状图层的不透明度和羽化范围，
如图9-520~图9-522所示。此外，使用"光照效果"
滤镜时，也会用到"属性"面板。

图层蒙版
图9-520

矢量蒙版
图9-521

形状图层
图9-522

　　图9-523所示为"属性"面板的完整选项。

图9-523

- 蒙版种类：显示了在"图层"面板中当前选择的蒙
  版的种类，即图层蒙版、矢量蒙版或形状图层，如
  图9-524所示。选择蒙版后，可在"属性"面板中
  对其进行编辑。

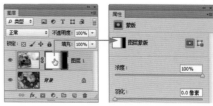

图9-524

- 添加图层蒙版/添加矢量蒙版：单击 ▣ 按钮，可以
  为当前图层添加图层蒙版；单击 按钮则添加矢量
  蒙版。

187

● 浓度：拖动滑块可以控制蒙版的不透明度，即蒙版的遮盖强度，如图9-525所示。

图9-525

● 羽化：拖动滑块可以柔化蒙版的边缘、扩展灰色，如图9-526所示。

图9-526

● 蒙版边缘：单击该按钮，可以打开"调整蒙版"对话框❶修改蒙版边缘，并针对不同的背景查看蒙版。这些操作与调整选区边缘基本相同。

● 颜色范围：单击该按钮，可以打开"色彩范围"对话框❷，此时可在图像中取样并调整颜色容差来修改蒙版范围。

● 反相：单击该按钮，可以反转蒙版的遮盖区域，如图9-527所示。

图9-527

● 从蒙版中载入选区 ▦：单击该按钮，可以载入蒙版中包含的选区，如图9-528所示。

● 应用蒙版 ◆：单击该按钮，可以将蒙版应用到图像中，删除被蒙版遮盖的图像，如图9-529所示。

图9-528　　　　　　　　　图9-529

● 停用/启用蒙版 👁：单击该按钮，或按住Shift键单击蒙版的缩览图，可以停用（或重新启用）蒙版。停用蒙版时，蒙版缩览图上会出现一个红色的"×"，如图9-530所示。

图9-530

● 删除蒙版 🗑：单击该按钮，可删除当前蒙版。将蒙版缩览图拖曳到"图层"面板底部的 🗑 按钮上，也可以将其删除。

相关链接 ....

❶"调整蒙版"对话框选项与"调整边缘"命令基本相同，关于"调整边缘"命令的详细内容请参阅第419页。❷关于"色彩范围"命令的详细内容请参阅第414页。

....

9.21 3D面板

当我们在"图层"面板中选择3D图层❶时，"3D"面板中便会显示与之关联的3D文件组件。面板顶部包含场景▤、网格▦、材质▧和光源♀按钮。使用这些按钮可以筛选出现在面板中的组件。例如，单击场景按钮▤可以显示所有组件，单击材质按钮▧则只显示材质。

9.21.1 3D场景

打开一个3D模型❷，如图9-531所示。执行"窗口>3D"命令，打开"3D"面板，单击面板顶部的场景按钮▤，面板中会列出场景中的所有条目，如图9-532所示。3D场景设置可以设置渲染模式、选择要在其上绘制的纹理或创建横截面。

图9-531

图9-532

9.21.2 3D网格

单击"3D"面板顶部的网格按钮▦，面板中只显示网格组件，如图9-533所示，此时可在"属性"面板中设置网格属性，如图9-534所示。

图9-533

图9-534

● 捕捉阴影：在"光线跟踪"渲染模式下，控制选定的网格是否在其表面显示来自其他网格的阴影。

● 投影：在"光线跟踪"渲染模式下，控制选定的网格是否在其他网格表面产生投影。但必须设置光源才能产生阴影。

● 不可见：使场景中的对象不可见。

9.21.3 3D材质

单击"3D"面板顶部的材质按钮▧，面板中会列出在3D文件中使用的材质，如图9-535所示，此时可在"属性"面板中设置材质属性，如图9-536所示。如果模型包含多个网格，则每个网格都可能会有与之关联的特定材质。

图9-535

图9-536

● 材质球：单击材质球右侧的▾按钮可以打开一个下拉面板，在该面板中可以3D模型选择一种材质❸，如图9-537所示。图9-538所示为各种材质的具体效果图。

相关链接
❶关于3D图层，详见第432页。❷关于3D模型的打开方法，详见第108页。❸使用3D材质吸管工具可以拾取3D模型的材质，详细内容参见第108页。

CHAPTER 09

图9-537

图9-538

为纹理贴在模型表面。

图9-539　　　　　图9-540

😊**提示**..............

某些纹理映射（如"漫射"和"凹凸"），通常依赖于2D文件来提供创建纹理的特定颜色或图案。材质所使用的 2D 纹理映射也会作为"纹理"出现在"图层"面板中。

- 镜像：可以为镜面属性设置显示的颜色，例如，高光光泽度和反光度。
- 发光：定义不依赖于光照即可显示的颜色，可创建从内部照亮 3D 对象的效果，如图9-541所示。
- 环境：可设置在反射表面上可见的环境光的颜色。该颜色与用于整个场景的全局环境色相互作用，如图9-542所示。

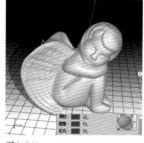

图9-541　　　　　图9-542

- 闪亮：定义反射光的散射程度。低反光度（高散射）产生更明显的光照，但焦点不足；高反光度（低散射）产生较不明显、更亮、更耀眼的高光。
- 反射：设置反射率，当两种反射率不同的介质（如空气和水）相交时，光线方向发生改变，即产生反射。新材料的默认值是 1.0（空气的近似值）。
- 凹凸：单击该选项右侧的 🗀 按钮，打开下拉菜单，选择"载入纹理"命令，可以加载一个图像文件，将其灰度信息映射在3D模型的质质表面，创建凹凸效果，但这并不实际修改网格，如图9-543所示。灰度图像中，较亮的值可创建突出的表面区域，较暗的值可创建平坦的表面区域。

- 漫射：单击该选项右侧的颜色块，可以打开"拾色器"设置材质颜色，如图9-539、图9-540所示。单击该选项右侧的 🗀 按钮，打开下拉菜单，选择其中的"编辑纹理"命令，可以使用一个图像素材作

选择"载入纹理"命令

选择一个纹理图像

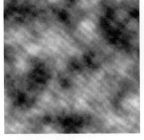

使用的纹理图像
图9-543

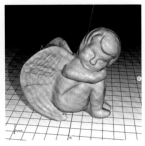

3D模型表面生成的凹凸效果

- 不透明度：用来增加或减少材质的不透明度。
- 折射：可设置透明材质的折射率。
- 正常：像凹凸映射纹理一样，正常映射会增加表面细节。
- 环境：可储存 3D 模型周围环境的图像。环境映射会作为球面全景来应用，可以在模型的反射区域中看到环境映射的内容。

9.21.4 3D 光源

3D 光源可以从不同角度照亮模型，从而添加逼真的深度和阴影。单击"3D"面板顶部的光源按钮，面板中就会列出场景中所包含的全部光源，如图9-544所示。在"属性"面板中可以调整光源参数，如图9-545所示。

图9-544

图9-545

Photoshop提供了点光、聚光灯和无限光，这3种光源有各自不同的选项和设置方法。在"属性"面板中，"预设"、"颜色"和"强度"等是所有类型光源共同的选项。

设置光源共同参数

- 类型：可在下拉列表中选择光源类型，包括点光、聚光灯和无限光。
- 颜色：单击"颜色"选项右侧的色块，可以打开"拾色器"设置光源的颜色，如图9-546所示。
- 强度：用于调整光源的亮度，如图9-547所示。
- 阴影/柔和度：创建从前景表面到背景表面、从单一网格到其自身或从一个网格到另一个网格的投影。取消选择时可稍微改善性能。可以模糊阴影边缘，产生逐渐的衰减。

图9-546

图9-547

添加和删除光源

如果要添加新的光源，可以单击"属性"面板底部的 按钮，在打开的下拉菜单中选择光源类型，如图9-548所示。如果要删除光源，可在3D场景中单击光源，将其选择，或者在"3D"面板中选择该光源，然后单击面板底部的🗑按钮即可，如图9-549所示。

图9-548

图9-549

使用预设光源

在"预设"下拉列表中可以选择预设的光源样式，如图9-550所示。图9-551所示为未添加光源的模型场景，图9-552所示为添加各种光源后的效果。

图9-550

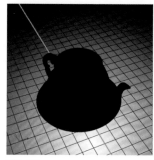

图9-551

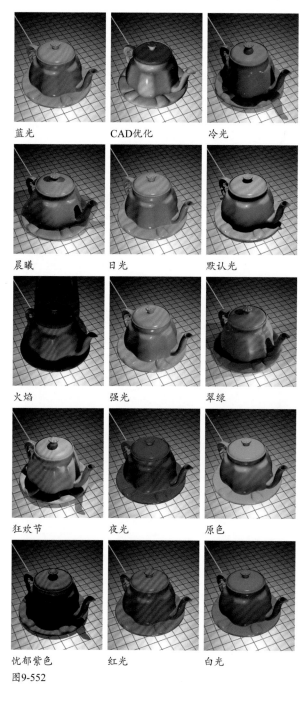

蓝光	CAD优化	冷光
晨曦	日光	默认光
火焰	强光	翠绿
狂欢节	夜光	原色
忧郁紫色	红光	白光

图9-552

调整点光

点光在3D场景中显示为小球状。它就像灯泡一样，可以向各个方向照射，如图9-553所示。使用拖动3D对

象工具 ✛ 和滑动3D对象工具 ✲ 可以移动点光❶，如图9-554所示。

图9-553　　　　　　　　图9-554

点光包含"光照衰减"选项组，如图9-555所示。勾选"光照衰减"选项后，可以让光源产生衰减效果，如图9-556所示。"内径"和"外径"选项决定衰减锥形，以及光源强度随对象距离的增加而减弱的速度。对象接近"内径"限制时，光照强度最大；对象接近"外径"限制时，光照强度为零；处于中间距离时，光照从最大强度线性衰减为零。

图9-555　　　　　　　　图9-556

调整聚光灯

聚光灯在3D场景中显示为锥形。它能照射出可调整的锥形光线，如图9-557所示。使用拖动3D对象工具 ✛ 和滑动3D对象工具 ✲ 可以调整聚光灯的位置，如图9-558所示。

聚光灯除包含"光照衰减"属性外，还可以设置"聚光"属性，即设置光源的外部宽度，"锥形"属性则用来设置光源的发散范围，如图9-559、图9-560所示。

图9-557　　　　　　　　图9-558

图9-559

图9-560

💡提示

如果将光源移动到画布外面，可单击"3D"面板底部的移动到视图按钮 💡，让光源重新回到画面中。

调整无限光

无限光在3D场景中显示为半球状。它像太阳光，可以从一个方向平面照射，如图9-561所示。使用拖动3D对象工具 ✛ 和滑动3D对象工具 ✲ 可以调整无限光的位置，如图9-562所示。无限光只有"颜色"、"强度"和"阴影"等基本属性，没有特殊

相关链接
❶如果要精确地调整光源的位置，可以使用3D轴来操作，操作方法参见第107页。

CHAPTER 09

的光照属性。

图9-561

图9-562

9.21.5 为3D模型添加光源（实战）

■素材：光盘>素材文件夹　■视频：光盘>视频文件夹　■难度：★★★☆☆
■实例类型：3D　■实例应用：在3D场景中添加光源

01 按下Ctrl+O快捷键，打开光盘中的3D石膏像模型
文件，如图9-563所示。选择模型所在的图层，如
图9-564所示。

图9-563

图9-564

02 打开"3D"面板，单击面板顶部的光源按钮
💡，如图9-565所示；再单击面板底部的 🔲
按钮，打开下拉菜单，选择"新建无限光"命令，
如图9-566所示，创建一个无限光。

图9-565

图9-566

03 选择移动工具 ▶⊕，在工具选项栏中选择旋转3D
对象工具 🔄，拖动光源手柄，调整光源的照射
方向，如图9-567、图9-568所示。

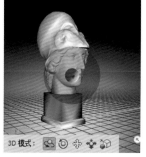

图9-567

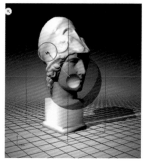

图9-568

04 打开"属性"面板，将光源的强度调整为64%，
如图9-569、图9-570所示。

图9-569

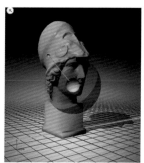

图9-570

05 单击"3D"面板底部的 🔲 按钮，打开下拉菜
单选择"新建点光"命令，如图9-571所示，
创建点光。在"属性"面板中单击"颜色"选项右
侧的颜色块，打开"拾色器"修改光源颜色，然后
再设置光源强度为50%，并取消勾选"阴影"选项，
如图9-572、图9-573所示。最后，将光源移动到场景的
右上方，如图9-574所示。

图9-571

图9-572

194

图9-573

图9-574

图9-579

图9-580

9.21.6 为3D模型贴图（实战）

■素材：光盘>素材文件夹　■视频：光盘>视频文件夹　■难度：★★☆☆☆
■实例类型：3D　■实例应用：在3D模型表面贴图

01 按下Ctrl+O快捷键，打开光盘中的3D石膏像模型文件，如图9-575所示。选择模型所在的图层，如图9-576所示。

图9-575

图9-576

02 先使用预设材质来贴图。单击"3D"面板顶部的材质按钮，如图9-577所示。在"属性"面板中，单击材质球右侧的▼按钮，打开下拉面板，选择大理石材质，如图9-578、图9-579所示。也可以使用其他材质，如棉织物，效果如图9-580所示。

图9-577

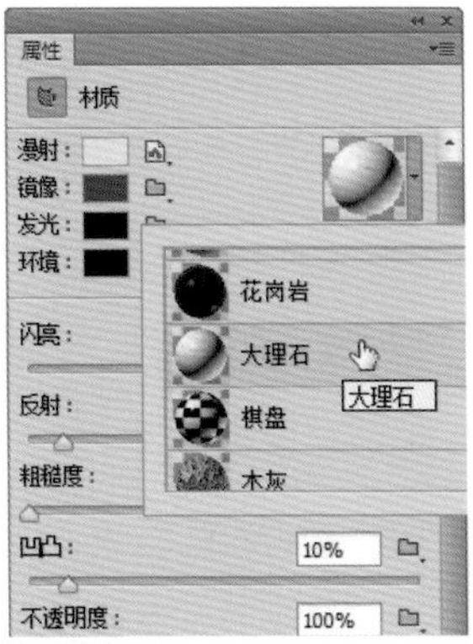

图9-578

03 下面来将一张图像素材贴在模型表面。单击"漫射"选项右侧的 按钮，打开下拉菜单，选择"载入纹理"命令，如图9-581所示，在弹出的对话框中选择光盘中的素材文件，如图9-582所示。

图9-581

图9-582

04 单击"打开"按钮，即可将图像贴在模型表面，如图9-583所示。在"属性"面板中，将凹凸值设置为0%，效果如图9-584所示。

图9-583

图9-584

9.22 时间轴面板

■Adobe官方相关视频：http://tv.adobe.com/watch/learn-photoshop-cs6/video-workflow-with-new-scene-layers/

　　"时间轴"面板即Photoshop CS5版本中的"动画"面板，Adobe对其进行了重新设计，并改名为"时间轴"面板。"时间轴"面板在保留原有视频编辑功能的基础上，提供了更加完美的视频效果，如过渡、特效等。此外，该面板还可以制作基于图层的GIF动画。

9.22.1 视频模式时间轴面板

　　执行"窗口>时间轴"命令，打开"时间轴"面板，如图9-585所示。面板中显示视频的持续时间，使用面板底部的工具可浏览各个帧，放大或缩小时间显示，删除关键帧和预览视频。

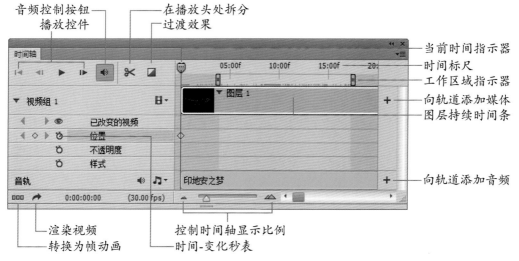

图9-585

- 播放控件：提供了用于控制视频播放的按钮，包括转到第一帧 ◄、转到上一帧 ◄◄、播放 ► 和转到下一帧 ►►。
- 音频控制按钮 🔊：单击该按钮可以关闭或启用音频播放。
- 在播放头处拆分 ✂：单击该按钮，可以在当前时间指示器 🎬 所在位置拆分视频或音频，如图9-586所示。

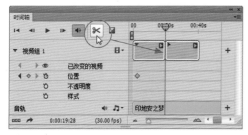

图9-586

- 过渡效果 ◪：单击该按钮可以打开下拉菜单，如图9-587所示，选择菜单中的命令即可为视频添加过渡效果，从而创建专业的淡化和交叉淡化效果。

图9-587

- 当前时间指示器 🎬：拖动当前时间指示器可导航帧或更改当前时间或帧。
- 时间标尺：根据文档的持续时间和帧速率，水平测量视频持续时间。
- 工作区域指示器：如果要预览或导出部分视频，

可以拖动位于顶部轨道两端的标签来进行定位，如图9-588所示。

图9-588

● **图层持续时间条**：指定图层在视频的时间位置。要将图层移动到其他时间位置，可以拖曳该条，如图9-589所示。

图9-589

● **向轨道添加媒体/音频**：单击轨道右侧的 ➕ 按钮，可以打开一个对话框将视频或音频添加到轨道中。

● **关键帧导航器 ◄ ◇ ►**：单击轨道标签两侧的箭头按钮，可以将当前时间指示器从当前位置移动到上一个或下一个关键帧。单击中间的按钮可添加或删除当前时间的关键帧。

● **时间-变化秒表 🕐**：可启用或停用图层属性的关键帧设置。

● **转换为帧动画 ▯▯▯**：单击该按钮，可以将"时间轴"面板切换为帧模式。

● **渲染视频 ➡**：单击该按钮，可以打开"渲染视频"对话框。

● **控制时间轴显示比例**：单击 ⏷ 按钮可以缩小时间轴；单击 ⏶ 按钮可以放大时间轴；拖曳 △ 滑块可自由调整时间轴。

● **视频组**：可以编辑和调整视频。例如，单击 ▤ 按钮可以打开一个下拉菜单，菜单中包含"添加媒体"、"新建视频组"等命令，如图9-590所示；在视频剪辑上单击右键可以调出"持续时间"以及"速度"

滑块，如图9-591所示。

图9-590

图9-591

● **音轨**：可以编辑和调整音频。例如，单击 🔊 按钮，可以让音轨静音或取消静音；在音轨上单击右键打开下拉菜单，可调节音量或对音频进行淡入淡出设置，如图9-592所示；单击音符按钮 🎵 打开下拉菜单，可以选择"新建音轨"或"删除音频剪辑"等命令，如图9-593所示。

图9-592

图9-593

相关链接

计算机显示器上的图像是由方形像素组成的，而视频编码设备则使用的是非方形像素，这就导致在两者之间交换图像时会由于像素的不一致而造成图像扭曲。使用"像素长宽比校正"命令可以校正图像，详见第449页。

Photoshop 可以编辑哪些格式的视频文件？

 使用 Photoshop CS6 Extended ❶ 可以打开 3GP、3G2、AVI、DV、FLV、F4V、MPEG-1、MPEG-4、QuickTime MOV 和 WAV 等格式的视频文件。在 Photoshop CS6 Extended 中打开视频文件时，会自动创建一个视频组，组中包含视频图层（视频图层带有▤状图标）。

 视频组可以编辑吗？

 我们可以用画笔工具和仿制图章工具在视频文件的各个帧上进行绘制和仿制；也可以创建选区或应用蒙版来限定编辑区域，或者像编辑常规图层一样调整视频帧的混合模式、不透明度、位置和图层样式。此外，视频组中还可以创建其他类型的图层，如文本、图像和形状图层，它可以在时间轴的单一轨道上，将多个视频剪辑和这些图层合并。

打开视频文件　　　　　　　　　　　自动生成视频组　　　　　　　用仿制图章工具复制视频中的图像

 进行编辑之后，将文档存储为 PSD 格式还可以在 Premiere Pro、After Effects 等应用程序中播放。此外，文档也可作为 QuickTime 影片进行渲染❷。视频图层参考的是原始文件，因此，对视频图层进行的编辑不会改变原始视频。但要保持原始文件的链接，则必须确保原始文件与 PSD 文件的相对位置❸保持不变。关于视频功能的更多内容，也可以看一下 Adobe 专家的讲解。

http://tv.adobe.com/watch/visual-design-cs6/video-workflow-with-new-scene-layers/?go=13225

相关链接 ....
❶Photoshop CS6 包含两个版本，即普通版 Photoshop CS6、扩展版 Photoshop CS6 Extended 。普通版不提供 3D 和视频编辑工具。❷关于视频的渲染方法，请参阅第234页。❸相关内容请参阅第400页。
....

动画功能疑问解答 GALLERY

 我很喜欢看动画片，可还不了解动画的原理。请问动画效果是怎样产生的？

 我们的眼睛有一种生理现象，叫做"视觉暂留性"，即看到一幅画或一个物体后，影像会暂时停留在眼前，1/24 秒内不会消失。动画便是利用这一原理，将静态的、但又是逐渐变化的画面，以每秒 20 幅的速度连续播放，就会给人造成一种流畅的视觉变化效果。

 Photoshop 能制作什么样的动画？

 动画分为两种，一种是用 Maya、3ds max 等制作的三维动画，另一种是用 Flash 等软件制作的二维动画。三维动画是通过动画软件创造出虚拟的三维空间，再将模型放在这个三维空间的舞台上，从不同的角度用灯光照射，并赋予每个部分动感和强烈的质感而得到的效果；二维动画主要是用手工逐幅绘制的，因而画面具有绘画的艺术美感。

 "时间轴"面板是 Photoshop 提供的二维动画制作工具，它虽然不及专业动画软件全面，但像简单的运动、变形、旋转和发光等效果可以非常轻松地表现出来。动画的关键在于创意，只要有绝妙的点子，再辅以 Photoshop 强大的图像处理工具，就能制作出充满趣味性的动画来。

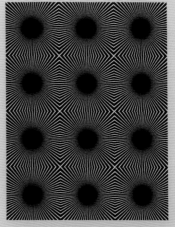

摇动此图，你会看到虚幻的运动效果

二维动画的动作分解

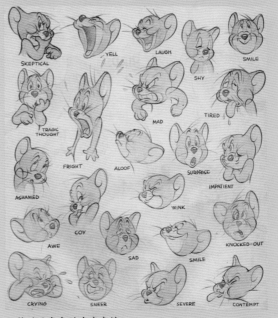

二维动画角色的丰富表情

二维动画的角色设定

9.22.2 帧模式时间轴面板

如果要使用Photoshop制作动画，可以打开"时间轴"面板，如果面板为视频模式，可单击■■■按钮，切换为帧模式，如图9-594所示。"时间轴"面板会显示动画中的每个帧的缩览图，使用面板底部的工具可浏览各个帧，设置循环选项，添加和删除帧以及预览动画。

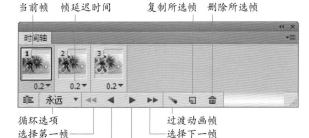

图9-594

- **当前帧**：当前选择的帧。
- **帧延迟时间**：设置帧在回放过程中的持续时间。
- **循环选项**：设置动画的播放次数。
- **选择第一帧** ◀◀：单击该按钮，可自动选择序列中的第一个帧作为当前帧。
- **选择上一帧** ◀：单击该按钮，可以选择当前帧的前一帧。
- **播放动画** ▶：单击该按钮，可在窗口中播放动画，再次单击则停止播放。
- **选择下一帧** ▶▶：单击该按钮，可以选择当前帧的下一帧。
- **过渡动画帧**：如果要在两个现有帧之间添加一系列过渡帧，并让新帧之间的图层属性均匀变化，可单击该按钮，打开"过渡"对话框进行设置，如图9-595所示。图9-596、图9-597所示为添加过渡帧前后的面板状态。

图9-595

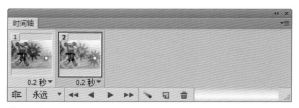

图9-596

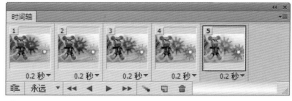

图9-597

- **转换为视频时间轴** ：单击该按钮，面板中会显示视频编辑选项。
- **复制所选帧** ：单击该按钮，可以向面板中添加一个帧。
- **删除所选帧** ：可以删除当前选择的帧。

9.22.3 为视频添加滤镜特效（实战）

■素材：光盘>素材文件夹 ■视频：光盘>视频文件夹 ■难度：★★★☆☆
■实例类型：视频 ■实例应用：制作彩色铅笔画风格视频

01 按下Ctrl+O快捷键，打开光盘中的视频文件，如图9-598、图9-599所示。执行"滤镜>智能滤镜"命令，将视频图层转换为智能对象。在"图层"面板中可以看到，视频图标已变为智能对象图标，如图9-600所示。

图9-598

图9-599　　　　图9-600

02 下面我们来用滤镜将视频处理为素描效果，使其充满艺术感。单击前景色图标打开"拾色器"，调整前景色，如图9-601、图9-602所示。

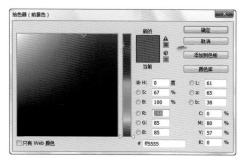

图9-601　　图9-602

03 执行"滤镜>素描>绘图笔"命令，打开"滤镜库"调整参数，如图9-603所示。按下回车键关闭对话框，即可通过智能滤镜❶将视频处理为彩色铅笔素描效果，如图9-604、图9-605所示。

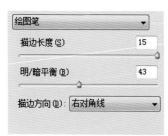

图9-603　　　　　　　图9-604

图9-605

04 打开"时间轴"面板。单击 ◣ 按钮打开下拉菜单，选择"彩色渐隐"选项，单击右侧的颜色块，打开"拾色器"，设置颜色为洋红色，如图9-606所示。将该过渡效果拖曳到视频上，如图9-607所示。

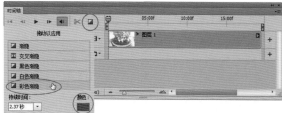

图9-606

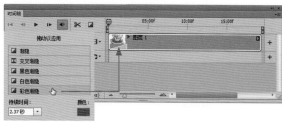

图9-607

05 将光标放在滑块上，如图9-608所示，拖曳滑块调整渐隐效果的时间长度，如图9-609所示。

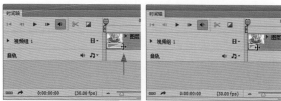

图9-608　　　　　　　图9-609

06 单击当前时间指示器按钮 ▦ ，如图9-610所示，将它拖曳到如图9-611所示的位置。

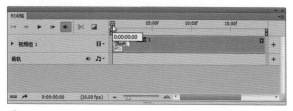

图9-610

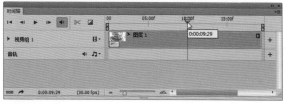

图9-611

07 单击"图层1"，如图9-612所示，再单击"时间轴"面板中的 ✂ 按钮，将视频拆分开，如图9-613、图9-614所示。

相关链接
❶智能滤镜的详细操作方法请参见第377页。

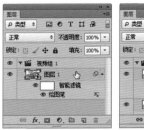
图9-612

图9-613

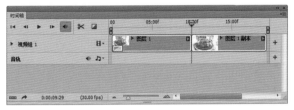
图9-614

08 将 "图层1副本" 的智能滤镜拖曳到 🗑 按钮上删除,如图9-615、图9-616所示。

图9-615

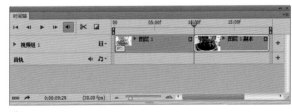
图9-616

09 单击 "时间轴" 面板中的 🔳 按钮,将 "彩色渐隐" 分别拖曳到前段视频的末尾和下一段视频的开始处并调整长度,如图9-617、图9-618所示。

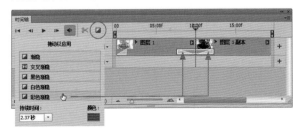
图9-617

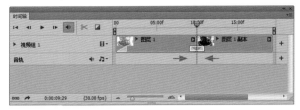
图9-618

10 按下空格键播放视频,如图9-619所示。可以看到,一个原本很普通的视频短片❶,用Photoshop的滤镜简单处理之后,逐渐变成了充满美感的艺术作品,而在播放到中间时,它又会渐渐恢复为正常效果。

图9-619

相关链接 ··
❶视频制作完成后,可以渲染成为小电影,详细操作方法请参见第234页。
···

9.22.4 制作微电影（实战）

■素材：光盘>素材文件夹 ■视频：光盘>视频文件夹 ■难度：★★★☆☆
■实例类型：视频 ■实例应用：在视频中加入蒙版、图像素材

01 按下Ctrl+O快捷键，打开光盘中的视频文件，如
图9-620所示。

图9-620

02 单击"时间轴"面板中的 ▧ 按钮打开下拉菜
单，选择"彩色渐隐"选项，单击右侧的颜色
块，打开"拾色器"，设置颜色为洋红色。将该过渡效
果拖曳到视频上，如图9-621所示。拖曳滑块，调整渐
隐效果的时间长度，如图9-622所示。

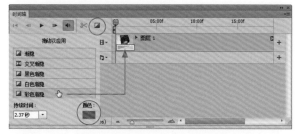

图9-621

图9-622

03 单击"调整"面板中的 ▦ 按钮，在视频层上
方创建"颜色查找"调整图层，如图9-623所
示，选择一个预设的调整选项，如图9-624所示。通过
调整图层修改视频的颜色，让整部电影呈现当下流行
的前卫色彩。

图9-623

图9-624

04 单击视频组前面的三角按钮，关闭组，如图9-625
所示。打开光盘中的素材文件，如图9-626所示。
使用移动工具 ▶⊹ 将图像拖入视频文档中，如图9-627、
图9-628所示。

图9-625

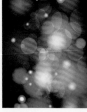

图9-626

图9-627

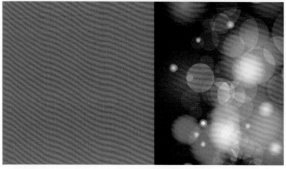

图9-628

05 单击"图层"面板中的 ▢ 按钮，添加蒙版，如
图9-629所示。设置混合模式为"正片叠底"，使
用渐变工具 ▣ 填充黑白线性渐变，如图9-630、图9-631
所示。

图9-629

图9-630

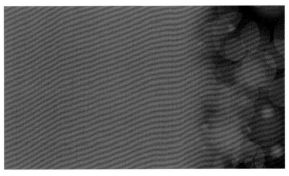

图9-631

06 按下Ctrl+J快捷键复制图层，如图9-632所示。执行"编辑>变换>水平翻转"命令，如图9-633所示，翻转图像，再使用移动工具 ▶⊕ 将其拖曳到画面左侧，如图9-634所示。

图9-632　　　　　　图9-633

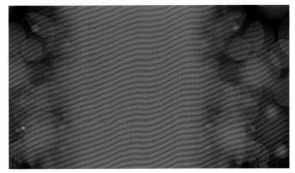

图9-634

07 拖曳图层持续时间条，调整图像出现的开始和结束位置，如图9-635、图9-636所示。

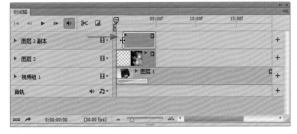

图9-635

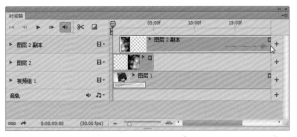

图9-636

08 另一个图像也采用同样方法来进行处理，如图9-637所示。

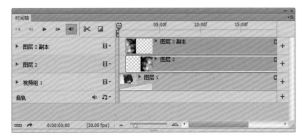

图9-637

09 下面来为电影添加片名和制作者姓名。选择横排文字工具 **T**，在画面中单击，输入文字，如图9-638所示。

图9-638

10 在文字所在的时间条上单击右键，打开下拉菜单，选择"平移和缩放"，为文字添加动态效果，如图9-639所示。

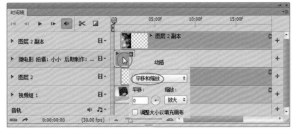

图9-639

11 单击"时间轴"面板中的 ▣ 按钮打开下拉菜单，将"渐隐"过渡效果拖曳到文字的末尾处，如图9-640所示。

图9-640

12 现在可以按下空格键播放电影了。首先映入眼帘的是电影的片头，然后文字移动并逐渐淡化，一个可爱的小姑娘便出现了，如图9-641所示。

图9-641

9.22.5 制作摇头动画（实战）

■素材：光盘>素材文件夹 ■视频：光盘>视频文件夹 ■难度：★★★☆☆
■实例类型：动画 ■实例应用：制作摇摆、变色动画

01 打开光盘中的素材文件。"图层"面板中包含了卡通兔3个动作的分层图像，如图9-642所示。我们要做的是将这些动作串联起来，让卡通兔跳出欢快的舞蹈，而且还要变换颜色。

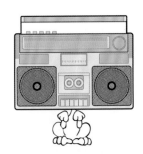

图9-642

02 打开"时间轴"面板，如图9-643所示。如果面板为视频模式，可单击▯▯▯按钮，切换为帧模式。现在"图层"面板中显示的是"图层1"，它被"动画"面板记录为第1个关键帧。我们来修改该图像的颜色。按下Ctrl+U快捷键，打开"色相/饱和度"对话框，先勾选"着色"选项，再拖曳滑块，将卡通兔调为红色，如图9-644、图9-645所示。

图9-643

图9-644 　　　　　　　　图9-645

03 在"时间轴"面板中单击"5秒"选项右侧的三角按钮打开下拉菜单，选择"0.1秒"，将帧的延迟时间设定为0.1秒。单击"一次"选项右侧的三角按钮，在打开的菜单中将循环次数设置为"永远"，让动画效果始终重复播放，如图9-646所示。

图9-646

04 单击"时间轴"面板中的 🔲 按钮，创建第2个关键帧，如图9-647所示。现在它与第1帧完全相同，我们需要为它指定另一个画面。单击"图层1"前面的眼睛图标 👁，将该图层隐藏；然后单击"图层2"，在如图9-648所示的位置单击，将该图层显示出来，如图9-649所示。

图9-647

图9-648 　　　　　　　　图9-649

05 按下Ctrl+U快捷键，打开"色相/饱和度"对话框，拖曳滑块将卡通兔调为蓝色，如图9-650、图9-651所示。

图9-650 　　　　　　　　图9-651

06 现在"动画"面板的第2帧记录下了当前的图像效果。将这一帧的延迟时间设置为0.2秒。

07 单击"时间轴"面板中的 🔲 按钮，创建第3个关键帧，如图9-652所示。将"图层2"隐藏，选择并显示"图层3"，如图9-653、图9-654所示。

图9-652

图9-653 　　　　　　　　图9-654

08 按下Ctrl+U快捷键，打开"色相/饱和度"对话框，拖曳滑块将卡通兔调为绿色，如图9-655、图9-656所示。

图9-655 　　　　　　　　图9-656

09 到此动画已制作完成，我们来预览一下吧。按下空格键播放动画（要停止播放，可以再按一次空

格键），可以看到，画面中的卡通兔不断地摇头晃脑，摆出各种Pose，而且，录音机也闪现出不同的颜色，效果生动、有趣，如图9-657所示。

图9-657

10 执行"文件>存储为Web所用格式"命令，在打开的对话框中选择"GIF"格式，设置"循环选项"为"永远"，这样卡通兔就会永远不知疲倦地跳下去，如图9-658所示。

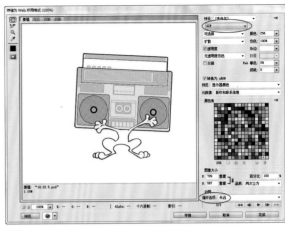

图9-658

11 单击"存储"按钮，弹出"将优化结果存储为"对话框，设置文件名和保存位置后，单击"保存"按钮关闭该对话框，即可将动画文件保存为GIF格式。

> **提示**
>
> 用Photoshop这种平面软件制作动画是一件非常有趣的事，看到自己的作品能够"动"起来着实令人兴奋。如果只能在Photoshop中欣赏动画，而不能与朋友分享快乐，岂不是有些遗憾。使用"存储为Web所用格式"命令，就能将动画导出为一个独立的GIF文件。我们可以将它上传到微博或者作为QQ表情等。

9.23 动作面板

动作是Photoshop中的一项自动化功能，它包含了处理单个文件或一批文件的一系列命令，可以自动处理图像。例如，我们使用动作将图像的处理过程记录下来以后，对其他图像进行相同的处理时❶，通过该动作便可以自动完成操作任务。

9.23.1 动作面板概览

"动作"面板用于创建、播放、修改和删除动作，如图9-659所示。图9-660所示为面板菜单，菜单底部包含了Photoshop预设的一些动作，选择一个动作，可将其载入到面板中，如图9-661所示。如果选择"按钮模式"命令，则所有的动作会变为按钮状，如图9-662所示。

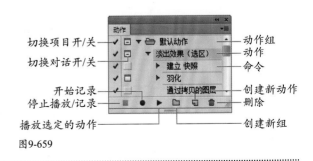

图9-659

相关链接
❶录制一个动作后，可以通过批处理的方式对一批图像播放该动作，从而实现用一个动作处理几十、甚至上百个文件的自动化操作。具体方法参见第235页。

图9-660　　图9-661　　　　　图9-662

- 切换项目开/关 ✔：如果动作组、动作和命令前显示有该图标，表示这个动作组、动作和命令可以执行；如果动作组或动作前没有该图标，表示该动作组或动作不能被执行；如果某一命令前没有该图标，则表示该命令不能被执行。

- 切换对话开/关 ▢：如果命令前显示该图标，表示动作执行到该命令时会暂停，并打开相应命令的对话框，此时可修改命令的参数，单击"确定"按钮可继续执行后面的动作；如果动作组和动作前出现该图标，则表示该动作中有部分命令设置了暂停。

- 动作组/动作/命令：动作组是一系列动作的集合，动作是一系列操作命令的集合。单击命令前的 ▶ 按钮可以展开命令列表，显示命令的具体参数，如图9-663、图9-664所示。

图9-663　　　　　图9-664

- 停止播放/记录 ■：用来停止播放动作和停止记录动作。
- 开始记录 ●：单击该按钮，可录制动作。
- 播放选定的动作 ▶：选择一个动作后，单击该按钮可播该动作。
- 创建新组 ▭：可创建一个新的动作组，以保存新建的动作。
- 创建新动作 ▯：单击该按钮，可以创建一个新的动作。

- 删除 🗑：选择动作组、动作和命令后，单击该按钮，可将其删除。

9.23.2 录制和播放动作（实战）

■素材：光盘>素材文件夹 ■视频：光盘>视频文件夹 ■难度：★★☆☆☆
■实例类型：特效+软件功能 ■实例应用：校正曝光不足的照片

01 打开光盘中的素材，如图9-665所示。打开"动作"面板，单击创建新组按钮 ▭，打开"新建组"对话框，输入动作组的名称，如图9-666所示，单击"确定"按钮，新建一个动作组，如图9-667所示。

图9-665

图9-666　　　　　图9-667

02 单击创建新动作按钮 ▯，打开"新建动作"对话框，输入名称，将颜色设置为蓝色，如图9-668所示。单击"记录"按钮，开始录制动作，面板中的开始记录按钮会变为红色 ●，如图9-669所示。

图9-668　　　　　图9-669

03 执行"图像>调整>颜色查找"命令，打开"颜色查找"对话框，在"3DLUT"下拉列表中选择如图9-670所示的选项，单击"确定"按钮关闭对话框

框，将该命令记录为动作，如图9-671所示，图像效果如图9-672所示。

图9-670

图9-671

图9-675

图9-676

图9-672

图9-677

04 按下Shift+Ctrl+S快捷键，将文件另存，然后关闭。单击"动作"面板中的■按钮，完成动作的录制，如图9-673所示。由于在"新建动作"对话框中将动作设置为蓝色，因此，按钮模式下新建的动作便显示为蓝色，如图9-674所示。为动作设置颜色只是便于在按钮模式下区分动作，并没有其他用途。

图9-673

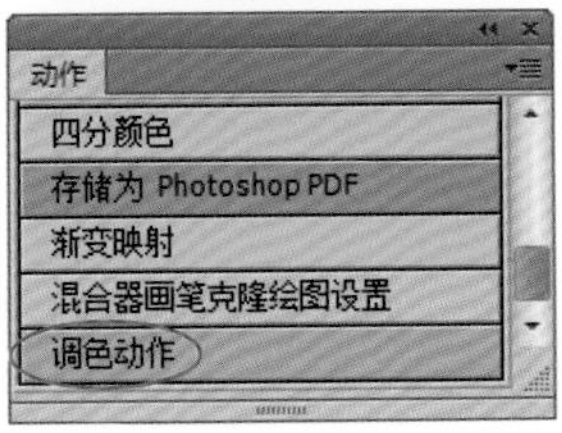

图9-674

05 下面来使用录制的动作处理其他图像。打开光盘中的素材，如图9-675所示。选择"调色动作"，如图9-676所示，单击▶按钮播放该动作，经过动作处理的图像效果如图9-677所示。如果"动作"面板为按钮模式时，单击一下按钮即可播放动作。

技术看板：
可录制为动作的操作项目

在Photoshop中，使用选框、移动、多边形、套索、魔棒、裁剪、切片、魔术橡皮擦、渐变、油漆桶、文字、形状、注释、吸管和颜色取样器等工具进行的操作均可录制为动作❶。另外，在"色板"、"颜色"、"图层"、"样式"、"路径"、"通道"、"历史记录"和"动作"面板中进行的操作也可以录制为动作。对于有些不能被记录的操作，可以插入菜单项目或者停止命令，然后再手动执行相应的命令。

相关链接
❶在某个动作中，如果有一个步骤是将RGB图像转换为CMYK模式，而我们处理的图像是非RGB模式（如灰度模式），这就会导致出现错误。使用"条件模式更改"命令可以避免这种情况。详细操作方法参见第242页。

9.23.3 修改动作（实战）

■视频：光盘>视频文件夹 ■难度：★★☆☆☆
■实例类型：软件功能 ■实例应用：在动作中加入命令并修改参数

01 打开任意一个图像文件，如图9-678所示。单击"动作"面板中的"颜色查找"命令，选择该命令，如图9-679所示。我们在它后面添加新的命令。

图9-678　　　　　图9-679

02 单击"动作"面板中的开始记录按钮 ⬤，重新录制动作，如图9-680所示。执行"滤镜>锐化>USM锐化"命令，对图像进行锐化处理，如图9-681所示，然后关闭对话框。

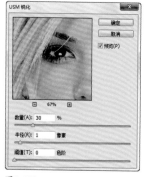

图9-680　　　　　图9-681

03 单击停止播放/记录按钮 ⬛，停止录制，即可将锐化图像的操作插入到"颜色查找"命令后面，如图9-682所示。

04 如果要修改一个命令的参数，可双击该命令，如图9-683所示，在打开的对话框中重新设置参数，如图9-684所示。如果要修改动作组或动作的名称，可在原有名称上双击，然后在显示的文本框中输入新名称，如图9-685所示。

图9-682　　　　　图9-683

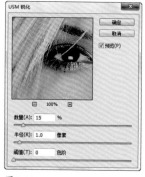

图9-684　　　　　图9-685

9.23.4 在动作中插入菜单项目（实战）

■视频：光盘>视频文件夹 ■难度：★★☆☆☆
■实例类型：软件功能 ■实例应用：在动作中插入菜单命令

我们知道，Photoshop的动作功能不能将用户所有操作都录制下来。但它提供了一个变通的方法，即允许用户在现有的动作中插入菜单命令，这样我们就可以将许多不能录制的命令插入到动作中，如绘画和色调工具，以及"视图"和"窗口"菜单中的命令等。

01 打开"动作"面板，单击"USM锐化"命令，如图9-686所示。

02 打开面板菜单，选择"插入菜单项目"命令，如图9-687所示，打开"插入菜单项目"对话框。

图9-686　　　　　图9-687

03 执行"视图>显示>网格"命令，"插入菜单项目"对话框中的菜单项会出现"显示网格"字样，如图9-688所示，单击"插入菜单项目"对话框中的"确定"按钮，关闭对话框，显示网格的命令便会插

入到动作中，如图9-689所示。

图9-688

图9-689

9.23.5 在动作中插入停止（实战）

■视频：光盘>视频文件夹　■难度：★★☆☆☆
■实例类型：软件功能　■实例应用：在动作中插入停止指令

　　插入停止是指让动作播放到某一步时自动停止，这样我们就可以手动执行无法录制为动作的任务，如使用绘画工具进行绘制等。

01 选择"动作"面板中的"颜色查找"命令，如图9-690所示，在它后面插入停止。

02 执行面板菜单中的"插入停止"命令，打开"记录停止"对话框，输入提示信息，并勾选"允许继续"选项，如图9-691所示。

图9-690

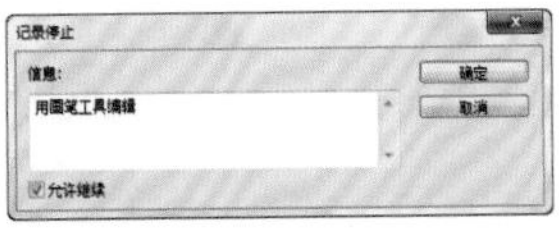

图9-691

03 单击"确定"按钮关闭对话框，可将停止插入到动作中，如图9-692所示。播放动作时，执行完"颜色查找"命令后，动作就会停止，并弹出我们在"记录停止"对话框中输入的提示信息，如图9-693所示。单击"停止"按钮停止播放，就可以使用绘画工具等编辑图像，编辑完成后，可单击播放选定的动作按钮 ▶ 继续播放后面的命令；如果单击对话框中的"继续"按钮，则不会停止，而是继续播放后面的动作。

图9-692

图9-693

9.23.6 载入外部动作制作特效（实战）

■素材：光盘>素材文件夹　■视频：光盘>视频文件夹　■难度：★★☆☆☆
■实例类型：软件功能　■实例应用：用光盘中的动作制作拼贴效果照片

01 按下Ctrl+O快捷键，打开光盘中的照片素材，如图9-694所示。

图9-694

02 单击"动作"面板右上角的 ▼≡ 按钮打开面板菜单，选择"载入动作"命令，在弹出的对话框中选择光盘中的拼贴动作，如图9-695所示，单击"载入"按钮，载入该动作，如图9-696所示。

图9-695

图9-696

03 选择"拼贴"动作，如图9-697所示。单击播放选定的动作按钮 ▶ 播放动作，用该动作处理照片，处理过程需要一定的时间。图9-698所示为创建的拼贴效果。

图9-697

图9-698

技术看板：
动作使用技巧

动作可以简化操作、提高效率，是非常有用的功能。我们录制完动作以后，为避免将来升级Photoshop版本，或重装Photoshop时丢失动作，可以将动作保存为一个单独的文件，需要的时候再将其载入到"动作"面板中使用。保存动作的方法是选择动作，然后执行"动作"面板菜单中的"存储动作"命令，将动作保存到指定的硬盘中就行了。

此外，执行"动作"面板菜单中的"回放选项"命令，在对话框中可以设置动作的播放速度，或者将其暂停，以便对动作进行调试。"加速"是默认的选项，即以正常的速度播放动作。选择"逐步"，可以显示每个命令的处理结果，然后再转入下一个命令，动作的播放速度较慢。勾选"暂停"并输入时间，可以指定播放动作时各个命令的间隔时间。

9.24 导航器面板（实战）

■素材：光盘>素材文件夹　■视频：光盘>视频文件夹　■难度：★★☆☆☆　■实例类型：软件功能　■实例应用：用"导航器"面板定位图像、缩放窗口

　　"导航器"面板是调整文档窗口缩放比例的工具。Photoshop提供了很多类似功能的工具，如缩放工具、抓手工具❶，以及"视图"菜单中的"放大"和"缩小"命令❷等。编辑尺寸较大的图像时，用"导航器"面板定位和缩放窗口要比使用缩放工具和抓手工具更加方便。

01 打开光盘中的素材文件，如图9-699所示。执行"窗口>导航器"命令，打开"导航器"面板。

图9-699

图9-700

02 单击 ▄▄ 按钮，可按照预设的比例缩小窗口，如图9-700所示；单击 ▲▲ 按钮，可按照预设的比例放大窗口，如图9-701所示。

图9-701

相关链接
❶抓手工具和缩放工具使用方法详见第110页和第111页。❷"视图"菜单命令详见第449页。

03 拖曳缩放滑块可任意缩放窗口，如图9-702所示。如果要精确缩放窗口，可在面板底部的缩放文本框中输入百分比值并按下回车键。

内，光标会变为一个抓手，此时单击并拖动鼠标可以移动画面，代理预览区域内的图像会位于文档窗口的中心，如图9-703所示。

图9-702

图9-703

04 "导航器"面板中有一个红色的矩形框，它是代理预览区域。放大窗口以后，将光标放在该区域

> 💁 **提示**
>
> 执行"导航器"面板菜单中的"面板选项"命令，可在打开的对话框中修改代理预览区域矩形框的颜色。

9.25 注释面板

Photoshop允许用户在图像中添加文字注释，标记制作说明或其他信息。注释的添加方法非常简单，只需使用注释工具 ❶ 在图像上单击一下，如图9-704所示，然后在弹出的"注释"面板中输入文字信息即可，如图9-705所示。

图9-704

图9-705

如果在文档中添加了多个注释，则可按下"注释"面板中的 ← 或 → 按钮，循环显示各个注释内容。如果要删除一个注释，可切换到该注释，然后单击面板底部的 🗑 按钮即可。

相关链接
❶关于注释工具的更多内容，参见第100页。

9.26 测量记录面板

通过使用 Photoshop Extended 的测量功能❶，可以测量用标尺工具或选择工具定义的任何区域，包括用套索工具、快速选择工具或魔棒工具选定的不规则区域❷。也可以计算高度、宽度、面积和周长，或跟踪一个或多个图像的测量。测量数据会记录在"测量记录"面板中，如图9-706所示。

图9-706

● 记录测量：单击该按钮，面板中会显示测量记录。

● 选择所有测量 /取消选择所有测量 ：单击 按钮，可选择面板中所有的测量记录。选择后，单击 按钮，可取消选择。

● 导出所选测量 ：单击该按钮，可以将测量记录导出到以制表符分隔的 Unicode 文本文件中。

● 删除所选测量 ：在面板中选择一个测量记录后，单击该按钮可将其删除。

9.27 历史记录面板（实战）

■素材：光盘>素材文件夹 ■视频：光盘>视频文件夹 ■难度：★★☆☆☆ ■实例类型：软件功能 ■实例应用：用"历史记录"面板撤销操作

编辑图像时，我们每进行一步操作，Photoshop都会将其记录在"历史记录"面板中。通过该面板可以将图像恢复到操作过程中的某一步状态，也可以再次回到当前的操作状态，或者将处理结果创建为快照或新的文档。

01 打开光盘中的素材，如图9-707所示。当前"历史记录"面板状态如图9-708所示。

图9-707　　　　　图9-708

02 执行"滤镜>艺术效果>胶片颗粒"命令，打开"滤镜库"对话框，设置参数如图9-709所示。单击"确定"按钮关闭对话框，效果如图9-710所示。

图9-709　　　　　图9-710

03 执行"滤镜>像素化>彩色半调"命令，设置参数如图9-711所示，图像效果如图9-712所示。

图9-711　　　　　图9-712

04 下面来进行还原操作。单击"历史记录"面板中的"胶片颗粒"，即可将图像恢复到该步骤时的编辑状态，如图9-713、图9-714所示。

图9-713　　　　　图9-714

相关链接
❶测量功能包括"测量记录"面板、标尺工具、计数工具，以及"图像>分析"下拉菜单中的命令，详见第349页。
❷关于测量的具体方法，请参见第350页。

05 打开文件时，图像的初始状态会自动登录到快照区，单击快照区，可以撤销所有操作，即使中途保存过文件，也能将其恢复到最初的打开状态，如图9-715、图9-716所示。

图9-715　　　　图9-716

06 如果要恢复所有被撤销的操作，可单击最后一步操作，如图9-717、图9-718所示。

图9-717　　　　图9-718

"历史记录"面板选项

执行"窗口>历史记录"命令，打开"历史记录"面板，如图9-719所示。

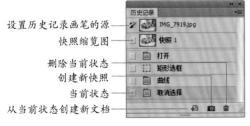

图9-719

● 设置历史记录画笔的源 ：使用历史记录画笔时，该图标所在的位置将作为历史画笔❶的源图像。

● 快照缩览图：被记录为快照的图像状态。

● 当前状态：将图像恢复到该命令的编辑状态。

● 从当前状态创建新文档 ：基于当前操作步骤中图像的状态，创建一个新的文件。

● 创建新快照 ：基于当前的图像状态创建快照。

● 删除当前状态 ：选择一个操作步骤，单击该按钮

可将该步骤及后面的操作删除。

 技术看板：
"历史记录"面板使用技巧

在默认情况下，"历史记录"面板只能保存20步操作❷，因此还原能力十分有限。不过，采用创建快照的方法可以解决这个问题。每当绘制完重要的效果以后，可单击"历史记录"面板中的创建新快照按钮 ，将画面的当前状态保存为一个快照。以后不论绘制了多少步，即使面板中新的步骤已经将其覆盖了，都可以通过单击快照将图像恢复为快照所记录的效果。

为重要的操作步骤创建快照

通过单击快照恢复图像

当单击"历史记录"面板中的一个操作步骤来还原图像时，该步骤以下的操作全部变暗，如果此时进行其他操作，则该步骤后面的记录都会被新的操作替代。非线性历史记录允许在更改选择的状态时保留后面的操作。

单击一步操作　执行新操作　执行新操作（非线性）

执行"历史记录"面板菜单中的"历史记录选项"命令，打开"历史记录选项"对话框，选择"允许非线性历史记录"选项，即可将历史记录设置为非线性状态。

相关链接
❶关于历史记录画笔工具的使用方法，请参阅第46页。❷修改Photoshop首选项可以增加历史记录的保存数量，具体设置方法请参见第270页。需要注意的是，这会占用较多的内存。

第10章 文件菜单命令

10.1 新建命令

在Photoshop中，我们不仅可以编辑一个现有的图像，也可以创建一个全新的空白文件，然后在它上面绘画，或者将其他图像拖入其中，再对其进行编辑。

执行"文件>新建"命令或按下Ctrl+N快捷键，打开"新建"对话框，如图10-1所示，输入文件名，设置尺寸、分辨率、颜色模式和背景内容等选项，单击"确定"按钮，即可创建一个空白文件，如图10-2所示。

图10-1   图10-2

- 名称：可输入文件的名称，也可以使用默认的文件名"未标题-1"。创建文件后，文件名会显示在文档窗口的标题栏中。保存文件时，文件名会自动显示在存储文件的对话框内。

- 预设/大小：提供了各种常用文档的预设选项，如照片、Web、A3、A4打印纸、胶片和视频等。例如，要创建一个5英寸×7英寸的照片文档，可以先在"预设"下拉列表中选择"照片"，如图10-3所示，然后在"大小"下拉列表中选择"横向，5×7"，如图10-4所示。

图10-3   图10-4

- 宽度/高度：可输入文件的宽度和高度。在右侧的选项中可以选择一种单位，包括"像素"、"英寸"、"厘米"、"毫米"、"点"、"派卡"和"列"。

- 分辨率：可输入文件的分辨率。在右侧选项中可以选择分辨率的单位，包括"像素/英寸"和"像素/厘米"。

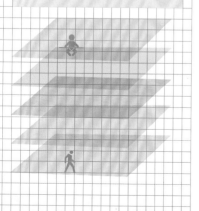

● 颜色模式❶： 可以选择文件的颜色模式，包括位图、灰度、RGB颜色、CMYK颜色和Lab颜色。

● 背景内容： 可以选择文件背景的内容，包括"白色"、"背景色"和"透明"。"白色"为默认的颜色，如图10-5所示；"背景色"是指使用工具箱中的背景色❷作为文档"背景"图层的颜色，如图10-6所示；"透明"是指创建透明背景，如图10-7所示，此时文档中没有"背景"图层。

图10-5

图10-6

图10-7

● 高级： 单击 ⬇ 按钮，可以显示对话框中隐藏的选项，即"颜色配置文件"❸和"像素长宽比"❹。在"颜色配置文件"下拉列表中可以为文件选择一个颜色配置文件；在"像素长宽比"下拉列表中可以选择像素的长宽比。计算机显示器上的图像是由方形像素组成的，除非使用用于视频的图像，否则都应选择"方形像素"。选择其他选项可使用非方形像素。

● 存储预设： 单击该按钮，打开"新建文档预设"对话框，输入预设的名称并选择相应的选项，可以将当前设置的文件大小、分辨率和颜色模式等创建为一个预设。以后需要创建同样的文件时，只需在"新建"对话框的"预设"下拉列表中选择该预设即可，这样就省去了重复设置选项的麻烦。

● 删除预设： 选择自定义的预设文件后，单击该按钮可将其删除。但系统提供的预设不能删除。

● 图像大小： 显示了以当前设置的尺寸和分辨率新建文件时，文件的大小。

10.2 打开命令

要在Photoshop中编辑一个图像文件，如图片素材、照片等，先要将其打开。执行"文件>打开"命令或按下Ctrl+O快捷键，弹出"打开"对话框，选择一个文件（如果要选择多个文件，可按住Ctrl键单击它们），如图10-8所示，单击"打开"按钮，或双击文件即可将其打开，如图10-9所示。

图10-8

图10-9

● 查找范围： 在该选项的下拉列表中可以选择图像文件所在的文件夹。

● 文件名： 显示了所选文件的文件名。

● 文件类型： 默认为"所有格式"，对话框中会显示所有格式的文件。如果文件数量较多，可以在下拉列表中选择一种文件格式，使对话框中只显示该类型的文件，以便于查找。

👤提示

在灰色的Photoshop程序窗口中双击，可以弹出"打开"对话框。此外，在Windows资源管理器中找到图像文件后，将它拖动到Photoshop窗口中，便可将其打开。

相关链接
❶关于颜色模式，请参阅第274页。❷关于背景色，请参阅第28页。❸关于颜色配置文件，请参阅第265页。❹关于像素长宽比，请参阅第448页。

10.3 在Bridge中浏览命令

执行"文件>在Bridge中浏览"命令，可以运行Adobe Bridge，在Bridge中选择一个文件，双击即可切换到Photoshop中并将其打开。

10.3.1 Bridge概览

Adobe Bridge是Adobe Creative Suite 6 附带的组件，它可以组织、浏览和查找文件，创建供印刷、Web、电视、DVD、电影及移动设备使用的内容，并轻松访问原始 Adobe 文件（如 PSD 和 PDF）以及非 Adobe 文件。执行"文件>在Bridge中浏览"命令，可以打开Bridge，如图10-10所示。Bridge的工作区中主要包含以下组件。

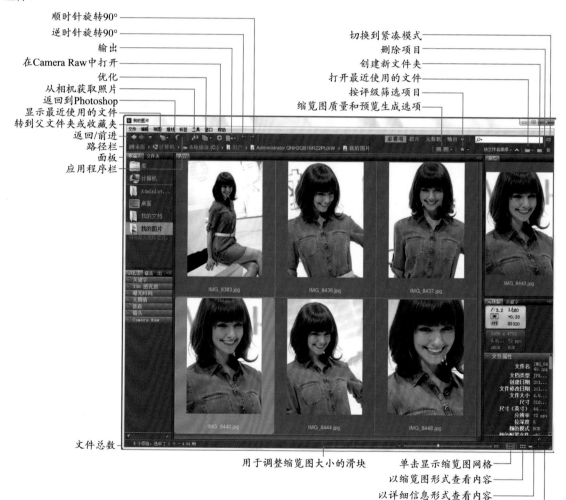

图10-10

- ● 应用程序栏：提供了基本任务的按钮，如文件夹层次结构导航、切换工作区及搜索文件。
- ● 路径栏：显示了当前文件夹的路径，并允许导航到该目录。
- ● 收藏夹面板：可以快速访问文件夹以及 Version Cue 和 Bridge Home。

- 文件夹面板： 显示了文件夹层次结构，可以浏览文件夹。
- 筛选器面板： 可以排序和筛选"内容"面板中显示的文件。
- 收藏集面板： 允许用户创建、查找和打开收藏集和智能收藏集。
- 内容面板： 显示由导航菜单按钮、路径栏、"收藏夹"面板或"文件夹"面板指定的文件。
- 预览面板： 显示所选的一个或多个文件的预览。预览不同于"内容"面板中显示的缩览图，并且通常大于缩览图。可以通过调整面板大小来缩小或扩大预览。
- 元数据面板： 包含所选文件的元数据信息。如果选择了多个文件，则面板中会列出共享数据（如关键字、创建日期和曝光度设置）。
- 关键字面板： 可以帮助用户通过附加关键字来组织图像。

10.3.2 在 Bridge 中浏览图像（实战）

■素材：光盘>素材文件夹 ■视频：光盘>视频文件夹 ■难度：★★☆☆☆
■实例类型：软件功能 ■实例应用：用Bridge浏览照片

01 执行"文件>在Bridge中浏览"命令，运行Adobe Bridge。导航到光盘中的素材文件夹，单击窗口右上角的 ▼ 按钮打开下拉菜单，可以选择"胶片"、"元数据"和"输出"等命令，以不同的方式显示图像，如图10-11～图10-13所示。

图10-11

图10-12   图10-13

02 在任意一种视图模式下，拖曳窗口底部的三角滑块，都可以调整图像的显示比例，如图10-14所示；单击 ⊞ 按钮，可在图像之间添加网格，如图10-15所示；单击 ⊞⊞ 按钮，会以缩览图的形式显示图像；单击 ▬ 按钮，会显示图像的详细信息，如大小、分辨率、照片的光圈和快门等，如图10-16所示；单击 ▬ 按钮，会以列表的形式显示图像，如图10-17所示。

图10-14   图10-15

图10-16   图10-17

03 执行"视图>审阅模式"命令，或按下Ctrl+B快捷键，可以切换到审阅模式，如图10-18所示。单击图像的缩览图，会弹出一个窗口显示局部图像，如图10-19所示。如果其图像的显示比例小于100%，窗口内的图像会显示为100%。可以拖曳该窗口移动观察图像。单击窗口右下角的"×"按钮可以关闭窗口。按下Esc键或单击屏幕右下角的"×"按钮，则退出审阅模式。

图10-18

图10-19

04 执行"视图>幻灯片放映"命令或按下Ctrl+L快捷键，以幻灯片的形式自动播放图像，如图10-20、图10-21所示。如果要退出幻灯片，可按下Esc键。

图10-20

图10-21

10.3.3 在 Bridge 中观看电影（实战）

■视频：光盘>视频文件夹 ■难度：★★☆☆☆
■实例类型：软件功能 ■实例应用：用Bridge观看电影

Bridge 可以预览大多数视频、音频和 3D 文件，

包括计算机上安装的QuickTime 版本支持的大多数视频文件。

01 运行Bridge并导航到一个视频文件夹中。单击窗口右上角的▼按钮，选择"必要项"或"胶片"命令，以其中的一种方式显示，如图10-22所示。

图10-22

02 在"内容"面板中选择要预览的文件，即可在"预览"面板中播放该文件，如图10-23所示。单击暂停按钮▋▋可暂停回放；单击循环按钮🔁可以打开或关闭连续循环；单击音量按钮🔊并拖曳滑块可以调节音量。

图10-23

10.3.4 在 Bridge 中打开文件（实战）

■视频：光盘>视频文件夹 ■难度：★☆☆☆☆
■实例类型：软件功能 ■实例应用：用Bridge打开文件

01 在 Bridge 中选择一个文件，如图10-24所示，双击该文件即可在其原始应用程序或指定的应用程序中将其打开。例如，双击一个图像文件，可以在Photoshop中打开它，如图10-25所示。如果双击一个AI格式的矢量文件，则会在Illustrator（用户需要安装Illustrator）中打开它。

02 如果要使用其他程序打开文件，可以在"文件>打开方式"下拉菜单中选择所需程序，如图10-26所示。

图10-24

图10-25

文件 编辑 视图 堆栈 标签 工具 窗口 帮助

新建窗口	Ctrl+N
新建文件夹	Ctrl+Shift+N
打开	Ctrl+O
打开方式	▶ Adobe Illustrator CS6
最近打开文件	▶ Adobe InDesign CS2
在 Camera Raw 中打开...	Ctrl+R Adobe Photoshop CS6 (默认)
关闭窗口	Ctrl+W 画图 6.1

图10-26

10.3.5 对文件排序和评级（实战）

■视频：光盘>视频文件夹 ■难度：★★☆☆☆
■实例类型：软件功能 ■实例应用：用Bridge对图像进行排序和评级

当一个文件夹中的图像数量较多时，我们可以用Bridge对重要的图像进行标记、评级和重新排序，使图像更加便于查找。

01 在 Bridge 中选择一个文件，从"视图>排序"菜单中选择一个选项，可以按照其所定义的规则对所选文件进行排序，如图10-27、图10-28所示。选择"手动"，则可按上次拖移文件的顺序排序。

图10-27

图10-28

02 单击一个图像，将其选择，从"标签"菜单中选择一个标签选项，即可为文件添加颜色标记，如图10-29所示。如果要删除文件的标签，可执行"标签>无标签"命令。

图10-29

03 从"标签"菜单中选择评级，则可对文件进行评级，如图10-30所示。如果要增加或减少一个星级，可选择"标签>提升评级"或"标签>降低评级"命令。如果要删除所有星级，可选择"无评级"命令。执行"视图>排序>按评级"命令之后，还可以将标记了五颗星的文件排在最前面。

图10-30

10.3.6 通过关键字快速搜索图片（实战）

■视频：光盘>视频文件夹 ■难度：★★☆☆☆
■实例类型：软件功能 ■实例应用：用关键字搜索图片

现在电脑的硬盘越来越大，我们收藏的图片和数码照片等也会越来越多，很多时候我们都会为寻找需要的文件而大伤脑筋。下面就介绍一种可以快速查找图像的方法。

01 在Bridge中先导航到文件所在的文件夹，单击"输出"选项右侧的▼按钮，在打开的菜单中选择"关键字"，切换到该选项卡，选中一个文件，如图10-31所示。

图10-31

02 单击新建关键字按钮➕，在显示的条目中输入关键字（可以多添加几个关键字）并勾选关键字条目，如图10-32、图10-33所示。

图10-32

图10-33

03 以后查找该图像时，在Bridge窗口右上角输入关键字如"北京"，然后按下回车键即可找到，如图10-34所示。

图10-34

10.3.7 查看和编辑照片元数据（实战）

■视频：光盘>视频文件夹 ■难度：★★☆☆☆
■实例类型：软件功能 ■实例应用：查看照片的元数据信息

使用数码相机拍照时，相机会自动将拍摄信息（如光圈、快门、ISO、测光模式和拍摄时间等）记录到照片中，这些信息称为元数据。下面介绍怎样查看元数据。

01 单击Bridge窗口右上角的"元数据"选项卡，切换到该选项卡。单击一张照片，窗口左侧的"元数据"面板中即可显示各种原始数据信息，如图10-35所示。

02 在"元数据"面板中，我们还可以为照片添加新的信息，如拍摄者的姓名、照片的版权说明等。操作方法很简单，单击"IPTC Core"选项条右侧的✏️图标，在需要编辑的项目中输入信息，然后按下回车键即可，如图10-36所示。

图 10-35

图 10-36

10.3.8 批量重命名图片（实战）

■视频：光盘>视频文件夹 ■难度：★★☆☆☆
■实例类型：软件功能 ■实例应用：在Bridge中对图片进行批量命名

在Bridge中可以成组或成批地重命名文件和文件夹。对文件进行批重命名时，可以为选中的所有文件选取相同的设置。

01 在Bridge中导航到需要重命名的文件所在的文件夹，按下Ctrl+A快捷键选中所有文件，如图10-37所示。

02 执行"工具>批重命名"命令，打开"批重命名"对话框，选择"在同一文件夹中重命名"，为文件输入新的名称，如"可爱玩具"，并输入序列数字，数字的位数为3位数，在对话框底部可以预览文件名称，如图10-38所示。

03 单击"重命名"按钮，即可对文件进行重命名，如图10-39所示。

图10-37

图10-38

图10-39

10.3.9 制作 Web 照片画廊（实战）

■素材：光盘>素材文件夹 ■视频：光盘>视频文件夹 ■难度：★★★☆☆
■实例类型：网页 ■实例应用：制作一个Web照片画廊

Bridge可以制作Web照片画廊。制作好的画廊可通过IE浏览器观看，就像是在网上观看相片一样。

01 运行Bridge，导航到"光盘>素材>10.3.9"文件夹，单击窗口右上角的"输出"选项卡，再单击"Web画廊"按钮，显示设置选项。按下Ctrl+A快捷键，选中列表中的图像，它们会添加到"预览"窗口中，如图10-40所示。

图10-40

02 在"模板"选项下拉列表中选择"Lightroom Flash",在"样式"下拉列表中选择"温暖",然后输入站点信息,可以是网站标题、邮箱等内容,如图10-41所示。

图10-41

03 设置完成后,单击"在浏览器中预览"按钮,预览画廊效果,如图10-42所示。如果发现问题可重新调整,然后再单击"在浏览器中预览"按钮预览效果,没有问题了,就单击"存储位置"选项中的"浏览"选钮,如图10-43所示,在打开的对话框中将画廊文件保存到本地硬盘中。也可以单击"上载"按钮,将画廊上载到FTP上,与朋友共享。

图10-42　　　　图10-43

04 在保存画廊的文件夹中双击📎图标,打开电脑中的浏览器,单击窗口中的缩览图即可浏览各个图像,如图10-44所示。

图10-44

技术看板:
多种多样的预设画廊

"模版"下拉列表中包含11种预设的画廊模版,选择一种之后,还可以在"样式"列表中选择一种样式,从而创建不同风格的画廊。

10.4 在 Mini Bridge 中浏览命令(实战)

■视频:光盘>视频文件夹 ■难度: ★★☆☆☆ ■实例类型: 软件功能 ■实例应用: 用Mini Bridge浏览图像

Mini Bridge是一个简化版的Adobe Bridge。如果只需要查找和浏览图片素材,就可以使用Mini Bridge。

01 执行"文件>在Mini Bridge中浏览"命令,或执行"窗口>扩展功能>Mini Bridge"命令,均可打开"Mini Bridge"面板。单击"启动Bridge"按钮,如图10-45所示,启动Bridge,如图10-46所示。

02 在"导航"选项卡中选择要显示的图像所在的文件夹,面板中就会显示出文件夹中所包含的图像文件,如图10-47所示。拖曳面板底部的滑块还可以调整缩览图的大小,如图10-48所示。如果要在Photoshop

中打开一个图像，只需双击它便可。

图10-45　　　　　　图10-46　　　　　　图10-47　　　　　　图10-48

10.5 打开为命令

在Photoshop中打开文件时，如果使用与文件的实际格式不匹配的扩展名存储文件（如用扩展名 .gif 存储 PSD 文件），或者文件没有扩展名，则Photoshop 可能无法确定文件的正确格式，导致不能打开文件。此外，在 Mac OS 和 Windows 之间传递文件时也可能会导致标错文件格式。

遇到这种情况，可以执行"文件>打开为"命令，弹出"打开为"对话框，选择文件并在"打开为"列表中为它指定正确的格式，如图10-49所示，然后单击"打开"按钮将其打开。如果这种方法也不能打开文件，则选取的格式可能与文件的实际格式不匹配，或者文件已经损坏。

10.6 打开为智能对象命令

执行"文件>打开为智能对象"命令，弹出"打开为智能对象"对话框，选择一个文件，如图10-50所示，将其打开后文件可以转换为智能对象❶（图层缩览图右下角有一个状图标），如图10-51所示。

图10-49　　　　　　图10-50

图10-51

10.7 最近打开文件命令

"文件>最近打开文件"下拉菜单中，保存了我们最近在Photoshop中打开的10个文件❷，选择其中的一个文件即可直接将其打开。

如果要清除该目录，可以选择菜单底部的"清除最近的文件列表"命令。

相关链接
❶智能对象是一个嵌入到当前文档中的文件，它可以保留原始数据，还可以进行非破坏性编辑，具体操作方法详见第396页。❷在"首选项"对话框中可以修改"最近打开文件"菜单中的文件数量，详见第269页。

10.8 关闭、关闭全部、关闭并转到 Bridge 命令

完成图像的编辑之后，可以使用"文件"菜单中的命令，或单击窗口中的按钮来关闭当前文件，如图10-52所示。

● 关闭文件：执行"文件>关闭"命令（快捷键为 Ctrl+W），或单击文档窗口右上角的 ✖ 按钮，可以关闭当前文件。

● 关闭全部文件：如果在 Photoshop 中打开了多个文件，可以执行"文件>关闭全部"命令，关闭所有文件。

● 关闭并转到 Bridge：执行"文件>关闭并转到 Bridge"命令，可以关闭当前文件，然后打开 Bridge。

图10-52

10.9 存储、存储为命令

我们打开一个图像文件并对其进行编辑之后，可以执行"文件>存储"命令，或按下Ctrl+S快捷键，保存所做的修改，图像会按照原有的格式存储。如果这是一个新建的文件，则执行该命令时会打开"存储为"对话框。

如果要将文件保存为另外的名称和其他格式，或者存储在其他位置，可以执行"文件>存储为"命令，在打开的"存储为"对话框中将文件另存，如图10-53所示。

● 保存在：可以选择图像的保存位置。

● 文件名/格式：可输入文件名，在"格式"下拉列表中选择图像的保存格式，如图 10-54 所示。

● 作为副本：勾选该项，可另存一个文件副本。副本文件与源文件存储在同一位置。

● Alpha通道/图层/注释/专色：可以选择是否存储 Alpha通道、图层、注释和专色。

● 使用校样设置：将文件的保存格式设置为EPS或 PDF时，该选项可用，勾选该项可以保存打印用的校样设置。

● ICC 配置文件：可以保存嵌入在文档中的ICC配置文件。

● 缩览图：可以为图像创建缩览图。此后在"打开"对话框中选择一个图像时，对话框底部会显示此图像的缩览图。

● 使用小写扩展名：将文件的扩展名设置为小写。

图10-53

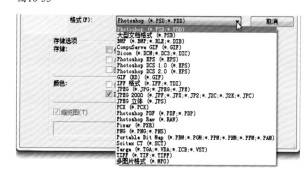

图10-54

详解文件格式 GALLERY

 文件格式决定了图像数据的存储方式(作为像素还是矢量)、压缩方法、支持什么样的 Photoshop 功能，以及文件是否与一些应用程序兼容。PSD 是最重要的文件格式，它可以保留文档的图层、蒙版和通道等所有内容。我们编辑图像之后，尽量保存为该格式，以便以后可以随时修改。此外，矢量软件 Illustrator 和排版软件 InDesign 也支持 PSD 文件，这意味着一个透明背景的文档置入到这两个程序之后，背景仍然是透明的；JPEG 格式是众多数码相机默认的格式，如果要将照片或者图像文件打印输出，或者通过 E-mail 传送，应采用该格式保存；如果图像用于 Web，可以选择 JPEG 或者 GIF 格式；如果要为那些没有安装 Photoshop 的人选择一种可以阅读的文件格式，不妨使用 PDF 格式保存文件。借助于免费的 Adobe Reader 软件即可显示图像，还可以向文件中添加注释。

格式	说明	格式	说明
PSD	PSD是Photoshop默认的文件格式，它可以保留文档中的所有图层、蒙版、通道、路径、未栅格化的文字，以及图层样式等。通常情况下，我们都是将文件保存为PSD格式，以后可以随时修改。PSD是除大型文档格式（PSB）之外支持所有 Photoshop 功能的格式。其他Adobe程序，如Illustrator、InDesign和Premiere等都可以直接置入PSD文件	PDF	便携文档格式（PDF）是一种通用的文件格式，支持矢量数据和位图数据，具有电子文档搜索和导航功能，是 Adobe Illustrator 和 Adobe Acrobat 的主要格式。PDF格式支持RGB、CMYK、索引、灰度、位图和Lab模式，不支持Alpha通道
PSB	PSB格式是Photoshop的大型文档格式，可支持最高达到300 000像素的超大图像文件。它支持Photoshop所有的功能，可以保持图像中的通道、图层样式和滤镜效果不变，但只能在Photoshop中打开。如果要创建一个2GB以上的PSD的文件，可以使用该格式	RAW	Photoshop Raw（.raw）是一种灵活的文件格式，用于在应用程序与计算机平台之间传递图像。该格式支持具有Alpha通道的CMYK、RGB和灰度模式，以及无Alpha通道的多通道、Lab、索引和双色调模式
BMP	BMP是一种用于 Windows 操作系统的图像格式，主要用于保存位图文件。该格式可以处理24位颜色的图像，支持RGB、位图、灰度和索引模式，但不支持Alpha通道	Pixar	Pixar是专门为高端图形应用程序（如用于渲染三维图像和动画的应用程序）设计的文件格式。它支持具有单个 Alpha 通道的 RGB 和灰度图像
GIF	GIF是基于在网络上传输图像而创建的文件格式，它支持透明背景和动画，被广泛地应用在网络文档中。GIF格式采用LZW无损压缩方式，压缩效果较好	PNG	PNG是作为GIF的无专利替代产品而开发的，用于无损压缩和在Web上显示图像。与GIF不同，PNG支持244位图像并产生无锯齿状的透明背景；但某些早期的浏览器不支持该格式
Dicom	Dicom（医学数字成像和通信）格式通常用于传输和存储医学图像，如超声波和扫描图像。Dicom文件包含图像数据和标头，其中存储了有关病人和医学图像的信息	Scitex	Scitex "连续色调" （CT）格式用于 Scitex 计算机上的高端图像处理。该格式支持 CMYK、RGB 和灰度图像，不支持 Alpha 通道
EPS	EPS是为PostScript打印机上输出图像而开发的文件格式，几乎所有的图形、图表和页面排版程序都支持该格式。EPS格式可以同时包含矢量图形和位图图像，支持RGB、CMYK、位图、双色调、灰度、索引和Lab模式，但不支持Alpha通道	TGA	TGA格式专用于使用 Truevision 视频板的系统，它支持一个单独Alpha通道的32位RGB文件，以及无Alpha通道的索引、灰度模式，16位和24位RGB文件
JPEG	JPEG是由联合图像专家组开发的文件格式。它采用有损压缩方式，具有较好的压缩效果，但是将压缩品质数值设置得较大时，会损失掉图像的某些细节。JPEG格式支持RGB、CMYK和灰度模式，不支持Alpha通道	TIFF	TIFF是一种通用的文件格式，所有的绘画、图像编辑和排版程序都支持该格式。而且，几乎所有的桌面扫描仪都可以产生 TIFF 图像。该格式支持具有 Alpha 通道的CMYK、RGB、Lab、索引颜色和灰度图像，以及没有 Alpha 通道的位图模式图像。Photoshop 可以在 TIFF 文件中存储图层，但是，如果在另一个应用程序中打开该文件，则只有拼合图像是可见的
PCX	PCX格式采用RLE无损压缩方式，支持24位、256色的图像，适合保存索引和线画稿模式的图像。该格式支持RGB、索引、灰度和位图模式，以及一个颜色通道	PBM	便携位图（PBM）文件格式支持单色位图（1位/像素），可用于无损数据传输，因为许多应用程序都支持该格式，我们甚至可以在简单的文本编辑器中编辑或创建此类文件

10.10 签入命令

"文件>签入"命令可以保存文件。执行该命令时，允许存储文件的不同版本以及各版本的注释。该命令可用于 Version Cue 工作区管理的图像，如果使用的是来自 Adobe Version Cue 项目的文件，文档标题栏会提供有关文件状态的其他信息。

Adobe Version Cue 是 Adobe Creative Suite 6 Design、Web 以及 Master Collection 版本中包含的文件版本管理器，它包含以下两个部分：Version Cue 服务器和 Version Cue 连接。Version Cue 服务器承载 Version Cue 项目和 PDF 审阅，可将其安装在本地，也可以安装在中心计算机上。Version Cue 连接可用来连接到 Version Cue 服务器，它包含在所有支持 Version Cue 的组件（Adobe Acrobat、Adobe Flash、Adobe Illustrator、Adobe InDesign、Adobe InCopy、Adobe Photoshop 以及 Adobe Bridge）中。

10.11 存储为 Web 所用格式命令

使用"文件>存储为 Web 所用格式"命令可以对图像和切片进行优化❶，减小文件的大小。在 Web 上发布图像时，Web 服务器可以更加高效地存储和传输图像，用户则能够更快地下载图像。

10.11.1 存储为 Web 所用格式对话框

执行"文件>存储为 Web 所用格式"命令，打开"存储为 Web 所用格式"对话框，如图10-55所示，在对话框中可以对图像进行优化和输出。

标签，可并排显示图像的两个版本，即优化前和优化后的图像；单击"四联"标签，可并排显示图像的4个版本，如图10-56所示，原稿外的其他3个图像可以进行不同的优化，每个图像下面都提供了优化信息，如优化格式、文件大小、图像估计下载时间等，我们通过对比选择出最佳的优化方案。

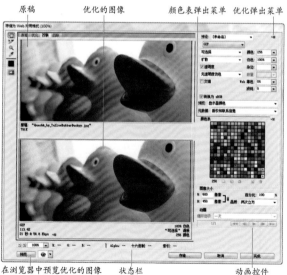

原稿　　优化的图像　　　颜色表弹出菜单　优化弹出菜单

在浏览器中预览优化的图像　　状态栏　　　　动画控件

图10-55

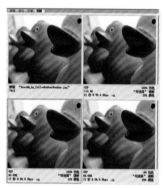

图10-56

- 显示选项：单击"原稿"标签，可在窗口中显示没有优化的图像；单击"优化"标签，可在窗口中显示应用了当前优化设置的图像；单击"双联"

- 缩放工具🔍/缩放文本框/抓手工具✋：使用缩放工具🔍单击可以放大图像的显示比例，按住Alt键单击则缩小显示比例，也可以在缩放文本框中输入显示百分比。使用抓手工具✋可以移动查看图像。

- 切片选择工具✂：当图像包含多个切片❷时，可以使用该工具选择窗口中的切片，然后再对其进行优化。

- 吸管工具💉/吸管颜色■：使用吸管工具💉在图像

相关链接 ....
❶*切片的创建方法详见第97页。*❷*切片选择工具的使用方法详见第98页。*

中单击，可以拾取单击点的颜色，并显示在吸管颜色图标中。

● 切换切片可视性 ⬚：单击该按钮可以显示或隐藏切片的定界框。

● 优化弹出菜单：包含"存储设置"、"链接切片"和"编辑输出设置"等命令，如图10-57所示。

● 颜色表弹出菜单：包含与颜色表有关的命令，可新建颜色、删除颜色以及对颜色进行排序等，如图10-58所示。

图10-57　　图10-58

● 颜色表：将图像优化为GIF、PNG-8和WBMP格式时，可在"颜色表"中对图像颜色进行优化设置。

● 图像大小：将图像大小调整为指定的像素尺寸或原稿大小的百分比。

● 状态栏：显示光标所在位置图像的颜色值等信息。

● 在浏览器中预览优化的图像：单击 🖥 按钮可在系统上默认的 Web 浏览器中预览优化后的图像。预览窗口中会显示图像的题注，其中列出了图像的文件类型、像素尺寸、文件大小、压缩规格和其他HTML 信息，如图10-59所示。如果要使用其他浏览器，可以在此菜单中选择"其他"。

图10-59

10.11.2　Web 图形优化选项

在"存储为 Web 所用格式"对话框中选择需要

优化的切片以后，可在右侧的文件格式下拉列表中选择一种文件格式，并设置优化选项，对所选切片进行优化。

优化为GIF和PNG-8格式

GIF 是用于压缩具有单调颜色和清晰细节的图像（如艺术线条、徽标或带文字的插图）的标准格式，它是一种无损的压缩格式。PNG-8 格式与 GIF 格式一样，也可以有效地压缩纯色区域，同时保留清晰的细节。这两种格式都支持 8 位颜色，因此它们可以显示多达 256 种颜色。在"存储为Web所用格式"对话框中的文件格式下拉列表可以中选择这两种格式，如图10-60、图10-61所示。

图10-60　　　　　　　　图10-61

● 减低颜色深度算法/颜色：指定用于生成颜色查找表的方法，以及想要在颜色查找表中使用的颜色数量。图10-62、图10-63所示为不同颜色数量的图像效果。

图10-62　　　　　　　　图10-63

● 仿色算法/仿色："仿色"是指通过模拟计算机的颜色来显示系统中未提供的颜色的方法。较高的仿色百分比会使图像中出现更多的颜色和细节，但也会增加文件占用的存储空间。图10-64所示是"颜色"为50、"仿色"为0%的GIF图像，图10-65所示是"仿色"为100%的效果。

图10-64　　　　　　　　图10-65

● 透明度/杂边：用于确定如何优化图像中的透明像

素。例如，图10-66所示为一个背景是透明像素的图像；图10-67所示为勾选"透明度"选项，并设置杂边颜色为绿色的效果；图10-68所示为勾选"透明度"选项，但未设置杂边颜色的效果；图10-69所示为未勾选"透明度"选项，设置杂边颜色为绿色的效果。

图10-66

图10-67

图10-68

图10-69

● 交错：当图像正在下载时，在浏览器中显示图像的低分辨率版本，使用户感觉下载时间更短。但这会增加文件的大小。

● Web 靠色：指定将颜色转换为最接近的 Web 面板等效颜色的容差级别（并防止颜色在浏览器中进行仿色）。该值越高，转换的颜色越多。

● 损耗：可通过有选择地扔掉数据来减小文件大小，可以将文件减小 5% ~ 40%。在通常情况下，应用 5~10 的"损耗"值不会对图像产生太大影响，如图10-70所示，数值较高时，文件虽然会更小，但图像的品质就会变差，如图10-71所示。

图10-70

图10-71

优化为JPEG格式

JPEG 是用于压缩连续色调图像（如照片）的标准格式。将图像优化为 JPEG 格式时采用的是有损压缩，它会有选择性地扔掉数据以减小文件大小。图10-72所示为JPEG选项。

图10-72

● 压缩品质/品质：用来设置压缩程度，"品质"设置越高，图像的细节越多，但生成的文件也越大。

● 连续：在 Web 浏览器中以渐进方式显示图像。

● 优化：创建文件大小稍小的增强 JPEG。如果要最大限度地压缩文件，建议使用优化的 JPEG 格式。

● 嵌入颜色配置文件：可以在优化文件中保存颜色配置文件。某些浏览器会使用颜色配置文件进行颜色的校正。

● 模糊：指定应用于图像的模糊量。可创建与"高斯模糊"滤镜相同的效果，并允许进一步压缩文件以获得更小的文件。建议使用 0.1 到 0.5 之间的设置。

● 杂边：可以为原始图像中透明的像素指定一个填充颜色。

优化为PNG-24格式

PNG-24 适合于压缩连续色调图像，它的优点是可在图像中保留多达 256 个透明度级别，但生成的文件要比 JPEG 格式生成的文件大得多。图10-73所示为PNG-24优化选项，其设置方法可参考GIF格式的相应选项。

图10-73

优化为WBMP格式

WBMP 格式是用于优化移动设备（如移动电话）图像的标准格式。图10-74所示为该格式的优化选项。图10-75所示为原图像，使用该格式优化后，图像中只包含黑色和白色像素，如图10-76所示。

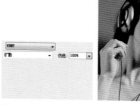

图10-74　　　　图10-75　　　　图10-76

10.11.3 Web 图形的输出设置

优化Web图形后，在"存储为 Web 所用格式"对话框的"优化"菜单中选择"编辑输出设置"命令，如图10-77所示，打开"输出设置"对话框，如图10-78所示。在对话框中可以控制如何设置 HTML 文件的格式、如何命名文件和切片，以及在存储优化图像时如何处理背景图像。

选项的下拉列表中选择一个选项；如果要自定义输出选项，则可在如图10-79所示的选项下拉列表中选择"HTML"、"切片"、"背景"或"存储文件"，对话框中即可显示详细的设置内容。

图10-77　　　图10-78

图10-79

如果要使用预设的输出选项，可以在"设置"

10.12 恢复命令

执行"文件>恢复"命令，可以将文件恢复到最后一次保存时的状态❶。

此外，使用"图像>调整"菜单中的命令，以及"滤镜"菜单中的滤镜时，都会打开相应的对话框。当我们修改参数以后，如果想要恢复为默认值，可以按住Alt键，对话框中的"取消"按钮就会变为"复位"按钮，单击该按钮即可，如图10-80、图10-81所示。

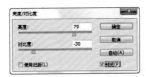

图10-80

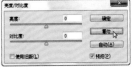

图10-81

10.13 置入命令（实战置入矢量图形）

■视频：光盘>视频文件夹 ■难度：★★☆☆☆ ■实例类型：软件功能 ■实例应用：在图像文件中置入AI格式的矢量图形

我们打开或新建一个文档后，可以使用"文件"菜单中的"置入"命令将照片、图片等位图，以及EPS、PDF、AI等矢量文件作为智能对象置入 Photoshop 文档中。

AI是Adobe Illustrator的矢量文件格式，将 AI文件置入Photoshop 时，可以保留对象的图层、蒙版、透明度、复合形状和切片等属性。此外，置入以后，如果用Illustrator 修改源文件，Photoshop 中的图形也会自动更新到与之相同的状态。

01 按下Ctrl+O快捷键，打开光盘中的素材文件，如图10-82所示。

图10-82

相关链接
❶使用"编辑"菜单中的命令可以撤销操作，详见第246页。使用"历史记录"面板可以撤销操作，恢复图像，详见第214页。

02 执行"文件>置入"命令，打开"置入"对话框，选择光盘中的AI文件，如图10-83所示，单击"置入"按钮，打开"置入PDF"对话框，在"裁剪到"下拉列表中选择"边框"，如图10-84所示。

图10-83

图10-84

👤**提示**

在"裁剪到"下拉列表中选择"边框"，可裁剪到包含页面所有文本和图形的最小矩形区域；"媒体框"表示裁剪到页面的原始大小；"裁剪框"表示裁剪到PDF文件的剪切区域；"出血框"表示裁剪到PDF文件中指定的区域；"裁切框"表示裁剪到为得到预期的最终页面尺寸而指定的区域；"作品框"表示裁剪到PDF文件中指定的区域。

03 单击"确定"按钮，将AI文件置入文档中❶，如图10-85所示，置入的AI文件会自动成为一个智能对象❷，如图10-86所示。

图10-85

图10-86

04 按下Ctrl+[快捷键，将智能对象图层移动到婴儿所在图层的下方，如图10-87所示。选择"图层1"，单击"图层"面板底部的 🔲 按钮添加蒙版，如图10-88所示。

05 使用柔角画笔工具 ✏ 在婴儿周围涂抹黑色，用蒙版隐藏图像，如图10-89、图10-90所示。

图10-87

图10-88

图10-89　　　　　　图10-90

06 如果用 Adobe Illustrator修改AI矢量文件并保存修改结果，则Photoshop中的矢量图形也会同步更新，如图10-91、图10-92所示。

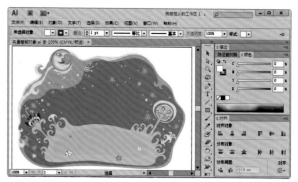
图10-91

图10-92

相关链接
❶置入矢量文件的过程中（即按下回车键确认以前），对其进行缩放、定位、斜切或旋转操作时，不会降低图像品质。关于缩放和旋转等变换操作的方法，请参阅第255页。❷关于智能对象，请参阅第396页。

10.14 导入命令

Photoshop可以编辑视频帧、注释和WIA支持等内容。我们新建或打开图像文件后，可以通过"文件>导入"下拉菜单中的命令，如图10-93所示，将这些对象导入到图像中。

图10-93

10.14.1 变量数据组

在Photoshop中，用户可以利用数据驱动图形，快速准确地生成图像的多个版本以用于印刷项目或Web 项目。

要利用数据驱动图形❶，需要先定义变量和数据组。Photoshop中可以创建数据组，此外，如果在其他程序，如文本编辑器或电子表格程序（Microsoft Excel）中创建了数据组，则可以执行"文件>导入>变量数据组"命令，将其导入Photoshop中。

10.14.2 视频帧到图层（实战）

■素材：光盘>素材文件夹 ■视频：光盘>视频文件夹 ■难度：★★☆☆☆
■实例类型：视频类 ■实例应用：将视频导入图层中

Photoshop Extended（扩展版）不仅可以编辑视频❷，还能够从视频文件中获取静帧图像，我们可以将获取的应用于网络或印刷。

01 执行"文件>导入>视频帧到图层"命令，弹出"打开"对话框，选择光盘中的视频文件，如图10-94所示。

图10-94

02 单击"打开"按钮，弹出"将视频导入图层"对话框，选择"仅限所选范围"选项，然后拖曳时间滑块，定义导入的帧的范围，如图10-95所示。如果

要导入所有帧，可以选择"从开始到结束"选项。

03 单击"确定"按钮，即可将指定范围内的视频帧导入图层中，如图10-96所示。

图10-95

图10-96

提示

要在 Photoshop CS6 Extended 中处理视频，必须在计算机上安装 QuickTime 7.1（或更高版本）。我们可以从 Apple Computer 网站上免费下载 QuickTime。

10.14.3 注释

Photoshop允许用户在图像中添加注释文字❸。不仅如此，我们还可以将 PDF 文件中包含的注释导入到图像中。操作方法为，执行"文件>导入>注释"命令，打开"载入"对话框，选择 PDF文件，然后单击"载入"按钮即可。

10.14.4 WIA支持

某些数码相机使用"Windows 图像采集"(WIA)支持来导入图像，将数码相机连接到计算机，然后执行"文件>导入>WIA支持"命令，可以将照片导入 Photoshop 中。

提示

如果计算机配置有扫描仪并安装了相关的软件，则其名称会出现在"导入"下拉菜单中，选择扫描仪后，可以使用扫描仪制造商的软件扫描图像，并将其存储为TIFF、PICT或BMP格式，然后在Photoshop中打开。

相关链接
❶关于数据驱动图形请参阅第348页。❷Photoshop中的视频功能详见第399页。❸注释的创建方法详见第100页。

10.15 导出命令

我们在Photoshop中创建和编辑的图像可以导出到Illustrator或视频设备中，以满足了不同的使用需要。"文件>导出"下拉菜单中包含可以导出文件的命令，如图10-97所示。

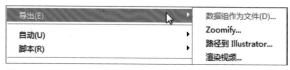

图10-97

10.15.1 数据组作为文件

在Photoshop中定义变量以及一个或多个数据组后，可以执行"文件>导出>数据组作为文件"命令，按批处理模式使用数据组值将图像输出为 PSD 文件。

10.15.2 Zommify

执行"文件>导出>Zommify"命令，可以将高分辨率的图像发布到Web上，利用 Viewpoint Media Player，用户可以平移或缩放图像以查看它的不同部分。在导出时，Photoshop会创建JPEG和HTML 文件，用户可以将这些文件上载到Web服务器。

10.15.3 路径到 Illustrator

在Photoshop中创建了路径❶后，可以执行"文件>导出>路径到Illustrator"命令，将路径导出为AI格式。导出的路径可以在Illustrator中编辑使用。

10.15.4 渲染视频

对视频❷进行编辑之后，可将其存储为QuickTime影片或PSD文件。如果尚未渲染视频，则最好将文件存储为PSD格式，因为它能够保留我们所做的修改，而且Adobe 数字视频程序（Premiere Pro、After Effects）和许多电影编辑程序都支持该格式的文件。

在 Photoshop（标准版）中，我们可以执行"文件>导出>渲染视频"命令，将视频导出为QuickTime

影片。在 Photoshop Extended（扩展版）中，还可以将视频图层一起导出。图10-98所示为"渲染视频"对话框。

图10-98

- 位置： 在该选项组中可以设置视频的名称和存储位置。

- 选择视频格式： 单击第二个选项组中的 ▼ 按钮，可以打开下拉列表选择视频格式。 其中，DPX（数字图像交换） 格式主要适用于使用 Adobe Premiere Pro 等编辑器合成到专业视频项目中的帧序列； H.264 (MPEG-4) 格式是最通用的格式， 具有高清晰度和宽银幕视频预设和为平板电脑设备或 Web 传送而优化的输出性能； QuickTime (MOV) 格式是导出 Alpha 通道和未压缩视频所需的格式。 选择一种格式后， 可在下面的选项中设置文档大小、 帧速率和像素长宽比等。

- 范围： 可以选择渲染文档中的所有帧， 也可以只渲染部分帧。

- 渲染选项： 在 "Alpha通道" 选项中可以指定Alpha通道的渲染方式， 该选项仅适用于支持Alpha通道的格式， 如PSD或TIFF； 在 "3D品质" 选项中可以选择渲染品质。

相关链接
❶关于路径的创建方法，请参阅第74页。❷视频文件的编辑方法详见第399页和第200页。

10.16 自动命令

为方便用户使用，Photoshop提供了许多图像自动处理工具，如可以自动编辑图像的"批处理"命令、可合成HDR照片的"合并到HDR Pro"命令，以及可校正镜头缺陷的"镜头校正"命令等。

10.16.1 批处理（实战自动化处理）

■素材：光盘>素材文件夹 ■视频：光盘>视频文件夹 ■难度：★★★☆☆
■实例类型：数码照片处理 ■实例应用：自动处理—批照片

批处理是指将动作❶应用于目标文件，以帮助我们完成大量的、重复性的操作，节省时间，提高工作效率，实现图像处理的自动化。例如，如果要对一大批照片或图像文件进行相同的处理，如调整照片的大小和分辨率，或者进行锐化、模糊等，就可以先将其中一张照片的处理过程录制为动作，再通过批处理将该动作应用于其他照片。

在批处理前，读者需要先将光盘中的素材文件保存到自己电脑的一个文件夹中，如图10-99所示。

图10-99

01 打开"动作"面板，如图10-100所示。执行面板菜单中的"载入动作"命令，加载光盘中的动作文件，如图10-101所示。

图10-100　　　图10-101

02 执行"文件>自动>批处理"命令，打开"批处理"对话框。在"播放"选项中选择要播放的动作，然后单击"选择"按钮，打开"浏览文件夹"对话框，选择图像所在的文件夹，如图10-102所示。

图10-102

03 在"目标"下拉列表中选择"存储并关闭"，如图10-103所示。如果不想破坏原照片，可以选择"文件夹"选项，然后单击下面的"选择"按钮，在打开的对话框中为处理后的图像指定保存位置。

图10-103

04 接下来便可以进行批处理操作了，单击"确定"按钮，Photoshop就会使用所选动作将文件夹中的所有图像都处理为反冲效果，如图10-104所示。在批处

相关链接
❶动作可以将我们的图像编辑过程录制下来。关于动作的更多内容请参阅第207页。

理的过程中，如果要中止操作，可以按下Esc键。

图10-104

"批处理"对话框主要选项

- 源：在"源"下拉列表中可以指定要处理的文件。选择"文件夹"并单击下面的"选择"按钮，可在打开的对话框中选择一个文件夹，批处理该文件夹中的所有文件；选择"导入"，可以处理来自数码相机、扫描仪或PDF文档的图像；选择"打开的文件"，可以处理当前所有打开的文件；选择"Bridge"，可以处理 Adobe Bridge 中选定的文件。

- 覆盖动作中的"打开"命令：在批处理时忽略动作中记录的"打开"命令。

- 包含所有子文件夹：将批处理应用到所选文件夹中包含的子文件夹。

- 禁止显示文件打开选项对话框：批处理时不会打开文件选项对话框。

- 禁止颜色配置文件警告：可以关闭颜色方案信息的显示。

- 目标：在"目标"下拉列表中可以选择完成批处理后文件的保存位置。选择"无"，表示不保存文件，文件仍为打开状态；选择"存储并关闭"，可以将文件保存在原文件夹中，并覆盖原始文件。选择"文件夹"并单击选项下面的"选择"按钮，可指定用于保存文件的文件夹。

- 覆盖动作中的"存储为"命令：如果动作中包含"存储为"命令，则勾选该项后，在批处理时，动作中的"存储为"命令将引用批处理的文件，而不是动作中指定的文件名和位置。

- 文件命名：将"目标"选项设置为"文件夹"后，可以在该选项组的6个选项中设置文件的命名规范，指定文件的兼容性，包括Windows、Mac OS和Unix。

10.16.2 PDF演示文稿（实战）

■素材：光盘>素材文件夹 ■视频：光盘>视频文件夹 ■难度：★★☆☆☆
■实例类型：软件功能 ■实例应用：制作一个PDF演示文稿

01 执行"文件>自动>PDF演示文稿"命令，打开"PDF演示文稿"对话框。

02 单击"浏览"按钮，如图10-105所示，在弹出的对话框中单击并拖动鼠标，选择光盘中的素材文件，如图10-106所示。

图10-105   图10-106

03 单击"打开"按钮，将所选图像添加到"源文件"列表中，如图10-107所示。在"存储为"选项中选择"演示文稿"；将"背景"设置为黑色；"换片间隔"设置为3秒；勾选"在最后一页之后循环"，并将过渡效果设置为"随机过渡"，让PDF演示文稿循环播放，如图10-108所示。

图10-107   图10-108

04 单击"存储"按钮，打开"存储Adobe PDF"对话框，如图10-109、图10-110所示。将PDF文件保存到本地硬盘。这样以后双击该文件📄，就会以幻灯片的形式连续播放图像，并且每一次图像的切换方式都有变化，如图10-111所示。

图10-109　　　　　　图10-110

图10-111

提示
PDF演示文稿需要用Adobe Reader播放。如果读者没有安装该程序，可以到www.myadobe.com网站上下载免费版软件。

10.16.3 创建快捷批处理（实战）

■视频：光盘>视频文件夹 ■难度：★★☆☆☆
■实例类型：软件功能 ■实例应用：创建一个快捷批处理小程序

　　快捷批处理是一个能够快速完成批处理的小应用程序，它可以简化批处理操作的过程。创建快捷批处理之前，需要先在"动作"面板中创建所需的动作。

01 执行"文件>自动>创建快捷批处理"命令，打开"创建快捷批处理"对话框，它与"批处理"对话框基本相似。选择一个动作，然后在"将快捷批处理存储为"选项组中单击"选择"按钮，打开"存储"对话框，为即将创建的快捷批处理设置名称和保存位置，如图10-112所示。

02 单击"保存"按钮关闭对话框，返回到"创建快捷批处理"对话框中。在"播放"选项组中选择

动作；在"目标"选项组中设置处理后的图像的保存方法，可以选择"存储并关闭"，如图10-113所示。如果不想破坏源图像，可以选择"文件夹"选项，然后单击下方的"选择"按钮，为图像指定保存位置。最后单击"确定"按钮，即可创建快捷批处理程序并保存到指定位置。

03 快捷批处理程序的图标为状，如图10-114所示。我们只需将图像或文件夹拖曳到该图标上，便可以直接对图像进行批处理，即使没有运行Photoshop，也可以完成批处理操作。

图10-112

图10-113　　　　　拼贴效果快捷批
　　　　　　　　　处理程序.exe
　　　　　　　　　图10-114

10.16.4 裁剪并修齐照片（实战）

■素材：光盘>素材文件夹 ■视频：光盘>视频文件夹 ■难度：★★☆☆☆
■实例类型：数码照片处理 ■实例应用：自动裁剪照片、修齐边缘

　　我们每个人家里都有一些过去的老照片，要用Photoshop处理这些照片，需要先通过扫描仪将它们扫描到电脑中。如果将多张照片扫描在一个文件中，我们可以用"裁剪并修齐照片"命令自动将各个图像裁剪为单独的文件，方便而快捷。

01 按下Ctrl+O快捷键，打开光盘中的素材文件，如图10-115所示。

02 执行"文件>自动>裁剪并修齐照片"命令，Photoshop会将各个照片分离为单独的文件，如图10-116、图10-117所示。最后，执行"文件>存储为"命令，将它们分别保存。

图10-116

图10-115

图10-117

10.16.5 联系表 II （实战）

■素材：光盘>素材文件夹 ■视频：光盘>视频文件夹 ■难度：★★★☆☆
■实例类型：软件功能 ■实例应用：制作光盘封面图像

使用"联系表 II"命令可以为指定的文件夹中的图像创建缩览图。通过缩览图可以轻松地预览一组图像或者对其进行编目。例如，我们可以为保存照片的光盘创建索引目录，便于以后查找照片。

01 首先将需要创建为联系表的图片保存在一个文件夹中（读者可以将光盘中的素材复制到自己的硬盘中）。执行"文件>自动>联系表 II"命令，打开"联系表 II"对话框，在"使用"选项下拉列表中选择"文件夹"，单击"选取"按钮，如图10-118所示，在打开的对话框中选择图片所在的文件夹，如图10-119所示。

图10-118

图10-119

02 单击"确定"按钮关闭对话框，返回到"联系表 II"对话框中；将"宽度"和"高度"都设置为11，"分辨率"设置为150；将每一"列数"缩览图设置为5个，每一"行数"缩览图设置为4个；最后再将"字体大小"设置为6点，如图10-120所示。

03 单击"确定"按钮，Photoshop会自动生成联系表，如图10-121所示。图10-122所示为将图片贴在光盘封面的效果。

图10-120

图10-121

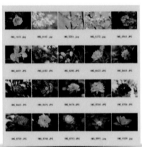

图10-122

10.16.6 Photomerge （实战合成全景图）

■素材：光盘>素材文件夹 ■视频：光盘>视频文件夹 ■难度：★★☆☆☆
■实例类型：数码照片处理 ■实例应用：合成一张全景照片

拍摄风光时，如果广角镜头也无法拍摄到整体画面，不妨拍几张不同角度的照片，再用Photoshop将它们拼接成为全景图。用于合成全景图的各张照片都要有一定的重叠内容，Photoshop需要识别这些重叠的地方才能拼接照片。一般来说，重叠处应该占照片的10%～15%。

01 按下Ctrl+O快捷键，打开3张照片，如图10-123～图10-125所示。

02 执行"文件>自动>Photomerge"命令，打开"Photomerge"对话框。在"版面"选项中选择"自动"，单击"添加打开的文件"按钮，将窗口中打开的3张照片添加到列表中，再勾选"混合图像"和"晕影去除"选项，让Photoshop自动修照片的曝光并去除晕影，使它们自然衔接，如图10-126所示。

图10-123

图10-124

图10-125

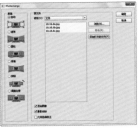
图10-126

03 单击"确定"按钮，Photoshop会自动拼合照片并添加图层蒙版，通过蒙版修正使照片之间无缝衔接。最后，用矩形选框工具 ⬚ 将照片内容选中，执行"图像>裁剪"命令，将空白区域和多余的图像裁掉，如图10-127所示。不要用裁剪工具 ⊐ 裁剪，因为裁剪框会自动吸附到画布边缘，不易对齐到图像边缘。

图10-127

10.16.7 合并到 HDR Pro（实战合成 HDR）

■素材：光盘>素材文件夹 ■视频：光盘>视频文件夹 ■难度：★★★★☆
■实例类型：数码照片处理 ■实例应用：合成一张HDR照片

　　HDR图像是通过合成多幅以不同曝光度拍摄的同一场景、或同一人物的照片而创建的高动态范围图片，主要用于影片、特殊效果、3D 作品及某些高端图片。HDR是High Dynamic Range（高动态范围）的缩写，HDR图像可以按照比例存储真实场景中所有明度值，画面中无论高光还是阴影区域的细节都可以保留，色调层次更加丰富。

　　"合并到 HDR Pro"命令可以将同一场景的具有不同曝光度的多个图像合并起来，从而捕获单个HDR 图像中的全部动态范围。

01 光盘中提供了一组以不同曝光值拍摄的照片，如图10-128~图10-130所示。执行"文件>自动>合并到HDR Pro"命令，在打开的对话框单击"浏览"按钮，在弹出的对话框中选择这3张照片，将它们添加到"合并到HDR Pro"列表中，如图10-131所示。

图10-128

图10-129

图10-130

图10-131

02 单击"确定"按钮，Photoshop会对图像进行处理并弹出"合并到HDR Pro"对话框，显示合并的源图像、合并结果的预览图像、"位深度"菜单及用于设置白场预览的滑块，如图10-132所示。

图10-132

03 拖曳各个选项滑块，同时观察图像效果，让建筑侧面显示出细节，如图10-133所示。

图10-133

CHAPTER 10

04 单击"曲线"选项卡，显示曲线，将曲线调整为S形，增强色调的对比度，如图10-134所示。单击"确定"按钮创建HDR照片。

图10-134

05 按下Ctrl+J快捷键复制当前图层。执行"滤镜>模糊>高斯模糊"命令，对图像进行模糊处理，如图10-135、图10-136所示。

图10-135   图10-136

06 单击"图层"面板底部的 ▢ 按钮添加蒙版。使用柔角画笔工具 ✎ 在建筑上涂抹深灰色，让建筑恢复为清晰的效果，设置该图层的不透明度为50%，如图10-137、图10-138所示。

图10-137   图10-138

07 选择"背景"图层，按下Ctrl+J快捷键复制，再按下Ctrl+]快捷键将其移至顶层，如图10-139所示；执行"滤镜>风格化>查找边缘"命令，将图像处理为线描效果；按下Shift+Ctrl+U快捷键去色，如图10-140所示。

图10-139

图10-140

08 设置该图层的混合模式为"变暗"，不透明度为50%，如图10-141、图10-142所示。

图10-141

图10-142

09 单击"调整"面板中的 ▦ 按钮，创建一个"照片滤镜"调整图层，调整图像颜色，如图10-143所示。将该图层的混合模式设置为"变暗"，如图10-144所示，效果如图10-145所示。

图10-143

图10-144

图10-145

提示

如果要通过Photoshop合成HDR照片，至少要拍摄3张不同曝光度的照片（每张照片的曝光相差一挡或两挡）；其次要通过改变快门速度（而非光圈大小）进行包围式曝光，以避免照片的景深发生改变，并且最好使用三脚架。

"合并到HDR Pro"命令选项

- 预设：包含了 Photoshop 预设的调整选项。如果要将当前的调整设置存储，以便以后使用，可单击该选项右侧的按钮，打开下拉菜单选择"预设>存储预设"命令。如果以后要重新应用这些设置，可以选择"载入预设"命令。

- 移去重影：如果画面中因为移动的对象（如汽车、人物或树叶）而具有不同的内容，可勾选该项，Photoshop 会在具有最佳色调平衡的缩览图周围显示一个绿色轮廓，以标识基本图像。其他图像中找到的移动对象将被移去。

- 模式：可以为合并后的图像选择一个位深度。但只有 32 位/通道的文件可以存储全部 HDR 图像数据。

- 色调映射方法：选择"局部适应"，可通过调整图像中的局部亮度区域来调整 HDR 色调；选择"色调均化直方图"，可在压缩 HDR 图像动态范围的同时，尝试保留一部分对比度；选择"曝光度和灰度系数"，可手动调整 HDR 图像的亮度和对比度，移动"曝光度"滑块可以调整增益，移动"灰度系数"滑块可以调整对比度；选择"高光压缩"，可压缩 HDR 图像中的高光值，使其位于 8 位/通道或 16 位/通道的图像文件的亮度值范围内。

- 边缘光选项组："半径"选项用来指定局部亮度区域的大小；"强度"选项用来指定两个像素的色调值相差多大时，它们属于不同的亮度区域。

- 色调和细节选项组："灰度系数"设置为 1.0 时动态范围最大；较低的设置会加重中间调，而较高的设置会加重高光和阴影。曝光度值反映光圈大小。拖曳"细节"滑块可以调整锐化程度。

- 高级选项组：拖曳"阴影"和"高光"滑块可使这些区域变亮或变暗。"自然饱和度"、"饱和度"选项可以调整色彩的饱和度。其中"自然饱和度"可以调整细微颜色强度，并避免出现溢色。

- 曲线：可通过曲线调整 HDR 图像。如果要对曲线进行更大幅度地调整，可勾选"边角"选项，之后拖曳控制点时，曲线会变为尖角。直方图中显示了原始的 32 位 HDR 图像中的明亮度值。横轴的红色刻度线则以一个 EV（约为一级光圈）为增量。

10.16.8 镜头校正（实战照片缺陷校正）

■素材：光盘>素材文件夹　■视频：光盘>视频文件夹　■难度：★★☆☆☆
■实例类型：数码照片处理　■实例应用：校正照片中出现的镜头缺陷

　　"镜头校正"命令可以校正出现镜头缺陷的照片，如可减轻照片中出现的晕影、色差等。

01 按下Ctrl+O快捷键，打开光盘中的照片素材，如图10-146所示。执行"文件>自动>镜头校正"命令，打开"镜头校正"对话框❶，单击"添加打开的文件"按钮，将打开的图像添加到对话框的列表中，如图10-147所示。

图10-146　　　　　　　　　　　　图10-147

02 勾选"校正选项"选项组中的各个选项，然后单击"目标文件夹"选项组中的"选择"按钮，在弹出的对话框中为处理后的照片指定保存位置，如图10-148所示。

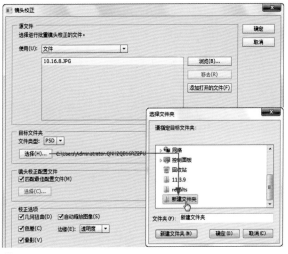

图10-148

相关链接
❶ "滤镜"菜单中的"镜头校正"滤镜也是专门用于校正镜头缺陷的工具，关于该滤镜可参见第428页。

03 单击"确定"按钮，Photoshop就会自动处理图像。图10-149、图10-150所示为原图及处理后的效果，可以看到，照片中晕影（即暗角）和镜头造成的扭曲都得到了相应的校正。

图10-149

图10-150

10.16.9 条件模式更改

使用动作❶处理图像时，如果在某个动作中，有一个步骤是将源模式为 RGB 的图像转换为CMYK模式，而处理的图像非RGB模式（如灰度模式），这就会导致出现错误。为了避免这种情况，可在记录动作时，使用"条件模式更改"命令为源模式指定一个或多个模式，并为目标模式指定一个模式，以便在动作执行过程中进行转换。执行"文件>自动>条件模式更改"命令，如图10-151所示，打开"条件模式更改"对话框，如图10-152所示。

● 源模式：用于选择源文件的颜色模式，只有与选择的颜色模式相同的文件才可以被更改。单击"全部"按钮，可选择所有可能的模式；单击"无"按钮，则不选择任何模式。

● 目标模式：用来设置图像转换后的颜色模式。

图10-151

图10-152

10.16.10 限制图像

执行"文件>自动>限制图像"命令可以改变照片的像素数量，将其限制为指定的宽度和高度，但不会改变分辨率❷。例如，图10-153、图10-154所示为原照片及像素值，图10-155所示为"限制图像"对话框，设置"宽度"值为1000像素后，Photoshop会自动将图像调整到设定的尺寸，如图10-156所示。

图10-153

图10-154

图10-155

图10-156

10.17 脚本命令

Photoshop 通过脚本支持外部自动化。在 Windows 中，我们可以使用支持 COM 自动化的脚本语言（如 VB Script）控制多个应用程序，例如 Adobe Photoshop、Adobe Illustrator 和 Microsoft Office。

与动作相比，脚本提供了更多的可能性。它可以执行逻辑判断，重命名文档等操作，同时脚本文件更便于携带并重用。"文件>脚本"下拉菜单中包含各种脚本命令，如图10-157所示。

相关链接
❶动作的创建和使用方法详见第207页。❷关于像素和分辨率的具体内容，可参见第3页和第336页。

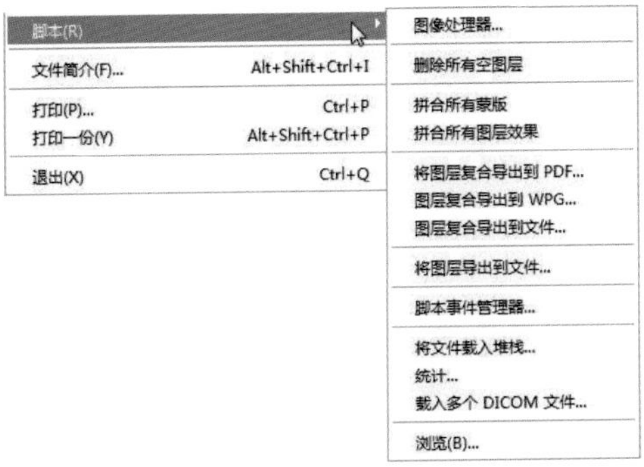

脚本(R)	▶	图像处理器...
文件简介(F)...	Alt+Shift+Ctrl+I	删除所有空图层
打印(P)...	Ctrl+P	拼合所有蒙版
打印一份(Y)	Alt+Shift+Ctrl+P	拼合所有图层效果
退出(X)	Ctrl+Q	将图层复合导出到 PDF...
		图层复合导出到 WPG...
		图层复合导出到文件...
		将图层导出到文件...
		脚本事件管理器...
		将文件载入堆栈...
		统计...
		载入多个 DICOM 文件...
		浏览(B)...

图10-157

10.17.1 图像处理器

执行"文件>脚本>图像处理器"命令，可以使用图像处理器转换和处理多个文件。图像处理器与"批处理"命令不同，我们不必先创建动作，就可以使用它来处理文件。

10.17.2 删除所有空图层

执行"文件>脚本>删除所有空图层"命令，可以删除不需要的空图层，减小图像文件的大小。

10.17.3 拼合所有蒙版

"拼合所有蒙版"命令可以将图层蒙版❶应用到所在图层中，即删除蒙版以及被蒙版遮盖的图像。

10.17.4 拼合所有图层效果

"拼合所有图层效果"命令可以自动将图层所添加的效果❷合并到所在的层中。

10.17.5 将图层复合导出到PDF/WGP/文件

可以将图层复合❸导出为PDF演示文稿❹、WPG格式或单独的PSD格式文件中。

10.17.6 将图层导出到文件

执行"文件>脚本>将图层导出到文件"命令，可以将图层作为单个文件导出和存储。还可以选择多种格式，包括 PSD、BMP、JPEG、PDF、TGA 和 TIFF。

10.17.7 脚本事件管理器

执行"文件>脚本>脚本事件管理器"命令，可以将脚本和动作设置为自动运行，即使用事件（如在 Photoshop 中打开、存储或导出文件）来触发 Photoshop 动作或脚本。

10.17.8 将文件载入堆栈

执行"文件>脚本>将文件载入堆栈"命令，可通过脚本将多个图像载入图层中。

10.17.9 统计

执行"文件>脚本>统计"命令，可以使用统计脚本自动创建和渲染图形堆栈。

10.17.10 载入多个DICOM文件

执行"文件>脚本>载入多个DICOM文件"命令，可以将多个DICOM文件载入到Photoshop Extended 中。DICOM（医学数字成像和通信的首字母缩写）是接收医学扫描的最常用标准。Photoshop Extended 可以打开和处理 DICOM（.dc3、.dcm、.dic 或无扩展名）文件，读取 DICOM 文件中的所有帧，并将它们转换为 Photoshop 图层。Photoshop 还可以将所有 DICOM 帧放置在某个图层上的一个网格中，或将帧作为可以在 3D 空间中旋转的 3D 体积来打开。我们可以使用任何 Photoshop 工具对文件进行调整、标记或批注。例如，使用"注释"工具向文件添加注释，使用"铅笔"工具标记扫描的特定区域，或使用"蒙尘与划痕"滤镜从扫描中移去蒙尘或划痕。使用"标尺"或选择工具测量图像内容。

10.17.11 浏览

如果要运行存储在其他位置的脚本，可执行"文件>脚本>浏览"命令，然后浏览到该脚本。

相关链接
❶图层蒙版是用于遮盖图层的工具，更多内容参见第388页。❷图层效果参见第358页。❸图层复合可以记录图层的显示状态，更多内容参见第142页。❹关于PDF演示文稿，可参见第236页。

10.18 文件简介命令

打开一个图像文件，执行"文件>文件简介"命令，打开如图10-158所示的对话框。单击对话框顶部的"相机数据"等标签，可以查看相机原始数据、视频数据、音频数据，以及查看和编辑 DICOM 文件的元数据等。

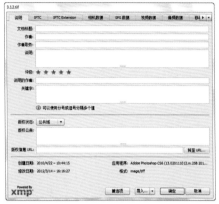

图10-158

如果要为图像添加版权信息❶，可在"版权状态"下拉列表中选择"版权所有"，在"版权公告"选项内输入个人版权信息，如图10-159所示。如

果想要留下个人的邮箱，可在"版权信息URL"选项中输入。以后使用该图片的人在Photoshop中打开它时，可通过单击该链接转到版权人的邮箱。

图10-159

10.19 打印和打印一份命令

执行"文件>打印"命令，打开"Photoshop打印设置"对话框，如图10-160所示。在对话框中可以预览打印作业并选择打印机、打印份数、文档方向、输出选项和色彩管理选项。如果要使用当前的打印选项快速打印一份文件，可以执行"文件>打印一份"命令来操作，该命令无对话框。

图10-160

色彩管理选项组 ·······

在"打印"对话框右侧的色彩管理选项组中，可以设置色彩管理选项，以获得尽可能好的打印效果，如图10-161所示。

● 颜色处理：用来确定是否使用色彩管理，如果使用，则需要确定将其用在应用程序中，还是打印设备中。

● 打印机配置文件：可选择适用于打印机和将要使用的纸张类型的配置文件。

● 正常打印/印刷校样：选择"正常打印"，可进行普通打印；选择"印刷校样"，可打印印刷校样，即模拟文档在印刷机上的输出效果。

● 渲染方法：指定 Photoshop 如何将颜色转换为打印

相关链接 ·······
❶使用"嵌入水印"滤镜也可以在图像中加入版权信息，具体内容详见光盘中的《Photoshop内置滤镜》电子书。

机颜色空间。

● 黑场补偿：通过模拟输出设备的全部动态范围来保留图像中的阴影细节。

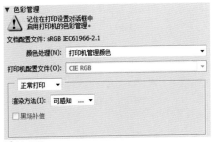

图10-161

指定图像位置和大小

在"Photoshop打印设置"对话框中，"位置和大小"选项组用来设置图像在画面中的位置，如图10-162所示。

● 位置：勾选"居中"选项，可以将图像定位于可打印区域的中心；取消勾选，则可在"顶"和"左"选项中输入数值定位图像，从而只打印部分图像。

● 缩放后的打印尺寸：如果勾选"缩放以适合介质"选项，可自动缩放图像至适合纸张的可打印区域；取消勾选，则可在"缩放"选项中输入图像的缩放比例，或者在"高度"和"宽度"选项中设置图像的尺寸。

● 打印选定区域：勾选该项，可以启用对话框中的裁剪控制功能，我们可以通过调整定界框来移动或缩放图像，如图10-163所示。

图10-162

图10-163

设置打印标记

如果要将图像直接从 Photoshop 中进行商业印刷，可在"打印标记"选项组中指定在页面中显示哪些标记，如图10-164、图10-165所示。

图10-164

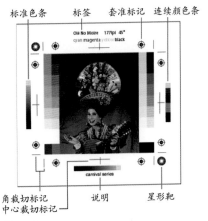

图10-165

设置函数

"函数"选项组中包含"背景"、"边界"和"出血"等按钮，如图10-166所示，单击一个按钮即可打开相应的选项设置对话框。

图10-166

● 背景：用于设置图像区域外的背景色。

● 边界：用于在图像边缘打印出黑色边框。

● 出血：用于将裁剪标志移动到图像中，以便裁切图像时不会丢失重要内容。

● 药膜朝下：可以水平翻转图像。

● 负片：可以反转图像颜色。

10.20 退出命令

执行"文件>退出"命令，或单击程序窗口右上角的 ✖ 按钮，可关闭文件并退出Photoshop。

如果文件没有保存，会弹出一个提示对话框，询问用户是否保存文件。

Point

第11章 编辑菜单命令

本章我们来学习"编辑"菜单中的命令。

"编辑"菜单中的命令好像很杂,各个方面的功能都有所涉及。

是的,"编辑"菜单不像其他菜单那样有具体的针对性,它包含的是与编辑操作有关的命令,因此,涵盖的范围比较广,这其中既有基本操作命令,如"还原"、"剪切"和"拷贝"等;也有图像编辑命令,如"填充"、"描边"、"定义图案"、"操控变形"和"变换"等;此外,还有文字处理方面的命令,以及Photoshop首选项、快捷键等方面的命令。

11.1 还原和重做命令

编辑图像的过程中,如果操作出现了失误或对创建的效果不满意,可以撤销操作❶,或者将图像恢复为最近保存过的状态。

执行"编辑>还原"命令或按下Ctrl+Z快捷键,可以撤销对图像所作的最后一次修改,将其还原到上一步编辑状态中。如果想要取消还原操作,可以执行"编辑>重做"命令,或按下Shift+Ctrl+Z快捷键。

11.2 前进一步和后退一步命令

"还原"命令只能还原一步操作,如果想要连续还原,可连续执行"编辑>后退一步"命令,或者连续按下Alt+Ctrl+Z快捷键,逐步撤销操作。

如果想恢复被撤销的操作,可连续执行"编辑>前进一步"命令,或连续按下Shift+Ctrl+Z快捷键。

11.3 渐隐命令(实战)

■视频:光盘>视频文件夹 ■难度:★★☆☆☆ ■实例类型:软件功能 ■实例应用:用"渐隐"命令修改编辑结果

当我们使用画笔、滤镜编辑图像,或者进行了填充、颜色调整和添加图层效果等操作后,可以使用"编辑"菜单中的"渐隐"命令,执行该命令可修改操作结果的不透明度和混合模式。

01 打开光盘中的素材文件,如图11-1所示。执行"滤镜>油画"命令,打开"油画"对话框,设置参数如图11-2所示,效果如图11-3所示。

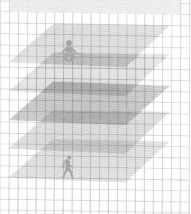

图11-1

图11-2

相关链接
❶使用"历史记录"面板可以撤销最近的20步操作,详细内容参见第214页。
使用"恢复"命令可以将图像恢复到最后一次保存时的状态,详见第231页。

图11-3

图11-4   图11-5

02 执行"编辑>渐隐油画"命令，打开"渐隐"对话框，设置混合模式为"线性加深"，不透明度为80%，如图11-4、图11-5所示。

提示

"渐隐"命令必须在进行了编辑操作后立即执行，如果这中间又进行了其他操作，则无法使用该命令。

11.4 剪切、拷贝和合并拷贝命令

选择图像后，如图11-6所示，执行"编辑>剪切"命令（快捷键为Ctrl+X），可以将选中的图像从画面中剪切掉，如图11-7所示。

如果文档包含多个图层，如图11-8所示，执行"编辑>合并拷贝"命令（快捷键为Shift+Ctrl+C），可以将所有可见层中的图像复制到剪贴板。图11-9所示为采用这种方法复制图像然后粘贴到另一个文档中的效果。

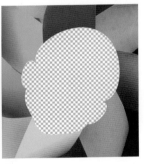

图11-6   图11-7

执行"编辑>拷贝"命令（快捷键为Ctrl+C），则可以将选中的图像复制到剪贴板，此时，画面中的图像内容保持不变。

图11-8   图11-9

11.5 粘贴和选择性粘贴命令

在图像中创建选区，如图11-10所示，复制或剪切图像后，执行"编辑>粘贴"命令（快捷键为Ctrl+V），可以将剪贴板中的图像粘贴到当前文档中，如图11-11所示。

复制或者剪切图像后，也可以使用"编辑>选择性粘贴"下拉菜单中的相关命令来粘贴图像，如图11-12所示。

● 原位粘贴：将图像按照其原位粘贴到文档中。

● 贴入：如果创建了选区，如图11-13所示，执行该命令时，可以将图像粘贴到选区内并自动添加图

层蒙版，通过蒙版的遮盖，将原选区之外的图像隐藏，如图11-14、图11-15所示。

● 外部粘贴：如果创建了选区，执行该命令时，可粘贴图像并自动创建蒙版，将选中的图像隐藏，如图11-16、图11-17所示。

图11-10

图11-11

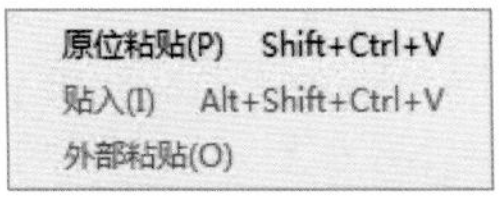

图11-14

图11-15

图11-13

图11-16

图11-17

原位粘贴(P)   Shift+Ctrl+V
贴入(I)   Alt+Shift+Ctrl+V
外部粘贴(O)

图11-12

11.6 清除命令

在图像中创建选区，如图11-18所示，执行"编辑>清除"命令，可以将选中的图像清除，如图11-19所示。如果清除的是"背景"图层上的图像，则清除区域会填充背景色，如图11-20、图11-21所示。

图11-18

图11-19

图11-20

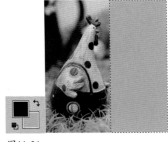

图11-21

11.7 拼写检查命令

如果要检查当前文本中的英文单词拼写是否有误，可以执行"编辑>拼写检查"命令，打开"拼写检查"对话框。检查到错误时，Photoshop会提供修改建议，如图11-22、图11-23所示。

图11-22

图11-23

● 不在词典中/建议/更改/更改全部：Photoshop会将查出错误单词显示在"不在词典中"列表内，并在"建议"列表中提供修改建议，如图11-24所示。单击"更改"按钮可进行替换，如图11-25所示。如果要使用正确的单词替换文本中所有错误的单词，可单击"更改全部"按钮。

图11-24　　图11-25

- 更改为：可输入用来替换错误单词的正确单词。
- 检查所有图层：检查所有图层中的文本。取消勾选

时只检查所选图层中的文本。
- 完成：单击该按钮可结束检查并关闭对话框。
- 忽略/全部忽略：单击"忽略"按钮，表示忽略当前的检查结果；单击"全部忽略"按钮，则忽略所有检查结果。
- 添加：如果被查找到的单词拼写正确，可以单击该按钮，将其添加到Photoshop词典中。如果以后再查找到该单词，则Photoshop会将其确认为正确的拼写形式。

11.8 查找和替换文本命令

执行"编辑>查找和替换文本"命令，可以查找当前文本中需要修改的文字、单词、标点或字符，并将其替换为指定的内容。

图11-26所示为"查找和替换文本"对话框。在"查找内容"选项内输入要替换的内容，在"更改为"选项内输入用来替换的内容，然后单击"查找下一个"按钮，Photoshop会搜索并突出显示查找到的内容。如果要替换内容，可以单击"更改"按钮；如果要替换所有符合要求的内容，可单击"更改全部"按钮。注意，已经栅格化的文字不能进行查找和替换操作。

图11-26

11.9 填充命令（实战草坪图案填充）

■视频：光盘>视频文件夹　■难度：★★★☆☆　■实例类型：软件功能+特效　■实例应用：为汽车填充草坪图案

使用"填充"命令可以在当前图层或选区内填充颜色或图案，在填充时还可以设置不透明度和混合模式。文本层和被隐藏的图层不能进行填充。

01 打开光盘中的素材文件，如图11-27所示。单击"图层"面板底部的 按钮，新建一个图层，如图11-28所示。

图11-27　　　　　　图11-28

02 打开"路径"面板，按住Ctrl键单击路径层，载入汽车选区，如图11-29、图11-30所示。

图11-29　　　　　图11-30

03 执行"编辑>填充"命令，打开"填充"对话框，在"使用"下拉列表中选择"图案"，打开图案下拉面板，在面板菜单中执行"自然图案"命令，载入该图案库，选择草地图案，如图11-31所示；单击"确定"按钮，在选区内填充图案，按下Ctrl+D快捷键取消选择，如图11-32所示。

图11-31　　　　　图11-32

04 将该图层的混合模式设置为"线性加深"❶，如图11-33所示，效果如图11-34所示。

图11-33　　　　　图11-34

"填充"对话框 ·······

● 内容：可以在"使用"选项下拉列表中选择"前景色"、"背景色"❷或"图案"等作为填充内容。如果在图像中创建了选区，如图11-35所示，并选择"内容识别"选项进行填充，则 Photoshop 会用选区附近的图像填充选区，并对光影、色调等进行融和，使填充区域的图像就像是原本就不存在一样，如图11-36所示。

图11-35　　　　　图11-36

● 模式/不透明度：用来设置填充内容的混合模式和不透明度。

● 保留透明区域：勾选该项后，只对图层中包含像素的区域进行填充，不会影响透明区域。

11.10　描边命令（实战线描插画）

■视频：光盘>视频文件夹 ■难度：★★★☆☆ ■实例类型：插画设计 ■实例应用：为人物轮廓描边

使用"描边"命令可以为选区描绘出可见的边缘。在进行描边时，可以设置描边宽度、位置，以及边线的颜色和混合模式。

01 打开光盘中的素材文件，如图11-37所示。单击"图层"面板底部的 🔲 按钮，新建一个图层，如图11-38所示。

02 按住Ctrl键单击"图层1"的缩览图，载入人物选区，如图11-39、图11-40所示。

图11-37　　　　　图11-38

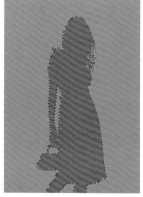

图11-39　　　　　图11-40

相关链接 ·······
❶混合模式可以让当前图层中的像素与下面层中的像素混合，关于该功能可参见第134页。❷按下Alt+Delete快捷键可快速填充前景色；按下Ctrl+Delete快捷键可快速填充背景色。

03 执行"编辑>描边"命令，打开"描边"对话框，单击"颜色"选项右侧的颜色块，打开"拾色器"，将描边颜色设置为深蓝色。设置描边"宽度"为20像素，"位置"为"居外"，如图11-41所示，效果如图11-42所示。

图11-41

图11-42

04 按下Alt+E+S快捷键，重新打开"描边"对话框，设置描边"宽度"为10像素，颜色为洋红色，如图11-43所示，效果如图11-44所示。

图11-43

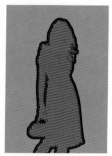
图11-44

05 按下Alt+E+S快捷键，打开"描边"对话框，设置描边"宽度"为3像素，颜色为白色，"位置"为"内部"，如图11-45、图11-46所示。

图11-45

图11-46

06 按下Ctrl+D快捷键取消选择。在"图层"面板中"组1"的前方单击，将组中的文字显示出来，如图11-47、图11-48所示。

图11-47

图11-48

"描边"对话框

● 描边：在"宽度"选项中可以设置描边宽度；单击"颜色"选项右侧的颜色块，可以在打开的"拾色器"中设置描边颜色。

● 位置：设置描边相对于选区的位置，包括"内部"、"居中"和"居外"。

● 混合：可以设置描边颜色的混合模式和不透明度。勾选"保留透明区域"，表示只对包含像素的区域描边。

11.11 内容识别比例命令

内容识别比例是一个十分神奇的缩放功能。普通缩放会在调整图像大小时影响所有像素，而内容识别比例缩放主要影响没有重要内容的区域，可确保画面中的人物、建筑和动物等不会变形。

11.11.1 缩放建筑图像（实战）

■素材：光盘>素材文件夹 ■视频：光盘>视频文件夹 ■难度：★★☆☆☆
■实例类型：软件功能 ■实例应用：用内容识别比例缩放功能压缩画面

01 打开光盘中的素材，如图11-49所示。由于内容识别比例缩放不能处理"背景"图层，需要先将"背景"图层转换为普通图层，操作方法是按住Alt键双击"背景"图层，如图11-50、图11-51所示。

02 我们先来看一下普通缩放会产生怎样的效果。按下Ctrl+T快捷键显示定界框，拖曳右侧的控制点，压缩画面，如图11-52所示。可以看到，建筑产生了严重的变形。

图11-49

图11-50

图11-51

图11-52

03 按下Esc键撤销变形。执行"编辑>内容识别比例"命令，显示定界框，工具选项栏中会显示变换选项。我们可以输入缩放值，或者向左侧拖曳控制点来对图像进行手动缩放（按住Shift键拖曳控制点可进行等比缩放），如图11-53所示。可以看到，此时画面虽然变窄了，但建筑比例和结构没有明显的变化。

图11-53

04 按下回车键确认操作。如果要取消变形，可以按下Esc键。

👤提示
内容识别比例缩放可以处理图层和选区。但不适合处理调整图层、图层蒙版、通道、智能对象、3D 图层、视频图层，以及图层组，也不能同时处理多个图层。

内 容 识 别 比 例 选 项

图11-54所示为内容识别比例的工具选项栏。

图11-54

- 参考点定位符 ▦：单击参考点定位符 ▦ 上的方块，可以指定缩放图像时要围绕的参考点。默认情况下，参考点位于图像的中心。

- 使用参考点相对定位△：单击该按钮，可以指定相对于当前参考点位置的新参考点位置。

- 参考点位置：可输入 X 轴和 Y 轴像素大小，将参考点放置于特定位置。

- 缩放比例：输入宽度 (W) 和高度 (H) 的百分比，可以指定图像按原始大小的百分之多少进行缩放。单击保持长宽比按钮 🔗，可进行等比缩放。

- 数量：指定内容识别缩放与常规缩放的比例。可在文本框中输入数值或单击箭头和移动滑块来指定内容识别缩放的百分比。

- 保护：可以选择一个 Alpha 通道。通道中白色对应的图像不会变形。

- 保护肤色 📷：缩放人像时，如果人物出现变形，如图11-55、图11-56所示，可按下该按钮保护包含肤色的图像区域，使之避免变形，如图11-57所示。

图11-55

图11-56

图11-57

11.11.2 用Alpha通道保护图像（实战）

■素材：光盘>素材文件夹 ■视频：光盘>视频文件夹 ■难度：★★★☆☆
■实例类型：软件功能 ■实例应用：用Alpha通道保护人像

使用内容识别比例缩放人物图像时，如果Photoshop不能自动识别需要保护的对象，或者按下保护肤色按钮也无法改善变形效果，可以通过Alpha通道来指定哪些重要内容需要保护。

01 打开光盘中的素材文件，如图11-58所示。先来看一下直接使用内容识别缩放会产生怎样的结果。按住Alt键双击"背景"图层，将其转换为普通图层，如图11-59所示。

图11-58　　　　　　图11-59

02 执行"编辑>内容识别比例"命令显示定界框，向左侧拖曳控制点，使画面变窄，如图11-60所示。可以看到，脚部变形比较严重。按下工具选项栏中的保护肤色按钮，如图11-61所示。这次效果有了一些改善，但身体仍存在变形。

图11-60　　　　　　图11-61

03 按下Esc键取消操作。选择快速选择工具，在女孩身上单击并拖动鼠标将其选中，如图11-62所示。单击"通道"面板中的按钮，将选区保存为Alpha通道❶，如图11-63所示。

图11-62　　　　　　图11-63

04 按下Ctrl+D快捷键取消选择。执行"编辑>内容识别比例"命令，向左侧拖曳控制点，使画面变窄；再单击一下保护肤色按钮，使该按钮弹起；在"保护"下拉列表中选择我们创建的通道，通道中的白色区域所对应的图像（人物）便会受到保护，不会变形，如图11-64所示。

图11-64

11.12 操控变形命令（实战扭曲变形）

■视频：光盘>视频文件夹 ■难度：★★☆☆☆ ■实例类型：软件功能 ■实例应用：通过操控变形扭曲小鸭子

操控变形是一种非常灵活的变形工具。使用该功能时，可以在图像的关键点放置图钉，然后通过拖曳图钉来对图像进行变形操作。通过这种方法可以轻松地让人的手臂弯曲、身体摆出不同的姿态。

01 按下Ctrl+O快捷键，打开光盘中的PSD分层素材，如图11-65所示。选择"图层1"，如图11-66所示。

提示

"操控变形"命令不能处理"背景"图层。如果要处理"背景"图层，可以先按住Alt键双击该图层，将它转换为普通图层，再进行变形处理。

相关链接
❶Alpha通道是用于存储和编辑选区的功能。关于通道的详细内容，详见第147页。

图11-65   图11-66

02 执行"编辑>操控变形"命令，图像上会显示变形网格，如图11-67所示。在工具选项栏中将"模式"设置为"正常"，"浓度"设置为"较少点"，在鸭子身上的关键点处单击，添加几个图钉，如图11-68所示。

图11-67

图11-68

03 在工具选项栏中取消勾选"显示网格"选项，以便能够更清楚地观察到图像的变化，如图11-69所示。单击并拖曳图钉可以让鸭子的头部向上抬，如图11-70所示。单击工具选项栏中的 ✔ 按钮或按下回车键，结束操作。

图11-69

图11-70

操控变形选项 ·······························

　　打开一个图像文件，如图11-71所示。执行"编辑>操控变形"命令，显示变形网格并添加图钉，如图11-72所示。图11-73所示为工具选项栏中的选项。

图11-71   图11-72

图11-73

● **模式**：选择"刚性"，变形效果精确，但缺少柔和的过渡，如图11-74所示；选择"正常"，变形效果准确，过渡柔和，如图11-75所示；选择"扭曲"，可在变形的同时创建透视效果，如图11-76所示。

图11-74   图11-75   图11-76

● **浓度**：选择"较少点"，网格点较少，如图11-77所示，相应地只能放置少量图钉，并且图钉之间需要保持较大的间距；选择"正常"，网格数量适中，如图11-78所示；选择"较多点"，网格最细密，如图11-79所示，可以添加更多的图钉。

图11-77　　　　　图11-78　　　　　图11-79

- 扩展：可设置变形效果的衰减范围。设置较大的像素值后，变形网格的范围也会相应地向外扩展，变形之后，对象的边缘会更加平滑，图11-80、图11-81所示为扩展前后的效果；数值越小，则图像边缘变化效果越生硬，如图11-82所示。

扩展0px　　　　　扩展40px　　　　　扩展-20px

图11-80　　　　　图11-81　　　　　图11-82

- 显示网格：显示变形网格。
- 图钉深度：选择一个图钉，单击▒/▒按钮，可以将它向上层/向下层移动一个堆叠顺序。
- 旋转：选择"自动"，在拖曳图钉扭曲图像时，

Photoshop 会自动对图像内容进行旋转处理；如果要设定准确的旋转角度，可以选择"固定"选项，然后在其右侧的文本框中输入旋转角度值，如图11-83所示。此外，选择一个图钉以后，按住Alt键，会出现如图11-84所示的变换框，此时拖动鼠标即可旋转图钉，如图11-85所示。

旋转：固定 ÷ 30 度

图11-83　　　　　图11-84　　　　　图11-85

- 复位/撤销/应用：单击 ↻ 按钮，可删除所有图钉，将网格恢复到变形前的状态；单击 ⊘ 按钮或按下 Esc 键，可放弃变形操作；单击 ✔ 按钮或者按下回车键，可确认变形操作。

> **提示**
>
> 单击一个图钉以后，在工具选项栏中会显示其旋转角度，我们可以直接输入数值来进行调整。按下Delete键可将其删除。此外，按住Alt键单击图钉也可以将其删除。如果要删除所有图钉，可在变形网格上单击右键，打开快捷菜单，选择"移去所有图钉"命令。

11.13 自由变换命令（实战）

■视频：光盘>视频文件夹　■难度：★★☆☆☆　■实例类型：软件功能　■实例应用：拖曳定界框上的控制点，对图像应用变换操作

　　移动、旋转、缩放和扭曲等是图像处理的基本方法，其中，移动、旋转和缩放称为变换操作；扭曲和斜切称为变形操作。

01 打开光盘中的素材文件，如图11-86所示。选择"图层1"，如图11-87所示。

图11-86　　　　　图11-87

02 执行"编辑>自由变换"命令或按下Ctrl+T快捷键，图像周围会显示定界框，定界框中央有一个中心点，四周有控制点，如图11-88所示。默认情况

下，中心点位于对象的中心，它用于定义对象的变换中心，拖曳它可以移动它的位置。将光标放在定界框外靠近中间位置的控制点处，当光标变为 ↻ 状时，单击并拖动鼠标可以旋转对象，如图11-89所示。按下Esc键取消旋转操作。

图11-88　　　　　图11-89

03 下面来缩放图像。按下Ctrl+Z快捷键撤销旋转操作。将光标放在定界框四周的控制点上，当光标变为状时，单击并拖动鼠标即可拉伸对象，如图11-90所示。按住Shift键并拖动鼠标可等比缩放，如图11-91所示。

图11-90　　　　　图11-91

04 按下Ctrl+Z快捷键撤销操作。将光标放在定界框外侧位于中间位置的控制点上，按住Shift+Ctrl键，光标会变为状，此时单击并拖动鼠标可以沿水平方向斜切对象，如图11-92所示。拖动定界框四周的控制点（光标会变为状），可以沿垂直方向斜切对象，如图11-93所示。

图11-92　　　　　图11-93

05 按下Ctrl+Z快捷键撤销操作。我们来进行扭曲练习。将光标放在定界框四周的控制点上，按住Ctrl键，光标会变为状，单击并拖动鼠标可以扭曲对象，如图11-94所示。按住Shift+Ctrl+Alt键，拖动鼠标可

进行透视扭曲，如图11-95所示。操作完成后，按下回车键确认。

图11-94　　　　　图11-95

精 确 变 换

执行"编辑>自由变换"命令，或按下Ctrl+T快捷键显示定界框时，工具选项栏中会显示各种变换选项，如图11-96所示，在选项内输入数值并按下回车键即可进行精确的变换操作。

图11-96

● 参考点定位符：如果要将中心点调整到定界框边界上，可在工具选项栏中单击参考点定位符上的小方块。

● 移动：在X文本框内输入数值，可以水平移动图像；在Y文本框内输入数值，可以垂直移动图像。

● 拉伸/缩放：在W文本框内输入数值，可以水平拉伸图像；在H文本框内输入数值，可以垂直拉伸图像；如果单击这两个选项中间的保持长宽比按钮，则可进行等比缩放。

● 角度：在文本框内输入数值，可按照设定的角度旋转图像。

● 斜切：在H选项内输入数值，可以水平斜切图像；在V选项内输入数值，可以垂直斜切图像。

11.14 变换命令（实战分形图案）

视频：光盘>视频文件夹　难度：★★★☆☆　实例类型：软件功能+特效　实例应用：通过再次变换，制作分形艺术图案

"编辑>变换"下拉菜单中包含各种变换命令，如图11-97所示。它们可以对图层、路径、矢量形状，以及选中的图像进行变换操作。

执行这些命令时，当前对象周围会出现定界框，拖曳控制点即可对图像进行旋转、缩放和斜切等操作。执行其中的"旋转180度"、"旋转90度

（顺时针）"、"旋转90度（逆时针）"、"水平翻转"和"垂直翻转"命令时，可直接对图像进行相应的变换，不会显示定界框。

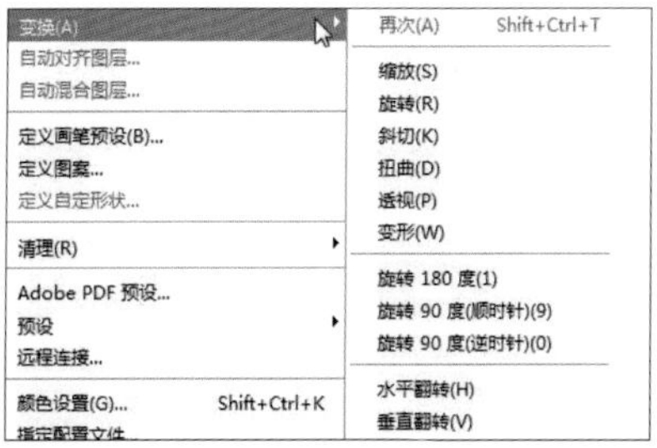

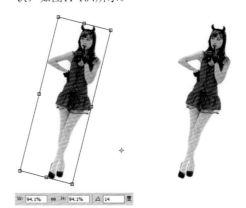

03 在工具选项栏中输入旋转角度值（14度）和缩放比例（94.1%）值，将图像旋转并等比缩小，如图11-103所示。变换参数设置完成后，按下回车键确认，如图11-104所示。

图11-103　　　　　　　图11-104

04 按住Alt+Shift+Ctrl键，然后连续按T键38次，每按一次便生成一个新的人物图像，如图11-105所示。新对象位于单独的图层中，如图11-106所示。

图11-105　　　　　　　图11-106

05 选择新生成的图层，按下Ctrl+E快捷键合并，如图11-107所示。显示"人物"图层，如图11-108所示，将其拖曳到最顶层，如图11-109所示。

图11-107　　　　图11-108 　　　　图11-109

06 打开光盘中的素材，如图11-110所示，使用移动工具▶╋将其拖入人物文档，放在"背景"图层

图11-97

下面我们来使用"变换"菜单中的"再次"命令，制作一组分形艺术图案。

01 打开光盘中的素材，如图11-98所示。选择"人物"图层，按下Ctrl+J快捷键复制，如图11-99所示。单击"人物"图层上的眼睛图标👁，将该图层隐藏，如图11-100所示。

图11-98　　　　图11-99　　　　图11-100

02 按下Ctrl+T快捷键显示定界框，先将中心点✛拖曳到定界框外，如图11-101所示，然后在工具选项栏中输入数值进行精确定位（X为561像素，Y为389像素），如图11-102所示。

图11-101　　　　　　　图11-102

上方，如图11-111、图11-112所示。

图11-110

图11-111

图11-112

图11-117

10 按住Ctrl键单击如图11-118所示的3个图层，将它们同时选中，按下Ctrl+J快捷键进行复制，如图11-119所示。

07 选择"人物副本39"图层，如图11-113所示，按下Ctrl+J快捷键复制图层，如图11-114所示。再选择"人物副本39"图层，如图11-115所示。

图11-113

图11-114

图11-115

图11-118   图11-119

11 执行"编辑>变换>水平翻转"命令，翻转图像。选择移动工具 ➤+，按住Shfit键锁定水平方向向右侧拖曳，效果如图11-120所示。

08 按下Ctrl+T快捷键显示定界框，按住Shift键拖曳控制点，将图像等比缩小，再进行适当旋转，如图11-116所示。按下回车键确认。

图11-116

09 按下Ctrl+J快捷键复制当前图层。按下Ctrl+T快捷键显示定界框，缩小并旋转图像，如图11-117所示。按下回车键确认。

图11-120

11.15 自动对齐图层命令

　　"自动对齐图层"命令可以根据不同图层中的相似内容（如角和边）自动对齐图层。进行对齐操作时，我们可以指定一个图层作为参考图层，也可以让Photoshop自动选择参考图层。其他图层将与参考图层对齐，以便匹配的内容能够自行叠加。

　　"自动对齐图层"命令可用于创建全景照片❶。例如，将几张用于合成全景图的照片拖入一个文档中，如图11-121所示，执行"编辑>自动对齐图层"命令，打开"自动对齐图层"对话框，如图11-122所示，选择相应的选项并单击"确定"按钮，即可生成全景图，如图11-123所示。

图11-121　　　　　　图11-122

图11-123

● 自动：Photoshop 会分析源图像并应用"透视"或"圆柱"版面（取决于哪一种版面能够生成更好的复合图像）。

● 透视：通过将源图像中的一个图像（默认情况下为中间的图像）指定为参考图像来创建一致的复合图像。然后变换其他图像（必要时，进行位置调整、伸展或斜切），以便匹配图层的重叠内容。

● 拼贴：对齐图层并匹配重叠内容，不修改图像中对象的形状（例如，圆形将保持为圆形）。

● 圆柱：通过在展开的圆柱上显示各个图像来减少在"透视"版面中出现的"领结"扭曲。图层的重叠内容仍匹配，将参考图像居中放置。该方式适合创建宽全景图。

● 球面：将图像与宽视角对齐（垂直和水平）。指定某个源图像（默认情况下是中间图像）作为参考图像，并对其他图像执行球面变换，以便匹配重叠的内容。如果是360°全景拍摄的照片，可选择该选项，以模拟观看360°全景图的感受。

● 调整位置：对齐图层并匹配重叠内容，但不会变换（伸展或斜切）任何源图层。

● 镜头校正：自动校正镜头缺陷，对导致图像边缘（尤其是角落）比图像中心暗的镜头缺陷进行补偿，以及补偿桶形、枕形或鱼眼失真。

11.16 自动混合图层命令

　　使用多张照片创建全景图，或用几张局部图像合成一张完整的照片时，各个照片之间的曝光差异可能会导致最终结果中出现接缝或不一致的现象，使用"编辑>自动混合图层"命令可以处理这样的图像。

　　执行该命令时，Photoshop会根据需要对每个图层应用图层蒙版，以遮盖过度曝光、曝光不足的区域或内容之间的差异，在最终图像中可以生成平滑的过渡，创建无缝拼贴效果。

11.17 定义画笔预设命令

　　执行"编辑>定义画笔预设"命令❷可以将图形、整个图像或选中的部分图像创建为自定义的画笔。

　　在定义画笔时，如果图案不是100%黑色，而是以50%灰色填充，则画笔将具有一定的透明特性。此外，如果选择的是彩色图像，定义后的画笔依然是灰度图像。

相关链接
❶全景照片的创建方法，详见第238页。❷关于画笔的定义方法，详见第33页。

11.18 定义图案命令（实战）

■视频：光盘>视频文件夹 ■难度：★★★☆☆ ■实例类型：软件功能+特效 ■实例应用：将人像定义为图案，并用它来填充肖像

　　使用"定义图案"命令可以将图层或选区中的图像定义为图案。定义图案后，可以用"填充"命令将图案填充到整个图层区域或选区中。

01 打开一个素材文件，如图11-124所示。执行"图像>复制"命令，复制出一个相同的文档。我们来用这个图像创建自定义的图案。先得修改一下文件的尺寸。

图11-124

02 执行"图像>图像大小"命令，打开"图像大小"对话框。勾选"重定图像像素"选项，再将"宽度"和"高度"都设置为0.2厘米，然后单击"确定"按钮，将文件尺寸调小，它会变为原来的1/40，如图11-125、图11-126所示。

图11-125　　　　　　　　图11-126

03 执行"编辑>定义图案"命令，打开"图案名称"对话框，输入图案的名称，如图11-127所示，按下回车键关闭对话框，将人物图像定义为一个基本的图案单元。将该文件关闭，不必保存。

图11-127

04 现在我们又回到了原始文档中。单击"图层"面板底部的 🗋 按钮，创建一个图层。执行"编辑>

填充"命令，打开"填充"对话框。在"使用"下拉列表中选择"图案"，然后单击▾按钮，打开下拉面板，选择我们创建的图案，如图11-128所示，按下回车键进行填充，如图11-129所示。

图11-128　　　　　　　　图11-129

05 将图案层的混合模式设置为"强光"，让下面的人像显现出来，如图11-130、图11-131所示。

图11-130　　　　　　　　图11-131

06 单击"调整"面板中的 ▦ 按钮，创建一个"颜色查找"调整图层。在"属性"面板中选择预设的选项，调整图像的颜色，如图11-132、图11-133所示。

图11-132　　　　　　　　图11-133

11.19 定义自定形状命令（实战）

■视频：光盘>视频文件夹 ■难度：★★☆☆☆ ■实例类型：软件功能 ■实例应用：将绘制的图形创建为自定义的形状

　　Photoshop允许用户将自己绘制的形状保存为自定义的形状，以后需要该形状时，便可以随时使用，而不必重新绘制。

01 按下Ctrl+N快捷键，打开"新建"对话框，创建一个文档，如图11-134所示。将前景色设置为洋红色，按下Alt+Delete快捷键填色，如图11-135所示。

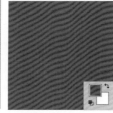

图11-134　　　　　　　　　　图11-135

02 选择自定形状工具 ■❶，在工具选项栏中选择"形状"选项❷，如图11-136所示。单击工具选项栏"形状"选项右侧的 ▼ 按钮，打开下拉面板，执行面板菜单中的"全部"命令，加载所有图形，然后选择如图11-137所示的图形。

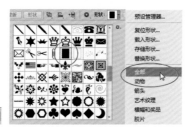

图11-136　　　　　　　　　　图11-137

03 在画面中绘制该图形，如图11-138所示。再绘制两个图形，如图11-139~图11-141所示。

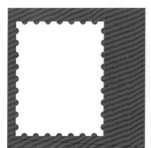

图11-138　　　　　　　　　　图11-139

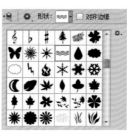

图11-140　　　　　　　　　　图11-141

04 使用路径选择工具 ▶ 在画面中单击并拖出一个选框，选中所有图形，如图11-142所示。单击工具选项栏中的 ■ 按钮❸，打开下拉菜单，选择"排除重叠形状"命令，如图11-143所示，对路径进行运算，如图11-144所示。

05 执行"编辑>定义自定形状"命令，打开"形状名称"对话框，如图11-145所示，单击"确定"按钮，将绘制的图形创建为自定义的形状。

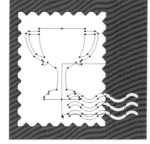

图11-142　　　　　　　　　　图11-143

图11-144　　　　　　　　　　图11-145

相关链接
❶自定形状工具详见第83页。❷关于绘图模式，详见第67页。❸关于路径运算，详见第85页。

06 需要使用该形状时，可选择自定形状工具 ✍，
单击工具选项栏"形状"选项右侧的 ▾ 按钮，打
开下拉面板就可以找到它，如图11-146所示。下面我们
来为图形添加效果。双击形状图层，如图11-147所示，
打开"图层样式"对话框。

图11-146　　　　　　图11-147

图11-148　　　　　　　　　　图11-149

07 在左侧列表中选择"内阴影"、"颜色叠加"和
"图案叠加"选项并设置参数，添加这几种效
果，如图11-148~图11-151所示。添加"图案叠加"效果
时，打开"图案"选项右侧的下拉面板，执行面板菜单
中的"图案"命令，载入图案库，然后选择其中嵌套方
块图案。

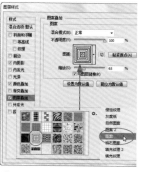

图11-150　　　　　　图11-151

11.20　清理命令

编辑图像时❶，Photoshop需要保存大量的中间数据，这会造成电脑的运行速度变慢。执行"编辑>清
理"下拉菜单中的命令，如图11-152所示，可以释放由"还原"命令、"历史记录"面板、视频或剪贴板
占用的内存，加快系统的处理速度。清理之后，项目的名称会显示为灰色。选择"全部"命令，可清理上
面所有项目。

"编辑>清理"菜单中的"历史记录"和"全
部"命令，会清理在Photoshop打开的所有文档。如
果只想清理当前文档，可以使用"历史记录"面板
菜单中的"清除历史记录"命令来操作。

图11-152

技术看板：
减少内存占用量的复制方法

●使用"编辑"菜单中的"拷贝"和"粘贴"命令
❷时，会占用剪贴板和内存空间。如果内存有限，
可以将需要复制的对象所在的图层拖曳到"图层"
面板底部的 🔲 按钮上，复制出一个包含该对象的
新图层。

●可以使用移动工具 ▶♦❸将另外一个图像中需要
的对象直接拖入正在编辑的文档。

●执行"图像>复制"命令，复制整幅图像。

相关链接
❶编辑大图时，如果内存不够，Photoshop就会使用硬盘来扩展内存，这是一种虚拟内存技术（也称为暂存盘）。暂
存盘与内存的总容量至少为运行文件的5倍Photoshop才能流畅运行。关于暂存盘的设定方法，详见第270页。❷关于
"拷贝"和"粘贴"命令，详见第247页。❸在文档间移动图像的方法，详见第24页。

11.21 Adobe PDF 预设命令

　　PDF❶是Adobe公司开发的电子文件格式。PDF文件可以将文字、字型、格式、颜色、图形和图像等封装在一个文件中，还能包含超文本链接、声音和动态影像等电子信息。现在，越来越多的电子图书、产品说明、公司文告、网络资料，以及电子邮件开始使用PDF格式文件。Adobe PDF预设是一个预定义的设置集合，旨在平衡文件大小和品质。使用它可以创建一致的 Photoshop PDF文件，并且能在 Adobe Creative Suite 组件，如InDesign、Illustrator、GoLive 和 Acrobat之间共享。执行"编辑>Adobe PDF预设"命令，在打开的"Adobe PDF预设"对话框中，可以创建自定义的Adobe PDF预设文件，如图11-153所示。

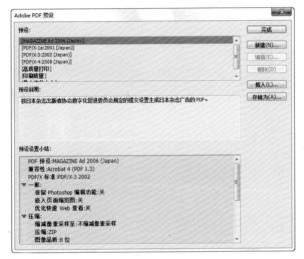

图11-153

● 预设/预设说明：显示了系统中的 Adobe PDF 预设

文件，单击一个预设文件，会显示它的相关说明。

● 预设设置小结：显示了与当前预设文件有关的详细说明。

● 新建：单击该按钮，可以在打开的"编辑PDF预设"对话框中创建一个新的预设文件，创建的文件会显示在"Adobe PDF预设"对话框的"预设"选项内。

● 编辑：新建一个Adobe PDF预设文件后，如果要编辑此文件，可在"预设"选项中选择它，然后单击"编辑"按钮，在打开的"编辑PDF预设"对话框进行修改。

● 删除：选择创建的自定义Adobe PDF预设文件，单击该按钮可将其删除。

● 载入：可载入其他程序的Adobe PDF预设文件。

● 存储为：可以将创建的自定义的Adobe PDF预设文件另存。

11.22 预设命令（实战资源库载入）

■视频：光盘>视频文件夹 ■难度：★★☆☆☆ ■实例类型：软件功能 ■实例应用：使用预设管理器载入Photoshop资源和光盘中的资源库

　　Photoshop提供了大量的设计资源，如各种形状库、画笔库、渐变库、样式库和图案库等，使用预设管理器可以管理、存储和载入这些资源，也可以载入外部的资源，如本书光盘中附带的各种资源库。执行"编辑>预设>迁移预设"命令，可以从旧版本中迁移预设。执行"编辑>预设>导入/导出预设"命令，则可以导入预设文件，或将当前的预设文件导出。

01 执行"编辑>预设>预设管理器"命令，打开"预设管理器"，如图11-154所示。

02 在"预设类型"下拉列表中选择要使用的预设项目，如图11-155所示，然后单击对话框右上角的 ⚙ 按钮打开下拉菜单，选择一个资源库，即可将其载入，如图11-156、图11-157所示。

图11-154

图11-155

相关链接
❶PDF格式的更多内容详见第227页。

CHAPTER II

图11-156

图11-157

式"面板等。图11-160、图11-161所示为出现在渐变下拉面板和"渐变编辑器"中的渐变。

图11-158

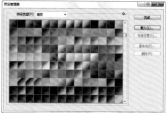

图11-159

03 下面我们来载入光盘中的资源库。打开"预设管理器"对话框，在"预设类型"下拉列表中选择要使用的预设项目，然后单击"载入"按钮，在打开的对话框选择本书光盘中的资源库，便可将其载入到Photoshop中。图11-158、图11-159所示为载入的渐变库。载入资源库后，它们会同时出现在相应的面板中，如"色板"面板、"画笔"面板、形状下拉面板和"样

图11-160

图11-161

11.23 远程连接命令

执行"编辑>远程连接"命令，可以打开"远程连接"对话框，如图11-162所示。

借助Acrobat.com的ConnectNow服务，我们可以在联机会议中共享屏幕。ConnectNow 提供了安全的个人在线会议室，用户可通过网络实时与其他人会晤和协作。

图11-162

11.24 颜色设置命令

我们常用的各种设备，如照相机、扫描仪、显示器、打印机以及印刷设备等都不能重现人眼可以看见的整个范围的颜色。每种设备都使用特定的色彩空间，这种色彩空间可以生成一定范围的颜色（即色域），由于色彩空间不同，在不同设备之间传递文档时，颜色在外观上会发生改变，如图11-163所示。为了解决这个问题，就需要有一个可以在设备之间准确解释和转换颜色的系统，以使不同的设备所表现的颜色尽可能一致。

Photoshop提供了这种色彩管理系统，它借助于ICC颜色配置文件来转换颜色。ICC配置文件是一个用于描述设备怎样产生色彩的小文件，其格式由国际色彩联盟规定。把它提供给Photoshop，Photoshop就能在每台设备上产生一致的颜色。要生成这种预定义的颜色管理选项，可以执行"编辑>颜色设置"

命令，打开"颜色设置"对话框，如图11-164所示，在"工作空间"选项组的"RGB"下拉列表中选择一个色彩空间。

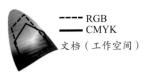
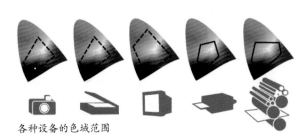

图11-163

图11-164

- 设置： 在下拉列表中可以选择一个颜色设置， 所选的设置决定了应用程序使用的颜色工作空间，用嵌入的配置文件打开和导入文件时的情况， 以及色彩管理系统转换颜色的方式。
- 工作空间： 用来为每个色彩模型指定工作空间配置文件（色彩配置文件定义颜色的数值如何对应其视觉外观）。
- 色彩管理方案： 指定如何管理特定的颜色模型中的颜色。 它处理颜色配置文件的读取和嵌入， 嵌入颜色配置文件和工作区的不匹配， 还处理从一个文件到另一个文档间的颜色移动。
- 说明： 将光标放在选项上， 可以显示相关说明。

11.25 指定配置文件命令

打开一个图像文件，单击窗口底部状态栏中的三角按钮，在打开的菜单中选择"文档配置文件"命令，状态栏中就会显示该图像所使用的配置文件。如果出现"未标记的RGB"，则意味着该图像没有正确显示，如图11-165所示。这表示Photoshop不知道如何按照原设备的意图来显示颜色。

遇到上面的情况时可以执行"编辑>指定配置文件"命令，在打开的对话框中选择一个配置文件，如图11-166所示，使图像显示为最佳效果。

图11-165

图11-166

- 不对此文档应用色彩管理： 删除现有配置文件， 颜色外观由应用程序工作空间的配置文件确定。
- 工作中的RGB： 给文档指定工作空间配置文件。
- 配置文件： 可以选择一个配置文件。 应用程序为文档指定了新的配置文件， 而不将颜色转换到配置文件空间， 这可能改变颜色在显示器上的显示外观。

11.26 转换为配置文件命令

如果要将以某种色彩空间保存的图像调整为另外一种色彩空间，可以执行"编辑>转换为配置文件"命令，打开"转换为配置文件"对话框，如图11-167所示，在"目标空间"选项组的"配置文件"下拉列表中选择所需的色彩空间，然后单击"确定"按钮即可转换。

图11-167

技术看板：
配置文件选择技巧

为 Web 准备图像时，建议使用 sRGB，因为它定义了用于查看 Web 上图像的标准显示器的色彩空间。处理来自家用数码相机的图像时，sRGB 也是一个不错的选择，因为大多数相机都将sRGB 用作其默认色彩空间。在准备打印文档时，建议使用 Adobe RGB，它的色域包括一些无法使用 sRGB 定义的可打印颜色（特别是青色和蓝色），并且很多专业级数码相机都将 Adobe RGB用作默认色彩空间。

11.27 键盘快捷键命令（实战自定义快捷键）

■视频：光盘>视频文件夹 ■难度：★★☆☆☆ ■实例类型：软件功能 ■实例应用：创建自定义快捷键

在Photoshop中，绝大多数工具和菜单命令都有快捷键，因此，我们按下快捷键便可选择相应的工具，以及执行相应的命令，这为操作提供了极大的方便。此外，Photoshop还允许用户自定义快捷键。

01 执行"编辑>键盘快捷键"命令，或在"窗口>工作区"菜单中选择"键盘快捷键和菜单"命令，打开"键盘快捷键和菜单"对话框。在"快捷键用于"下拉列表中选择"工具"，如图11-168所示。如果要修改菜单的快捷键，则可以选择"应用程序菜单"命令。

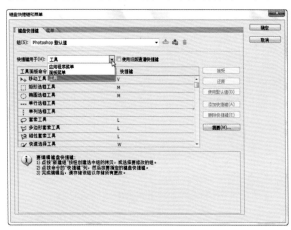

图11-168

02 在"工具面板命令"列表中选择抓手工具，可以看到，它的快捷键是"H"，如图11-169所示。单击对话框右侧的"删除快捷键"按钮，将抓手工具的快捷删除。

图11-169

03 转换点工具没有快捷键，我们可以将抓手工具的快捷键指定给它。选择转换点工具，在显示的文

本框中输入"H",如图11-170所示。单击"确定"按钮关闭对话框。在工具箱中可以看到,快捷键"H"已经分配给了转换点工具,如图11-171所示。

图11-170   图11-171

提示

在"组"下拉列表中选择"Photoshop默认值"命令,可以将菜单颜色、菜单命令和工具的快捷键恢复为Photoshop默认值。

技术看板:
导出快捷键

单击"键盘快捷键和菜单"对话框中的"摘要"按钮,可以将快捷键内容导出到 Web 浏览器中。

11.28 菜单命令(实战自定义命令)

■视频:光盘>视频文件夹 ■难度:★★☆☆☆ ■实例类型:软件功能 ■实例应用:为常用菜单命令设置颜色

使用"菜单"命令可以为菜单命令创建自定义的快捷键。此外,如果经常要用到某些菜单命令,还可以将其设定为彩色,以便需要时可以快速找到它们。

01 执行"编辑>菜单"命令,打开"键盘快捷键和菜单"对话框。单击"图像"命令前面的 ▶ 按钮,展开该菜单,如图11-172所示;选择"模式"命令,然后单击如图11-173所示的位置,打开下拉列表,为"模式"命令选择红色。选择"无"表示不为命令设置任何颜色。单击"确定"按钮关闭对话框。

02 打开"图像"菜单,可以看到,"模式"命令的底色已经变为红色了,如图11-174所示。

图11-172

图11-173   图11-174

11.29 首选项命令

"编辑>首选项"下拉菜单中包含用于设置光标显示方式、参考线与网格的颜色、透明度、暂存盘和增效工具等项目的命令,我们可以根据自己的使用习惯来修改Photoshop的首选项。

11.29.1 常规

执行"编辑>首选项>常规"命令,打开"首选项"对话框,如图11-175所示。左侧列表中是各个首选项的名称,单击一个名称,对话框中就会显示相关的设置内容。也可以单击"上一个"或"下一个"按钮来进行切换。

● 拾色器:可以选择使用Adobe拾色器,或是Windows拾色器。Adobe拾色器可根据4种颜色模型从整个色谱和PANTONE等颜色匹配系统中选择颜色,如图11-176所示;Windows的拾色器仅涉及基本的颜色,只允许根据两种色彩模型选择需要的颜色,如图11-177所示。

图11-175

图11-176　　　　　　　　　　图11-177

● **HUD拾色器**： 在该选项的下拉列表中可以选择 HUD拾色器的外观样式， 即显示色相条纹还是显示色相轮。 HUD拾色器的使用方法是， 选择绘画工具 （如画笔工具）， 按住Alt+Shift键在画面单击右键即可显示HUD拾色器， 如图11-178、 图11-179所示。

色相轮　　　　　　　　　色相条纹
图11-178　　　　　　　　　图11-179

● **图像插值**： 改变图像的大小时 （这一过程称为重新取样）， Photoshop会遵循一定的图像插值方法来增加或删除像素。 选择该选项中的 "邻近"， 表示以一种低精度的方法生成像素， 速度快， 但容易产生锯齿； 选择 "两次线性"， 表示以一种通过平均周围像素颜色值的方法来生成像素， 可生成中等品质的图像； 选择 "两次立方"， 表示以一种将周围像素值分析作为依据的方法生成像素， 速度较慢， 但

精度高。

● **自动更新打开的文档**： 勾选该项后， 如果当前打开的文件被其他程序修改并保存， 文件会在Photoshop中自动更新。

● **完成后用声音提示**： 完成操作时会发出提示音。

● **动态颜色滑块**： 设置在移动 "颜色" 面板中的滑块时， 颜色是否随着滑块的移动而实时改变。

● **导出剪贴板**： 在退出Photoshop时， 复制到剪贴板中的内容仍然保留， 可以被其他程序使用。

● **使用Shift键切换工具**： 选择该选项时， 在同一组工具间切换需要按下工具快捷键+Shift键； 取消勾选时， 只需按下工具快捷键即可切换。

● **在置入时调整图像大小**： 置入图像时， 图像会基于当前文件的大小而自动调整其大小。

● **带动画效果的缩放**： 使用缩放工具缩放图像时， 会产生平滑的缩放效果。

● **缩放时调整窗口大小**： 使用键盘快捷键缩放图像时， 自动调整窗口的大小。

● **用滚轮缩放**： 可以通过鼠标的滚轮缩放窗口。

● **将单击点缩放至中心**： 使用缩放工具时， 可以将单击点的图像缩放到画面的中心。

● **启用轻击平移**： 使用抓手工具移动画面时， 放开鼠标按键， 图像也会滑动。

👤 **提示**
如果要启用 "带动画效果的缩放" 和 "启用轻击平移" 功能， 需要计算机配置有OpenGL。

● **历史记录**： 可以让Photoshop跟踪文件中的所有编辑步骤 （历史记录）， 并将其存储。 选择 "元数据"， 历史记录存储为嵌入在文件中的元数据； 选择 "文本文件"， 历史记录存储为文本文件； 选择 "两者兼有"， 历史记录存储为元数据， 并保存在文本文件中。 在 "编辑记录项目" 选项中可以指定历史记录信息的详细程度。

● **复位所有警告对话框**： 执行一些命令时， 会弹出提示或警告信息， 如图11-180所示。 选择 "不再显示" 选项时， 下一次进行相同的操作便不会显示该信息。 如果要重新显示这些提示或警告， 可单击该按钮。

图11-180

11.29.2 界面

执行"编辑>首选项>界面"命令，打开"首选项"对话框，如图11-181所示。

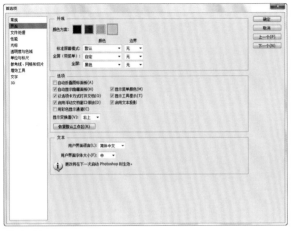

图11-181

● 颜色方案： 单击各个颜色块， 即可调整操作界面的色调。

● 标准屏幕模式/全屏（带菜单）/全屏： 可设置在这3种屏幕模式下， 屏幕的颜色和边界效果。

● 自动折叠图标面板： 对于图标状面板，不使用它时面板会重新折叠为图标状。

● 自动显示隐藏面板： 可以暂时显示隐藏的面板。

● 以选项卡方式打开文档： 打开文档时， 全屏显示一个图像， 其他图像最小化到选项卡中。

● 启用浮动文档窗口停放： 选择该项后， 可以拖曳标题栏， 将文档窗口停放到程序窗口中。

● 用彩色显示通道： 默认情况下， RGB、 CMYK 和 Lab 图像的各个通道以灰度显示， 如图11-182所示。 勾选该项， 可以用相应的颜色显示颜色通道，如图11-183所示。

图11-182　　　　图11-183

● 显示菜单颜色： 使菜单中的某些命令显示为彩色，如图11-184所示。

图11-184

● 显示工具提示： 将光标放在工具上时， 会显示当前工具的名称和快捷键等提示信息。

● 恢复默认工作区： 单击该按钮， 可以将工作区恢复为 Photoshop 默认状态。

● 文本选项组： 可设置用户界面的语言和文字大小。修改后需要重新运行 Photoshop 才能生效。

11.29.3 文件处理

执行"编辑>首选项>文件处理"命令，打开"首选项"对话框，如图11-185所示。

图11-185

● 图像预览： 可设置在存储图像时是否保存图像的缩览图。

● 文件扩展名： 可设置文件扩展名为"大写"或是"小写"。

● 存储至原始文件夹： 将文件保存在原始文件夹中。

● 后台存储： 在后台存储时允许工作继续进行。

● 自动存储恢复信息时间间隔： 以此时间间隔自动存储文档的副本， 以便 Photoshop 非正常关闭时自动恢复文件。 原始文件不受影响。

● Camera Raw首选项： 单击该按钮， 可在打开的对话框中设置 Camera Raw 的首选项。

● 对支持的原始数据文件优先使用 Adobe Camera Raw： 打开支持原始数据的文件时， 优先使用 Adobe Camera Raw 处理。

- 忽略 EXIF 配置文件标记： 保存文件时忽略关于图像色彩空间的 EXIF 配置文件标记。

- 存储分层的 TIFF 文件之前进行询问： 保存分层的文件时， 如果存储为 TIFF 格式， 会弹出询问对话框。

- 最大兼容 PSD 和 PSB 文件： 可设置存储 PSD 和 PSB 文件时， 是否提高文件的兼容性。 选择 "总是"， 可在文件中存储一个带图层图像的复合版本， 其他应用程序便能够读取该文件； 选择 "询问"， 存储时会弹出询问是否最大程度提高兼容性的对话框； 选择 "总不"， 在不提高兼容性的情况下存储文档。

- Adobe Drive ： 可以连接到 Adobe Version 服务器。

- 近期文件列表包含： 设置 "文件>最近打开文件" 下拉菜单中能够保存的文件数量。

11.29.4 性能

执行 "编辑>首选项>性能" 命令， 打开 "首选项" 对话框， 如图11-186所示。

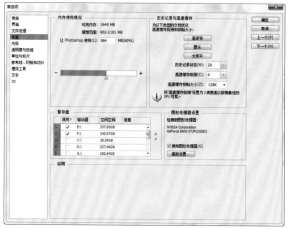

图11-186

- 内存使用情况： 显示了计算机内存的使用情况， 可拖曳滑块或在 "让 Photoshop 使用" 选项内输入数值， 调整分配给 Photoshop 的内存量。 修改后， 需要重新运行 Photoshop 才能生效。

- 暂存盘： 如果系统没有足够的内存来执行某个操作， Photoshop 将使用一种专有的虚拟内存技术 （也称为暂存盘）。 暂存盘是任何具有空闲内存的驱动器或驱动器分区。 默认情况下， Photoshop 将安装了操作系统的硬盘驱动器用作主暂存盘， 可在该选项中将暂存盘修改到其他驱动器上。 另外， 包含暂存盘的驱动器应定期进行碎片整理。

- 历史记录与高速缓存： 用来设置 "历史记录" 面板中可以保留的历史记录的最大数量， 以及图像数据

的高速缓存级别。 高速缓存可以提高屏幕重绘和直方图显示速度。

- 图形处理器设置： 显示了计算机的显卡型号。 勾选 "使用图形处理器" 选项后， 可以启用某些功能， 如旋转视图工具、 像素网格、 取样环和 "自适应广角" 滤镜等。 此外， 使用 "液化" 滤镜、 3D 等功能时， 也会加快处理速度。

11.29.5 光标

执行 "编辑>首选项>光标" 命令， 打开 "首选项" 对话框， 如图11-187所示。

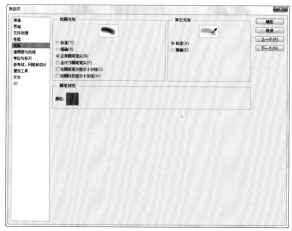

图11-187

- 绘画光标： 用于设置使用绘画工具时， 光标在画面中的显示状态， 以及光标中心是否显示十字线， 如图11-188 所示。

标准

精确

正常画笔笔尖

全尺寸画笔笔尖　　　　在画笔笔尖显示十字线

图11-188

- 其它光标： 设置使用其他工具时， 光标在画面中的显示状态。 图11-189所示为吸管工具的光标状态。

标准

精确

图11-189

● 画笔预览： 定义用于画笔预览的颜色。

11.29.6 透明度与色域

　　执行"编辑>首选项>透明度与色域"命令，打开"首选项"对话框，如图11-190所示。

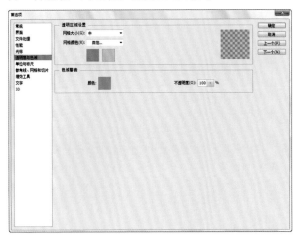

图11-190

● 透明区域设置： 当图像中的背景为透明区域时，会显示为棋盘格状， 如图11-191所示。 在 "网格大小" 选项中可以设置棋盘格的大小； 在 "网格颜色" 选项中可以设置棋盘格的颜色， 如图11-192所示（颜色为紫色的网格）。

图11-191　　　　　　图11-192

● 色域警告： 如果图像的色彩过于鲜艳， 如图11-193所示， 则有可能超出 CMYK 色域范围， 从而产生溢色❶。 执行 "视图>色域警告" 命令， 溢色会显示为灰色， 如图11-194所示。 在 "色域警告" 选项中可以修改溢色的颜色， 调整溢色的不透明度。

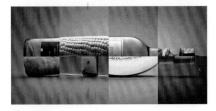

图11-193

图11-194

11.29.7 单位与标尺

　　执行"编辑>首选项>单位与标尺"命令，打开"首选项"对话框，如图11-195所示。

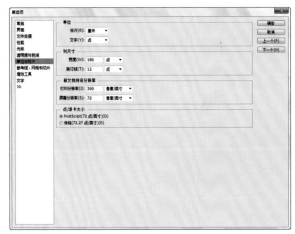

图11-195

● 单位： 可以设置标尺和文字的单位。

● 列尺寸： 如果要将图像导入到排版程序（ 如 InDesign）， 并用于打印和装订时， 可在该选项设置 "宽度" 和 "装订线" 的尺寸， 用列来指定图像的宽度， 使图像正好占据特定数量的列。

● 新文档预设分辨率： 用来设置新建文档时预设的打印分辨率和屏幕分辨率。

● 点/派卡大小： 设置如何定义每英寸的点数。 选择 "PostScript（72 点/英寸）"， 设置一个兼容的单位大小， 以便打印到 PostScript 设备； 选择 "传统（72.27 点/英寸）"， 则使用 72.27 点/英寸（打印传统使用的点数）。

11.29.8 参考线、 网格和切片

　　执行"编辑>首选项>参考线、网格和切片"命令，打开"首选项"对话框，如图11-196所示。对话框右侧的颜色块中显示了修改后的参考线、智能参考线和网格的颜色。

相关链接
❶溢色是不能被准确打印出来的颜色，关于溢色的更多内容，请参阅第447页。

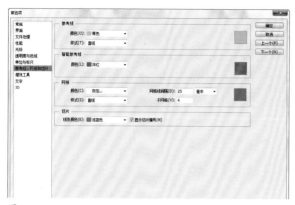

图11-196

● 参考线： 用来设置参考线的颜色和样式，包括直线和虚线两种样式，如图11-197、图11-198所示。

图11-197　　　　　图11-198

● 智能参考线： 用来设置智能参考线的颜色。

● 网格： 可以设置网格的颜色和样式，如图11-199、图11-200所示。对于"网格线间隔"，可以输入网格间距的值。在"子网格"选项中输入一个值，则可基于该值重新细分网格。

图11-199　　　　　图11-200

● 切片： 用来设置切片边界框的颜色。勾选"显示切片编号"选项，可以显示切片的编号。

11.29.9 增效工具

执行"编辑>首选项>增效工具"命令，打开"首选项"对话框，如图11-201所示。

图11-201

● 附加的增效工具文件夹： 增效工具是由Adobe或第三方经销商开发的可以在Photoshop中使用的外挂滤镜或插件。Photoshop自带的滤镜保存在Plug-Ins文件夹中。如果我们安装外挂滤镜或插件时，没有将其设置在该文件内，则可勾选"附加的增效工具文件夹"选项，在打开的对话框中选择插件所在的文件夹，然后重新启动Photoshop，外挂滤镜便可以在Photoshop中使用了。

● 显示滤镜库的所有组和名称： 勾选该项后，"滤镜库"中的滤镜会同时出现在"滤镜"菜单的各个滤镜组中。

● 扩展面板： 勾选"允许扩展连接到Internet"选项，表示允许Photoshop扩展面板连接到Internet获取新内容，以及更新程序；勾选"载入扩展面板"选项，启动时可以载入已安装的扩展面板。

11.29.10 文字

执行"编辑>首选项>文字"命令，打开"首选项"对话框，如图11-202所示。

图11-202

● 使用智能引号： 智能引号也称为印刷引号，它会与字体的曲线混淆。勾选该项后，输入文本时可使用弯曲的引号替代直引号。

● 启用丢失字形保护： 选择该项后，如果文档使用了系统上未安装的字体，在打开此类文档时便会出现一条警告信息，告诉用户缺少哪些字体，我们可以使用可用的匹配字体替换缺少的字体。

● 以英文显示字体名称：勾选该项后，在"字符"面板和文字工具选项栏的字体下拉列表中，亚洲字体的名称以英文显示，如图 11-203 所示；取消勾选，则以中文显示，如图 11-204 所示。

图11-203   图11-204

● 选取文本引擎选项：如果要在 Photoshop 界面中显示中东文字选项，可选择"中东"选项，然后重新启动 Photoshop，并执行"文字>语言选项>中东语言功能"命令即可。

11.29.11 3D

执行"编辑>首选项>3D"命令，打开"首选项"对话框，如图11-205所示。

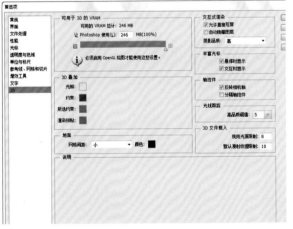

图11-205

● 可用于 3D 的 VRAM：显示了 Photoshop 3D Forge（3D 引擎）可以使用的显存量（VRAM）。拖曳滑块可以调整分配给 Photoshop 的显存。较大的 VRAM 有助于进行快速的 3D 交互，尤其是处理高分辨率的网格和纹理时。但这会导致与其他启用 GPU 的应用程序争夺资源。

● 3D 叠加：单击各个颜色块，可以指定各种参考线的颜色，以便在进行 3D 操作时高亮显示可用的 3D 组件。在"视图>显示"下拉菜单中，可以选择显示或者隐藏这些额外内容。

● 地面：用来设置进行 3D 操作时，可用的地面参考线参数，包括平面的大小、网格间距的大小和网格颜色。执行"视图>显示>3D 地面"命令，可以显示或隐藏地面。

● 交互式渲染：指定进行 3D 对象交互（鼠标事件）时 Photoshop 渲染选项的首选项。勾选"允许直接写屏"选项，可利用电脑上的 GPU 图形卡直接在屏幕绘制像素，从而加快 3D 交互。此外，它还使 3D 交互能够利用 3D 管道内建的颜色管理功能。但如果用户的图形卡不够强大，或者将"绘图模式"（"首选项>性能>图形处理器设置"）设置为基本，则可能会在交互过程中遇到较大的颜色变化。关闭该选项可解决此问题，但这也会导致交互变慢。勾选"自动隐藏图层"选项，可以自动隐藏除当前正在与之交互的 3D 图层以外的所有图层，从而提供最快的交互速度。

● 丰富光标：可实时显示与光标和对象相关的信息。勾选"悬停时显示"选项后，当悬停在 3D 对象上方时，可呈现带有相关信息的光标；选择"交互时显示"选项后，与 3D 对象的鼠标交互可呈现带有相关信息的光标。

● 轴控件：指定轴交互和显示模式。勾选"反转相机轴"选项后，可翻转相机和视图的轴坐标系；勾选"分隔轴控件"选项后，可以将合并的轴分隔为单独的轴工具：移动轴、旋转轴和缩放轴。如果取消该选项的勾选，则会反转到合并的轴。

● 光线跟踪：当 3D 场景面板中的"品质"菜单设置为"光线跟踪最终效果"时，可通过该选项定义光线跟踪渲染的图像品质阈值。如果使用较小的值，则在某些区域（柔和阴影、景深模糊）中的图像品质降低时，将立即停止光线跟踪。渲染时始终可以通过单击鼠标或按键盘上的按键手动停止光线跟踪。

● 3D 文件载入：用于指定 3D 文件载入时的行为。"现用光源限制"用来设置现用光源的初始限制。如果即将载入的 3D 文件中的光源数量超过该限制，则某些光源一开始会被关闭。但可以单击"场景"视图中光源对象旁边的眼睛图标，在 3D 面板中打开这些光源。"默认漫射纹理限制"用来设置漫射纹理不存在时，Photoshop 将在材质上自动生成的漫射纹理的最大数量。如果 3D 文件具有的材质超过该数量，不会自动生成纹理。

Point

第12章 图像菜单命令

12.1 模式命令

颜色模式决定了用来显示和打印所处理图像的颜色方法。打开一个文件，在"图像>模式"下拉菜单中选择一种模式，如图12-1所示，即可将其转换为该模式。这其中，RGB、CMYK、Lab等是常用和基本的颜色模式，索引颜色和双色调等则是用于特殊色彩输出的颜色模式。颜色模式基于颜色模型（一种描述颜色的数值方法），选择一种颜色模式，就等于选用了某种特定的颜色模型。

"图像"菜单中包含了调色、改变图像尺寸和颜色模式等方面的命令。

我想处理一些数码照片，Photoshop的调色命令能满足我的需要吗？

Photoshop是色彩处理大师，在它的"图像>调整"菜单中，提供了20多种工具，它们有的用于调整色相，如"色彩平衡"、"可选颜色"命令；有的用于调整饱和度，如"色相/饱和度"、"自然饱和度"命令；有的用于调整明度和色调，如"曲线"、"色阶"命令。下面我们就来看看这些命令都有什么用途吧。

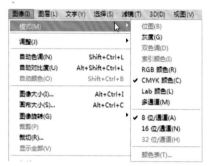

图12-1

12.1.1 位图模式

位图模式只有纯黑和纯白两种颜色，适合制作艺术样式或用于创作单色图形。彩色图像转换为该模式后，色相和饱和度信息都会被删除，只保留亮度信息。只有灰度和双色调模式才能够转换为位图模式。

打开一个RGB模式的彩色图像，如图12-2所示，执行"图像>模式>灰度"命令，先将它转换为灰度模式，再执行"图像>模式>位图"命令，打开"位图"对话框，如图12-3所示。

图12-2

图12-3

在"输出"选项中设置图像的输出分辨率，然后在"方法"选项中选择一种转换方法，包括"50%阈值"、"图案仿色"、"扩散仿色"、"半调网屏"和"自定图案"。

- 50%阈值：将50%色调作为分界点，灰色值高于中间色阶128的像素转换为白色，灰色值低于色阶128的像素转换为黑色，如图12-4所示。

- 图案仿色：使用黑白点图案来模拟色调，如图12-5所示。

- 扩散仿色：通过使用从图像左上角开始的误差扩散过程来转换图像，由于转换过程的误差原因，会产生颗粒状的纹理，如图12-6所示。

- 半调网屏：可模拟平面印刷中使用的半调网点外观，如图12-7所示。

50%阈值
图12-4

图案仿色
图12-5

扩散仿色
图12-6

半调网屏
图12-7

- 自定图案：可选择一种图案来模拟图像中的色调，

如图12-8、图12-9所示。

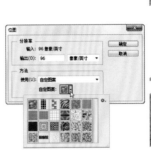

图12-8　　　　　　　　　　图12-9

12.1.2 灰度模式

灰度模式的图像不包含颜色，彩色图像转换为该模式后，色彩信息都会被删除。

灰度图像中的每个像素都有一个0~255的亮度值，0代表黑色，255代表白色，其他值则代表了黑、白之间过渡的灰色。在8位图像中，最多有256级灰度，在16位和32位图像中，图像中的级数比8位图像要大得多。

12.1.3 双色调模式

双色调模式采用一组曲线来设置各种颜色的油墨，可以得到比单一通道更多的色调层次，能在打印中表现更多的细节。双色调模式还可以为三种或四种油墨颜色制版。图12-10、图12-11所示分别为双色调和三色调效果。

- 预设：可以选择一个预设的调整文件。

- 类型：在该选项的下拉列表中可以选择"单色调"、"双色调"、"三色调"或"四色调"。单色调是用非黑色的单一油墨打印的灰度图像；双色调、三色调和四色调分别是用两种、三种和四种油墨打印的图像。选择选项之后，单击各个油墨颜色块，可以打开"颜色库"设置油墨颜色，如图12-12、图12-13所示。

图12-10

图12-11

图12-12　　　　　图12-13

● 编辑油墨颜色：选择"单色调"时，只能编辑一
种油墨；选择"四色调"时，可以编辑全部的四
种油墨。单击"油墨"选项右侧的曲线图，如图
12-14所示，打开"双色调曲线"对话框调整曲线，
可以改变油墨的百分比，如图12-15所示。单击
"油墨"选项右侧的颜色块，可以打开"颜色库"
选择油墨。

图12-14

👤 提示

只有灰度模式的图像才能转换为双色调模式。

图12-15

● 压印颜色：压印颜色是指相互打印在对方之上的两
种无网屏油墨。单击该按钮可以在打开的"压印颜
色"对话框中设置压印颜色在屏幕上的外观。

12.1.4　索引颜色模式

　　使用256种或更少的颜色替代全彩图像中上百万
种颜色的过程叫做索引。Photoshop会构建一个颜色
查找表 (CLUT)❶，存放图像中的颜色。如果原图
像中的某种颜色没有出现在该表中，则程序会选取
最接近的一种，或使用仿色以现有颜色来模拟该颜
色。索引模式是GIF文件默认的颜色模式。图12-16所
示为"索引颜色"对话框。

图12-16

● 调板/颜色：可以选择转换为索引颜色后使用的调
板类型，它决定了使用哪些颜色。如果选择"平
均"、"可感知"、"可选择"或"随样性"，
可通过输入"颜色"值指定要显示的实际颜色数量
（多达256种）。

● 强制：可以选择将某些颜色强制包括在颜色表中的
选项。选择"黑白"，可将纯黑色和纯白色添加
到颜色表中；选择"三原色"，可添加红、绿、
蓝、青、洋红、黄、黑色和白色；选择"Web"，
可添加216种 Web 安全色；选择"自定"，则允

相关链接
❶关于颜色表的详细内容，详见第278页。

许定义要添加的自定颜色。图12-17、图12-18所示是设置"颜色"为9、"强制"分别为"黑白"和"三原色"所构建的颜色表及图像效果。

● **杂边**：指定用于填充与图像的透明区域相邻的消除锯齿边缘的背景色。

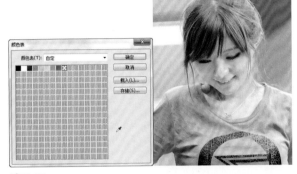

图12-17

图12-18

● **仿色**：在下拉列表中可以选择是否使用仿色。如果要模拟颜色表中没有的颜色，可以采用仿色。仿色会混合现有颜色的像素，以模拟缺少的颜色。要使用仿色，可在该选项下拉列表中选择仿色选项，并输入仿色数量的百分比值。该值越高，所仿颜色越多，但可能会增加文件占用的存储空间。

12.1.5 RGB颜色模式

RGB是一种加色混合模式，它通过红、绿、蓝3种原色光混合的方式来显示颜色，如图12-19所示，计算机显示器、扫描仪、数码相机、电视、幻灯片、网络和多媒体等都采用这种模式。在24位图像中，每一种颜色都有256种亮度值，因此，RGB颜色模式可以重现1670万种颜色（256×256×256）。

12.1.6 CMYK颜色模式

CMYK是一种减色混合模式，如图12-20所示。它是指本身不能发光，但能吸收一部分光，并将余下的光反射出去的色料混合，印刷用油墨、染料、绘画颜料等都属于减色混合。

CMYK模式的色域（颜色范围）比RGB模式●小，只有制作需要用印刷色打印的图像时，才使用该模式。此外，在CMYK模式下，有许多滤镜都不能使用。

在CMYK颜色模式中，C代表了青、M代表了洋红、Y代表了黄、K代表了黑色。在 CMYK 模式下，可以为每个像素的每种印刷油墨指定一个百分比值。

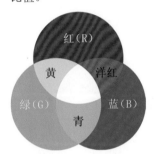

RGB模式（加色混合）：
红、绿混合生成黄；红、蓝混合生成洋红；蓝、绿混合生成青

CMYK模式（减色混合）：
青、洋红混合生成蓝；青、黄混合生成绿；黄、洋红混合生成红

图12-19

图12-20

👤**提示**
在Photoshop中，RGB是首选，除非有特殊要求而使用特定的颜色模式。在这种模式下可以使用所有Photoshop工具和命令，而其他模式则会受到限制。

12.1.7 Lab颜色模式

Lab模式是Photoshop进行颜色模式转换时使用的中间模式。例如，将RGB图像转换为CMYK模式时，Photoshop会先将其转换为Lab模式，再由Lab转换为CMYK模式。因此，Lab的色域最宽，它涵盖了RGB和CMYK的色域。

相关链接
●编辑RGB模式图像时，如果想要预览它的打印效果（CMYK预览效果），可以执行"视图>校样颜色"命令打开电子校样，详见第447页。

CHAPTER 12

在Lab颜色模式中，L代表了亮度分量，它的范围为0～100；a代表了由绿色到红色的光谱变化；b代表了由蓝色到黄色的光谱变化。颜色分量a和b的取值范围均为+127～-128。Lab模式在照片调色中有着非常特别的优势，处理明度通道时，可以在不影响色相和饱和度的情况下轻松修改图像的明暗信息；处理a和b通道时，则可以在不影响色调的情况下修改颜色，如图12-21、图12-22所示。

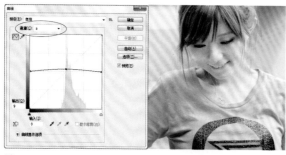

图12-21

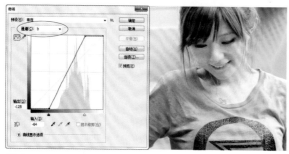

图12-22

12.1.8 多通道模式

多通道是一种减色模式，将RGB图像转换为该模式后，可以得到青色、洋红和黄色通道。此外，如果删除RGB、CMYK、Lab模式的某个颜色通道，图像会自动转换为多通道模式，如图12-23、图12-24所示。在多通道模式下，每个通道都使用 256 级灰度。进行特殊打印时，多通道图像十分有用。

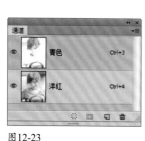

图12-23

图12-24

12.1.9 位深度

位深度也称为像素深度或色深度，即多少位/像素，它是显示器、数码相机、扫描仪等使用的术语。Photoshop使用位深度来存储文件中每个颜色通道的颜色信息。存储的位越多，图像中包含的颜色和色调差就越大。

打开一个图像文件后，可以在"图像>模式"下拉菜单中选择8位/通道、16位/通道、32位/通道命令，以改变图像的位深度。

- 8位/通道：位深度为8位，每个通道可支持256种颜色，图像可以有1600万个以上的颜色值。
- 16位/通道：位深度为16位，每个通道可包含高达65000种颜色信息。无论是通过扫描得到的16位/通道文件，还是数码相机拍摄得到的16位/通道的RAW文件，都包含了比8位/通道文件更多的颜色信息，因此，色彩渐变更加平滑、色调也更加丰富。
- 32位/通道：32位/通道的图像也称为高动态范围（HDR）图像，文件的颜色和色调更胜于16位/通道文件。用户可以有选择性地对部分图像进行动态范围的扩展，而不至于丢失其他区域的可打印和可显示的色调。目前，HDR图像主要用于影片、特殊效果、3D作品及某些高端图片。

12.1.10 颜色表

将图像的颜色模式转换为索引模式以后，"图像>模式"下拉菜单中的"颜色表"命令可以使用。执行该命令时，Photoshop会从图像中提取256种典型颜色，图12-25所示为一个索引模式的图像，图12-26所示为它的颜色表。

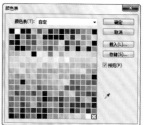

图12-25　　　　　　　　图12-26

在"颜色表"下拉列表中可以选择一种预定义的颜色表，包括"自定"、"黑体"、"灰度"、"色谱"、"系统（Mac OS）"和"系统（Windows）"。

- 自定： 创建指定的调色板。 自定颜色表对于颜色数量有限的索引颜色图像可以产生特殊效果。

- 黑体： 显示基于不同颜色的面板， 这些颜色是黑体辐射物被加热时发出的， 从黑色到红色、 橙色、 黄色和白色， 如图 12-27 所示。

- 灰度： 显示基于从黑色到白色的 256 个灰阶的面板。

- 色谱： 显示基于白光穿过棱镜所产生的颜色的调色板， 从紫色、 蓝色、 绿色到黄色、 橙色和红色， 如图 12-28 所示。

- 系统（Mac OS）： 显示标准的 Mac OS 256 色系统面板。

- 系统（Windows）： 显示标准的 Windows 256 色系统面板。

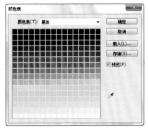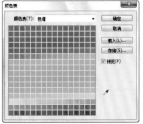

图12-27　　　　　　　　　　图12-28

12.2 亮度/对比度命令（实战照片清晰度调整）

■素材： 光盘>素材文件夹 ■视频： 光盘>视频文件夹 ■难度： ★☆☆☆☆ ■实例类型： 数码照片处理
■实例应用： 让照片色调明亮清晰

01 "亮度/对比度"命令❶可以对图像的色调范围进行调整。打开光盘中的素材，如图12-29所示。

图12-29

02 执行"图像>调整>亮度/对比度"命令，打开"亮度/对比度"对话框，向左拖曳滑块可降低亮度和对比度；向右拖曳滑块可增加亮度和对比度。为了使暗沉的色调变得明亮，向右拖曳滑块，

如图12-30所示。

图12-30

提示

勾选"使用旧版"选项，可以得到与Photoshop CS3以前的版本相同的调整结果（即进行线性调整），旧版对比度更强，但图像细节也丢失得更多。

相关链接
❶ "亮度/对比度"命令没有"色阶"和"曲线"的可控性强，调整时有可能丢失图像细节。对于高端输出，最好使用"色阶"或"曲线"来调整。关于这两个命令的详细内容，请参见第280页和第284页。

12.3 色阶命令

"色阶"是Photoshop最为重要的调整工具之一，它可以调整图像的阴影、中间调和高光的强度级别，校正色调范围和色彩平衡，也就是说，"色阶"不仅可以调整色调，还能调整色彩。

12.3.1 色阶对话框

打开一张照片素材，如图12-31所示，执行"图像>调整>色阶"命令或按下Ctrl+L快捷键，打开"色阶"对话框，如图12-32所示。对话框中也有一个直方图，可以作为调整的参考依据，但它的缺点是不能实时更新。调整照片时，最好打开"直方图"面板观察直方图的变化情况。

- 预设：单击"预设"选项右侧的 ☰ 按钮，在打开的下拉列表中选择"存储"命令，可以将当前的调整参数保存为一个预设文件。在使用相同的方式处理其他图像时，可以用该文件自动完成调整。

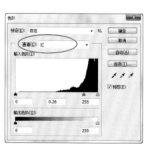

图12-31　　　　　　　　　　图12-32

- 通道：可以选择一个颜色通道来进行调整。调整通道会改变图像的颜色，如图12-33、图12-34所示。

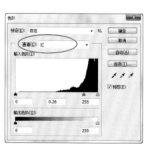

图12-33　　　　　　　　　　图12-34

- 输入色阶：用来调整图像的阴影（左侧滑块）、中间调（中间滑块）和高光区域（右侧滑块）。可拖拽滑块或者在滑块下面的文本框中输入数值来进行

调整，向左拖拽滑块，与之对应的色调会变亮，如图12-35、图12-36所示；向右拖曳滑块，色调变暗，如图12-37、图12-38所示。

- 输出色阶：可以限制图像的亮度范围，从而降低对比度，使图像呈现褪色效果，如图12-39、图12-40所示。

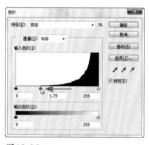

图12-35　　　　　　　　　　图12-36

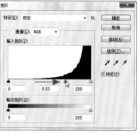

图12-37　　　　　　　　　　图12-38

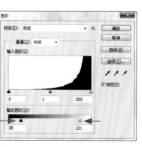

图12-39　　　　　　　　　　图12-40

● 设置黑场 🖋：使用该工具在图像中单击，可以将单击点的像素调整为黑色，比该点暗的像素也变为黑色，如图12-41所示。

● 设置灰点 🖋：使用该工具在图像中单击，可以根据单击点像素的亮度来调整其他中间色调的平均亮度，如图12-42所示。我们通常使用该工具来校正色偏。

● 设置白场 🖋：使用该工具在图像中单击，可以将单击点的像素调整为白色，比该点亮度值高的像素也都会变为白色，如图12-43所示。

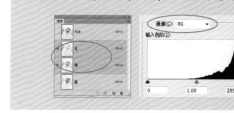

图12-41　　　　图12-42　　　　图12-43

● 自动：单击该按钮，可应用自动颜色校正，Photoshop 会以0.5%的比例自动调整色阶，使图像的亮度分布更加均匀。

● 选项：单击该按钮，可以打开"自动颜色校正选项"对话框，在该对话框中可以设置黑色像素和白色像素的比例。

技术看板：
同时调整多个通道

如果要同时编辑多个颜色通道，可在执行"色阶"命令之前，先按住 Shift 键在"通道"面板中选择这些通道，这样"色阶"的"通道"菜单会显示目标通道的缩写，例如，RG表示红和绿通道。

12.3.2 色阶的色调映射原理

打开一个图像文件，如图12-44所示，按下Ctrl+L快捷键，打开"色阶"对话框，如图12-45所示。在"输入色阶"选项组中，阴影滑块位于色阶0处，它所对应的像素是纯黑的。如果向右移动阴影滑块，Photoshop 就会将滑块当前位置的像素值映射为色阶"0"。也就是说，滑块所在位置左侧的所有

像素都会变为黑色，如图12-46所示。

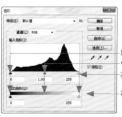

阴影滑块（色阶0）
中间调滑块（色阶128）
高光滑块（色阶255）

各滑块对应的色调

图12-44　　　　图12-45

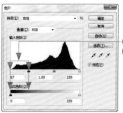

色阶0（这一区域的色调变为黑色）

图12-46

高光滑块位于色阶255处，它所对应的像素是纯白的。如果向左移动高光滑块，滑块当前位置的像素值就会被映射为色阶"255"，因此，滑块所在位置右侧的所有像素都会变为白色，如图12-47所示。

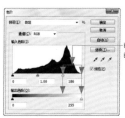

色阶255（这一区域的色调变为白色）

图12-47

中间调滑块位于色阶128处，它用于调整图像中的灰度系数，可以改变灰色调中间范围的强度值，但不会明显改变高光和阴影。

"输出色阶"选项组中的两个滑块用来限定图像的亮度范围。向右拖曳暗部滑块时，它左侧的色调都会映射为滑块当前位置的灰色，图像中最暗的色调也就不再是黑色了，色调就会变灰；如果向左移动白色滑块，则它右侧的色调都会映射为滑块当前位置的灰色，图像中最亮的色调就不再是白色了，色调就会变暗。

12.3.3 在阈值模式下调整清晰度（实战）

■素材：光盘>素材文件夹　■视频：光盘>视频文件夹　■难度：★★★☆☆
■实例类型：数码照片处理　■实例应用：调整照片的清晰度

"色阶"的阴影和高光滑块越靠近中间位置，图像的对比度越强，但也越容易丢失细节。如果能

CHAPTER 12

将滑块精确地定位在直方图的起点和终点上，就可以在保持图像细节不会丢失的基础上获得最佳的对比度。下面来学习这种调整方法。

01 打开光盘中的照片素材。按下Ctrl+L快捷键，打开"色阶"对话框，观察直方图，如图12-48所示。可以看到，直方图山脉的两端没有延伸到直方图的两个端点上，这说明图像中最暗的点不是黑色，最亮的点也不是白色，图像缺乏对比度，调子比较灰。

图12-48

02 按住 Alt 键向右拖曳阴影滑块，临时切换为阈值模式，可以看到一个高对比度的预览图像，如图12-49所示；往回拖曳滑块（不要放开Alt键），当画面中出现少量高对比度图像时放开滑块，如图12-50所示，这样可以比较准确地将滑块定位在直方图左侧的端点上。

图12-49

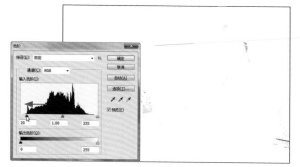

图12-50

03 高光滑块的调整方法与阴影滑块相同，首先按住Alt 键向左拖曳高光滑块，然后往回拖曳滑块，将它定位在出现少量高对比度图像处，如图12-51所示，这样就将滑块比较准确地定位在直方图最右侧的端点上。

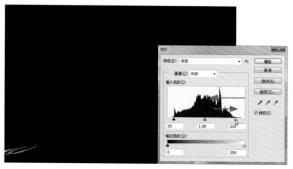

图12-51

04 放开Alt键，再将中间调滑块向左拖曳（大概定位在1.13处），将画面适当调亮就可以了。图12-52所示为原片，图12-53所示为精确调整色阶后的效果。

图12-52

图12-53

👤提示

本实例采用的技术是在"色阶"对话框中将图像临时切换为阈值状态，然后再进行调整。这种方法不能调整 CMYK 模式的图像。

12.3.4 定义灰点校正色偏（实战）

■素材：光盘>素材文件夹 ■视频：光盘>视频文件夹 ■难度：★★★☆☆
■实例类型：数码照片处理 ■实例应用：校正照片的色偏

　　使用数码相机拍摄时，需要设置正确的白平衡才能使照片准确还原色彩，否则会导致颜色出现偏差。此外，室内人工照明对拍摄对象产生影响、照片由于年代久远而褪色、扫描或冲印过程中也会产生色偏。下面我们就来学习怎样处理此类照片。

01 打开光盘中的照片素材，如图12-54所示。我们先来判定照片出现了怎样的色偏。浅色或中性图像区域比较容易确定色偏，例如，白色的衬衫、灰色的道路等都是查找色偏的理想位置。

图12-54

02 使用颜色取样器工具 🖊 在白色的耳环上单击，建立取样点，弹出的"信息"面板中会显示取样的颜色值，如图12-55所示。

图12-55

03 可以看到，取样点的颜色值是：R181、G187、B202。在Photoshop中，等量的红、绿、蓝生成灰色，如图12-56、图12-57所示。如果照片中原本应该是灰色的区域的RGB数值不一样，说明它不是真正的灰色，它一定包含了其他的颜色。如果R值高于其他值，说明图像偏红色；如果G值高于其他值，说明图像偏绿色；如果B值高于其他两个颜色值，说明偏蓝色。我们的取样点B（蓝色）值最高，其他两个颜色值相差不大，由此可以判断出照片颜色偏蓝。

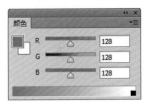 

图12-56　　　　　　图12-57

04 单击"调整"面板中的 按钮，创建"色阶"调整图层。选择对话框中的设置灰场吸管 🖊，将光标放在取样点上，如图12-58所示。

05 单击鼠标，Photoshop会计算出单击点像素RGB的平均值，再根据该值调整其他中间色调的平均亮度，从而校正色偏，如图12-59所示。

技术看板：
色偏校正技巧

　　校正色偏时，如果单击的区域不是灰色区域，则可能导致更严重的色偏，或出现其他颜色的色偏。此外，同样是在灰色区域单击，单击位置不同，校正结果也会有差异。由此可见，校正色偏是一个比较感性的工作，我们只要凭着对照片的直观感受，将其调整到最佳的视觉效果就可以了。况且，有些色偏还是有益的。

取样点不准导致出现新的色偏

图12-58

图12-59

12.4 曲线命令

"曲线"是Photoshop中最强大的调整工具，它具有"色阶"、"阈值"和"亮度/对比度"等多个命令的功能。曲线上可以添加14个控制点，这意味着我们可以对色调进行非常精确的调整。

12.4.1 曲线对话框

认识"曲线"对话框

打开一个图像素材，如图12-60所示，执行"图像>调整>曲线"命令，或按下Ctrl+M快捷键，打开"曲线"对话框，如图12-61所示。在曲线上单击可以添加控制点，拖动控制点改变曲线形状便可以调整图像的色调和颜色。

单击控制点可将其选择，按住Shift键单击可以选择多个控制点。选择控制点后，按下Delete键可将其删除。

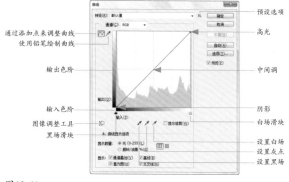

通过添加点来调整曲线
使用铅笔绘制曲线
输出色阶
图像调整工具
黑场滑块

预设选项
高光
中间调
阴影
白场滑块
设置白场
设置灰点
设置黑场

图12-61

"曲线"命令基本选项

● 通道： 在下拉列表中可以选择要调整的颜色通道。调整通道会改变图像颜色， 如图12-62所示。

图12-60

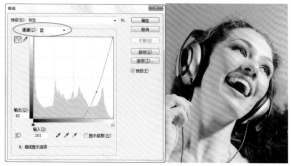

图12-62

● 预设：包含了 Photoshop 提供的各种预设调整文件，可用于调整图像，效果如图 12-63 所示。单击"预设"选项右侧的 ≡ 按钮，可以打开一个下拉列表，选择"存储预设"命令，可以将当前的调整状态保存为一个预设文件，在对其他图像应用相同的调整时，可以选择"载入预设"命令，用载入的预设文件自动调整；选择"删除当前预设"命令，删除所存储的预设文件。

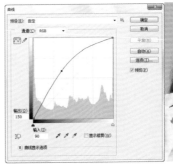

图12-64

彩色负片　　　　反冲　　　　　较暗

增加对比度　　　较亮　　　　线性对比度

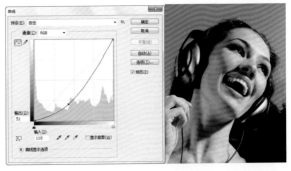

图12-65

中对比度　　　　负片　　　　强对比度

图12-63

● 通过添加点来调整曲线 ∿：打开"曲线"对话框时，该按钮为按下状态，此时在曲线中单击可添加新的控制点，拖动控制点改变曲线形状，即可调整图像。当图像为 RGB 模式时，曲线向上弯曲，可以将色调调亮，如图 12-64 所示；曲线向下弯曲，可以将色调调暗，如图 12-65 所示。

👤 提示

如果图像为 CMYK 模式，则曲线向上弯曲可以将色调调暗；曲线向下弯曲可以将色调调亮。

● 使用铅笔绘制曲线 ✎：单击该按钮后，可绘制手绘效果的自由曲线，如图 12-66 所示。绘制完成后，单击 ∿ 按钮，曲线上会显示控制点。

图12-66

● 平滑：使用 ✎ 工具绘制曲线后，单击该按钮，可以对曲线进行平滑处理，如图 12-67 所示。

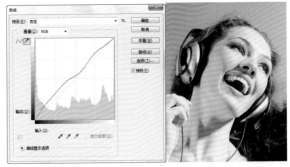

图12-67

● 图像调整工具 ☝：选择该工具后，将光标放在图像上，曲线上会出现一个空的圆形图形，它代表了光标处的色调在曲线上的位置，如图12-68所示，在画面中单击并拖动鼠标可添加控制点并调整相应的色调，如图12-69所示。

图12-68

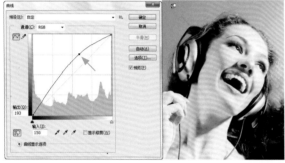

图12-69

● 输入色阶 / 输出色阶：“输入色阶”显示了调整前的像素值，“输出色阶”显示了调整后的像素值。

● 设置黑场 ✎ / 设置灰点 ✎ / 设置白场 ✎：这几个工具与“色阶”对话框中的相应工具完全一样。

● 自动：单击该按钮，可以对图像应用“自动颜色”、“自动对比度”或“自动色调”校正。具体的校正内容取决于“自动颜色校正选项”对话框中的设置。

● 选项：单击该按钮，可以打开“自动颜色校正选项”对话框。自动颜色校正选项用来控制由“色阶”和“曲线”中的“自动颜色”、“自动色调”、“自动对比度”和“自动”选项应用的色调和颜色校正。它允许指定阴影和高光剪切百分比，并为阴影、中间调和高光指定颜色值。

曲线显示选项

单击“曲线”对话框中“曲线显示选项”前的 ⌃ 按钮，可以显示更多的选项。

● 显示数量：可以反转强度值和百分比的显示。例如，图12-70所示为选择“光（0-255）”选项时的曲线；图12-71为选择“颜料/油墨量（%）”选项时的曲线。

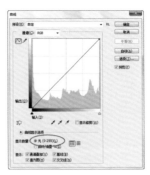
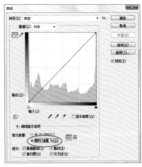

图12-70　　　　　　　　　图12-71

● 简单网格/详细网格：单击简单网格按钮 ⊞，会以25%的增量显示网格，如图12-72所示；单击详细网格按钮 ▦，则会以10%的增量显示网格，如图12-73所示。在详细网格状态下，我们可以更加准确地将控制点对齐到直方图上。按住 Alt 键单击网格，也可以在这两种网格间切换。

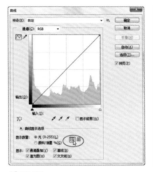
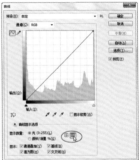

图12-72　　　　　　　　　图12-73

● 通道叠加：可在复合曲线上方叠加各个颜色通道的曲线，如图12-74所示。

● 直方图：可以在复合曲线和各个颜色通道的曲线上叠加直方图，如图12-75所示。

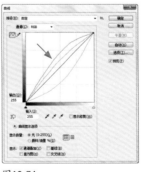
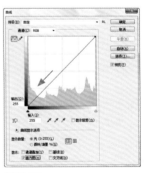

图12-74　　　　　　　　　图12-75

● 基线：可在网格上显示以 45° 角绘制的基线，如图12-76所示。

● 交叉线：调整曲线时，显示水平线和垂直线，以帮助我们在相对于直方图或网格进行拖动时将点对齐，如图12-77所示。

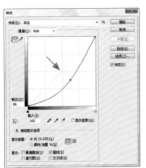
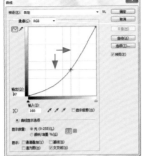

图12-76　　　　　　　　　　图12-77

12.4.2 曲线的色调映射原理

打开一个文件，按下Ctrl+M快捷键，打开"曲线"对话框，如图12-78所示。

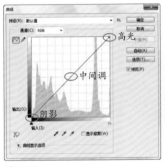

图12-78

在对话框中，水平的渐变颜色条为输入色阶，它代表了像素的原始强度值；垂直的渐变颜色条为输出色阶，它代表了调整曲线后像素的强度值。调整曲线以前，这两个数值是相同的。在曲线上单击，添加一个控制点，向上拖曳该点时，在输入色阶中可以看到图像中正在被调整的色调（色阶为103），在输出色阶中可以看到它被Photoshop映射为更浅的色调（色阶为151），图像就会因此而变亮，如图12-79所示。

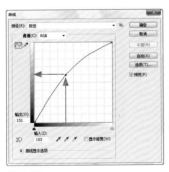

图12-79

如果向下移动控制点，则Photoshop会将所调整的色调映射为更深的色调（将色阶152映射为色阶103），图像也会因此而变暗，如图12-80所示。

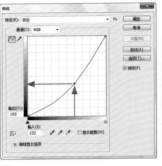

图12-80

将曲线调整为"S"形，可以使高光区域变亮、阴影区域变暗，从而增强色调的对比度，如图12-81所示；反"S"形曲线则会降低对比度，如图12-82所示。

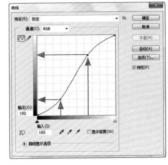

图12-81

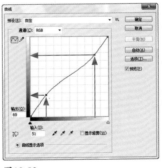

图12-82

提示

整个色阶范围为0~255，0代表了全黑，255代表了全白，因此，色阶数值越高，色调越亮。

向上移动曲线底部的控制点，可以把黑色映射为灰色，阴影区域因此而变亮，如图12-83所示；向下移动曲线顶部的控制点，可以将白色映射为灰色，高光区域因此而变暗，如图12-84所示。

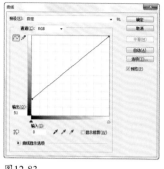

图12-83

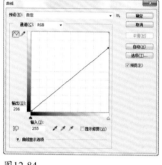

图12-84

将曲线的两个端点向中间移动，色调反差会变小，色彩会变得灰暗，如图12-85所示。如果将曲线调整为水平直线，则可以将所有像素都映射为灰色（R＝G＝B），如图12-86所示。水平线越高，灰色色调越亮。

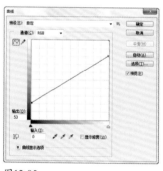

图12-85

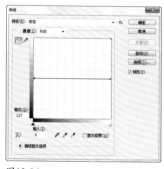

图12-86

将曲线顶部的控制点向左移动，可以将高光滑块（白色三角滑块）所在点位的灰色映射为白色，因此，高光区域会丢失细节（即高光溢出），如图12-87所示；将曲线底部的控制点向右移动，可以将阴影滑块（黑色三角滑块）所在点位的灰色映射为黑色，因此，阴影区域会丢失细节（即阴影溢出），如图12-88所示。

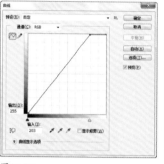

图12-87

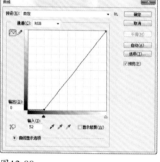

图12-88

将曲线顶部和底部的控制点同时向中间移动，可以增加色调的反差（效果类似于"S"形曲线）、压缩中间调，因此，中间调会丢失细节，如图12-89所示；将顶部和底部的控制点移动到最中间，可以创建色调分离效果，如图12-90所示。

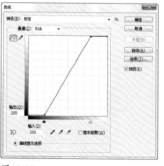

图12-89

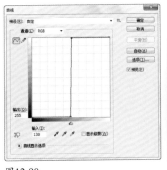 

图12-90

将曲线顶部和底部的控制点调换位置，可以将图像反相成为负片，效果与执行"图像>调整>反相"命令相同，如图12-91所示；将曲线调整为"N"形，可以使部分图像反相，如图12-92所示。

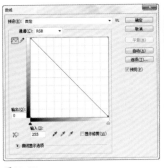 

图12-91

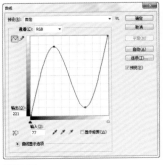 

图12-92

12.4.3 曲线与色阶的异同之处

曲线上面有两个预设的控制点，其中，"阴影"可以调整照片中的阴影区域，它相当于"色阶"中的阴影滑块；"高光"可以调整照片的高光区域，它相当于"色阶"中的高光滑块，如图12-93所示。

如果在曲线的中央（1/2处）单击，添加一个控制点，该点就可以调整照片的中间调，它相当于

"色阶"的中间调滑块，如图12-94所示。

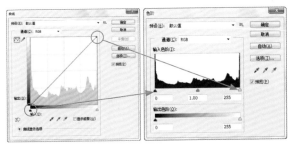

图12-93

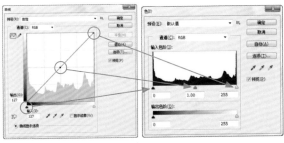

图12-94

然而曲线上最多可以有16个控制点，也就是说，它能够把整个色调范围（0～255）分成15段来调整，因此，对于色调的控制非常精确。而色阶只有3个滑块，它只能分3段（阴影、中间调、高光）调整色阶。因此，曲线对于色调的控制可以做到更加精确，它可以调整一定色调区域内的像素，而不影响其他像素，色阶是无法做到这一点的，这便是曲线的强大之处。

 技术看板：
怎样轻微移动控制点

选择控制点后，按下键盘中的方向键（→、←、↑、↓）可轻移控制点。如果要选择多个控制点，可以按住Shift键单击它们（选中的控制点为实心黑色）。通常情况下，我们编辑图像时，只需对曲线进行小幅度的调整即可实现目的，曲线的变形幅度越大，越容易破坏图像。

12.4.4 调整严重曝光不足的照片（实战）

■素材：光盘>素材文件夹 ■视频：光盘>视频文件夹 ■难度：★★☆☆☆
■实例类型：数码照片处理 ■实例应用：校正照片的曝光

01 打开光盘中的照片素材，如图12-95所示。这是一张严重曝光不足的照片，可以看到画面很暗，导致阴影区域的细节非常少。

02 按下Ctrl+J快捷键复制"背景"图层，得到"图层1"，将它的混合模式改为"滤色"，提升图像的整体亮度，如图12-96、图12-97所示。

03 再按下Ctrl+J快捷键，复制这个"滤色"模式的图层，效果如图12-98所示。

图12-95

图12-96

图12-97

图12-98

04 单击"调整"面板中的 ▣ 按钮，创建"曲线"调整图层。在曲线偏下的位置单击，添加一个控制点，然后向上拖曳该点，使曲线向上弯曲，将暗部区域调亮，如图12-99、图12-100所示。

图12-99

图12-100

05 严重曝光不足的照片或多或少都有一些偏色，从现在的调整结果中可以看到，图像颜色有些偏红。单击"调整"面板中的 ▣ 按钮，创建"色相/饱和度"调整图层。选择"红色"，拖曳"明度"滑块，将红色调亮，这样可以降低红色的饱和度，将肤色调白，如图12-101、图12-102所示。

图12-101

图12-102

 技术看板：
调整时避免出现新的色偏

使用"曲线"和"色阶"增加彩色图像的对比度时，通常还会增加色彩的饱和度，导致图像出现偏色。要避免出现这种情况，可以通过"曲线"或"色阶"调整图层来应用调整，再将调整图层的混合模式设置为"明度"就可以了。

 技术看板：
什么样的色偏不需要校正？

夕阳下的金黄色调，室内温馨的暖色调，摄影师使用镜头滤镜拍摄的特殊色调等可以增强图像的视觉效果，这样的色偏是不需要校正的。

黄昏

室内

镜头滤镜

色彩常识：基本概念 GALLERY

好想学调色，可对色相、饱和度和明度等名词不大清楚。能简要介绍一下吗？

色彩是光刺激眼睛所产生的视感觉，也可以说是人的视觉对光反应的产物。色彩有几种基本属性，分别是色相、饱和度、明度和色调。

色相是指色彩的相貌。不同波长的光给人的感觉是不同的，将这些感受赋予名称，也就有了红色、黄色、蓝色……光谱中的红、橙、黄、绿、蓝、紫为基本色相。色彩学家将它们以环行排列，再加上光谱中没有的红紫色，就形成了一个封闭的圆环，以构成色相环。

明度是指色彩的明暗程度，也可以称作是色彩的亮度或深浅，如深绿、中绿和浅绿。

饱和度是指色彩的鲜艳程度，也称彩度。我们的眼睛能够辨认的有色相的色彩都具有一定的鲜艳度。例如绿色，当它混入白色时，鲜艳程度就会降低，但明度提高了，成为淡绿色；混入黑色时，鲜艳度降低了，明度也变暗了，成为暗绿色。

以明度和饱和度共同表现的色彩的程度称为色调。色调一般分为 11 种：鲜明、高亮、明亮、清澈、苍白、灰亮、隐约、浅灰、阴暗、深暗和黑暗。

明度变化

饱和度变化

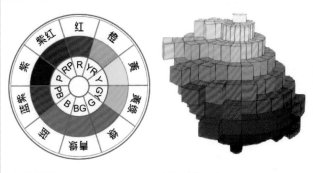

10色色相环　　　　　孟塞尔色立体

色相环建立了色彩在色相关系上的表示方法，但二维的平面无法同时表达色彩的这三种属性。色彩学家发明了色立体，构成了三维立体色彩体系

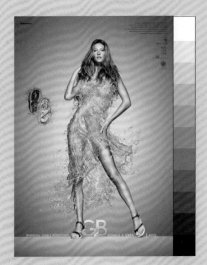

色调变化

12.5 曝光度命令（实战校正曝光度）

■素材：光盘>素材文件夹 ■视频：光盘>视频文件夹 ■难度：★★☆☆☆ ■实例类型：数码照片处理
■实例应用：用"曝光度"命令校正照片曝光度

"曝光度"命令是专门用于调整32位的HDR图像❶曝光度的功能。由于可以在 HDR 图像中按比例表示和存储真实场景中的所有明亮度值，因此，调整 HDR 图像曝光度的方式与在真实环境中拍摄场景时调整曝光度的方式类似。该命令也可以用于调整8 位和16 位的普通照片。

01 打开光盘中的照片，如图12-103所示。照片有些曝光不足。

图12-103

02 执行"图像>调整>曝光度"命令，打开"曝光度"对话框，设置曝光度为0.44，使照片的高光变亮，设置位移数值为-0.024，以适当调暗中间调和阴影，如图12-104所示。

图12-104

"曝光度" 对话框选项

● 曝光度：可以调整色调范围的高光端，对极限阴影的影响很轻微。

● 位移：使阴影和中间调变暗，对高光的影响很轻微。

● 灰度系数校正：使用简单的乘方函数调整图像灰度系数。负值会被视为它们的相应正值（这些值仍然保持为负，但仍会被调整，就像它们是正值一样）。

● 吸管工具：用设置黑场吸管 在图像中单击，可以使单击点的像素变为黑色；设置白场吸管工具 可以使单击点的像素变为白色；设置灰场吸管工具 可以使单击点的像素变为中性灰色（R、G、B值均为128）。

相关链接
❶HDR图像是通过合成多幅以不同曝光度拍摄的同一场景、或同一人物的照片而创建的高动态范围图片，主要用于影片、特殊效果、3D 作品及某些高端图片。HDR是High Dynamic Range（高动态范围）的缩写，关于HDR图像的更多知识详见第239页。

非破坏性调色工具 GALLERY

 使用"图像 > 调整"菜单中"曲线"、"色阶"和"色相/饱和度"等命令调整图像时，不知你有没有注意到，图像中的像素发生了改变？

 这不正是我们想要的结果吗？

 不错。但我要提醒你的是，将文件关闭以后，它可就没法恢复为原样喽。如果这是一张非常重要的照片，而你又没有留一张原片做备份的话，估计就得捶胸顿足了吧。而且，我们进行调色时，大多时候不能一次性完成调整工作，为了获得满意的效果需要反复编辑，图像也会在修改的过程中受到损害，导致画质不断下降。

 那有什么办法能够解决这些问题吗？

 Photoshop 提供了一种非破坏性的调色方法，就是通过调整图层❶来应用这些常用的调整命令。调整图层可以实现与直接使用调整命令完全相同的效果，但不会破坏像素，因此，我们可以放心大胆地使用。此外，调整图层还有很多优点，如可以调整局部图像、控制调整强度等。

原图

使用"图像>调整>色相/饱和度"命令调整图像（破坏性）

使用"色相/饱和度"调整图层（非破坏性）

隐藏调整图层即可让图像恢复为原有效果

相关链接
❶调整图层的创建与编辑方法详见第385页。

12.6 自然饱和度命令（实战提高色彩鲜艳度）

■素材：光盘>素材文件夹　■视频：光盘>视频文件夹　■难度：★★☆☆☆　■实例类型：数码照片处理
■实例应用：增加人像照片中色彩的饱和度，有效避免出现难看的溢色

　　"自然饱和度"是用于调整色彩饱和度的命令，它的特别之处是可在增加饱和度的同时防止颜色过于饱和而出现溢色❶，非常适合处理人像照片。

01 打开光盘中的照片，如图12-105所示。这张照片由于天气情况不好，模特的肤色有些苍白，玫瑰花色彩不够鲜艳。

图12-105

02 执行"图像>调整>自然饱和度"命令，打开"自然饱和度"对话框。对话框中有两个滑块，向左侧拖曳可以降低颜色的饱和度，向右拖曳则增加饱和度。拖曳"饱和度"滑块时，可以增加（或减少）所有颜色的饱和度。图12-106所示为增加饱和度时的效果，

可以看到，色彩过于鲜艳，人物皮肤的颜色显得非常不自然。

03 拖曳"自然饱和度"滑块增加饱和度时则完全不同，Photoshop不会生成过于饱和的颜色，并且即使是将饱和度调整到最高值，皮肤颜色变得红润以后，仍能保持自然、真实的效果，如图12-107所示。

图12-106

图12-107

相关链接
❶显示器的色域（RGB模式）要比打印机（CMYK模式）的广，因此，我们在显示器上看到或调出的颜色有可能打印不出来，那些不能被打印机准确输出的颜色被称为"溢色"。如想了解图像中是否出现溢色，可参见第447页。

12.7 色相/饱和度命令（实战宝丽来效果）

■素材：光盘>素材文件夹 ■视频：光盘>视频文件夹 ■难度：★★★☆ ■实例类型：数码照片处理
■实例应用：将照片调出宝丽来色彩效果

01 打开光盘中的照片，如图12-108所示。我们要用这张照片制作宝丽来❶效果。打开"通道"面板，选择蓝通道，如图12-109所示。

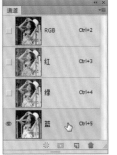

图12-108　　　　　　　图12-109

02 将前景色设置为灰色（R123、G123、B123），按下Alt+Delete键，将蓝通道填充为灰色，然后按下Ctrl+2快捷键重新显示彩色图像，如图12-110、图12-111所示。

图12-110　　　　　　　图12-111

> 👤 **提示**
>
> 宝丽来照片中的冷调微微发蓝，暖调有点泛红，色彩整体感觉柔和温暖，更贴近于回忆中的影像。

03 执行"滤镜>镜头校正"命令，拖曳"晕影"选项组中的"数量"滑块，在照片四个边角添加暗角效果，如图12-112所示。

相关链接
❶宝丽来（Polaroid）是著名的即时成像相机品牌。宝丽来公司由美国物理学家艾尔文·兰德于1937年创立。1944年研发出即时摄影技术，1948年在市场推出世界上第一个即时成像相机Polaroid 95，1972年推出SX-70袖珍型即时成像相机，随即风靡世界。宝丽来的魔力体现在照片慢慢变得清晰的过程，还有那一系列机械的配合，比如快门响过，那"黑匣子"里各种机关急速摩擦，发生一种悦耳的噪声，叭嗒一声从"口中"吐出一张照片，然后小门猛地关掉。虽然宝丽来公司已于2001年10月12日破产了，但其相机仍是全球"来迷"的至尊推崇和珍贵收藏。

图12-112

04 单击"调整"面板中的 ▦ 按钮，创建"色相/饱和度"调整图层，拖曳滑块调整颜色、增加饱和度，如图12-113所示；再分别选择黄色和蓝色进行单独调整，如图12-114~图12-116所示。

图12-113　　　　　图12-114

图12-115　　　　　图12-116

05 单击"调整"面板中的 ▦ 按钮，创建"色阶"调整图层，向右拖曳阴影滑块，增加色调的暗度，使照片内容更加清晰；向左侧拖曳高光滑块，将画面提亮，如图12-117、图12-118所示。按下Alt+Shift+Ctrl+E快捷键将当前效果盖印到一个新的图层中。

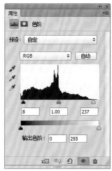　

图12-117　　　　　图12-118

06 打开光盘中的素材，如图12-119所示。使用移动工具 ▸ 将盖印后的图层拖入边框文档中，如图12-120所示。

图12-119　　　　　图12-120

"色相/饱和度"命令选项 ·····················

　　打开一个文件，如图12-121所示，执行"图像>调整>色相/饱和度"命令，打开"色相/饱和度"对话框，如图12-122所示。对话框中有"色相"、"饱和度"和"明度"3个滑块，拖曳相应的滑块，即可调整颜色的色相、饱和度和明度。

图12-121　　　　　图12-122

● 编辑：单击 ▾ 按钮，在下拉列表可以选择要调整的颜色。选择"全图"，然后拖曳下面的滑块，可以调整图像中所有颜色的色相、饱和度和明度，如图12-123所示；选择其他选项，则可单独调整红色、黄色、绿色和青色等颜色的色相、饱和度和明度。图12-124所示为只调整红色的效果。

图12-123

图12-129

图12-130

图12-124

● 图像调整工具 ：选择该工具以后，将光标放在要调整的颜色上，如图12-125所示，单击并拖动鼠标即可修改单击点颜色的饱和度。向左拖动鼠标可以降低饱和度，如图12-126所示；向右拖动则增加饱和度，如图12-127所示。如果按住 Ctrl 键拖动鼠标，则可以修改色相，如图12-128所示。

隔 离 颜 色 范 围

"色相/饱和度"对话框底部有两个颜色条，上面的颜色条代表调整前的颜色，下面的代表调整后的颜色。如果在"编辑"选项中选择一种颜色，则两个颜色条之间便会出现几个小滑块，如图12-131所示，此时两个内部的垂直滑块定义了将要修改的颜色范围，调整所影响的区域会由此逐渐向两个外部的三角形滑块处衰减，三角形滑块以外的颜色则不会受到任何影响，如图12-132所示。

图12-125

图12-126

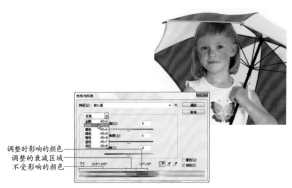

调整时影响的颜色
调整的衰减区域
不受影响的颜色

图12-131

图12-127

图12-128

● 着色：勾选该项以后，如果前景色是黑色或白色，图像会转换为红色，如图12-129所示；如果前景色不是黑色或白色，则图像会转换为当前前景色的色相。变为单色图像以后，可以拖曳"色相"滑块修改颜色，或者拖曳下面的两个滑块调整饱和度和明度，如图12-130所示。

被修改的颜色
受影响的颜色
不受影响的颜色

调整前的颜色
调整后的颜色

图12-132

拖曳垂直的隔离滑块，可以扩展或收缩所受影响的颜色的范围，如图12-133所示；拖曳三角形衰减滑块，可以扩展或收缩颜色的衰减范围，如图12-134所示。

图12-133

图12-134

颜色条上面的四组数字分别代表红色（当前选择的颜色）和其外围颜色的范围。在色轮中，红色的色相为0°及左右各30°的范围（即30°～0°～330°），如图12-135所示。再观察"色相/饱和度"对话框中的数值，如图12-136所示，其中，345°到26°之间的颜色是被调整的颜色，345°到315°之间的颜色，以及26°到64°之间的颜色的调整强度会逐渐衰减，这样就保证了调整与未调整的颜色之间平滑过渡。

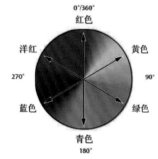

图12-135

图12-136

用吸管隔离颜色

在"编辑"选项中选择一种颜色以后，对话框中的3个吸管工具便可以使用。用吸管工具 🖊 在图像中单击可以选择要调整的颜色范围，如图12-137所示；用添加到取样工具 🖊 在图像中单击可以扩展颜色范围，如图12-138所示；用从取样中减去工具 🖊 在图像中单击可以减少颜色。

图12-137

图12-138

定义了颜色范围后，可以通过拖曳滑块来调整所选颜色的色相、饱和度和明度，如图12-139所示。

图12-139

12.8 色彩平衡命令（实战清新文艺色）

■素材：光盘>素材文件夹 ■视频：光盘>视频文件夹 ■难度：★★☆☆☆ ■实例类型：数码照片处理
■实例应用：将照片调成时下流行的文艺风格，色调清新、自然

01 打开光盘中的照片，如图12-140所示。执行"图像>调整>可选颜色"命令，打开"可选颜色"对话框，在"颜色"下拉列表中分别选择"绿色"和"中性色"进行调整，使画面色调偏向青蓝，如图12-141~图12-143所示。

图12-143

02 执行"图像>调整>色彩平衡"命令，打开"色彩平衡"对话框，选择"中间调"，减少中间调中的绿色和蓝色成分，以增加皮肤中的洋红（绿色的补色）和黄色（蓝色的补色），如图12-144、图12-145所示。

图12-140

图12-141

图12-142

图12-144

图12-145

03 选择"阴影"选项，在阴影中适当增加绿色和蓝色，使树叶的颜色变得更加青翠，如图12-146、图12-147所示。

图12-146　　　　图12-147

增加青色，减少红色　　增加红色，减少青色

04 选择"高光"，在高光中增加绿色和蓝色，使画面色调更加清新，如图12-148、图12-149所示。按下回车键关闭对话框。

增加洋红，减少绿色　　增加绿色，减少洋红

图12-148　　　　图12-149

"色彩平衡"命令选项

打开一个文件，如图12-150所示，执行"图像>调整>色彩平衡"命令，打开"色彩平衡"对话框，如图12-151所示。在对话框中，相互对应的两个颜色互为补色（如青色与红色）。当提高某种颜色的比重时，位于另一侧的补色就会相应地减少。

增加黄色，减少蓝色　　增加蓝色，减少黄色

图12-152

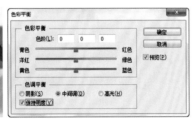

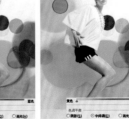

图12-150　　　　图12-151

向阴影中添加黄色　　向中间调添加黄色

- 色彩平衡：在"色阶"文本框中输入数值，或拖曳滑块可以向图像中增加或减少颜色。如果将最上面的滑块移向"青色"，可在图像中增加青色，同时减少其补色红色；将滑块移向"红色"，则减少青色，增加红色。图12-152所示为调整不同滑块对图像产生的影响。

- 色调平衡：可选择一个或多个色调来进行调整，包括"阴影"、"中间调"和"高光"。图12-153所示为单独向阴影、中间调和高光中添加黄色的效果。勾选"保持明度"选项，可以保持图像的色调不变，防止亮度值随颜色的变化而改变。

向高光中添加黄色

图12-153

12.9 黑白命令（实战漫画效果）

■素材：光盘>素材文件夹 ■视频：光盘>视频文件夹 ■难度：★★☆☆☆ ■实例类型：数码照片处理
■实例应用：将照片制作成单一色调、呈现手绘风格的漫画效果

　　"黑白"命令是专门用于制作黑白照片和黑白图像的工具，它可以对各颜色的转换方式完全控制，简单说来，就是可以控制每一种颜色的色调深浅。例如，彩色照片转换为黑白图像时，红色和绿色的灰度非常相似，色调的层次感就被削弱了。"黑白"命令可以解决这个问题，它可以分别调整这两种颜色的灰度，将它们有效区分开来，使色调的层次丰富、鲜明。

01 打开光盘中的照片，如图12-154所示。我们来将这张照片去色以后制作成漫画效果。

图12-154

02 执行"图像>调整>黑白"命令，打开"黑白"对话框，使用默认的参数，照片会直接转变为黑白

效果，如图12-155、图12-156所示。

图12-155　　　　　　　　　　图12-156

03 勾选"色调"选项，增加"饱和度"参数，使色照片呈现暗黄色，如图12-157、图12-158所示。

图12-157　　　　　　　　　　图12-158

301

04 按下Ctrl+J快捷键复制"背景"图层。执行"滤镜>艺术效果>海报边缘"命令，设置参数如图12-159所示，以概括的手法表现色调的变化，使图像呈现手绘效果。

图12-159

05 设置该图层的不透明度为60%，如图12-160所示，使海报边缘效果和底层图像融合在一起，再根据图像效果调整一下整体颜色，按下Ctrl+U快捷键打开"色相/饱和度"对话框，降低饱和度，如图12-161、图12-162所示。

图12-160　　　　图12-161

图12-162

"黑白"命令选项

"黑白"命令不仅可以将彩色图像转换为黑白效果，它还可以为灰度信息着色，即使图像呈现为单色效果。打开一个文件，如图12-163所示，执行"图像>调整>黑白"命令，打开"黑白"对话框，如图12-164所示。Photoshop 会基于图像中的颜色混合执行默认的灰度转换。

图12-163　　　　　　　　图12-164

● **手动调整特定颜色**：如果要对某种颜色进行手动调整，可以选择对话框中的 ✋ 工具，将光标定位在该颜色区域的上方，如图12-165所示，单击并拖动鼠标可以使该颜色变暗或变亮，如图12-166、图12-167所示。同时，"黑白"对话框中的相应的颜色滑块也会自动移动位置。

图12-165

图12-166　　　　　　图12-167

● **拖曳颜色滑块调整**：拖曳各个原色的滑块可调整图像中特定颜色的灰色调。例如，向左拖曳洋红色滑块时，可以使图像中由洋红色转换而来的灰色调变暗，如图12-168所示；向右拖曳，则会使这样的灰色调变亮，如图12-169所示。

图12-168

图12-169

个预设的调整文件，自动调整图像。图12-173所示
为使用不同预设文件创建的黑白效果。如果要存储
当前的调整设置结果，可单击选项右侧的▼≡按钮，
在下拉菜单中选择"存储预设"命令。

👤 提示

按住 Alt 键单击某个色卡可将单个滑块复位到其初始
设置。另外，按住 Alt 键时，对话框中的"取消"按
钮将变为"复位"，单击"复位"按钮可复位所有的
颜色滑块。

- 为灰度着色：如果要为灰度着色，创建单色调效
  果，可以勾选"色调"选项，再拖曳"色相"滑
  块和"饱和度"滑块进行调整。单击颜色块，可
  以打开"拾色器"对颜色进行调整。图12-170、
  图12-171所示为创建的单色调图像。

图12-170

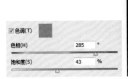

图12-171

- 自动：单击该按钮，可设置基于图像的颜色值的灰
  度混合，并使灰度值的分布最大化，如图12-172所
  示。"自动"混合通常会产生极佳的效果，并可以
  用作使用颜色滑块调整灰度值的起点。

默认效果
图12-172

"自动"效果

- 使用预设文件调整：在预设下拉列表中可以选择一

蓝色滤镜

较暗

绿色滤镜

高对比度蓝色滤镜

高对比度红色滤镜

红外线

较亮

最黑

最白

中灰密度

红色滤镜

黄色滤镜

图12-173

12.10 照片滤镜命令（实战非主流色彩）

■素材：光盘>素材文件夹 ■视频：光盘>视频文件夹 ■难度：★★★☆☆ ■实例类型：数码照片处理
■实例应用：将照片制作成非主流色彩效果，营造一种超自然的田园意境

　　滤镜是相机的一种配件，将它安装在镜头前面既可以保护镜头，也能降低或消除水面和非金属表面的反光。有些彩色滤镜可以调整通过镜头传输的光的色彩平衡和色温，生成特殊的色彩效果。Photoshop的"照片滤镜"可以模拟这种彩色滤镜，对于调整数码照片特别有用。

01 打开光盘中的素材文件，如图12-174所示。执行"选择>载入选区"命令，打开"载入选区"对话框，在"通道"下拉列表中选择"人物选区"，如图12-175所示，将选区载入到画面中，如图12-176所示。按下Ctrl+J快捷键将选区内的人物复制到一个新的图层中，如图12-177所示。

图12-176

图12-177

02 选择"背景"图层。单击"调整"面板中的 📷 按钮，在"背景"图层上面创建"照片滤镜"调整图层，在面板中单击"颜色"选项右侧的颜色块，打开"拾色器"调整颜色，如图12-178所示；让照片的色调变为棕色。勾选"保留明度"，这样可以保持明度不变，否则照片会变暗，如图12-179所示。

图12-174

图12-175

图12-178

图12-179

03 设置该图层的混合模式为"正片叠底",使暗色调图像恢复细节,如图12-180、图12-181所示。

图12-180　　　　图12-181

04 单击"调整"面板中的 按钮,创建"曲线"调整图层,将背景的色调调暗,如图12-182、图12-183所示。

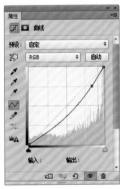

图12-182　　　　图12-183

05 打开一个素材文件,如图12-184所示。按下Ctrl+U快捷键打开"色相/饱和度"对话框,将图像调为暗绿色,如图12-185所示。

图12-184　　　　图12-185

06 使用移动工具 将图像拖入人物文档中,放在"图层1"下面,如图12-186、图12-187所示。

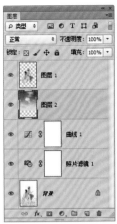

图12-186　　　　图12-187

07 单击 按钮,为图层添加蒙版。选择渐变工具 ,由素材底边向上拖动鼠标,填充黑色渐变,将整齐的边缘隐藏,如图12-188、图12-189所示。

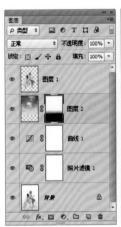

图12-188　　　　图12-189

提示

非主流是背离传统摄影表达方式的一种潮流,它属于LOMO流派的分支,强调个人感受,追求造型或者色彩上的另类效果。非主流色彩是一个比较宽泛的,甚至模糊的概念,似乎所有与主流效果相悖的色彩都可以归类到非主流当中。但还是可以从中找寻到一定的规律,例如,注重光影的应用,色彩或饱和或昏黄暗淡,视觉冲击力强等。

08 选择"图层1",单击"调整"面板中的 按钮,在该图层上面创建"照片滤镜"调整图层。使用"黄"滤镜修改照片颜色,如图12-190所示;设置该图层的混合模式为"正片叠底",不透明度为31%,使用画笔工具 在人物面部涂抹黑色,将皮肤颜色恢复为原状,如图12-191、图12-192所示。

图12-190

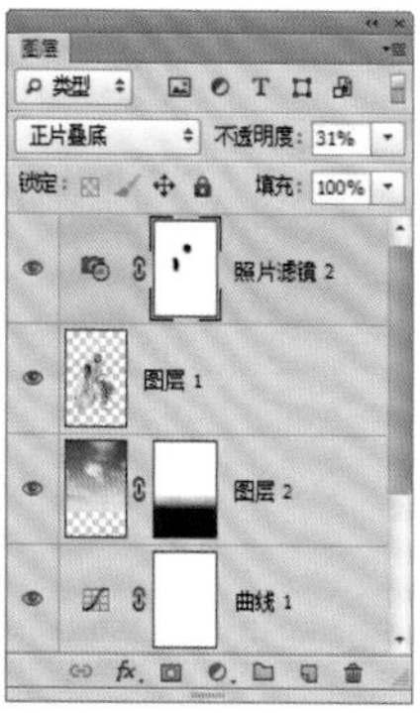

图12-191

图12-192

"照片滤镜"命令选项

打开一张照片，如图12-193所示，打开"照片滤镜"对话框，如图12-194所示。

- 滤镜/颜色：在"滤镜"下拉列表中可以选择要使用的滤镜。如果要自定义滤镜的颜色，可以单击"颜色"选项右侧的颜色块，打开"拾色器"调整颜色。

图12-193

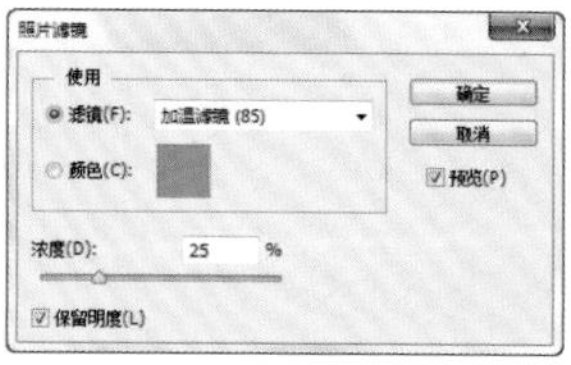

图12-194

- 浓度：可以调整应用到图像中的颜色量，该值越高，颜色的应用强度越大，如图12-195、图12-196所示。

图12-195

图12-196

- 保留明度：勾选该项时，可以保持图像的明度不变，如图12-197所示；取消勾选，则会因添加滤镜效果而使图像的色调变暗，如图12-198所示。

图12-197

图12-198

技术看板：校正出现色偏的照片

"照片滤镜"可用于校正照片的颜色。例如，日落时拍摄的人脸会显得偏红。我们可以针对想减弱的颜色选用其补色的滤光镜——青色滤光镜（红色的补色是青色）来校正颜色，恢复正常的肤色。

出现色偏的照片

用"照片滤镜"校正后的效果

12.11 通道混合器命令（实战绚烂秋色）

■素材：光盘>素材文件夹 ■视频：光盘>视频文件夹 ■难度：★★★☆☆ ■实例类型：数码照片处理
■实例应用：将夏天调整成秋天的金黄色调

在"通道"面板中，各个颜色通道（红、绿、蓝通道）保存着图像的色彩信息。将颜色通道调亮或者调暗，都会改变图像的颜色。"通道混合器"可以将所选的通道与我们想要调整的颜色通道混合，从而修改该颜色通道中的光线量，影响其颜色含量，进而改变色彩。

01 按下Ctrl+O快捷键，打开光盘中的照片素材，如图12-199所示。

图12-199

02 单击"调整"面板中的 按钮，创建"通道混合器"调整图层。调整"红"通道的参数，设置红色为-72、绿色为186、蓝色为-16，通过调整可以改变画面的整体色调，如图12-200、图12-201所示。

图12-200　　　　图12-201

03 设置该调整图层的混合模式为"变亮"，使皮肤恢复为原有颜色，如图12-202、图12-203所示。

图12-202　　　　图12-203

04 单击"调整"面板中的 按钮，创建"色彩平衡"调整图层。在"中间调"中加入红色，如图12-204、图12-205所示；选择"阴影"选项，在阴影中也加入红色，使画面色调更加接近于橙色，突出秋天的色彩特征，如图12-206、图12-207所示。

图12-204

图12-205

图12-206

图12-207

图12-212

"通道混合器"命令选项

　　"通道混合器"可以使用图像中现有（源）颜色通道的混合来修改目标（输出）颜色通道，创建高品质的灰度图像、棕褐色调图像或对图像进行创造性的颜色调整。打开一个文件，如图12-213所示，执行"图像>调整>通道混合器"命令，打开"通道混合器"对话框，如图12-214所示。

● 预设：该选项的下拉列表中包含了Photoshop提供的预设调整设置文件，可用于创建各种黑白效果。

05 按下Alt+Shift+Ctrl+E快捷键，将当前效果盖印到一个新图层中，如图12-208所示。执行"滤镜>模糊>动感模糊"命令，设置模糊角度为30度，距离为130像素，如图12-209、图12-210所示。设置图层的混合模式为"柔光"，不透明度为50%，使画面色调柔和、明亮，如图12-211、图12-212所示。

图12-208

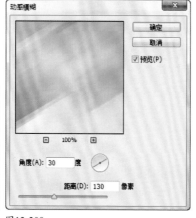
图12-209

图12-213

图12-210

图12-211

图12-214

● 输出通道：可以选择要调整的通道❶。

● 源通道：用来设置输出通道中源通道所占的百分比。将一个源通道的滑块向左拖曳时，可减小该通道在输出通道中所占的百分比；向右拖曳则增百分比，负值可以使源通道在被添加到输出通道之前反相。图12-215所示是分别选择"红"、"绿"和"蓝"作为输出通道时的调整结果。

图12-216

图12-217

红通道+200%

红通道-200%

图12-218

绿通道+200%

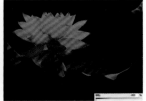
绿通道-200%

蓝通道+200%

蓝通道-200%

图12-215

● 总计：该选项显示了源通道的总计值。如果合并的通道值高于100%，会在总计旁边显示一个警告⚠。并且，该值超过100%，有可能会损失阴影和高光细节。

● 常数：用来调整输出通道的灰度值。负值可以在通道中增加黑色，如图12-216~图12-218所示；正值则在通道中增加白色，如图12-219~图12-221所示。-200%会使输出通道成为全黑，+200%则会使输出通道成为全白。

● 单色：勾选该选项后，可以将彩色图像转换为黑白效果。

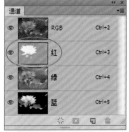
图12-219

图12-220

图12-221

相关链接
❶关于通道与色彩的关系，以及怎样使用通道调整颜色，详见第149页。

12.12 颜色查找命令（实战淡彩相册）

■素材：光盘>素材文件夹 ■视频：光盘>视频文件夹 ■难度：★★☆☆☆ ■实例类型：数码照片处理
■实例应用：制作颜色淡雅、风格清新的相册

很多数字图像输入输出设备都有自己特定的色彩空间，这会导致色彩在这些设备间传递时出现不匹配的现象。"颜色查找"命令可以让颜色在不同的设备之间精确地传递和再现。

01 按下Ctrl+O快捷键，打开光盘中的照片素材，如图12-222所示。

图12-222

02 单击"调整"面板中的 ▦ 按钮，创建"颜色查找"调整图层，在3DLUT文件下拉列表中选择"2Strip.look"选项，以两种颜色表现画面的色彩关系，营造出淡雅的风格，如图12-223、图12-224所示。

03 单击"调整"面板中的 ▦ 按钮，创建"色阶"调整图层，向右拖曳黑色滑块，将图像适当调暗，

如图12-225、图12-226所示。

图12-223　　　　图12-224

图12-225　　　　图12-226

👤 提示

查找表（Look Up Table，简称LUT）在数字图像处理领域应用广泛。例如，在电影数字后期制作中，调色师需要利用查找表来查找有关颜色的数据，它可以确定特定图像所要显示的颜色和强度，将索引号与输出值建立对应关系。

04 要换一种色调风格，可以在"摘要"下拉列表中选择Cobalt-Carmine选项，如图12-227所示，再适当调整图像的色阶，如图12-228、图12-229所示。

05 要营造温馨、怀旧的感觉，可以在"设备链接"下拉列表中选择RedBlueYellow选项，使画面色彩温暖、柔和，如图12-230~图12-232所示。

图12-227

图12-228

图12-230

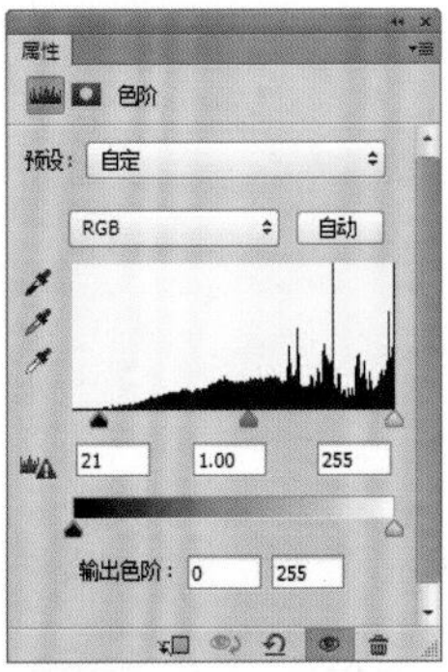

图12-231

图12-229

图12-232

12.13 反相命令

打开一张照片，如图12-233所示，执行"图像>调整>反相"命令，或按下Ctrl+I快捷键，Photoshop会将通道中每个像素的亮度值都转换为 256 级颜色值刻度上相反的值，从而反转图像的颜色，创建彩色负片效果，如图12-234所示。再次执行该命令，可以将图像重新恢复为正常效果。将图像反相以后，执行"图像>调整>去色"命令，可以得到黑白负片，如图12-235所示。

原图
图12-233

彩色负片
图12-234

黑白负片
图12-235

12.14 色调分离命令（实战波普风格人像）

■素材：光盘>素材文件夹 ■视频：光盘>视频文件夹 ■难度：★★★☆☆ ■实例类型：数码照片处理
■实例应用：将照片制作成波普艺术风格作品

"色调分离"命令可以按照指定的色阶数减少图像的颜色（或灰度图像中的色调），从而简化图像内容。该命令适合创建大的单调区域，或者在彩色图像中产生有趣的效果。

01 打开光盘中的照片素材，如图12-236所示，我们要用这幅图像制作波普风格❶艺术作品。按下Ctrl+J快捷键复制"背景"图层，如图12-237所示。

图12-238

图12-236

图12-237

02 执行"滤镜>艺术效果>海报边缘"命令，打开"滤镜库"，设置参数如图12-238所示，使人像轮廓产生艺术化的效果。

03 设置该图层的混合模式为"叠加"，使其与下方的图像叠加，如图12-239、图12-240所示。

图12-239

图12-240

相关链接
❶波普艺术是一种国际性艺术运动，反映了战后成长起来的青年一代的社会与文化价值观，力求表现自我，追求标新立异的心理。安迪·沃霍尔是最有影响力的波普艺术画家，他创作的《玛丽莲·梦露》是最具代表性的波普艺术作品。

04 单击"调整"面板中的 ▨ 按钮，创建"色调分离"调整图层，设置色阶值为2，简化图像色调，如图12-241、图12-242所示。

图12-241　　　　　图12-242

05 设置调整图层的混合模式为"颜色加深"，如图12-243、图12-244所示。

图12-243　　　　　图12-244

06 按住Alt键，单击"背景"图层前面的 👁 图标，只显示该图层，隐藏其他图层，如图12-245所示。选择魔棒工具 🪄，在工具选项栏中勾选"对所有图层取样"选项，按住Shift键在背景上单击，选取背景，如图12-246所示。

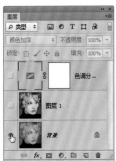

图12-245　　　　　图12-246

07 按住Alt键在"背景"图层前面单击，显示所有图层。单击"图层"面板底部的 🔲 按钮，新建一个图层，将前景色设置为蓝色（R0、G120、B255），

按下Alt+Delete快捷键填充蓝色，按下Ctrl+D快捷键取消选择，如图12-247、图12-248所示。

图12-247　　　　　图12-248

08 按下Alt+Shift+Ctrl+E快捷键，将图像的当前效果盖印到一个新的图层中。按下Ctrl+U快捷键打开"色相/饱和度"对话框，拖曳"色相"滑块调整图像的颜色，如图12-249、图12-250所示。可以尝试调整出不同的色彩风格效果，如图12-251、图12-252所示。

图12-249　　　　　图12-250

图12-251　　　　　图12-252

> 👤 提示
>
> 使用"色调分离"命令时，如果要得到简化的图像，可以降低色阶值；如果要显示更多的细节，则增加色阶值。如果使用"高斯模糊"或"去斑"滤镜对图像进行轻微的模糊，再进行色调分离，就可以得到更少、更大的色块。

12.15 阈值命令（实战插画）

■素材：光盘>素材文件夹 ■视频：光盘>视频文件夹 ■难度：★★★☆☆ ■实例类型：数码照片处理
■实例应用：简化图像细节，制作出剪影和手绘效果

　　"阈值"命令可以将彩色图像转换为只有黑白两色。它适合制作单色照片，或者模拟类似于手绘效果的线稿。

01 打开光盘中的照片素材，如图12-253所示。单击"调整"面板中的 ![icon] 按钮，创建"阈值"调整图层。直方图中显示了当前图像的像素分布情况。输入"阈值色阶"值或拖曳直方图下面的滑块可以将某个色阶指定为阈值，所有比阈值亮的像素会自动转换为白色，所有比阈值暗的像素会转换为黑色。如图12-254、图12-255所示。

图12-253

图12-254　　　　图12-255

02 将"背景"图层拖曳到"图层"面板底部的 ![icon] 按钮上进行复制，按下Shift+Ctrl+]快捷键将该图层调整到面板顶层，如图12-256所示。执行"滤镜>风格化>查找边缘"命令，效果如图12-257所示。将该图

层的混合模式设置为"正片叠底"，如图12-258所示。

图12-256　　　　　图12-257　　　　　图12-258

03 打开一个背景文件，用移动工具 ![icon] 将其拖入人物文档，如图12-259所示。单击 ![icon] 按钮，为"图层1"添加蒙版，使用画笔工具 ![icon] 在人物区域涂抹黑色，使人物清晰地显现出来，如图12-260、图12-261所示。最后，可以将照片制作成一幅时尚的插画。

图12-259　　　　　图12-260　　　　　图12-261

12.16 渐变映射命令（实战夕阳余晖效果）

■素材：光盘>素材文件夹 ■视频：光盘>视频文件夹 ■难度：★★★☆☆ ■实例类型：数码照片处理
■实例应用：用"渐变映射"命令调色，制作夕阳余晖效果

　　"渐变映射"命令可以将图像转换为灰度，再用设定的渐变色替换图像中的各级灰度。如果指定的是双色渐变，图像中的阴影就会映射到渐变填充的一个端点颜色，高光则映射到另一个端点颜色，中间调映射为两个端点颜色之间的渐变。

01 按下Ctrl+O快捷键，打开光盘中的照片素材，如图12-262所示。

图12-262

02 单击"调整"面板中的 ▨ 按钮，创建"渐变映射"调整图层，单击渐变颜色条，打开"渐变编辑器"，调整渐变颜色，如图12-263所示，单击"确定"按钮，返回到"渐变映射"对话框，如图12-264所

示。可以看到，图像中已经出现了夕阳余晖的效果，如图12-265所示。

图12-263　　　　　　　　　　图12-264

图12-265

03 按住Alt键单击"图层"面板底部的 🖼 按钮，打开"新建图层"对话框，在"模式"下拉列表中选择"叠加"，勾选"填充叠加中性色"选项，如图12-266所示，创建一个中性色图层。执行"滤镜>渲染>镜头光晕"命令，添加光晕效果，如图12-267、图12-268所示。

图12-266   图12-267

图12-268

"渐变映射"命令选项 ·······

　　打开一个图像文件，如图12-269所示，执行"图像>调整>渐变映射"命令，打开"渐变映射"对话框，如图12-270所示，Photoshop会使用当前的前景色和背景色改变图像的颜色，如图12-271所示。

图12-269   图12-270   图12-271

● 调整渐变：单击渐变颜色条右侧的三角按钮，可以在打开的下拉面板中选择Photoshop预设的渐变，如图12-272、图12-273所示。如果要创建自定义的渐变，则可以单击渐变颜色条，打开"渐变编辑器"进行设置。

图12-272   图12-273

● 仿色：可以添加随机的杂色来平滑渐变填充的外观，减少带宽效应，使渐变效果更加平滑。

● 反向：可反转渐变颜色的填充方向，如图12-274、图12-275所示。

图12-274   图12-275

技术看板：
避免改变色调的对比度

渐变映射会改变图像色调的对比度。要避免出现这种情况，可以使用"渐变映射"调整图层，然后将调整图层的混合模式设置为"颜色"，使它只改变图像的颜色，不会影响亮度。

亮度发生变化   修改混合模式   恢复亮度

12.17 可选颜色命令（实战阿宝色）

After

CHAPTER 12

■素材：光盘>素材文件夹 ■视频：光盘>视频文件夹 ■难度：★★★☆☆ ■实例类型：数码照片处理
■实例应用：调整照片的颜色，使人物肤色水嫩、通透

　　"可选颜色"命令是通过调整印刷油墨的含量来控制颜色的。印刷色由青、洋红、黄、黑4种油墨混合而成，使用"可选颜色"命令可以有选择性地修改主要颜色中的印刷色的含量，但不会影响其他主要颜色。例如，可以减少绿色图素中的青色，同时保留蓝色图素中的青色不变。可选颜色校正是高端扫描仪和分色程序使用的一种技术，用于图像中的每个主要原色成分中更改印刷色的数量。

01 按下Ctrl+O快捷键，打开光盘中的照片素材，如图12-276所示，我们来将照片调成阿宝色❶。

图12-276

02 执行"图像>模式>Lab颜色"命令，转换为Lab模式。单击"调整"面板中的 按钮，创建"曲线"调整图层。调整"明度"通道，使图像变亮，如图12-277、图12-278所示。

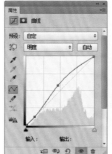

图12-277　　　　　图12-278

03 选择"a"通道。首先在曲线中央添加控制点，色彩的平衡关系就不会改变；a通道中包含的是绿色~洋红色光，将曲线调整为S形，增强这两种色彩的饱和度，即可使皮肤红润、粉嫩，树叶更加青翠，如图12-279、图12-280所示。

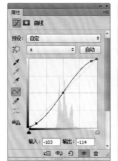

图12-279　　　　　图12-280

相关链接
❶ "阿宝色"是上海AB影艺坊创办人阿宝所开创的一种色彩风格。这种照片的整体颜色亮丽，高光成分偏多，人物的皮肤显得嫩白通透，如同糖水一般甜美清纯，因此又称为糖水片。

04 选择"b"通道,该通道中包含的是蓝色~黄色光。将曲线也调整为S形,但中央的控制点向下移动,在色彩成分中多增加蓝色,皮肤就会变白,如图12-281、图12-282所示。

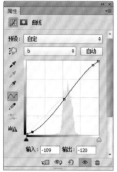

图12-281　　　　　图12-282

05 按下Ctrl+E快捷键向下合并图层,然后执行"图像>模式>RGB颜色"命令,将图像转换回RGB模式。执行"图像>调整>可选颜色"命令,调整画面中的白色,设置青色为-23、洋红为-12、黄色为-9,黑色为-11,降低高光中的颜色含量,使人物皮肤更加白皙,如图12-283、图12-284所示。

图12-283　　　　　图12-284

06 执行"滤镜>锐化>USM锐化"命令,设置数量为50,半径为1,阈值为1,锐化图像,使细节更加清晰,如图12-285、图12-286所示。

图12-285　　　　　图12-286

"可选颜色"命令选项 ······························

打开一个图像文件,如图12-287所示,执行"图像>调整>可选颜色"命令,打开"可选颜色"对话框,如图12-288所示。

图12-287　　　　　图12-288

● **颜色/滑块**: 在"颜色"下拉列表中选择要修改的颜色,拖曳下面的各个颜色滑块,即调整可所选颜色中青色、洋红色、黄色和黑色的含量。图12-289所示为在"颜色"下拉列表中选择"红色",然后调整红色中各个印刷色含量的效果。

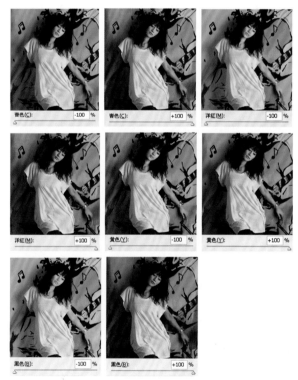

图12-289

● **方法**: 用来设置调整方式。选择"相对",可按照总量的百分比修改现有的青色、洋红、黄色或黑色的含量。例如,如果从50%的洋红像素开始添加10%,结果为55%的洋红(50%+50%×10%=55%);选择"绝对",则采用绝对值调整颜色。例如,如果从50%的洋红像素开始添加10%,则结果为60%洋红。

12.18 阴影/高光命令（实战调整逆光照）

■素材：光盘>素材文件夹 ■视频：光盘>视频文件夹 ■难度：★★☆☆☆ ■实例类型：数码照片处理
■实例应用：调整逆光照片，恢复暗部细节和色彩

使用数码相机逆光拍摄时，经常会遇到场景中亮的区域特别亮，暗的区域又特别暗的情况。拍摄时如果考虑亮调不能过曝，就会导致暗调区域过暗，看不清内容，形成高反差。处理这种照片最好的方法是使用"阴影/高光"命令来单独调整阴影区域，它能够基于阴影或高光中的局部相邻像素来校正每个像素，调整阴影区域时，对高光的影响很小，而调整高光区域时，对阴影的影响很小，非常适合校正由强逆光而形成剪影的照片，也可以校正由于太接近相机闪光灯而有些发白的焦点。

01 打开光盘中的照片素材，如图12-290所示。这张逆光照片的色调反差大，人物显得灰暗。我们需要将阴影区域（人物）调亮，但又不影响高光区域（人物右侧手臂）的亮度，这正是"阴影/高光"命令的强项。按下Ctrl+J快捷键复制"背景"图层，如图12-291所示。

02 执行"图像>调整>阴影/高光"命令，打开"阴影/高光"对话框，Photoshop会给出一个默认的参数来提高阴影区域的亮度，如图12-292、图12-293所示。我们可以看到，现在暗部的细节已经丰富了。

图12-290

图12-291

图12-292

图12-293

03 在"阴影"选项组中，设置"数量"参数为39%，"色调宽度"和"半径"参数均为100%，将更多的像素定义为阴影，以便Photoshop对其应用调整，从而使色调变得平滑，消除不自然感，如图12-294、图12-295所示。

图12-294　　　　　图12-295

04 按下Ctrl+J快捷键复制该图层，设置混合模式为"滤色"，不透明度为90%，使色调更加明亮，如图12-296、图12-297所示。

图12-296　　　　　图12-297

05 单击"调整"面板中的按钮，创建"色阶"调整图层，向右拖曳黑色滑块，适当增强图像的暗部区域，如12-298、图12-299所示。

图12-298　　　　　图12-299

"阴影/高光"命令选项

打开一张照片素材，如图12-300所示，执行"图像>调整>阴影/高光"命令，打开"阴影/高光"对话框，如图12-301所示。

图12-300　　　　　图12-301

● 阴影选项组：可以将阴影区域调亮。"数量"滑块可以控制调整强度，该值越高，阴影区域越亮，如图12-302、图12-303所示；"色调宽度"用来控制色调的修改范围，较小的值只对较暗的区域进行校正，如图12-304所示，较大的值会影响更多的色调，如图12-305所示；"半径"可控制每个像素周围的局部相邻像素的大小，相邻像素决定了像素是在阴影中还是在高光中，如图12-306、图12-307所示。

数量10 色调宽度50 半径30　　数量50 色调宽度50 半径30
图12-302　　　　　图12-303

数量50 色调宽度10 半径30　　数量50 色调宽度100 半径30
图12-304　　　　　图12-305

数量50 色调宽度50 半径0
图12-306

数量50 色调宽度50 半径2500
图12-307

数量50 色调宽度50 半径0
图12-312

数量50 色调宽度50 半径2500
图12-313

● 高光选项组： 可以将高光区域调暗。 "数量" 可以控制调整强度， 该值越高， 高光区域越暗， 如图12-308、 图12-309所示； "色调宽度" 可以控制色调的修改范围， 较小的值只对较亮的区域进行校正， 如图12-310所示， 较大的值会影响更多的色调， 如图12-311所示； "半径" 可以控制每个像素周围的局部相邻像素的大小， 如图12-312、 图12-313所示。

● 颜色校正： 可以调整已更改区域的色彩。 例如， 增大 "阴影" 选项组中的 "数量" 值使图像中较暗的颜色显示出来以后， 如图12-314所示， 再增加 "颜色校正" 值， 就可以使这些颜色更加鲜艳， 如图12-315所示。

图12-314

图12-315

● 中间调对比度： 用来调整中间调的对比度。 向左侧拖曳滑块会降低对比度， 向右侧拖曳滑块则增加对比度。

● 修剪黑色/修剪白色： 可以指定在图像中将多少阴影和高光剪切到新的极端阴影 （色阶为 0， 黑色） 和高光 （色阶为 255， 白色） 颜色。 该值越高， 图像的对比度越强。

● 存储为默认值： 单击该按钮， 可以将当前的参数设置存储为预设， 再次打开 "暗部/高光" 对话框时， 会显示该参数。 如果要恢复为默认的数值， 可按住 Shift 键， 该按钮就会变为 "复位默认值" 按钮， 单击即可恢复。

● 显示更多选项： 勾选该项， 可以显示全部的选项。

数量0 色调宽度50 半径30
图12-308

数量100 色调宽度50 半径30
图12-309

数量50 色调宽度30 半径30
图12-310

数量50 色调宽度100 半径30
图12-311

技术看板：
无损的Raw格式照片

普通的数码相机一般都是将照片存储为JPEG格式，这种格式会压缩图像的信息。而单反数码相机则提供了RAW（原始数据格式）格式用于拍摄照片。RAW文件与JPEG不同，它包含相机捕获的所有数据，如ISO设置、快门速度、光圈值、白平衡等，是未经处理、也未经压缩的格式，因此，也被称为"数字底片"。

RAW格式照片的图标

Photoshop Camera Raw 是专门用于处理RAW文件的程序，它可以解释相机原始数据文件，使用有关相机的信息及图像元数据来构建和处理彩色图像。此外，该程序也可以处理JPEG和TIFF图像。

12.19 HDR 色调命令

HDR❶是High Dynamic Range（高动态范围）的缩写，HDR图像可以按照比例存储真实场景中所有明度值，画面中无论高光还是阴影区域的细节都可以保留，色调层次更加丰富。

打开一张HDR照片，如图12-316所示，执行"图像>调整>HDR色调"命令，打开"HDR色调"对话框，如图12-317所示。在该对话框中，可以将全范围的HDR对比度和曝光度设置应用于图像。

图12-316

● 边缘光： 用来控制调整范围和调整的应用强度。

● 色调和细节： 用来调整照片的曝光度，以及阴影、高光中的细节的显示程度。其中，"灰度系数"可使用简单的乘方函数调整图像灰度系数。

● 高级： 用来增加或降低色彩的饱和度。拖曳"自然饱和度"滑块增加饱和度时，不会出现溢色。

● 色调曲线和直方图： 显示了照片的直方图，并提供了曲线可用于调整图像的色调。

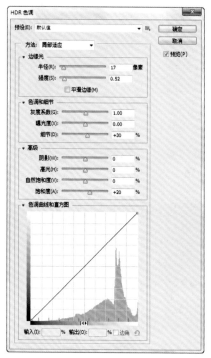

图12-317

相关链接
❶关于HDR的更多内容，详见第239页。

12.20 变化命令（实战泛黄复古色调）

■素材：光盘>素材文件夹 ■视频：光盘>视频文件夹 ■难度：★★★☆☆ ■实例类型：数码照片处理
■实例应用：用"变化"命令改变图像的色彩，制作出泛黄复古的色调

"变化"命令是一个简单且直观的图像调整工具，我们使用它时，只需单击图像缩览图便可以调整色彩、饱和度和明度。该命令的优点体现在我们能够预览颜色变化的整个过程，并比较调整结果与原图之间的差异。此外，在增加饱和度时，如果出现溢色，Photoshop还会标出溢色区域。总之，这是一个非常适合初学者使用的命令。

01 按下Ctrl+O快捷键，打开个光盘中的素材文件，如图12-318所示。

图12-318

02 执行"图像>调整>变化"命令，打开"变化"对话框，如图12-319所示。

03 在对话框顶部选择要调整的色调（选择"中间色调"），然后单击两次"加深黄色"缩览图，如图12-320、图12-321所示，使画面色调趋于黄绿色，单

击"确定"按钮关闭对话框。

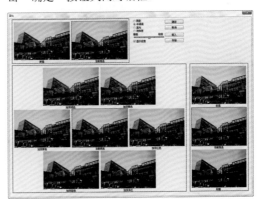

图12-319

图12-320

图12-321

04 单击"调整"面板中的 按钮，创建"曲线"调整图层，将曲线略向下调整，使大空变暗，层次更丰富，如图12-322所示。选择渐变工具 ，填充一个线性渐变，使调整图层仅对天空起作用，不影响画面下方的建筑物，如图12-323、图12-324所示。

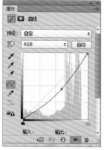
图12-322

图12-323

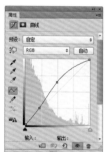
图12-324

05 单击"调整"面板中的 🖿 按钮，再创建一个"曲线"调整图层，将画面调亮，如图12-325所示；在工具选项栏中按下径向渐变按钮 🔘，填充径向渐变，使调整图层仅影响画面中心位置，不影响边缘区域，如图12-326所示。使用横排文字工具 **T** 输入文字，如图12-327所示。

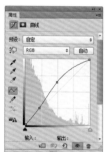
图12-325

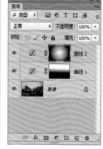
图12-326

图12-327

"变化"命令选项

打开一个图像文件，如图12-328所示，执行"图像>调整>变化"命令，打开"变化"对话框，如图12-329所示。

图12-328

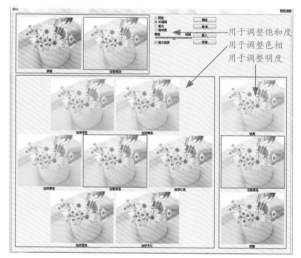
图12-329

● **原稿/当前挑选**：在对话框顶部的"原稿"缩览图中显示了原始图像，"当前挑选"缩览图中显示了图像的调整结果。第一次打开该对话框时，这两个图像是一样的，而"当前挑选"图像将随着调整的进行而实时显示当前的处理结果，如图12-330所示。如果要将图像恢复为调整前的状态，可单击"原稿"缩览图，如图12-331所示。

图12-330

图12-331

● 加深绿色、加深黄色等缩览图： 在对话框左侧的
7个缩览图中， 位于中间的"当前挑选"缩览图也
是用来显示调整结果的， 另外6个缩览图用来调整
颜色， 单击其中任何一个缩览图都可将相应的颜色
添加到图像中， 连续单击则可以累积添加颜色。 例
如， 单击"加深红色"缩略图两次将应用两次调
整， 如图12-332所示。 如果要减少一种颜色，可单
击其对角的颜色缩览图， 例如， 要减少红色， 可单
击"加深青色"缩览图， 如图12-333所示。

图12-332

图12-333

● 阴影/中间色调/高光： 选择相应的选项， 可以调整
图像的阴影、 中间调和高光的颜色。 图12-334所示
是分别在阴影、 中间调和高光中添加黄色时的图像
效果。

向阴影添加黄色　　向中间调添加黄色　　向高光添加黄色

图12-334

● 饱和度/显示修剪： "饱和度"用来调整颜色的饱
和度。 选择该项后， 对话框左侧出现3个缩览图，
中间的"当前挑选"缩览图显示了调整结果， 单击
"减少饱和度"和"增加饱和度"缩览图可减少或
增加饱和度。 在增加饱和度时， 可以勾选"显示修
剪"选项， 这样如果超出了饱和度的最高限度 （即

出现溢色）， 颜色就会被修剪， 以标识出溢色区
域， 如图12-335所示。

图12-335

● 精细/粗糙： 用来控制每次的调整量， 每移动一格
滑块， 可以使调整量双倍增加。

 技术看板：
溢色有害处吗？

调色时， 如果颜色超出了饱和度的最高限度 （即
颜色过于饱和）， 便会出现溢色。 这样的颜色虽
然可以在屏幕上正常显示， 但在打印时， 输出设
备无法打印出来。 关于溢色的更多内容， 请参阅
第447页。

 技术看板：
"变化"命令使用技巧

"变化"命令是基于色轮来进行颜色的调整的。 在
"变化"对话框的7个缩览图中， 处于对角位置的
颜色互为补色， 当我们单击一个缩览图， 增加一种
颜色的含量时， 会自动减少其补色的含量。 例如，
增加红色会减少青色； 增加绿色会减少洋红色； 增
加蓝色会减少黄色。 反之亦然。

"变化"命令中的补色对应关系

12.21 去色命令（实战高调黑白人像）

■素材：光盘>素材文件夹 ■视频：光盘>视频文件夹 ■难度：★★☆☆☆ ■实例类型：数码照片处理
■实例应用：将照片转换为黑白效果，用"高斯模糊"滤镜营造朦胧、柔美的意境

在人像、风光和纪实摄影领域，黑白照片是具有特殊魅力的一种艺术表现形式。高调是由灰色级色谱的上半部分构成的，主要包含白、极浅灰、浅灰、深灰和中灰，如图12-336所示。即表现得轻盈明快、单纯、清秀、优美等艺术氛围的照片，称为高调照片。

01 按下Ctrl+O快捷键，打开光盘中的照片素材，如图12-337所示。

图12-336　　　　　图12-337

02 执行"图像>调整>去色"命令，删除颜色，将图像转变为黑白效果，如图12-338所示。按下Ctrl+J快捷键复制"背景"图层，如图12-339所示。设置其混合模式为"滤色"，不透明度为60%，提高图像的亮度，如图12-340、图12-341所示。

图12-338　　　　　　　　　图12-339

图12-340　　　　　　　图12-341

03 执行"滤镜>模糊>高斯模糊"命令，对图像进行模糊处理，使画面的色调变得柔美、细腻，如图12-342、图12-343所示。

图12-342　　　　　　　图12-343

12.22 匹配颜色命令（实战照片颜色匹配）

■素材：光盘>素材文件夹 ■视频：光盘>视频文件夹 ■难度：★★☆☆☆ ■实例类型：数码照片处理
■实例应用：用"匹配颜色"命令使一张照片的颜色与另一张照片的颜色相匹配

"匹配颜色"命令可以将一个图像的颜色与另一个图像的颜色相匹配，我们可以通过该命令使多个图像或者照片的颜色保持一致。

01 打开两个文件，如图12-344、图12-345所示。我们来通过"匹配颜色"命令将树叶图像的颜色与彩色烟雾图像相匹配，使图像的色彩更加艳丽。首先单击树叶文档，将它设置为当前操作的文档。

图12-344

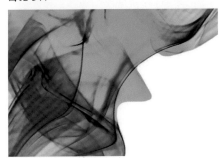

图12-345

02 执行"图像>调整>匹配颜色"命令，打开"匹配颜色"对话框。在"源"选项下拉列表中选择彩色烟雾素材，然后调整"渐隐"值，如图12-346所示，单击"确定"按钮关闭对话框，即可使树叶图像与彩色烟雾的色彩风格相匹配，让照片的色彩更鲜艳、明亮，如图12-347所示。

图12-346

图12-347

CHAPTER 12

"匹配颜色"命令选项·······

打开两个图像文件，如图12-348、图12-349所示，执行"图像>调整>匹配颜色"命令，打开"匹配颜色"对话框，如图12-350所示。

图12-348　　　　　图12-349

颜色强度为1　　　颜色强度为100
图12-353　　　　　图12-354

渐隐0　　　　　渐隐50　　　　　渐隐100
图12-355　　　　　图12-356　　　　　图12-357

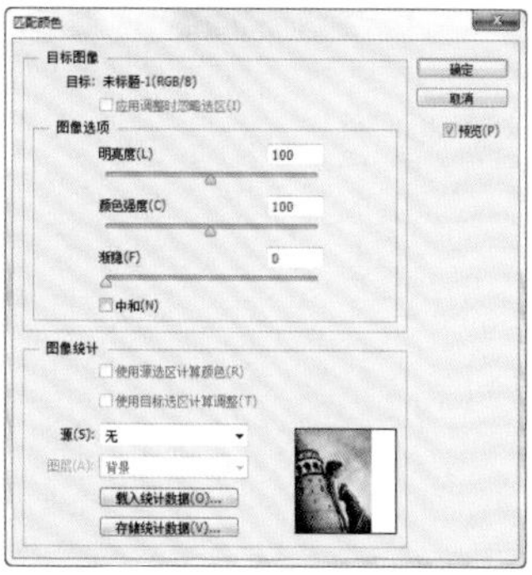

图12-350

- **目标**：显示了被修改的图像的名称和颜色模式。

- **应用调整时忽略选区**：如果当前图像中包含选区，勾选该项，可忽略选区，将调整应用于整个图像，如图12-351所示；取消勾选，则仅影响选中的图像，如图12-352所示。

未勾选"中和"　　　勾选"中和"
图12-358　　　　　图12-359

- **使用源选区计算颜色**：如果在源图像中创建了选区，勾选该项，可使用选区中的图像匹配当前图像的颜色；取消勾选，则会使用整幅图像进行匹配。

- **使用目标选区计算调整**：如果在目标图像中创建了选区，勾选该项后，可以使用选区内的图像来计算调整；取消勾选，则使用整个图像中的颜色来计算调整。

图12-351　　　　　图12-352

- **明亮度**：可以增加或减小图像的亮度。

- **颜色强度**：用来调整色彩的饱和度。该值为1时，生成灰度图像。如图12-353、图12-354所示。

- **渐隐**：用来控制应用于图像的调整量，该值越高，调整强度越弱，如图12-355～图12-357所示。

- **中和**：勾选该项，可以消除图像中出现的色偏，如图12-358、图12-359所示。

- **源**：可选择要将颜色与目标图像中的颜色相匹配的源图像。

- **图层**：用来选择需要匹配颜色的图层。如果要将"匹配颜色"命令应用于目标图像中的特定图层，应确保在执行"匹配颜色"命令时该图层处于当前选择状态。

- **存储统计数据/载入统计数据**：单击"存储统计数据"按钮，将当前的设置保存；单击"载入统计数据"按钮，可载入已存储的设置。使用载入的统计数据时，无需在Photoshop中打开源图像，就可以完成匹配当前目标图像的操作。

12.23 替换颜色命令（实战优雅婚纱写真）

■素材：光盘>素材文件夹 ■视频：光盘>视频文件夹 ■难度：★★★☆ ■实例类型：数码照片处理
■实例应用：将画面中的绿色替换为优雅、神秘的紫色

"替换颜色"命令可以选中图像中的特定颜色，然后修改其色相、饱和度和明度。该命令包含了颜色选择和颜色调整两种选项，颜色选择方式与"色彩范围"命令基本相同，颜色调整方式则与"色相/饱和度"命令十分相似。

01 打开光盘中的照片素材。执行"图像>调整>替换颜色"命令，打开"替换颜色"对话框，将光标放在画面中的较深的绿树叶上单击，进行颜色取样，将"颜色容差"设置为61，如图12-360、图12-361所示。

图12-360 　　　　　　　图12-361

02 选择添加到取样工具 ✐，在浅绿色区域单击，将其添加到选区中，如图12-362、图12-363所示。

图12-362 　　　　　　　图12-363

03 现在还有少量的绿色漏选，在"替换颜色"对话框中，它们显示为黑色，将光标放在预览框中的黑色图像上，如图12-364所示；单击鼠标，将其添加到选区内，树叶区域几乎都变为白色，现已全部选取，如图12-365所示；与此同时，人物的衣服也会一同被选取，以白色显示，选择从取样中减去工具 ✐，在白色婚纱上单击，将其从选区内减去，如图12-366所示。至此，图像中的绿色全部添加到选区内，可以进行调色了。

图12-364 　　　　　图12-365 　　　　　图12-366

329

04 拖曳"色相"滑块，将选中的绿色调整为紫色，
如图12-367、图12-368所示。

图12-367

图12-368

图12-371

05 打开一个星光素材文件。使用移动工具 ⊕ 将其拖
入婚纱文档中，给画面增加亮点和浪漫的气息，
如图12-369、图12-370所示。

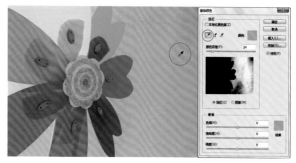

图12-372

图12-369

图12-370

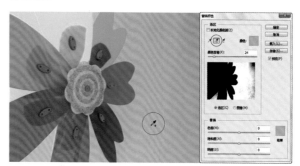

图12-373

"替换颜色"命令选项 ·············

打开一个文件，执行"图像>调整>替换颜色"
命令，打开"替换颜色"对话框，如图12-371所示。

● 吸管工具：用吸管工具 ✐ 在图像上单击，可以选中
光标下面的颜色（"颜色容差"选项下面的缩览图
中，白色代表了选中的颜色），如图12-372所示；
用添加到取样工具 ✐ 在图像中单击，可以添加新的
颜色，如图12-373所示；用从取样中减去工具 ✐
在图像中单击，可以减少颜色，如图12-374所示。

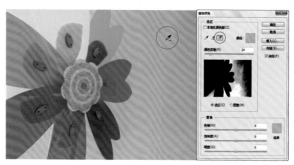

图12-374

● 本地化颜色簇：如果在图像中选择了相似并且连续
的颜色，可以勾选该项，使选择范围更加精确，如
图12-375~图12-377所示。

相关链接 ·············
"替换颜色"命令的色彩选择方式与"色彩范围"命令相同，该命令的使用方法请参阅第414页。

图12-375　　　　　图12-376　　　　　图12-377

图12-378　　　图12-379　　　图12-380　　　图12-381

- 颜色容差：用来控制颜色的选择精度。该值越高，选中的颜色范围越广（白色代表了选中的颜色），如图12-378、图12-379所示。

- 选区/图像：选中"选区"，可在预览区中显示代表选区范围的蒙版（黑白图像），其中，黑色代表了未选择的区域，白色代表了选中的区域，灰色代表了被部分选择的区域，如图12-380所示；选中"图像"，则显示图像内容，不会显示选区，如图12-381所示。

- 替换：拖曳各个滑块即可调整所选颜色的色相、饱和度和明度，如图12-382所示。

图12-382

12.24　色调均化命令

　　"色调均化"命令可以重新分布像素的亮度值，将最亮的值调整为白色，最暗的值调整为黑色，中间的值分布在整个灰度范围中，使它们更均匀地呈现所有范围的亮度级别（0～255）。该命令还可以增加那些颜色相近的像素间的对比度。打开一个文件，如图12-383所示，执行"图像>调整>色调均化"命令，效果如图12-384所示。

　　如果在图像中创建了选区，如图12-385所示，则执行"色调均化"命令时会弹出一个对话框，如图12-386所示。选择"仅色调均化所选区域"，表示仅均匀分布选区内的像素，如图12-387所示；选择"基于所选区域色调均化整个图像"，则可根据选区内的像素均匀分布所有图像像素，包括选区外的像素，如图12-388所示。

图12-385

图12-386

图12-383　　　　　图12-384

图12-387　　　　　图12-388

光是能够唤起我们色彩感的关键，也是产生色的原因，色则是光被感觉的结果。在光给予我们的世界中，艺术家们从没有间断过对色彩的研究和运用，达·芬奇善于用极细微的色调层次作画；伦勃朗的作品中，色彩能够变成物质化的光能，给人以振奋的力量；印象派画家莫奈运用不混合的颜色，以短而细小的笔触绘画，再现纹路与光的颤动；以马蒂斯为代表的野兽派强调个人的主观精神，其色相单纯，色彩对比强烈，不用明暗法而多用平面化的大色块，追求浓郁的装饰性；抽象主义画家蒙德里安更是拒绝使用具象元素，而是通过色彩、线、块面来表达自己的艺术语言……

光谱色

1666 年，英国物理学家牛顿利用光的折射实验确定了光与色的关系。他将一束白光（阳光）从细缝引入暗室，当太阳光经过三棱镜折射投射到白色屏幕上时，出现了一条像彩虹一样的美丽色带，从红开始，依次为橙、黄、绿、蓝、紫。牛顿的实验说明，阳光（白光）是由一组色光混合而成，通过三棱镜时，各种色光由于折射率的不同而使白光发生了分解。牛顿实验在生活中最直接的例子莫过于彩虹。彩虹就是光通过小水滴以后形成的色散现象。

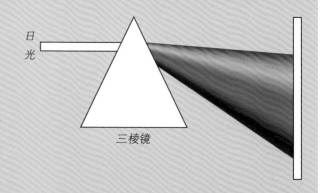

通道与光的关系

Photoshop 使用通道保存光。例如，打开一张 RGB 模式的照片，在"通道"面板中可以看到 3 个颜色通道。其中，"红"通道保存的是红光，"绿"通道保存的是绿光，"蓝"通道保存的是蓝光。这几个通道组合以后，构成了面板顶部的 RGB 复合通道，即文档窗口中的彩色图像。当通道中的光出现变化时，如变亮或变暗，图像的色彩便会发生改变。具体变化规律可参见第 150 页。

"红"通道保存红光、"绿"通道保存绿光，"蓝"通道保存蓝光

通道变亮或变暗会影响光线量，进而影响图像的色彩

色彩合成原理 GALLERY

 两种或两种以上的颜色混合在一起，构成与原色不同的新颜色称为色彩混合。色彩混合分为加色混合、减色混合和视觉混合3种类型。

加色混合

 加色混合也称色光混合，它是指将色光三原色按照不同的比例混合而生成色彩。色光三原色包括红光（Red）、绿光（Green）和蓝光（Blue），将它们按照不同的比例混合，就可以创造出自然界中的任何一种色彩。电视和电脑显示器中的色彩都是通过这种方式合成的。其原理是电子流不断冲击屏幕上的发光体，使它们发出各种颜色的光。这种屏幕模式称为RGB模式。其他如幻灯片、网络和多媒体等一般都使用RGB模式。

减色混合

 减色混合是指本身不能发光，却能吸收一部分投照来的光，并将余下的光反射出去的色料混合。颜料、染料、涂料和印刷油墨等都属于减色混合。由于白光是由红、绿、蓝3色光组合而成的，在印刷时，当白光照在纸上以后，如果要让绿色油墨看上去是绿色的，就必须将绿光反射到我们的眼睛中。也就是说，绿色油墨会吸收掉红光和蓝光，只反射绿光。所有印刷色都是由青（Cyan）、洋红（Magenta）、黄（Yellow）和黑（Black）这4种油墨混合而成。青色油墨只吸收红光；洋红色油墨只吸收绿光；黄色油墨只吸收蓝光。

视觉混合

 通过视觉过程产生的色彩混合称为视觉混合。视觉混合主要有色盘旋转混合和并置混合两种类型。旋转混合是指将任意两种以上的色料涂在圆盘上，快速旋转而呈现出的一种新色。并置混合是将不同的色彩以点、线、网、小块面等形式交错杂陈地并置在纸上，隔开一段距离观看，就能看到并置混合出来的新色，如印象派的绘画、印刷网点。

加色混合：红、绿混合生成黄；红、蓝混合生成洋红；蓝、绿混合生成青

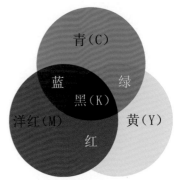

减色混合：青、洋红混合生成蓝；青、黄混合生成绿；黄、洋红混合生成红

印刷效果

放大后观察到的印刷网点

色彩的心理感觉

色彩作用于人的视觉器官以后，会产生色感并促使大脑产生情感的心理活动，形成各种各样的感情反应，如色彩的冷暖感、轻重感、软硬感、味觉感、强弱感等。

色彩的冷暖感：色彩的冷暖感是人体本身的经验习惯赋予我们的一种感觉。例如，太阳会发出红橙色光，人们一看到红橙色，心理就会产生温暖愉悦的感觉；冰、雪、大海的温度较低，人们看到蓝色，就会觉得冰冷、凉爽

枣红色让人想到新鲜的番茄，草绿色让人想到酸酸的柠檬

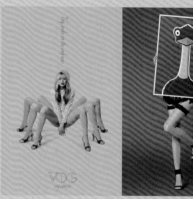

明度高色彩感弱，饱和度高色彩感强

色彩联想

色彩联想是指人们看到一种色彩时，就会由该色联想到与其有关联的其他事物，这些事物可以是具体的事物，也可以是抽象的概念。

	具体联想	抽象联想
红色	火焰、太阳、红旗、血、辣椒	热烈、活力、青春、朝气、革命、积极、愤怒、健康
橙色	柑橘、秋叶、柿子	快活、温情、健康、欢喜、任性、疑惑
黄色	柠檬、蛋黄、黄金、金发、灯光、闪电、菠萝、香蕉、枯叶、黄沙、稻穗	明快、轻快、鲜明、希望、快乐、朝气、富贵、轻薄、刺激、未成熟
绿色	大地、草原、森林、绿叶、嫩苗、蔬菜	自然、清新、新鲜、生命、希望、和平、健康
蓝色	蓝天、海洋、水、青山	沉静、平静、科技、理智、诚实、可信、年轻、寂寞、冷淡、消极、阴郁
紫色	葡萄、茄子、紫菜	优雅、高贵、神秘、细腻、不安定
黑色	夜、黑发、煤炭、乌鸦	厚重、沉着、悲哀、坚实、严肃、死亡、阴沉、恐怖、冷淡
白色	雪、白纸、白云、白兔、砂糖	纯洁、清白、纯真、神圣、明快、空白
灰色	混凝土、冬天、鼠、阴天	忧郁、沉默、绝望、荒废、平凡

12.25 自动色调命令

"自动色调"命令可以自动调整图像中的黑场和白场，将每个颜色通道中最亮和最暗的像素映射到纯白（色阶为 255）和纯黑（色阶为 0），中间像素值按比例重新分布，从而增强图像的对比度。打开一张色调有些发灰的照片，如图12-389所示，执行"图像>自动色调"命令，Photoshop会自动调整图像，使色调变得清晰，如图12-390所示。

图12-389

图12-390

12.26 自动对比度命令

"自动对比度"命令可以自动调整图像的对比度，使高光看上去更亮，阴影看上去更暗。图12-391所示为一张色调有些发白的照片，执行"图像>自动对比度"命令，效果如图12-392所示。

图12-391　　图12-392

💬 提示

"自动对比度"命令不会单独调整通道，它只调整色调，而不会改变色彩平衡，因此，也就不会产生色偏，但也不能用于消除色偏。该命令可以改进彩色图像的外观，但无法改善单色图像。

12.27 自动颜色命令

"自动颜色"命令可以通过搜索图像来标识阴影、中间调和高光，从而调整图像的对比度和颜色。我们可以使用该命令来校正出现色偏的照片。例如，图12-393所示的照片颜色偏黄，执行"图像>自动颜色"命令，即可校正颜色，如图12-394所示。

图12-392

图12-394

12.28 图像大小命令（实战分辨率调整）

■视频：光盘>视频文件夹 ■难度：★★☆☆ ■实例类型：软件功能 ■实例应用：修改图像的尺寸

使用"图像大小"命令可以调整图像的像素大小、打印尺寸和分辨率。修改像素大小不仅会影响图像在屏幕上的视觉大小，还会影响图像的质量及打印特性，同时也决定了其占用存储空间的大小。

01 按下Ctrl+O快捷键，打开光盘中的素材文件，如图12-395所示。

图12-395

02 执行"图像>图像大小"命令，打开"图像大小"对话框，如图12-396所示。我们先来看一下"像素大小"选项组，它显示的是图像当前的像素尺寸，当修改像素大小值后，新文件的大小会出现在对话框的顶部，旧的文件大小则在括号内显示，如图12-397所示。

图12-396

图12-397

03 "文档大小"选项组用来设置图像的打印尺寸（"宽度"和"高度"选项）和分辨率（"分辨率"选项），我们可以通过两种方法来操作。第一种方法是先选择"重定图像像素"选项，然后修改图像的宽度或高度，这会改变图像的像素数量。例如，减小图像的大小时，就会减少像素数量，此时图像虽然变小了，但画质不变，如图12-398所示；而增加图像的大小或提

高分辨率时，则会增加新的像素，这时图像尺寸虽然增大了，但画质会下降，如图12-399所示。

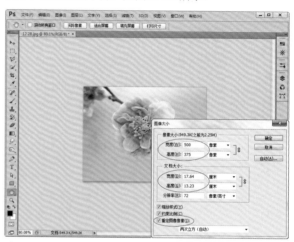

图12-398

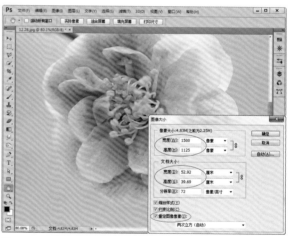

图12-399

04 接下来是第二种方法，先取消勾选"重定图像像素"选项，再来修改图像的宽度或高度。这时图像的像素总量不会变化，也就是说，减少宽度和高度时，会自动增加分辨率，如图12-400所示；而增加宽度和高度时就会自动减少分辨率，如图12-401所示。图像的视觉大小看起来不会有任何改变，画质也没有变化。

图12-400

图12-401

"图像大小"对话框选项

● 缩放样式：如果文档中的图层添加了图层样式，选择该选项后，调整图像的大小时会自动缩放样式效果。只有选择了"约束比例"，才能使用该选项。

● 约束比例：修改图像的宽度或高度时，可保持宽度和高度的比例不变。

● 自动：单击该按钮可以打开"自动分辨率"对话框，输入挂网的线数，Photoshop 可根据输出设备的网频来确定建议使用的图像分辨率。

● 差值方法：修改图像的像素大小在 Photoshop 中称为"重新取样"。当减少像素的数量时，就会从图像中删除一些信息；当增加像素的数量或增加像素取样时，则会添加新的像素。在"图像大小"对话框最下面的列表中可以选择一种插值方法来确定添加或删除像素的方式，包括"邻近"、"两次线性"等，默认为"两次立方"。

> **技术看板：**
> 增加分辨率能让小图变清晰吗？
>
> 分辨率高的图像包含更多的细节。不过，如果一个图像的分辨率较低、细节也模糊，我们即便提高它的分辨率也不会使它变得清晰。这是因为，Photoshop 只能在原始数据的基础上进行调整，无法生成新的原始数据。

12.29 画布大小命令

画布是指整个文档的工作区域，如图12-402所示。执行"图像>画布大小"命令，可以在打开的"画布大小"对话框中修改画布尺寸，如图12-403所示。

"画布大小"对话框选项

图12-402

图12-403

● 当前大小：显示了图像宽度和高度的实际尺寸和文档的实际大小。

● 新建大小：可以在"宽度"和"高度"框中输入画布的尺寸。当输入的数值大于原来尺寸时会增加画布，反之则减小画布。减小画布会裁剪图像。输入尺寸后，该选项右侧会显示修改画布后的文档大小。

● 相对：勾选该项，"宽度"和"高度"选项中的数值将代表实际增加或者减少的区域的大小，而不再代表整个文档的大小，此时输入正值表示增加画布，输入负值则减小画布。

● 定位： 单击不同的方格，可以指示当前图像在新画布上的位置，图12-404～图12-407所示是设置不同的定位方向再增加画布后的图像效果（画布的扩展颜色为黄色）。

图12-406

图12-407

图12-404

图12-405

● 画布扩展颜色： 在该下拉列表中可以选择填充新画布的颜色。 如果图像的背景是透明的，则 "画布扩展颜色" 选项将不可用， 新增的画布也是透明的。

12.30 图像旋转命令

执行 "图像>图像旋转" 命令，在其下拉菜单中包含用于旋转画布的命令，如图12-408所示，执行这些命令可以旋转或翻转整个图像，如图12-409～图12-414所示。

图像旋转(G) ▶	180 度(1)
裁剪(P)	90 度(顺时针)(9)
裁切(R)...	90 度(逆时针)(0)
显示全部(V)	任意角度(A)...
复制(D)...	水平翻转画布(H)
应用图像(Y)...	垂直翻转画布(V)

图12-408

水平翻转画布
图12-413

垂直翻转画布
图12-414

原图
图12-409

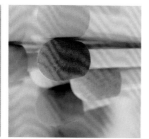
180度
图12-410

技术看板：
按照设定的角度旋转画布

执行 "图像>图像旋转>任意角度" 命令，打开 "旋转画布" 对话框，输入画布的旋转角度即可按照设定的角度和方向精确地旋转画布。

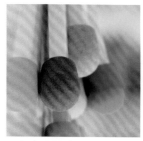
90度（顺时针）
图12-411

90度（逆时针）
图12-412

💡 提示

"图像旋转" 命令用于旋转整个图像。如果要旋转单个图层中的图像，则需要使用 "编辑>变换" 菜单中的命令；如果要旋转选区，需要使用 "选择>变换选区" 命令。

12.31 裁剪命令（实战图像裁剪）

■视频：光盘>视频文件夹 ■难度：★☆☆☆☆ ■实例类型：软件功能 ■实例应用：用"裁剪"命令裁剪图像

使用裁剪工具 ❹ 时，如果裁剪框太靠近文档窗口的边缘，便会自动吸附到画布边界上，此时无法对裁剪框进行细微的调整。遇到这种情况时，可以考虑使用"裁剪"命令来进行操作。

01 按下Ctrl+O快捷键，打开光盘中的素材文件，如图12-415所示。

02 选择矩形选框工具 [] ，单击并拖动鼠标创建一个矩形选区，选中要保留的图像，如图12-416所示。

图12-415　　图12-416

图12-417

03 执行"图像>裁剪"命令，可以将选区以外的图像裁剪掉，只保留选区内的图像。按下Ctrl+D快捷键取消选择，图像效果如图12-417所示。

提示

如果在图像上创建的是圆形选区或多边形选区，裁剪后的图像仍为矩形。

12.32 裁切命令（实战图像裁剪）

■视频：光盘>视频文件夹 ■难度：★☆☆☆☆ ■实例类型：软件功能 ■实例应用：用"裁切"命令裁剪图像

"裁切"命令可以基于图像边缘的像素颜色、透明区域进行裁切，同时可以选择图像的上、下、左、右作为要修整的图像区域。

01 打开光盘中的素材，如图12-418所示。我们来通过"裁切"命令将图像周围的橙色背景裁掉。

02 执行"图像>裁切"命令，打开"裁切"对话框，选择"左上角像素颜色"选项，并勾选"裁切"选项组内的全部选项，如图12-419所示，单击"确定"按钮即可裁切图像，如图12-420所示。

图12-418

图12-419　　图12-420

相关链接
❶裁剪工具的使用方法请参阅第92页。

"裁切"对话框选项······

● 透明像素：可以删除图像边缘的透明区域，留下包含非透明像素的最小图像。

● 左上角像素颜色：从图像中删除左上角像素颜色的区域。

● 右下角像素颜色：从图像中删除右下角像素颜色的区域。

● 裁切：用来设置要修整的图像区域。

12.33 显示全部命令

当我们在文档中置入一个较大的图像文件，或者使用移动工具将一个较大的图像拖入一个稍小文档时，图像中一些内容就会位于画布之外，不会显示出来，如图12-421所示。执行"图像>显示全部"命令，Photoshop会判断图像中像素的位置，并自动扩大画布，显示全部图像，如图12-422所示。

图12-421

图12-422

12.34 复制命令

如果要基于图像的当前状态创建一个文档副本，可以执行"图像>复制"命令，打开"复制图像"对话框进行设置，如图12-423所示。在"为"选项的文本框中可以输入新图像的名称；如果图像包含多个图层，则"仅复制合并的图层"选项可用，勾选该项，复制后的图像将自动合并图层。

此外，在文档窗口顶部单击右键，可以打开快捷菜单，选择"复制"命令可以快速复制图像，如图12-424所示。Photoshop会自动为新图像命名，即原图像名+副本二字。

图12-424

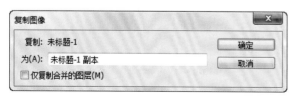

图12-423

12.35 应用图像命令（实战长发女孩抠图）

■视频：光盘>视频文件夹 ■难度：★★★★★ ■实例类型：抠像 ■实例应用：用画笔工具配合特定的混合模式编辑通道，用"应用图像"命令抠图

　　图层之间可以通过"图层"面板中的混合模式选项来相互混合，而通道之间则主要靠"应用图像"和"计算"来实现混合。这两个命令与混合模式的关系密切，常用来修改选区，是高级抠图工具。

　　在本实例中，我们来抠取一个长发女孩。由于素材是逆光照片，人物又是站在窗口处，因此，人物身体的轮廓比较清晰，但女孩长发的边缘却非常明亮，有一部分头发的发梢更是融入到了背景中。本案例的重点是如何有效地将头发与背景地区分开，进而制作出精确的选区。

01 按下Ctrl+O快捷键，打开光盘中的素材文件，如图12-425所示。

图12-425

02 分别按下Ctrl+3、Ctrl+4、Ctrl+5快捷键，观察红、绿和蓝通道，如图12-426~图12-428所示。比较这3个通道可以看到，绿通道中人物与背景的区别最明显，而蓝通道中头发的边缘最为清晰，我们就选用绿通道制作人物的选区，用蓝通道制作发梢的选区。先将绿通道拖曳到"通道"面板底部的 按钮上复制，如图12-429所示。

红通道
图12-426

绿通道
图12-427

蓝通道
图12-428

复制绿通道
图12-429

03 我们要选取的是人物，而在通道中白色的区域可载入为选区，因此，按下Ctrl+I快捷键将通道反相，如图12-430、图12-431所示。

图12-430

图12-431

04 执行"图像>应用图像"命令，打开"应用图像"对话框。将混合模式设置为"颜色减淡"，增加亮调区域的对比度，如图12-432、图12-433所示。单击"确定"按钮关闭对话框。再次执行"图像>应用图像"命令，各项设置不变，仍然是将"绿副本"通道与其自身混合，通道效果如图12-434所示。通过两次使用"应用图像"命令处理"绿副本"通道后，人物的大部分区域已经呈现为白色，轮廓也变得很清晰了。

图12-432

图12-433 　　　　　　　图12-434

05 背景图像看似复杂，但仔细观察可以发现，靠近人物身体边缘的背景色基本为黑色，因此，人物与背景的色调对比还是比较清晰的，要将背景全部设置为黑色也并不困难。使用矩形选框工具 按住Shift键在人物两侧的背景上创建两个选区，如图12-435所示，在选区内填充黑色，按下Ctrl+D快捷键取消选择，如图12-436所示。

图12-435 　　　　　　　图12-436

06 按下D键将前景色设置为黑色。选择一个柔角画笔工具 ，在工具选项栏中设置模式为"叠加"，将灰色的背景涂抹为黑色，如图12-437所示。按下X键将前景色切换为白色，在人物上涂抹白色，使人物上的灰色区域变为白色，如图12-438所示。

图12-437 　　　　　　　图12-438

07 将画笔工具 的模式恢复为"正常"，对通道进行加工，背景全部涂抹为黑色，人物内部的一些零星的斑点涂抹为白色。为了避免出现模糊的边缘，可以使用尖角画笔进行绘制，加工后的通道效果如图12-439所示。

图12-439

08 单击"通道"面板底部的 按钮，载入"绿副本"通道中的选区。按下Ctrl+2快捷键返回彩色图像状态，可以看到头发的细节部分并未在选区内，如图12-440所示。在最开始观察通道时我们发现，蓝通道中头发的细节最完整，因此通过该通道将丢失的头发细节找回来。复制蓝通道，如图12-441所示。

图12-440 　　　　　　　图12-441

09 使用多边形套索工具 将头发的发梢部分选取，如图12-442所示。按下Shift+Ctrl+I快捷键反选，在选区内填充黑色，按下Ctrl+D快捷键取消选择，如图12-443所示。

图12-442 　　　　　　　图12-443

10 选择画笔工具 ，在工具选项栏中设置模式为"叠加"，在头发的边缘处拖曳涂抹黑色，将发梢处的背景处理为黑色，如图12-444所示。将工具的模式恢复为"正常"，对边缘进行进一步修饰，如图12-445所示。

11 执行"图像>应用图像"命令，打开"应用图像"对话框，在"通道"下拉列表中选择"绿副本"，将"混合"设置为"相加"，如图12-446所示。

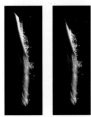

图12-444　　图12-445　　图12-446

12 单击"确定"按钮关闭对话框，即可将"绿副本"通道中的选区加入到"蓝副本"通道中，如图12-447所示。从两个通道的相加结果中可以看到，头发上出现了一条深灰色的接缝痕迹。使用画笔工具 将其涂抹为白色，如图12-448所示。

图12-447　　　　　　图12-448

13 单击"通道"面板底部的 按钮，载入"蓝副本"通道中的选区。按住Alt键双击"背景"图层，将它转换为普通图层，再单击 按钮添加图层蒙版，将背景隐藏，如图12-449、图12-450所示。

图12-449　　　　　图12-450

14 按下Ctrl+J快捷键复制人物图层，按下Shift+Ctrl+U快捷键去除图像颜色，如图12-451所示。将该图层的混合模式设置为"滤色"，不透明度为45%，如图12-452所示。最后，再为人物加入一个新的背景，如图12-453所示。

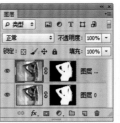

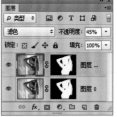

图12-451　　　　　　图12-452

图12-453

"应用图像"对话框选项

打开一个文件，如图12-454所示，选择一个通道，如图12-455所示，执行"图像>应用图像"命令，打开"应用图像"对话框，如图12-456所示。对话框中有"源"、"目标"和"混合"3个选项组。"源"是指参与混合的对象；"目标"是指被混合的对象（即执行该命令前选择的图层或通道）；"混合"选项组用来控制两者如何混合。

图12-454

图12-455

图12-456

设置参与混合的对象 ·······························

　　在"应用图像"对话框中，"源"选项组用来设置参与混合的源文件。源文件可以是通道，也可以是图层。

● 源：默认为当前文件。也可以选择使用其他文件来与当前图像混合，但所选的文件必须打开，且与当前文件具有相同尺寸和分辨率的图像。

● 图层：如果源文件为分层的文件，可在该选项中选择源图像中的一个图层来参与混合。

● 通道：用来设置源文件中参与混合的通道。勾选"反相"，可将通道反相后再进行混合。

设置被混合的对象 ·······························

　　"应用图像"命令的特别之处是必须在执行命令前选择被混合的目标文件。它可以是图层，也可以是通道，但无论是哪一种，都必须在执行该命令前先将其选择。

设置混合模式 ·······························

　　"混合"下拉列表中包含了可供选择的各种混合模式，只有设置混合模式才能混合通道或图层，如图12-457、图12-458所示。

绿通道（修改前）
图12-457

绿通道（修改后）
图12-458

> 👤 提示 ···············
>
> 　　"应用图像"命令包含"图层"面板中没有的两个混合模式："相加"和"减去"。"相加"模式可以对通道（或图层）进行相加运算；"减去"模式可以对通道（或图层）进行相减运算。

调整混合强度 ·······························

　　如果要控制通道或图层的混合强度，可以调整"不透明度"值，该值越高，混合的强度越大，如图12-459、图12-460所示。

图12-459　　　　　　　图12-460

控制混合范围 ·······························

　　"应用图像"命令有两种控制混合范围的方法，一是勾选"保留透明区域"选项，将混合效果限定在图层的不透明区域内，如图12-461所示；第二种方法是勾选"蒙版"选项，显示出隐藏的选项，如图12-462所示，然后选择包含蒙版的图像和图层。对于"通道"，可以选择任何颜色通道或 Alpha 通道用作蒙版。也可使用基于现用选区或选中图层（透明区域）边界的蒙版。选择"反相"，可反转通道的蒙版区域和未蒙版区域。

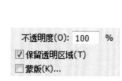

图12-461　　　　　　　图12-462

12.36 计算命令（实战透明婚纱抠图）

■视频：光盘>视频文件夹 ■难度：★★★★★ ■实例类型：抠图 ■实例应用：通过"计算"命令将通道相加，得到所需选区

"计算"命令与"应用图像"命令基本相同，它可以混合两个来自一个或多个源图像的单个通道。使用该命令可以创建新的通道和选区，也可生成新的黑白图像。

01 按下Ctrl+O快捷键，打开光盘中的素材文件，如图12-463所示。选择钢笔工具 ✐，在工具选项栏中选择"路径"选项，如图12-464所示。

图12-463 　　　　　　图12-464

02 沿人物的轮廓绘制路径。描绘时要避开半透明的婚纱，如图12-465、图12-466所示。

图12-465 　　　　　　图12-466

03 按下Ctrl+Enter快捷键，将路径转换为选区，选中人物，如图12-467所示。单击"通道"面板底部的 ▣ 按钮，将选区保存到通道中，如图12-468所示。按下Ctrl+D快捷键取消选择。

04 将蓝通道拖曳到创建新通道按钮 ▢ 上复制，得到"蓝副本"通道，如图12-469所示。我们用该通道制作半透明婚纱的选区。选择魔棒工具 ✦，将容差设置为12，按住Shift键在人物的背景上单击选择背景，如图12-470所示。

图12-467 　　　　　　图12-468

图12-469 　　　　　　图12-470

05 将前景色设置为黑色，按下Alt+Delete键在选区内填充黑色，然后按下Ctrl+D快捷键取消选择，如图12-471、图12-472所示。

图12-471 　　　　　　图12-472

06 现在，已经制作了两个选区，第一个选区中包含人物的身体（即完全不透明的区域），第二个选区中包含半透明的婚纱。下面我们来通过选区运

算，将它们合成为一个完整的人物婚纱选区。执行
"图像>计算"命令，打开"计算"对话框，让"蓝副
本"通道与"Alpha1"通道采用"相加"模式混合，
如图12-473所示。单击"确定"按钮，可以得到一
个新的通道，如图12-474所示，它包含我们需要的选
区，图12-475所示为该通道中的图像。

图12-473

图12-474 | 图12-475

07 按住Ctrl键单击"Alpha 2"，载入婚纱选区，如
图12-476所示。按下Ctrl+2快捷键返回到RGB复
合通道，显示彩色图像，如图12-477所示。

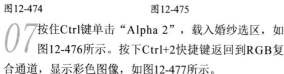

图12-476 | 图12-477

08 按住Alt键双击"背景"图层，将其转换为普通
图层，单击 按钮添加蒙版，如图12-478、
图12-479所示。

图12-478 | 图12-479

09 打开一个背景素材，将抠出的婚纱图像拖入到该
文档中，如图12-480所示。

图12-480

10 人物的皮肤颜色有些暗。用快速选择工具 选
中皮肤，如图12-481所示，按下Ctrl+J快捷键复制
到一个新的图层中，设置混合模式为"滤色"，不透明
度为30%，将皮肤颜色提亮，如图12-482所示。

图12-481 | 图12-482

11 按下Ctrl+D快捷键取消选择。按下
Shift+Ctrl+Alt+E快捷键，将当前图像效果盖印到
一个新的图层中，如图12-483所示。

12 再打开一个背景素材，将盖印后的图像拖入到该
文档中，放在"背景"图层上方，如图12-484、
图12-485所示。

图12-483

图12-484

图12-485

13 按下Ctrl+T快捷键显示定界框，拖动控制点旋转图像，按下回车键确认，如图12-486所示。

图12-486

"计算"对话框选项

打开一个图像文件，如图12-487所示，执行"图像>计算"命令，打开"计算"对话框，如图12-488所示。

图12-487

图12-488

● 源1：用来选择第一个源图像、图层和通道。

● 源2：用来选择与"源1"混合的第二个源图像、图层和通道。该文件必须是打开的，并且与"源1"的图像具有相同尺寸和分辨率的图像。

● 结果：可以选择一种计算结果的生成方式。选择"新建通道"，可以将计算结果应用到新的通道中，参与混合的两个通道不会受到任何影响，如图12-489所示；选择"新建文档"，可得到一个新的黑白图像；选择"选区"，可得到一个新的选区，如图12-490所示。

图12-489

图12-490

提示

"计算"命令对话框中的"图层"、"通道"、"混合"、"不透明度"和"蒙版"等选项与"应用图像"命令相同。

技术看板：
"应用图像"命令与"计算"命令的区别

"应用图像"命令需要先选择要被混合的目标通道，之后再打开"应用图像"对话框指定参与混合的通道。"计算"命令不会受到这种限制，打开"计算"对话框以后，可以任意指定目标通道，因此，它更灵活些。不过，如果要对同一个通道进行多次混合，使用"应用图像"命令操作更加方便，因为该命令不会生成新通道，而"计算"命令则必须来回切换通道。

CHAPTER 12

12.37 变量命令

利用数据驱动图形,我们可以快速准确地生成图像的多个版本以用于印刷项目或 Web 项目。例如,以模板设计为基础,使用不同的文本和图像可以制作100种不同的Web横幅。

12.37.1 定义

变量用来定义模板中的哪些元素将发生变化。在Photoshop中可以定义3种类型的变量:可见性变量、像素替换变量和文本替换变量。要定义变量,需要首先创建模板图像,然后执行"图像>变量>定义"命令,打开"变量"对话框,如图12-491所示。在"图层"选项中可以选择一个包含要定义为变量的内容的图层。

限制

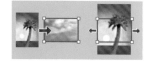
填充

保持原样

一致

图12-492

图12-491

可见性变量

可见性变量用来显示或隐藏图层中的图像内容。

像素替换变量

像素替换变量可以使用其他图像文件中的像素替换图层中的像素。勾选"像素替换"选项后,可在下面的"名称"选项中输入变量的名称,然后在"方法"选项中选择缩放替换图像的方法。选择"限制",可缩放图像以将其限制在定界框内;选择"填充",可缩放图像以使其完全填充定界框;选择"保持原样",不会缩放图像;选择"一致",将不成比例地缩放图像以将其限制在定界框内。图12-492所示为不同方法的效果展示。

单击对齐方式图标⫶⫶上的手柄,可以选取在定界框内放置图像的对齐方式。选择"剪切到定界框"则可以剪切未在定界框内的图像区域。

文本替换变量

可替换文字图层中的文本字符串,在操作时首先要在"图层"选项中选择文本图层。

12.37.2 数据组

数据组是变量及其相关数据的集合。执行"图像>变量>数据组"命令,可以打开"变量"对话框设置数据组选项,如图12-493所示。

图12-493

- **数据组**:单击 🗋 按钮可以创建数据组。如果创建了多个数据组,可单击 ◀ ▶ 按钮切换数据组。选择一个数据组后,单击 🗑 按钮可将其删除。

- **变量**:在该选项内可以编辑变量数据。对于"可见性"变量 🖼,选择"可见",可以显示图层的内容,选择"不可见",则隐藏图层的内容;对于"像素替换"变量 🗺,单击选择文件,然后选择替换图像文件,如果在应用数据组前选择"不替换",将使图层保持其当前状态;对于"文本替换"变量 **T**,可在"值"文本框中输入一个文本字符串。

12.38 应用数据组命令

创建模板图像和数据组后，执行"图像>应用数据组"命令，可以打开"应用数据组"对话框，如图12-494所示。

从列表中选择数据组，勾选"预览"选项，可在文档窗口中预览图像。单击"应用"按钮，则可将数据组的内容应用于基本图像，同时所有变量和数据组保持不变。

图12-494

12.39 陷印命令

在叠印套色版时，如果套印不准、相邻的纯色之间没有对齐，便会出现小的缝隙，如图12-495所示。出现这种情况，通常都采用一种叠印技术（即陷印）来进行纠正，如图12-496所示。

执行"图像>陷印"命令，打开"陷印"对话框，如图12-497所示。在该对话框中，"宽度"代表了印刷时颜色向外扩张的距离。该命令仅用于CMYK模式的图像。图像是否需要陷印一般由印刷商确定，如果需要陷印，印刷商会告知用户要在"陷印"对话框中输入的数值。

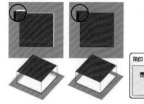

图12-495　　图12-496　　图12-497

12.40 分析命令

使用Photoshop中的分析、测量和计数功能，可以测量用标尺工具或选择工具定义的任何区域，包括用套索工具、快速选择工具或魔棒工具选定的不规则区域，也可以计算高度、宽度、面积和周长或对图像中的多个选定区域计数。

12.40.1 设置测量比例

设置测量比例是指在图像中设置一个与比例单位（如英寸、毫米或微米）数相等的指定像素数。创建比例之后，就可以用选定的比例单位测量区域并接收计算和记录结果。

执行"图像>分析>设置测量比例>默认值"命令，可以返回到默认的测量比例，即1 像素 = 1 像素。执行"图像>分析>设置测量比例>自定"命令，可以打开"测量比例"对话框，如图12-498所示。

图12-498

- 预设：如果创建了自定义的测量比例预设，可在该选项的下拉列表中将其选择。

- 像素长度：可拖曳标尺工具  测量图像中的像素距离，或在该选项中输入一个值。关闭"测量比例"对话框时，将恢复当前工具设置。

● 逻辑长度/逻辑单位：可输入要设置为与像素长度相等的逻辑长度和逻辑单位。例如，如果像素长度为50，并且要设置的比例为50 像素/微米，则应输入1作为逻辑长度，并使用微米作为逻辑单位。

● 存储预设/删除预设：单击"存储预设"按钮，可将当前设置的测量比例保存。需要使用时，可在"预设"下拉列表中选择。如果要删除自定义的预设，可单击"删除预设"按钮。

12.40.2 选择数据点

　　数据点会向测量记录添加有用信息，例如，可以添加要测量的文件的名称、测量比例和测量的日期/时间等。执行"图像>分析>选择数据点>自定"命令，打开"选择数据点"对话框，如图12-499所示。在对话框中，数据点将根据可以测量它们的测量工具进行分组，"通用"数据点适用于所有工具，此外，我们还可以单独设置选区、标尺工具和计数工具的数据点。各个选项的具体功能如下。

图12-499

● 标签：标识每个测量并自动将每个测量编号为测量1、测量2等。

● 日期和时间：可应用表示测量发生时间的日期和时间戳。

● 文档：标识测量的文档（文件）。

● 源：即测量的源，包括标尺工具、计数工具或选择工具。

● 比例：即源文档的测量比例（例如，100 像素 = 3英里）。

● 比例单位：测量比例的逻辑单位。

● 比例因子：分配给比例单位的像素数。

● 计数：根据使用的测量工具发生变化。使用选择工具时，表示图像上不相邻的选区的数目；使用计数工具时，表示图像上已计数项目的数目；使用标尺工具时，表示可见的标尺线的数目（1或2）。

● 面积：用方形像素或根据当前测量比例校准的单位（如平方毫米）表示的选区的面积。

● 周长：选区的周长。

● 圆度：4pi（面积/周长2）。若值为1.0，则表示一个完全的圆形，当值接近0.0时，表示一个逐渐拉长的多边形。

● 高度：选区的高度（max y - min y），其单位取决于当前的测量比例。

● 宽度：选区的宽度（max x - min x），其单位取决于当前的测量比例。

● 灰度值：这是对亮度的测量。

● 累计密度：选区中的像素值的总和。此值等于面积（以像素为单位）与平均灰度值的乘积。

● 直方图：为图像中的每个通道生成直方图数据，并记录0~255的每个值所表示的像素的数目。对于一次测量的多个选区，将为整个选定区域生成一个直方图文件，并为每个选区生成附加的直方图文件。

● 长度：标尺工具在图像上定义的直线距离，其单位取决于当前的测量比例。

● 角度：标尺工具的方向角度（±0~180）。

12.40.3 记录测量（实战）

■素材：光盘>素材文件夹 ■视频：光盘>视频文件夹 ■难度：★★☆☆☆
■实例类型：软件功能 ■实例应用：创建测量记录

01 打开光盘中的素材，如图12-500所示。我们来使用选区自动计数。选择椭圆选框工具 ⬭，按住Shift键创建圆形选区，将篮球选中，如图12-501所示。

图12-500　　　　　　　　图12-501

02 执行"图像>分析>选择数据点>自定"命令，打开"选择数据点"对话框，如图12-502所示。在对话框中可以设置计算高度、宽度、面积和周长等内

容，我们采用默认的设置，即选择所有数据点，单击
"确定"按钮关闭对话框。

图12-502

03 执行"图像>分析>记录测量"命令，或按下"测量记录"面板中的"记录测量"按钮，Photoshop
会对选区计数，如图12-503所示。

图12-503

04 创建测量记录后，可将其导出到逗号分隔的文本文件中，在电子表格应用程序中打开该文本文件，并利用这些测量数据执行统计或分析计算。单击面板顶部的 📑 按钮，打开"存储"对话框，设置文件名和保存位置，单击"保存"按钮导出文件。图12-504所示为使用Excel打开的该文件。

图12-504

"测量记录"面板选项 ....

● 记录测量：单击该按钮，可以在面板中添加当前测

量记录。

● 选择所有测量 📑/取消选择所有测量 📑：单击 📑 按钮，可选择面板中所有的测量记录。选择后，单击 📑 按钮，可取消选择。

● 导出所选测量 📑；单击该按钮，可以将测量记录导出。

● 删除所选测量 🗑：在面板中选择一个测量记录后，单击该按钮可将其删除。

12.40.4 标尺工具（实战）

■素材：光盘>素材文件夹 ■视频：光盘>视频文件夹 ■难度：★★☆☆☆
■实例类型：软件功能 ■实例应用：使用标尺工具校正图像角度

　　"图像"菜单中包含一个"标尺工具"命令，它与标尺工具 📏 的用途完全相同。在"第7章测量类工具"中，介绍过标尺工具 📏❶，它可以测量两点间的距离、角度和坐标。下面再来看一下，怎样使用"标尺工具"命令和"图像旋转"命令，校正倾斜的照片。

01 打开光盘中的照片素材，如图12-505所示。可以看到，画面中的景物有些倾斜（左高右低）。

图12-505

02 执行"图像>分析>标尺工具"命令，此时会自动选择标尺工具 📏，在左侧堤岸边界单击，然后向右侧拖曳鼠标，创建一条测量线，让它与堤岸平行，如图12-506所示。

03 执行"图像>图像旋转>任意角度"命令，弹出"旋转画布"对话框。"角度"选项内有一个数值，如图12-507所示，这是测量到的图像的倾斜角度。

相关链接 ....
❶关于如何使用标尺工具测量角度和距离，参见第102页。

图12-506　　　　　　　　　图12-507

04 单击"确定"按钮，即可将图像的角度校正过来，如图12-508所示。选择裁剪工具 ✂❶，在画面中单击并拖出一个裁剪框，如图12-509所示，按下回车键，将多余的图像裁掉，如图12-510所示。

图12-508　　　　　　　　　图12-509

图12-510

12.40.5　记数工具（实战）

■素材：光盘＞素材文件夹　■视频：光盘＞视频文件夹　■难度：★★☆☆☆
■实例类型：软件功能　■实例应用：在文档中计数

01 打开光盘中的素材文件。执行"图像＞分析＞计数工具"命令，或选择计数工具 1₂³，在工具选项栏中调整标记大小和标签大小参数，如图12-511所示；在玩具摩天轮上单击，Photoshop会跟踪单击次数，并将计数数目显示在项目上和"计数工具"选项栏中，如图12-512所示。

图12-511

图12-512

02 执行"图像＞分析＞记录测量"命令，将计数数目记录到"测量记录"面板中，如图12-513所示。

测量记录										
记录测量										
	源	比例	比例单位	比例因子	计数	面积	周长	圆度	高度	宽度
0001	选区	1 像素 = 1.0000...	像素	1.000000	1	84284.300...	948.347300	0.898219	286.000000	286.000000
0002	计数工具	1 像素 = 1.0000...	像素	1.000000	9					

图12-513

👤 提示

如果要移动计数标记，可以将光标放在标记或数字上方，当光标变成方向箭头时，再进行拖曳；按住 Shift 键可限制为沿水平或垂直方向拖曳；按住Alt键单击标记，可删除标记。

计数工具选项栏

选择计数工具后，在工具选项栏中会显示计数数目、颜色和标记大小等选项，如图12-514所示。各个选项的含义如下。

| 1₂³ ▾ | 计数： 4 | | 计数组 1 | ▾ | ● | ⬜ | ⬜ | 清除 | ⬜ | 标记大小 2 | 标签大小 12 |

图12-514

相关链接 ....
❶裁剪工具的使用方法参见第92页。

● 计数：显示了总的计数数目。

● 计数组：类似于图层组，可包含计数，每个计数组都可以有自己的名称、标记和标签大小以及颜色。单击文件夹图标 🗀 可以创建计数组；单击眼睛图标 👁 可以显示或隐藏计数组；单击删除图标 🗑 可以删除计数组。

● 清除：单击该按钮，可将计数复位到 0。

● 颜色：单击颜色块，可以打开"拾色器"设置计数组的颜色，图12-515所示是设置为红色的效果。

● 标记大小：可输入 1 至 10 之间的值，定义计数标记的大小。图12-516所示是该值为 10 的标记。

● 标签大小：可输入 8 至 72 之间的值，定义计数标签的大小。图12-517所示是该值为 72 的标签。

计数颜色为红色　　标记大小为10　　标签大小为72
图12-515　　　　　图12-516　　　　　图12-517

12.40.6 置入比例标记

执行"图像>分析>置入比例标记"命令，打开"测量比例标记"对话框并设置选项，如图12-518所示，即可在画面左下角创建比例标记，同时文档中会添加一个图层组，它包含文本图层和图形图层，如图12-519、图12-520所示。

在文档中创建测量比例标记后，可以使用移动工具 ►⊕ 移动它，使用文字工具编辑题注或修改文本的大小、字体和颜色，如图12-521、图12-522所示。

图12-518　　　　　图12-519

1 像素

图12-520

图12-521　　　　　图12-522

如果要添加新的比例标记，可以执行"图像>分析>置入比例标记"命令，此时会弹出一个对话框，如图12-523所示。单击"移去"按钮，可替换现有的标记；单击"保留"按钮，可新建比例标记并保留原有的比例标记，如图12-524所示。如果新的比例标记和原有的标记彼此遮盖，可以在"图层"面板❶中隐藏原来的比例标记。

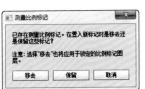

图12-523　　　　　图12-524

如果要删除比例标记，可以将测量比例标记图层组拖曳到删除图层按钮 🗑 上。

"测量比例标记"对话框选项

● 长度：设置比例标记的长度（以像素为单位）。

● 字体/字体大小：可选择字体并设置字体的大小。

● 显示文本：勾选该项，可显示比例标记的逻辑长度和单位。

● 文本位置：在比例标记的上方或下方显示题注。

● 颜色：设置比例标记和题注的颜色（黑色或白色）。

相关链接
❶关于图层的显示、隐藏和删除等操作方法详见第357页、第402页。

第13章 图层菜单命令

13.1 新建命令

在Photoshop中，图层的创建方法有很多种，包括在"图层"面板中创建、在编辑图像的过程中创建，以及使用命令创建等。

13.1.1 图层

在Photoshop的核心功能中，图层最重要。在第9章我们介绍了"图层"面板❶，本章我们来学习与图层有关的命令。

核心功能一定很难吧？

看来你误解"核心"的意思了。"核心"不代表它有多难，而是说它很重要，因为不会图层操作，在Photoshop中几乎寸步难行。其实图层的使用方法还是很简单的。图层的重要性体现在它承载了图像，如果没有图层，所有的图像都将处在同一个平面上，这对于图像的编辑来说简直是无法想象的。此外，图层样式、混合模式、蒙版、滤镜、文字、3D和调色命令等也都依托于图层而存在。

执行"图层>新建>图层"命令，或按住Alt键单击"图层"面板中的创建新图层按钮 🖵 ，打开"新建图层"对话框，设置图层的属性，如名称、颜色和混合模式等，单击"确定"按钮即可创建一个图层，如图13-1、图13-2所示。

● 名称：可以为图层设置名称。

● 使用前一图层创建剪贴蒙版：勾选该选项后，可以将新建的图层与下面的图层创建为一个剪贴蒙版组❷，如图13-3所示。

图13-1 　　　　　　　　　图13-2 　　　　　　　　　图13-3

● 颜色：在"颜色"下拉列表中选择一种颜色后，可以使用颜色标记图层，如图13-4、图13-5所示。用颜色标记图层在Photoshop中称为颜色编码。为某些图层或图层组设置一个可以区别于其他图层或组的颜色，便于有效地区分不同用途的图层。如果要修改图层的颜色，可以选择该图层，然后单击鼠标右键，在打开的快捷菜单中选择颜色，如图13-6所示。

图13-4 　　　　　　　　　图13-5 　　　　　　　　　图13-6

相关链接
❶关于"图层"面板，请参阅第128页。❷剪贴蒙版可以控制图像的显示范围，详细内容请参阅第395页。

● 模式/不透明度： 可以为图层设置混合模式❶和不透明度❷。

● 填充中性色： 选择一种混合模式并勾选该选项后，可以创建中性色图层。 中性色图层是一种填充了中性色的特殊图层， 它通过混合模式对下面的图像产生影响。 中性色图层可用于修饰图像以及添加滤镜， 所有操作都不会破坏其他图层上的像素。

13.1.2 背景图层

新建文档时， 使用白色或背景色作为背景内容， "图层"面板最下面的图层便是"背景"图层， 如图13-7、 图13-8所示。 使用透明作为背景内容时， 是没有"背景"图层的。

图13-7

图13-8

当文档中没有"背景"图层时， 选择一个图层， 如图13-9所示， 执行"图层>新建>背景图层"命令， 可将它转换为"背景"图层， 如图13-10所示。

图13-9

图13-10

"背景"图层可以用绘画工具、 滤镜等编辑。 一个图像中可以没有"背景"图层， 但最多只能有一个"背景"图层。

■ 提示

"背景"图层是比较特殊的图层， 它永远在"图层"面板的最底层， 不能调整堆叠顺序， 并且不能设置不透明度、 混合模式， 也不能添加效果。 要进行这些操作， 需要先将"背景"图层转换为普通图层。 按住Alt键双击"背景"图层， 可以将其转换为普通图层。

13.1.3 组

随着图像编辑的深入， 图层的数量将越来越多， 要在众多的图层中找到需要的图层， 将会是很麻烦的一件事。 如果使用图层组来组织和管理图层， 就可以使"图层"面板中的图层结构更加清晰， 也便于查找图层。 图层组就类似于文件夹， 我们可以将图层按照类别放在不同的组内， 当关闭图层组以后， 在"图层"面板中就只显示图层组的名称。 图层组可以像普通图层一样移动、 复制、 链接、 对齐和分布， 也可以合并。

如果想要在创建图层组时设置组的名称、 颜色、 混合模式和不透明度等属性， 可执行"图层>新建>组"命令， 在打开的"新建组"对话框中设置， 如图13-11、 图13-12所示。

图13-11

图13-12

13.1.4 从图层建立组

如果要将多个图层创建在一个图层组内， 可以选择这些图层， 如图13-13所示， 执行"图层>新建>从图层建立组"命令， 打开"从图层新建组"对话

相关链接
❶为图层设置混合模式后， 它会与下面图层中的图像混合， 详细内容请参阅第134页。 ❷关于不透明度的详细内容， 请参阅第133页。

中性色的应用 GALLERY

在 Photoshop 中，黑色、白色和 50 %
灰色是中性色。创建中性色图层时，
Photoshop 会用这 3 种中性色中的一
种来填充图层，并为其设置特定的混合
模式，在混合模式的作用下，图层中的
中性色不可见，就像新建的透明图层一
样。如果不应用效果，中性色图层不会
对其他图层产生任何影响。

R0、G0、B0　　　　　R255、G255、B255　　　　R128、G128、B128

创建中性色图层后图像无变化

我们可以用画笔、加深、减淡等工具在
中性色图层上涂抹，修改中性色，从而
影响下面图像的色调，也可以对中性色
图层应用滤镜。这里有一个小小的提
示，"光照效果"、"镜头光晕"和"胶片
颗粒"等滤镜是不能应用在没有像素的
图层上，但它们可以用于中性色图层。

原图

用加深和减淡工具编辑中性色

原图

在中性色图层上应用"光照效果"滤镜

使用"色阶"或"曲线"校正偏色的照片时，可以通过定义灰点来校正色偏。灰点的颜色便是中性色。例
如，打开"色阶"对话框中，选择设置灰场吸管 🖊，将光标放在放在原本应该是白色或灰色的区域，如
白色的衬衫、灰色的道路等，单击鼠标即可校正色偏。

选择设置灰场吸管　　　　　在灰色的耳环上单击鼠标　　　　校正色偏后的照片

框，设置图层组的名称、颜色和模式等属性，可以将其创建在设置了特定属性的图层组内，如图13-14所示。编组之后，可以单击组前面的三角图标 ▷ 关闭或者重新展开图层组，如图13-15所示。

图13-13　　　　　图13-14　　　　　图13-15

图13-16　　　　图13-17　　　　图13-18

13.1.5 通过拷贝的图层

如果在图像中创建了选区，如图13-16所示，执行"图层>新建>通过拷贝的图层"命令，或按下Ctrl+J快捷键，可以将选中的图像复制到一个新的图层中，原图层内容保持不变，如图13-17所示。如果没有创建选区，则执行该命令可以快速复制当前图层，如图13-18所示。

13.1.6 通过剪切的图层

在图像中创建选区后，执行"图层>新建>通过剪切的图层"命令，或按下Shift+Ctrl+J快捷键，可将选中的图像从原图层中剪切到一个新的图层中，如图13-19所示，图13-20所示为移开图像后的效果。

图13-19　　　　　　　　图13-20

13.2 复制图层命令

选择一个图层，执行"图层>复制图层"命令，打开"复制图层"对话框，输入图层名称并设置选项，单击"确定"按钮可以复制该图层，如图13-21、图13-22所示。

图13-21

图13-22

● 为：可输入图层的名称。

● 文档：在下拉列表中选择其他打开的文档，可以将图层复制到该文档中。如果选择"新建"，则可以设置文档的名称，将图层内容创建为一个新文件。

13.3 删除命令

单击一个图层将其选择，执行"图层>删除"下拉菜单中的命令，可以删除所选图层或面板中所有隐藏的图层，如图13-23所示。

图13-23

此外，将需要删除的图层拖曳到"图层"面板中的删除图层按钮 🗑 上，或者选择图层后，按下Delete键也可以将其删除。

13.4 重命名图层命令

如果要修改一个图层的名称，可以选择该图层，如图13-24所示，然后执行"图层>重命名图层"命令，在打开的对话框中进行修改，如图13-25所示。此外，直接双击该图层的名称，然后在显示的文本框中也可输入新名称，如图13-26所示。

图13-24　　　　　图13-25　　　　　图13-26

13.5 图层样式命令

图层样式也叫图层效果，它可以为图层中的图像内容添加诸如投影、发光、斜面与浮雕和描边等效果，创建具有真实质感的水晶、玻璃、金属和纹理特效。图层样式可以随时修改、隐藏或删除，具有非常强的灵活性。此外，使用系统预设的样式，或者载入外部样式，只需轻点鼠标，便可以将效果应用于图像。

13.5.1 添加图层样式

如果要为图层添加样式，可以先选择此图层，然后采用下面任意一种方法打开"图层样式"对话框，进行效果的设定。

● 打开"图层>图层样式"下拉菜单，选择一个效果命令，如图13-27所示，可以打开"图层样式"对话框，并进入到相应效果的设置面板，如图13-28所示。

打开"图层样式"对话框，如图13-31所示，在对话框左侧选择要添加的效果，即可切换到该效果的设置面板，如图13-32所示。

图13-29　　　　　　　图13-30

 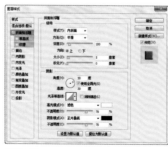

图13-27　　　　图13-28

● 在"图层"面板中单击添加图层样式按钮 *fx.*，打开下拉菜单，选择一个效果命令，如图13-29所示，可以打开"图层样式"对话框并进入到相应效果的设置面板。

● 双击需要添加效果的图层，如图13-30所示，可以

图13-31　　　　　　图13-32

技术看板:
为"背景"图层添加样式

图层样式不能用于"背景"图层。但我们可以按住Alt键双击"背景"图层，将它转换为普通图层，然后为其添加效果。

13.5.2 图层样式对话框

"图层样式"对话框的左侧列出了10种效果，如图13-33所示。效果名称前面的复选框内有"√"标记的，表示在图层中添加了该效果。单击一个效果前面的"√"标记，则可以停用该效果，但保留效果参数。

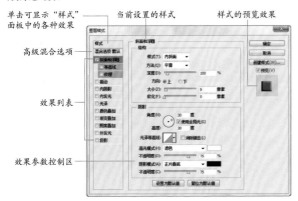

图13-33

单击一个效果的名称，可以选中该效果，对话框的右侧会显示与之对应的选项，如图13-34所示。如果单击效果名称前的复选框，则可以应用该效果，但不会显示效果选项，如图13-35所示。

图13-34

图13-35

在对话框中设置效果参数以后，单击"确定"按钮即可为图层添加效果，该图层会显示出一个图

层样式图标 fx. 和一个效果列表，如图13-36所示。单击 ▶ 按钮可折叠或展开效果列表，如图13-37所示。

图13-36

图13-37

13.5.3 样式

在"图层样式"对话框中，单击左侧的"样式"选项，可以显示Photoshop预设的各种效果，如图13-38所示，它们与"样式"面板❶中的效果完全一致。单击其中的一个效果，即可为图层添加此样式，如图13-39、图13-40所示。

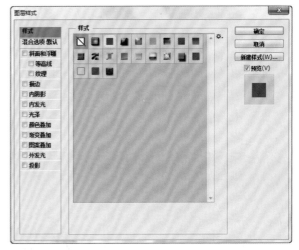

图13-38

图13-39

图13-40

相关链接
❶"样式"面板用来保存和应用效果，关于该面板请参阅第144页。

13.5.4 混合选项

混合选项是用于控制图层蒙版、剪贴蒙版和矢量蒙版属性的重要功能，它还可以创建挖空效果。

● 混合模式/不透明度/填充不透明度：这3个选项与"图层"面板中的选项完全相同。其中，"混合模式"与混合模式下拉列表❶相同；"不透明度"与"不透明度"选项❷相同；"填充不透明度"与"填充"选项❸相同，如图13-41所示。

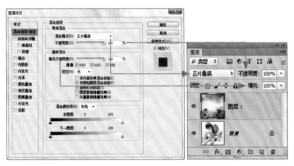

图13-41

● 通道："通道"选项与"通道"面板❹中的各个通道一一对应。RGB图像包含红（R）、绿（G）和蓝（B）3个颜色通道，它们混合生成RGB复合通道，复合通道中的图像也就是我们在窗口中看到的彩色图像，如图13-42所示。如果取消一个通道的勾选，例如，取消R的勾选，就会从复合通道中排除此通道，此时我们看到的彩色图像就只是G和B这两个通道混合生成的，如图13-43所示。

图13-42

图13-43

● 挖空：挖空是指下面的图像穿透上面的图层显示出来。创建挖空时，首先要将被挖空的图层放到要被穿透的图层之上，然后将需要显示出来的图层设置为"背景"图层，如图13-44所示；双击要挖空的图层，打开"图层样式"对话框，降低"填充不透明度"值；最后在"挖空"下拉列表中选择一个选项，选择"无"表示不创建挖空，选择"浅"或"深"，都可以挖空到"背景"图层，如图13-45所示。如果文档中没有"背景"图层，则无论选择"浅"还是"深"，都会挖空到透明区域，如图13-46所示。

图13-44

图13-45

图13-46

● 将内部效果混合成组：为添加了"内发光"、"颜色叠加"、"渐变叠加"和"图案叠加"效果的图层设置挖空时，如果勾选"将内部效果混合成组"，则添加的效果不会显示，如图13-47所示，

相关链接 ………………………………………………………………………………………………

❶关于混合模式，参见第134页。❷关于不透明度，参见第133页。❸关于填充不透明度，参见第133页。❹关于"通道"面板，参见第147页。

图13-48所示为取消勾选时的挖空效果。

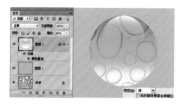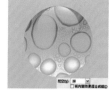

图13-47 图13-48

● **将剪贴图层混合成组**：用来控制剪贴蒙版组❶中基底图层的混合属性。默认情况下，基底图层的混合模式影响整个剪贴蒙版组，如图13-49所示。取消该选项的勾选，则基层图层的混合模式仅影响自身，不会影响内容图层，如图13-50所示。

图13-49

图13-50

● **透明形状图层**：可以限制图层样式和挖空范围。默认情况下，该选项为勾选状态，此时图层样式或挖空被限定在图层的不透明区域，如图13-51所示；取消勾选，则可在整个图层范围内应用这些效果，如图13-52所示。

图13-51 图13-52

● **图层蒙版隐藏效果**：如果为添加了图层蒙版❷的图层应用图层样式，则勾选"图层蒙版隐藏效果"选项后，蒙版中的效果不会显示，如图13-53所示；取消勾选，效果也会在蒙版区域内显示，如图13-54所示。

图13-53 图13-54

● **矢量蒙版隐藏效果**：如果为添加了矢量蒙版❸的图层应用图层样式，勾选"矢量蒙版隐藏效果"选项，矢量蒙版中的效果不会显示，如图13-55所示；取消勾选，则效果也会在矢量蒙版区域内显示，如图13-56所示。

图13-55 图13-56

● **混合颜色带**："混合颜色带"选项组用来控制当前图层与它下方第一个图层混合时，在混合结果中显示哪些像素。它包含一个"混合颜色带"下拉列表，"本图层"和"下一图层"两组滑块，如图13-57、图13-58所示。其中，在"混合颜色带"下拉列表中可以选择控制混合效果的颜色通道，选择"灰色"，表示使用颜色通道控制混合，也可以选择一个颜色通道来控制混合。

图13-57 图13-58

CHAPTER 13

相关链接······
❶蒙版可以控制图像的显示范围。关于剪贴蒙版，参见第395页。❷关于图层蒙版，参见第388页。❸关于矢量蒙版，参见第393页。

中文版 Photoshop CS6 完全使用手册

● **本图层**： "本图层"是指当前正在处理的图层，拖曳本图层滑块，可以隐藏当前图层中的像素，显示出下面层中的图像。例如，将左侧的黑色滑块移向右侧时，当前图层中所有比该滑块所在位置暗的像素都会被隐藏，如图13-59所示；将右侧的白色滑块移向左侧时，当前图层中所有比该滑块所在位置亮的像素都会被隐藏，如图13-60所示。

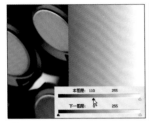

图13-59　　　　　　图13-60

● **下一图层**： "下一图层"是指当前图层下面的那一个图层，拖曳下一图层中的滑块，可以使下面层中的像素穿透当前图层显示出来。例如，将左侧的黑色滑块移向右侧时，可以显示下面图层中较暗的像素，如图13-61所示；将右侧的白色滑块移向左侧时，可以显示下面图层中较亮的像素，如图13-62所示。

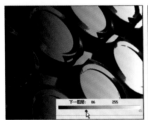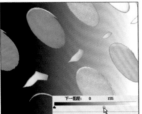

图13-61　　　　　　图13-62

提示

使用混合滑块只能隐藏像素，而不是真正删除像素。重新打开"图层样式"对话框后，将滑块拖回原来的起始位置，便可以让隐藏的像素重新显示出来。

13.5.5 斜面和浮雕

"斜面和浮雕"效果可以对图层添加高光与阴影的各种组合，使图层内容呈现立体的浮雕效果。图13-63所示为斜面和浮雕参数选项，图13-64所示为原图像，图13-65所示为添加该效果后的图像。

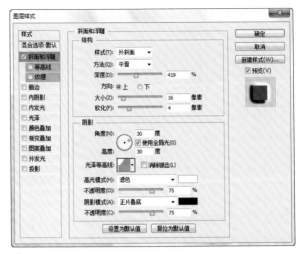

图13-63

图13-64　　　　　　图13-65

设 置 斜 面 和 浮 雕 ·············

● **样式**： 在该选项下拉列表中可以选择斜面和浮雕的样式。选择"外斜面"，可在图层内容的外侧边缘创建斜面；选择"内斜面"，可在图层内容的内侧边缘创建斜面；选择"浮雕效果"，可模拟使图层内容相对于下层图层呈浮雕状的效果；选择"枕状浮雕"，可模拟图层内容的边缘压入下层图层中产生的效果；选择"描边浮雕"，可将浮雕应用于图层的描边效果的边界。图13-66~图13-70所示为各种浮雕样式。

外斜面　　　　　　内斜面
图13-66　　　　　　图13-67

浮雕效果
图13-68

枕状浮雕
图13-69

平滑
图13-71

雕刻清晰
图13-72

描边浮雕
图13-70

雕刻柔和
图13-73

技术看板：
怎样使用描边浮雕

如果要使用"描边浮雕"样式，需要先为图层添加"描边"效果才行，否则看不到效果。

● **方法**：可以选择创建浮雕的方法。选择"平滑"，能够稍微模糊杂边的边缘，它可以用于所有类型的杂边，不论其边缘是柔和还是清晰，但该技术不保留大尺寸的细节特征；"雕刻清晰"使用距离测量技术，主要用于消除锯齿形状（如文字）的硬边杂边，它保留细节特征的能力要优于"平滑"技术；"雕刻柔和"使用经过修改的距离测量技术，虽然不如"雕刻清晰"精确，但对较大范围的杂边更有用，它保留特征的能力要优于"平滑"技术。各种效果如图13-71~图13-73所示。

● **深度**：用来设置浮雕斜面的应用深度，该值越高，浮雕的立体感越强，如图13-74、图13-75所示。

深度为30%
图13-74

深度为1000%
图13-75

● **方向**：定位光源角度后，可通过该选项设置高光和阴影的位置。例如，将光源角度设置为90度后，选择"上"，高光位于上面，如图13-76所示；选择"下"，高光位于下面，如图13-77所示。

方向"上"
图13-76

方向"下"
图13-77

- **大小**：用来设置斜面和浮雕中阴影面积的大小。

- **软化**：用来设置斜面和浮雕的柔和程度，该值越大，浮雕效果越柔和。

- **角度/高度**："角度"选项用来设置光源的照射角度，"高度"选项用来设置光源的高度，需要调整这两个参数时，可在相应的文本框中输入数值，也可以拖动圆形图标内的指针来进行操作。图13-78、图13-79所示为设置不同高度的浮雕效果（角度为0度）。如果勾选"使用全局光"，则可以让所有浮雕样式的光照角度保持一致。

和凸起，图13-83、图13-84所示为使用不同等高线生成的浮雕效果。

图13-82

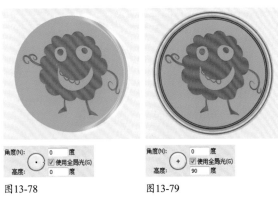

图13-78   图13-79

图13-83   图13-84

- **光泽等高线**：可以选择一个等高线样式，为斜面和浮雕表面添加光泽，创建具有光泽感的金属外观浮雕效果，如图13-80、图13-81所示。

设置纹理

单击对话框左侧的"纹理"选项，可以切换到"纹理"设置面板，如图13-85所示。

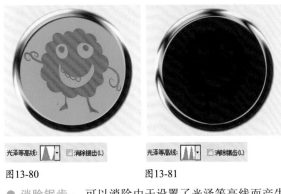

图13-80   图13-81

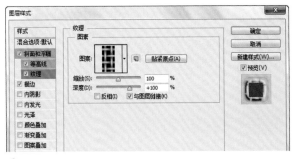

图13-85

- **消除锯齿**：可以消除由于设置了光泽等高线而产生的锯齿。

- **高光模式**：用来设置高光的混合模式、颜色和不透明度。

- **阴影模式**：用来设置阴影的混合模式、颜色和不透明度。

- **图案**：单击图案右侧的 按钮，可以在打开的下拉面板中选择一个图案，将其应用到斜面和浮雕上，如图13-86所示。

- **从当前图案创建新的预设** 📋：单击该按钮，可以将当前设置的图案创建为一个新的预设图案，新图案会保存在"图案"下拉面板中。

设置等高线

单击对话框左侧的"等高线"选项，可以切换到"等高线"设置面板，如图13-82所示。使用"等高线"可以勾画在浮雕处理中被遮住的起伏、凹陷

- **缩放**：拖曳滑块或输入数值可以调整图案的大小，如图13-87所示。

等高线 GALLERY

在"图层样式"对话框中，"投影"、"内阴影"、"内发光"、"外发光"、"斜面和浮雕"和"光泽"效果都包含等高线设置选项。单击"等高线"选项右侧的按钮，可以在打开的下拉面板中选择一个预设的等高线样式。如果单击等高线缩览图，则可以打开"等高线编辑器"。等高线编辑器与"曲线"对话框❶非常相似，我们可以添加、删除和移动控制点来修改等高线的形状，从而影响"投影"、"内发光"等效果的外观。

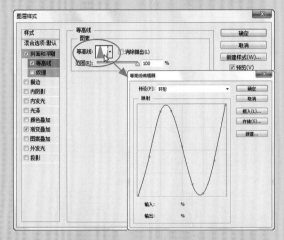

等高线是一个地理名词，它指的是地形图上高程相等的各个点连成的闭合曲线。Photoshop中的等高线用来控制效果在指定范围内的形状，以模拟不同的材质。创建投影和内阴影效果时，可以通过"等高线"来指定投影的渐隐样式。创建发光效果时，如果使用纯色作为发光颜色，等高线允许我们创建透明光环；使用渐变填充发光时，等高线允许创建渐变颜色和不透明度的重复变化。

等高线可以决定投影效果的渐隐样式　　　　　　　　等高线可以创建透明光环　　等高线可以重复渐变颜色

在斜面和浮雕效果中，可以使用"等高线"勾画在浮雕处理中被遮住的起伏、凹陷和凸起。

等高线可以改变浮雕效果的起伏、凹陷和凸起

相关链接
❶关于曲线的具体编辑方法，请参阅第284页。

CHAPTER 13

图13-86 图13-87

● 深度：用来设置图案的纹理应用程度。

● 反相：勾选该项，可以反转图案纹理的凹凸方向，如图13-88、图13-89所示。

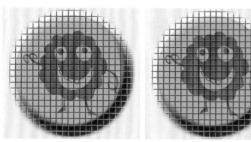

未勾选"反相"的效果
图13-88

勾选"反相"后的效果
图13-89

 技术看板：
使用预设的纹理映射浮雕效果

单击图案右侧的·按钮，打开下拉面板，再单击面板右上角的 ⚙ 按钮，可以在打开的菜单中选择一个纹理素材库，将其载入使用。

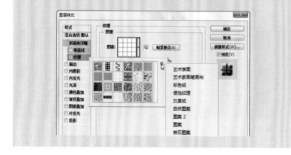

● 与图层链接：勾选该项可以将图案链接到图层，此时对图层进行变换操作时，图案也会一同变换。在该选项处于勾选状态时，单击"贴紧原点"按钮，可以将图案的原点对齐到文档的原点。如果取消选择该选项，则单击"贴紧原点"按钮时，可以将原点放在图层的左上角。

13.5.6 描边

"描边"效果可以使用颜色、渐变或图案描画对象的轮廓，它对于硬边形状，如文字等特别有用，图13-90所示为描边参数选项。图13-91所示为原图像；图13-92所示为使用颜色描边的效果；图13-93所示为使用渐变描边的效果；图13-94所示为使用图案描边的效果。

图13-90 图13-91

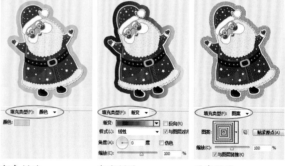

颜色描边 渐变描边 图案描边
图13-92 图13-93 图13-94

13.5.7 内阴影

"内阴影"效果可以在紧靠图层内容的边缘内添加阴影，使图层内容产生凹陷效果。图13-95所示为原图像，图13-96所示为内阴影参数。

"内阴影"与"投影"的选项设置方式基本相同。它们的不同之处在于："投影"是通过"扩展"选项来控制投影边缘的渐变程度的，而"内阴影"则通过"阻塞"选项来控制。"阻塞"可以在模糊之前收缩内阴影的边界，如图13-97所示。"阻塞"与"大小"选项相关联，"大小"值越高，可设置的"阻塞"范围也就越大。

图13-95　　　　　　图13-96

图13-99　　　　　　图13-100

图13-97

- 源：用来控制发光光源的位置。选择"居中"，可应用从图层内容的中心发出的光，如图13-101所示，此时如果增加"大小"值，发光效果会向图像的中央收缩，如图13-102所示；选择"边缘"，可应用从图层内部边缘发出的光，如图13-103所示，此时如果减少"大小"值，发光效果会向图像的边缘收缩，如图13-104所示。

13.5.8　内发光

"内发光"效果可以沿图层内容的边缘向内创建发光效果。图13-98所示为内发光参数选项，图13-99所示为原图像，图13-100所示为添加内发光后的图像效果。"内发光"效果选项中，除了"源"和"阻塞"外，其他大部分选项都与"外发光"效果相同。

图13-101　　　　　　图13-102

图13-103　　　　　　图13-104

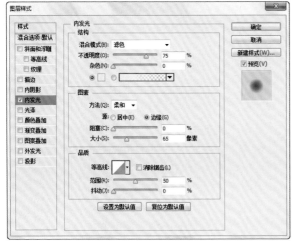

图13-98

- 阻塞：用来在模糊之前收缩内发光的杂边边界，如图13-105、图13-106所示。

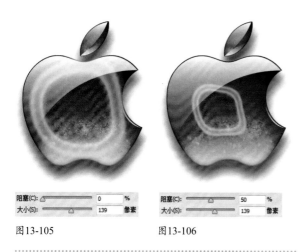

图13-105 | 图13-106

13.5.9 光泽

"光泽"效果可以应用光滑光泽的内部阴影，通常用来创建金属表面的光泽外观。该效果没有特别的选项，在使用时可通过选择不同的"等高线"来改变光泽的样式。图13-107所示为光泽参数选项，图13-108所示为原图像，图13-109所示为添加光泽后的图像效果。

图13-107

图13-108 | 图13-109

13.5.10 颜色叠加

"颜色叠加"效果可以在图层上叠加指定的颜色，通过设置颜色的混合模式和不透明度，可以控制叠加效果。图13-110所示为颜色叠加参数选项，图13-111所示为原图像，图13-112所示为添加该效果后的图像。

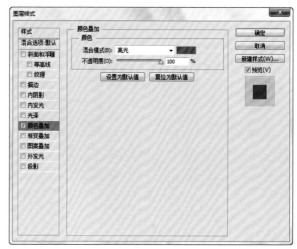

图13-110

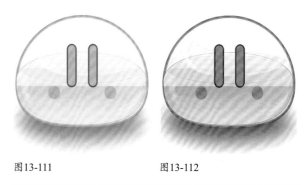

图13-111 | 图13-112

13.5.11 渐变叠加

"渐变叠加"效果可以在图层上叠加我们指定的渐变颜色。图13-113所示为渐变叠加参数选项，图13-114所示为原图像，图13-115所示为添加该效果后的图像。

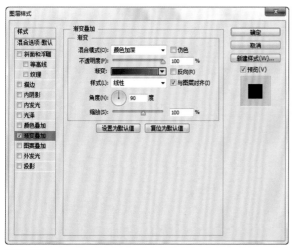

图13-113

图13-114

图13-115

13.5.12 图案叠加

"图案叠加"效果可以在图层上叠加指定的图案，并可缩放图案、设置图案的不透明度和混合模式。图13-116所示为图案叠加参数选项，图13-117所示为原图像，图13-118所示为添加该效果后的图像。

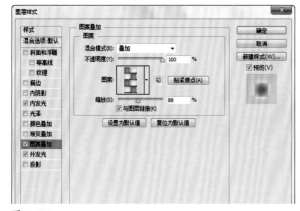

图13-116

图13-117 图13-118

13.5.13 外发光

"外发光"效果可以沿图层内容的边缘向外创建发光效果。图13-119所示为外发光参数选项，图13-120所示为原图像，图13-121所示为添加外发光后的图像效果。

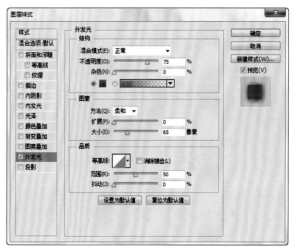

图13-119

图13-120 图13-121

● 混合模式/不透明度："混合模式"用来设置发光效果与下面图层的混合方式；"不透明度"用来设

相关链接
"颜色叠加"、"渐变叠加"和"图案叠加"效果类似于"纯色"、"渐变"和"图案"填充图层，只不过它是通过图层样式的形式进行内容叠加的。关于以上3种填充图层，详见第380页。

置发光效果的不透明度， 该值越低发出的光越淡， 如图13-122所示。

● 杂色： 在发光效果中添加随机的杂色， 使光晕呈现颗粒感， 如图13-123所示。

图13-122　　　　　　　图13-123

● 发光颜色： "杂色" 选项下面的颜色块和颜色条用来设置发光颜色。 如果要创建单色发光， 可单击左侧的颜色块， 在打开的 "拾色器" 中设置发光颜色， 如图13-124所示； 如果要创建渐变发光， 可单击右侧的渐变条， 在打开的 "渐变编辑器" 中设置渐变颜色， 如图13-125所示。

图13-124

图13-125

● 方法： 用来设置发光的方法， 以控制发光的准确程度。 选择 "柔和"， 可以对发光应用模糊， 得到柔和的边缘， 如图13-126所示； 选择 "精确"， 则得到精确的边缘， 如图13-127所示。

图13-126　　　　　　　图13-127

● 扩展/大小： "扩展" 用来设置发光范围的大小； "大小" 用来设置光晕范围的大小。 图13-128、 图13-129所示为设置不同数值的发光效果。

图13-128　　　　　　　图13-129

提示

"外发光" 设置面板中的 "等高线"、 "消除锯齿"、 "范围" 和 "抖动" 等选项与 "投影" 样式相应选项的作用相同。

13.5.14 投影

"投影" 效果可以为图像添加投影， 使其产生立体感。 图13-130所示为 "投影" 效果参数选项， 图13-131、 图13-132所示为原图及添加投影后的图像。

图13-130

图13-131　　　　　　图13-132

- 混合模式：用来设置投影与下面图层的混合方式，默认为"正片叠底"模式。
- 投影颜色：单击"混合模式"选项右侧的颜色块，可在打开的"拾色器"中设置投影颜色。
- 不透明度：拖曳滑块或输入数值可以调整投影的不透明度，该值越低，投影越淡。
- 角度：用来设置投影应用于图层时的光照角度，可在文本框中输入数值，也可以拖曳圆形内的指针来进行调整。指针指向的方向为光源的方向，相反方向为投影的方向。图13-133、图13-134所示为设置不同角度创建的投影效果。

角度(A) 120 度　　　角度(A) -60 度

图13-133　　　　　　图13-134

- 使用全局光：可保持所有光照的角度一致。取消勾选时可以为不同的图层分别设置光照角度。
- 距离：设置投影偏移图层内容的距离，该值越高，投影越远。我们也可以将光标放在文档窗口（变为移动工具），单击并拖动鼠标直接调整投影的距离和角度，如图13-135、图13-136所示。
- 大小/扩展："大小"用来设置投影的模糊范围，该值越高，模糊范围越广；该值越小，投影越清晰。"扩展"用来设置投影的扩展范围，该值会受到"大小"选项的影响，例如，将"大小"设置为0像素后，无论怎样调整"扩展"值，都只生成与原图大小相同的投影。图13-137、图13-138所示为设置不同参数的投影效果。

图13-135　　　　　　图13-136

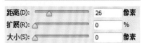 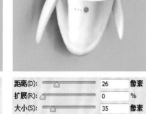

图13-137　　　　　　图13-138

- 等高线：使用等高线可以控制投影的形状。
- 消除锯齿：混合等高线边缘的像素，使投影更加平滑。该选项对于尺寸小且具有复杂等高线的投影最有用。
- 杂色：可在投影中添加杂色。该值较高时，投影会变为点状。
- 图层挖空投影：用来控制半透明图层中投影的可见性。选择该项后，如果图层的填充不透明度小于100%，则半透明区域的投影不可见，如图13-139所示，图13-140所示为取消选择时的投影。

图13-139　　　　　　图13-140

371

13.5.15 拷贝和粘贴图层样式

　　选择添加了图层样式的图层，如图13-141所示，执行"图层>图层样式>拷贝图层样式"命令复制效果，选择其他图层，执行"图层>图层样式>粘贴图层样式"命令，可以将效果粘贴到所选图层中，如图13-142所示。

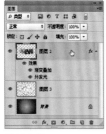 

图13-141　　　　　　图13-142

　　此外，按住Alt键将效果图标 *fx* 从一个图层拖曳到另一个图层，可以将该图层的所有效果都复制到目标图层，如图13-143所示；如果只需要复制一个效果，可按住Alt键拖曳该效果的名称至目标图层，如图13-144所示；如果没有按住Alt键，则会将效果转移到目标图层，原图层不再有效果。

图13-143　　　　　　图13-144

13.5.16 清除图层样式

　　将一个效果拖曳到"图层"面板底部的 🗑 按钮上即可将其删除，如图13-145、图13-146所示。

图13-145　　　　　　图13-146

　　如果要删除一个图层的所有效果，可以将效果图标 *fx* 拖曳到 🗑 按钮上，如图13-147、图13-148所示。此外，也可以选择图层，然后执行"图层>图层样式>清除图层样式"命令来进行操作。

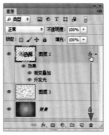 

图13-147　　　　　　图13-148

13.5.17 全局光

　　在"图层样式"对话框中，"投影"、"内阴影"和"斜面和浮雕"效果都包含一个"使用全局光"选项，选择了该选项后，以上效果就会使用相同角度的光源。

　　例如，图13-149所示的太极图形添加了"斜面和浮雕"和"投影"效果，在调整"斜面和浮雕"的光源角度时，如果勾选了"使用全局光"选项，"投影"的光源也会随之改变，如图13-150所示；如果没有勾选该选项，则"投影"的光源不会变，如图13-151所示。如果要调整全局光的角度和高度，可以执行"图层>图层样式>全局光"命令，打开"全局光"对话框进行设置，如图13-152所示。

图13-149　　　　　　图13-150

图13-151　　　　　　图13-152

13.5.18 创建图层（实战剥离效果）

■素材：光盘>素材文件夹 ■视频：光盘>视频文件夹 ■难度：★★☆☆☆
■实例类型：软件功能 ■实例应用：添加图层效果并将其剥离出来

　　图层样式虽然丰富，但要想进一步对其进行编辑，例如在效果内容上绘画或应用滤镜，则需要先将效果创建为图层。下面来看一下怎样操作。

01 打开光盘中的素材文件，如图13-153所示。双击"图层1"，如图13-154所示，打开"图层样式"对话框。

图13-153

图13-154

02 在左侧列表中分别选择"内发光"和"渐变叠加"选项并设置参数，为图层添加这两种效果，如图13-155~图13-158所示。

图13-155

图13-156

图13-157

图13-158

03 执行"图层>图层样式>创建图层"命令，将效果剥离到新建的图层中，如图13-159所示。

04 选择剥离出来的图层，如图13-160所示，执行"滤镜>扭曲>水波"命令，对图像进行扭曲处理，如图13-161、图13-162所示。

图13-159

图13-160

图13-161

图13-162

13.5.19 隐藏所有效果

　　在"图层"面板中，效果前面的眼睛图标 👁 用来控制效果的可见性，如图13-163所示。如果要隐藏一个效果，可以单击该效果名称前的眼睛图标 👁，如图13-164所示；如果要隐藏一个图层中的所有效果，可以单击该图层"效果"前的眼睛图标 👁，如图13-165所示。

　　如果要隐藏文档中所有图层的效果，可以执行"图层>图层样式>隐藏所有效果"命令。隐藏效果后，在原眼睛图标处单击，可以重新显示效果，如图13-166所示。

图13-163

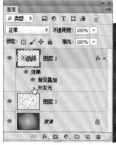

图13-164

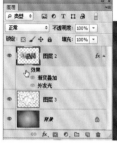

图13-165

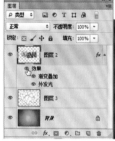

图13-166

 技术看板：
修改效果

在"图层"面板中，双击一个效果的名称，可以打开"图层样式"对话框并进入该效果的设置面板，此时可以修改效果参数。我们也可以在左侧列表中选择新效果。设置完成后，单击"确定"按钮，即可将修改后的效果应用于图像。

13.5.20 缩放效果（实战）

■素材：光盘>素材文件夹 ■视频：光盘>视频文件夹 ■难度：★★☆☆☆
■实例类型：软件功能 ■实例应用：调整效果的缩放比例

添加了效果的对象在进行缩放时，效果仍会保持原来的比例，不会随着对象大小的变化而改变。如果要获得与图像比例一致的效果，就需要单独对效果进行缩放。

01 打开光盘中的素材，如图13-167、图13-168所示。这是两个分辨率不同的文件。文字的分辨率大，背景素材的分辨率小。

图13-167

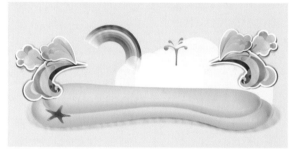

图13-168

02 使用移动工具 ✛ 将文字拖入另一个文档中，如图13-169所示。由于文字太大，窗口中显示的只是局部内容，还有一部分内容位于画布之外。

图13-169

03 我们来缩小文字。按下Ctrl+T快捷键显示定界框，在工具选项栏中设置缩放为50%，将文字缩小，然后按下回车键确认，如图13-170所示。

图13-170

04 可以看到，文字虽然缩小了，但图层效果的比例没有改变，与文字的比例不协调。我们来缩放效果。执行"图层>图层样式>缩放效果"命令，打开"缩放图层效果"对话框，将效果的缩放比例也设置为50%，如图13-171所示。这样效果就与文字相匹配了，如图13-172所示。

图13-171

图13-172

技术看板：
修改分辨率时缩放效果

使用"图像>图像大小"命令修改图像的分辨率时，如果文档中有图层添加了图层样式，勾选"缩放样式"选项，可以使效果与修改后的图像相匹配。否则效果会在视觉上与原来产生差异。

13.5.21 自定义纹理制作特效字（实战）

■素材：光盘>素材文件夹 ■视频：光盘>视频文件夹 ■难度：★★★☆☆
■实例类型：特效字 ■实例应用：将图像定义为纹理并应用于文字表面

01 打开光盘中的素材，如图13-173所示。执行"编辑>定义图案"命令，弹出"图案名称"对话框，如图13-174所示，单击"确定"按钮，将纹理定义为图案。

图13-173   图13-174

02 再打开一个文件，如图13-175所示。双击文字所在的图层，如图13-176所示，打开"图层样式"对话框。

图13-175   图13-176

03 在左侧列表中分别选择"斜面和浮雕"、"描边"、"内阴影"、"光泽"和"渐变叠加"等选项，添加这几种效果，如图13-177~图13-181所示，文字效果如图13-182所示。

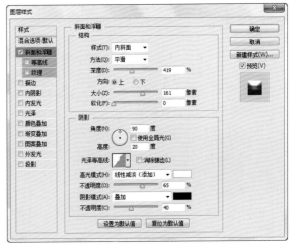

图13-177

图13-178

图13-179

图13-184

05 最后再添加"投影"效果，完成特效字的制作，
如图13-185、图13-186所示。

图13-180

图13-181

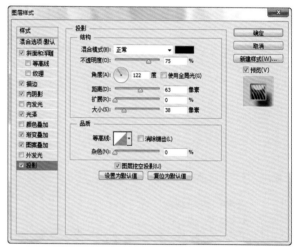

图13-185

图13-182

04 在左侧列表中选择"图案叠加"选项，单击"图
案"选项右侧的三角按钮，打开下拉面板，选择
自定义的图案，设置缩放比例为184%，如图13-183、
图13-184所示。

图13-186

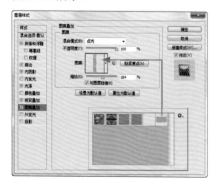

图13-183

13.6 智能滤镜命令

滤镜❶是Photoshop中的一种插件模块，它们能够改变图像中的像素，生成各种特效。智能滤镜是一种非破坏性的滤镜，可以达到与普通滤镜完全相同的效果，但它是作为图层效果出现在"图层"面板中的，因而不会真正改变图像中的任何像素，并且，还可以随时修改参数或者删除。

13.6.1 停用智能滤镜（实战网点效果）

■素材：光盘>素材文件夹 ■视频：光盘>视频文件夹 ■难度：★★★☆☆
■实例类型：数码照片处理 ■实例应用：用智能滤镜制作丝网印刷效果

01 打开光盘中的照片素材，如图13-187所示。执行"滤镜>转换为智能滤镜"命令，弹出一个提示信息，单击"确定"按钮，将"背景"图层转换为智能对象❷，如图13-188所示。

图13-187　　　　　图13-188

02 按下Ctrl+J快捷键复制图层，得到"图层0副本"，如图13-189所示。将前景色调整为普蓝色（R0、G188、B203），如图13-190所示。

图13-189　　　　　图13-190

03 执行"滤镜>素描>半调图案"命令，打开"滤镜库"，将"图像类型"设置为"网点"，其他参数如图13-191所示，单击"确定"按钮，对图像应用智能滤镜，如图13-192、图13-193所示。

04 执行"滤镜>锐化>USM锐化"命令，对图像进行锐化，使网点变得清晰，如图13-194~图13-196所示。新应用的滤镜会添加到滤镜列表中。

图13-191　　　　　图13-192

图13-193　　　　　图13-194

图13-195　　　　　图13-196

相关链接
❶关于滤镜的原理，请参阅光盘中的《Photoshop内置滤镜》电子书。❷如果当前图层为智能对象，可直接对其应用滤镜，而不必将其转换为智能滤镜。

05 设置"图层0副本"的混合模式为"正片叠底"，不透明度为60%，如图13-197所示。选择"图层0"，如图13-198所示。

图13-197　　　　图13-198

06 将前景色调整为洋红色（R173、G95、B198），如图13-199所示。执行"滤镜>素描>半调图案"命令，打开"滤镜库"，使用默认的参数，将图像处理为网点效果，如图13-200~图13-202所示。

图13-199　　　　　　　　图13-200

图13-201　　　　图13-202

07 再执行"滤镜>锐化>USM锐化"命令，使用默认的参数锐化网点，如图13-203所示。

08 选择移动工具，按下←和↓键轻移图层，使上下两个图层中的网点错开，然后使用裁剪工具将照片的边缘裁齐，如图13-204所示。

图13-203　　　　图13-204

09 如果要隐藏单个智能滤镜，可以单击它的眼睛图标，如图13-205、图13-206所示；如果要隐藏应用于智能对象图层的所有智能滤镜，则单击智能滤镜行旁边的眼睛图标，如图13-207、图13-208所示，或者执行"图层>智能滤镜>停用智能滤镜"命令。如果要重新显示智能滤镜，可在滤镜的眼睛图标处单击。

图13-205　　　　图13-206

图13-207　　　　图13-208

13.6.2 删除滤镜蒙版（实战）

■素材：光盘>素材文件夹 ■视频：光盘>视频文件夹 ■难度：★★★☆☆
■实例类型：软件功能 ■实例应用：编辑智能滤镜的蒙版

　　当我们执行"转换为智能滤镜"命令后，Photoshop便会将图层转换为智能对象，并为其添加一个图层蒙版●，编辑蒙版可以有选择性地遮盖智能滤镜，使滤镜只影响图像的一部分。

01 单击智能滤镜的蒙版，将其选择，如图13-209所示。选择矩形工具■，在工具选项栏中选择"像素"选项●，如图13-210所示。

图13-209　　　图13-210

02 将前景色设置为黑色，如果要遮盖某一处滤镜效果，可以用黑色绘制，如图13-211所示；按下X键将前景色设置为白色，用白色绘制可以显示滤镜效果，如图13-212所示。

图13-211

图13-212

03 如果要减弱滤镜效果的强度，可以用灰色绘制，滤镜将呈现不同级别的透明度。也可以使用渐变工具■●在图像中填充黑白渐变，渐变会应用到蒙版中，对滤镜效果进行遮盖，如图13-213所示。

图13-213

提示

遮盖智能滤镜时，蒙版会应用于当前图层中的所有的智能滤镜，因此，单个智能滤镜无法遮盖。

13.6.3 停用滤镜蒙版

　　执行"图层>智能滤镜>停用滤镜蒙版"命令，可以暂时停用智能滤镜的蒙版，蒙版上会出现一个红色的"×"，如图13-214所示。

相关链接
●图层蒙版的更多编辑方法，请参阅第388页。●选择"像素"选项后，矩形工具可绘制出像素，关于绘图模式的更多内容可参阅第67页。●渐变工具的使用方法可参阅第40页。

图13-214

图13-215

图13-216

13.6.4 删除智能滤镜

如果要删除单个智能滤镜，可以将它拖曳到
"图层"面板中的删除图层按钮🗑上，如图13-215、
图13-216所示。

如果要删除应用于某一智能对象的所有智能滤
镜，可以选择智能对象图层，然后执行"图层>智能
滤镜>清除智能滤镜"命令，如图13-217、图13-218
所示。

图13-217

图13-218

13.7 新建填充图层命令

填充图层是指向图层中填充纯色、渐变和图案而创建的特殊图层，我们可以为它设置不同的混合模式
和不透明度，从而修改其他图像的颜色或者生成各种图像效果。

13.7.1 纯色（实战老照片）

■素材：光盘>素材文件夹 ■视频：光盘>视频文件夹 ■难度：★★★☆☆
■实例类型：数码照片处理 ■实例应用：用纯色填充图层制作发黄旧照片

01 按下Ctrl+O快捷键，打开光盘中的照片素材，如
图13-219所示。执行"滤镜>镜头校正"命令，
打开"镜头校正"对话框。单击"自定"选项卡，然后
调整"晕影"参数，使画面的四个角变暗，如图13-220
所示。

02 执行"滤镜>杂色>添加杂色"命令，在图像中加
入杂点，如图13-221、图13-222所示。

图13-219

380

智能滤镜使用技巧

 Photoshop 中哪些滤镜可以作为智能滤镜使用？

除"液化"和"消失点"等少数滤镜之外，其他的都可以作为智能滤镜使用，这其中也包括支持智能滤镜的外挂滤镜。此外，"图像 > 调整"菜单中的"阴影/高光"和"变化"命令也可以作为智能滤镜来应用。智能滤镜有很多优点，除了前面介绍的几项之外，如不破坏图像、可通过蒙版控制滤镜范围、可以隐藏和删除滤镜等，智能滤镜还有以下几个特点。

可随时修改参数

双击"图层"面板中的智能滤镜，可以重新打开该滤镜的对话框修改滤镜参数。

双击智能滤镜

打开滤镜对话框修改参数

可修改不透明度和混合模式

双击智能滤镜旁边的编辑混合选项图标 ，会弹出"混合选项"对话框，此时可以设置该滤镜的不透明度和混合模式。

双击编辑混合选项图标

修改滤镜的混合模式和不透明度

可调整应用顺序

当我们对一个图层应用了多个智能滤镜以后，可以在智能滤镜列表中上下拖动这些滤镜，重新排列它们的顺序。由于 Photoshop 是按照由下而上的顺序应用滤镜的，因此，图像效果会发生改变。

可以复制

在"图层"面板中，按住 Alt 键，将智能滤镜从一个智能对象拖曳到另一个智能对象上，或拖曳到智能滤镜列表中的新位置，放开鼠标以后，可以复制智能滤镜。如果要复制所有智能滤镜，可按住 Alt 键并拖曳在智能对象图层旁边出现的智能滤镜图标 。

  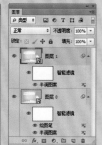

调整滤镜顺序　　按住Alt键拖曳滤镜　复制滤镜

图13-220

图13-224　　　　图13-225

04 按下Alt+Ctrl+Shift+E快捷键，将当前图像效果盖
印到一个新的图层中，如图13-226所示。打开一
个文件，如图13-227所示，使用移动工具 ▶⊕ 将其拖入照
片文档，放在"图层1"下方，如图13-228所示。选择
"图层1"，如图13-229所示。

图13-221

图13-222

03 执行"图层>新建填充图层>纯色"命令，或单
击"图层"面板底部的创建新的填充或调整图
层按钮 ◑，选择"纯色"命令，打开"拾色器"设置
颜色，如图13-223所示，单击"确定"按钮关闭对话
框，创建填充图层。将填充图层的混合模式设置为"颜
色"，如图13-224所示，图像效果如图13-225所示。

图13-226

图13-227

图13-223

图13-228

图13-229

05 按下Ctrl+T快捷键显示定界框，按住Shift键拖曳
控制点，将图像缩小，如图13-230所示。按下回
车键确认。单击"图层"面板底部的 ▣ 按钮，添加图

层蒙版。选择矩形工具 ▭，在工具选项栏中选择"像素"选项，将前景色设置为黑色，然后在照片下方绘制一个矩形，通过蒙版隐藏图像，如图13-231所示。

图13-230　　　　　图13-231

06 打开一个文件，如图13-232所示。使用移动工具 ⊹ 将其拖入照片文档，设置混合模式为"柔光"，使它叠加在照片上，生成划痕效果。最后，使用横排文字工具 T 输入一行文字，如图13-233所示。

图13-232　　　　　图13-233

13.7.2 渐变（实战替换天空）

■素材：光盘>素材文件夹　■视频：光盘>视频文件夹　■难度：★★★☆☆
■实例类型：数码照片处理　■实例应用：用渐变填充图层制作蓝天

01 打开光盘中的照片素材，如图13-234所示。使用快速选择工具 ☑ 选中建筑，如图13-235所示。按下Shift+Ctrl+I快捷键反选，选中天空。

02 执行"图层>新建填充图层>渐变"命令，或单击"图层"面板底部的 ◑. 按钮，选择"渐变"

命令，打开"渐变填充"对话框，设置角度为150度。单击"渐变"选项右侧的渐变色条，如图13-236所示，打开"渐变编辑器"调整渐变颜色，如图13-237所示；单击"确定"按钮，返回到"渐变填充"对话框，再单击"确定"按钮关闭对话框，创建渐变填充图层，如图13-238所示。选区会转换到填充图层的蒙版中，效果如图13-239所示。

图13-234　　　　　图13-235

图13-236　　　　　图13-237

图13-238　　　　　图13-239

■提示

创建填充图层时，如果图像中有选区，选区会转换到填充图层的蒙版中，使填充图层只影响选中的图像。

03 按住Alt键单击"图层"面板底部的 ▢ 按钮，弹出"新建图层"对话框，在"模式"下拉列表中选择"滤色"，勾选"填充屏幕中性色"选项，创建一个中性色图层❶，如图13-240、图13-241所示。

04 执行"滤镜>渲染>镜头光晕"命令，打开"镜头光晕"对话框，单击缩览图的右侧，定位光晕中心，设置参数如图13-242所示，滤镜会添加到中性色图

相关链接
❶中性色图层是一种填充了中性色的特殊图层，可用于承载滤镜。更多内容详见第356页。

层上，不会破坏其他层上的图像。最后按两下Ctrl+F快捷键重复应用滤镜，增强光晕效果。图13-243所示为原图，图13-244所示为修改天空后的效果。

图13-240

图13-241

图13-242

图13-243

图13-244

"渐变填充"对话框选项 ·······················

● 编辑渐变颜色： 如果要使用 Photoshop 预设的渐变颜色， 可单击渐变颜色条右侧的三角按钮， 打开下拉面板选择渐变， 如图 13-245 所示； 如果要设置自定义的渐变颜色， 可单击渐变颜色条， 在弹出的"渐变编辑器"中调整颜色。

● 样式： 在该选项下拉列表中可以选一种渐变样式，如图13-246所示。

● 角度： 可以指定应用渐变时使用的角度。

● 缩放： 可以调整渐变的大小。

● 反向： 可以反转渐变的方向。

图13-245

图13-246

● 仿色： 对渐变应用仿色减少带宽， 使渐变效果更加平滑。

● 与图层对齐： 使用图层的定界框来计算渐变填充，使渐变与图层对齐。

13.7.3 图案（实战衣服贴图）

■素材：光盘>素材文件夹 ■视频：光盘>视频文件夹 ■难度：★★☆☆☆
■实例类型：数码照片处理 ■实例应用：用图案填充图层为衣服贴花

01 按下Ctrl+O快捷键，打开光盘中的素材文件，如图13-247、图13-248所示。

图13-247

图13-248

02 将花朵设置为当前文档。执行"编辑>定义图案"命令打开"图案名称"对话框，如图13-249所示，单击"确定"按钮，将花朵定义为图案。

图13-249

03 按下Ctrl+Tab快捷键切换到人物文档中。使用快速选择工具 选中上衣，如图13-250所示。

04 执行"图层>新建填充图层>图案"命令，或者单击"图层"面板底部的 按钮，选择"图案"命令，打开"图案填充"对话框，选择花朵图案，如图13-251所示，创建图案填充图层，将花朵贴在衣服上，如图13-252、图13-253所示。

图13-250

图13-251

图13-254

图13-255

图13-252

图13-253

"图案填充"对话框选项 ·············

● 缩放：可以对填充的图案进行缩放。

● 贴紧原点：可以使图案的原点与文档的原点相同。

● 与图层链接：如果希望图案在图层移动时随图层一起移动，可勾选该选项。选中该选项后，在图像上单击并拖曳鼠标还可以移动图案。

技术看板：
修改填充图层

创建填充图层以后，只需双击填充图层的缩览图，即可随时修改填充颜色、渐变颜色和图案内容。

05 设置图案填充图层的混合模式为"颜色加深"。按下Ctrl+J快捷键复制图层，设置图层的不透明度为25%，如图13-254、图13-255所示。

13.8 新建调整图层命令（实战）

■视频：光盘>视频文件夹　■难度：★★★☆☆　■实例类型：软件功能+照片处理　■实例应用：创建和编辑调整图层

调整图层是一种特殊的图层，它可以将颜色和色调调整命令❶应用于图像，但不会改变原图像的像素，因此，不会对图像产生实质性的破坏。

01 打开一个素材文件，如图13-256所示。这个文档有3个图层，单击人像层，将其选择。

02 单击"调整"面板中的 ▥ 按钮，如图13-257所示，在人像层上面创建"色相/饱和度"图层。拖曳"属性"面板中的"色相"和"饱和度"滑块，这时整个图像的颜色都发生了改变，如图13-258、图13-259所示。这说明，调整图层会影响它下面的所有图层。

图13-256

相关链接 ·············
❶ "图层>新建调整图层"菜单中的命令与"图像>调整"菜单中的命令效果相同。"调整"命令详见第12章。

CHAPTER 13

图13-257　　　　　　　图13-258

图13-259

> 💬 提示......................
>
> 如果图像中有选区，则创建调整图层时，选区会转化到调整图层的蒙版中，使调整图层只对选中的图像有效。如果想要让调整图层对未选中的图像有效，可以按下Ctrl+I快捷键，将蒙版反相。

03 单击"属性"面板底部的 按钮，创建剪贴蒙版，调整图层就只对它下面的第一个图层（人物层）有效，而不会影响其他图层，如图13-260所示。

图13-260

04 如果单击调整图层的眼睛图标 ，将其隐藏，图像就会恢复为原样，如图13-261所示。由此可

见，调整图层没有破坏任何像素。将调整图层重新显示出来。

图13-261

05 创建这个调整图层的目的是想通过它来改变头发的颜色，但现在整个人像的颜色都被修改了，应对调整图层的有效范围进行控制。将前景色设置为黑色，按下Alt+Delete键，在蒙版中填充黑色，通过蒙版将调整效果隐藏起来，如图13-262所示。

图13-262

06 使用快速选择工具 选中头发（在工具选项栏中勾选"对所有图层取样"选项），如图13-263所示，在选区中填充白色，恢复调整效果，如图13-264所示。按下Ctrl+D快捷键取消选择。

图13-263

图13-264

07 调整图层最大的优势在于它可以对局部图像进行调整，因为它包含了一个蒙版。用画笔或其他工具在画面中涂抹黑色，就可以通过蒙版将光标所到之处的调整效果隐藏；涂抹灰色，调整强度会变弱；要恢复调整效果，就涂抹白色。掌握以上要点之后，我们用画笔工具 ✐ 对头发边缘进行加工，让改变颜色后的头发与皮肤的衔接处更加自然，如图13-265所示。

图13-265

08 将前景色设置为白色，用画笔工具 ✐ 在嘴唇和眼睛上分别涂抹出唇彩和眼影，如图13-266所示。处理嘴唇时，如果涂抹到其外侧的皮肤上，可按下X键将前景色切换为黑色，用黑色涂抹。

图13-266

09 处理完成以后，单击"调整"面板中的 按钮，建立第二个"色相/饱和度"调整图层，继续修改图像颜色，如图13-267~图13-269所示。

图13-267

图13-268

图13-269

10 按下Alt+Delete键，在蒙版中填充黑色，将调整效果隐藏。选择画笔工具 ✐，将前景色设置为白色，在头发中间涂抹，让头发呈现多色漂染效果，如图13-270所示。

图13-270

11 调整图层是一种非常灵活的功能，不只是蒙版，就连调整效果都可以随时修改。单击第一个调整图层，将其选择，如图13-271所示，这时，"属性"面板中就会显示出它的调整参数，可以拖曳滑块，重新修改参数，如图13-272、图13-273所示。

图13-271　　　　图13-272

图13-273

12 如果要减弱调整强度，可以降低调整图层的不透明度值。例如，设置为50%，调整效果会减弱为原先的一半，如图13-274所示；设置为0%，调整效果就会完全消失。

图13-274

👤**提示**⋯⋯⋯⋯⋯⋯⋯⋯⋯⋯⋯⋯⋯⋯⋯⋯

如果在调整图层前面的眼睛图标 👁 上单击一下，将调整图层隐藏，也可以达到隐藏调整效果的目的。

13.9　图层内容选项命令

　　创建任意一种填充图层以后，如果想要修改填充内容，如颜色、渐变颜色和图案，可以执行"图层>图层内容选项"命令。

　　执行该命令后，可在弹出的对话框中修改填充内容。此外，双击填充图层的缩览图，也可以弹出相应的对话框。

13.10　图层蒙版命令

　　图层蒙版是用于遮盖图像的工具，主要用于合成图像。此外，我们创建调整图层、填充图层或者应用智能滤镜时，Photoshop也会自动为其添加图层蒙版，因此，图层蒙版还可以控制颜色调整和滤镜范围。

13.10.1　显示全部（实战特效合成）

■素材：光盘>素材文件夹 ■视频：光盘>视频文件夹 ■难度：★★★☆☆
■实例类型：图像合成 ■实例应用：用图层蒙版合成图像

01 按下**Ctrl+O**快捷键，打开光盘中的素材文件，如图13-275所示。单击"图层"面板底部的 ▣ 按钮，或执行"图层>图层蒙版>显示全部"命令，为图层添加蒙版，白色蒙版不会遮盖图像，如图13-276所示。

图13-275　　　　　　　图13-276

02 将前景色设置为黑色。选择柔角画笔工具 ✐，在狗狗身上涂抹黑色，通过蒙版将图像隐藏，如图13-277、图13-278所示。

图13-277　　　　　　图13-278

03 按住Alt键向下拖曳"小狗"图层，进行复制，如图13-279所示。单击蒙版缩览图，进入蒙版编辑状态，按下Ctrl+Delete快捷键，将蒙版填充为白色，如图13-280所示。

图13-279　　　　　　图13-280

04 按下Ctrl+T快捷键显示定界框，拖曳控制点，旋转图像，如图13-281所示。按下回车键确认。使用柔角画笔工具 ✐ 在后面的狗狗身上涂抹黑色，通过蒙版隐藏图像，只保留一条腿，如图13-282所示。

图13-281　　　　　　图13-282

05 按住Alt键向下拖曳"小狗副本"图层，进行复制，如图13-283所示。选择移动工具 ✛，向左下

方拖曳图像，如图13-284所示。

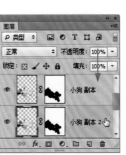

图13-283　　　　　　图13-284

06 单击图层蒙版，如图13-285所示。用柔角画笔工具 ✐ 将多余的图像涂抹掉，如图13-286所示。

图13-285　　　　　　图13-286

13.10.2 隐藏全部

选择一个图层，按住Alt键单击"图层"面板底部的 ▣ 按钮，或执行"图层>图层蒙版>隐藏全部"命令，可以为图层添加一个黑色的蒙版，并将所在层中的图像全部隐藏。

13.10.3 显示选区（实战海报设计）

■素材：光盘>素材文件夹　■视频：光盘>视频文件夹　■难度：★★★☆☆
■实例类型：平面设计　■实例应用：制作一张海报

01 按下Ctrl+O快捷键，打开光盘中的素材文件。按住Ctrl键单击"图层1"的缩览图，载入灯泡选区，如图13-287、图13-288所示。

02 单击"图层"面板底部的 ▣ 按钮，或执行"图层>图层蒙版>显示选区"命令，基于选区生成图层蒙版，将选区以外的图像隐藏起来，如图13-289、图13-290所示。

CHAPTER 13

図13-287

図13-288

図13-289

図13-290

03 将前景色设置为黑色。使用柔角画笔工具在图像上涂抹，通过蒙版遮盖图像，如图13-291、图13-292所示。涂抹手臂下方的阴影时，可以降低工具的不透明度值，这样涂抹之后，阴影会呈现透明效果。

04 按下Ctrl+J快捷键复制图层，然后单击蒙版，并将其填充为白色，如图13-293所示。按住Ctrl键单击"图层1"的缩览图，如图13-294所示。

図13-291

図13-292

図13-293

図13-294

> **提示**
>
> 在图层蒙版中，纯白色对应的图像是可见的，纯黑色会遮盖图像，灰色区域会使图像呈现出一定程度的透明效果（灰色越深、图像越透明）。基于以上原理，当我们想要隐藏图像的某些区域时，为它添加一个蒙版，再将相应的区域涂黑即可；想让图像呈现出半透明效果，可以将蒙版涂灰。

05 用柔角画笔工具在选区内部涂抹黑色，效果如图13-295所示。按下Ctrl+D快捷键取消选择，将手臂以外的图像涂掉，如图13-296所示。

図13-295

図13-296

06 按下Ctrl+J快捷键复制图层，单击蒙版并将其填充为白色，如图13-297所示。按下Shift+Ctrl+[快捷键，将图层移动到最底层，如图13-298所示。

07 按下Ctrl+T快捷键显示定界框，拖曳控制点旋转图像，如图13-299所示。按下回车键确认。单击蒙版缩览图，如图13-300所示，将前景色设置为黑色，用柔角画笔工具将多余的图像涂抹掉，如图13-301所示。

08 单击"图层"面板底部的按钮，新建一个图层，用柔角画笔工具绘制一个投影，最后添加一些文字作为装饰，效果如图13-302所示。

图层蒙版的奥秘 GALLERY

图层蒙版是一个256级色阶的灰度图像，它蒙在图层上面，起到遮盖图层的作用，然而其本身并不可见。观察图层蒙版可以发现，凡是被涂抹成白色的地方，当前图层中的图像就能显现；凡是被涂抹成黑色的地方，则会遮挡住当前图层中的图像。

那蒙版中的灰色又该怎样理解呢？

灰色介于白、黑之间，它既不能完全显示图像，也不能完全遮盖图像，因此，灰色的作用是让图像呈现出一定程度的透明效果。如果我们转换一下思维，抛掉蒙版可以遮盖图像这一概念，也不去观察它，只看图像效果，你就会发现蒙版的奥秘，原来它是用于调整图像透明度的功能！

那蒙版岂不是与"图层"面板中的"不透明度"选项的用途一样了？

不错，它们的用途完全一样，只不过蒙版更加灵活、更加强大。"图层"面板中的"不透明度"选项只能控制当前图层的整体不透明度，而蒙版可以改变局部图像的不透明度。

编辑图层蒙版时，有一点需要注意。我们创建蒙版时，观察它的缩览图，会发现有一个外框，这表示蒙版处于当前编辑状态，也就是说，此时我们的操作将应用于蒙版。如果要编辑图像，应先在图像缩览图上单击一下，让边框转移到它上面，再进行操作。

蒙版处于编辑状态

图像处于编辑状态

蒙版中的黑色遮盖图像，白色显示图像

原图

调整"不透明度"值时，当前图层中的图像呈现出相同的透明效果

在这个图像中，由于使用了图层蒙版，当前图层同时存在3种透明状态，从左侧的完全显示到中间的半透明、再到右侧的完全透明

图13-297　　　　　　　图13-298

图13-299

图13-300

图13-301

图13-302

13.10.4 隐藏选区

创建选区以后，如果执行"图层>图层蒙版>隐藏选区"命令，可基于选区生成图层蒙版，并将选中的图像遮盖。

13.10.5 从透明区域

如果图层中包含透明区域，则执行"图层>图层蒙版>从透明区域"命令可创建图层蒙版，并将透明

区域隐藏。

技术看板：
图层蒙版编辑工具

图层蒙版是位图图像，几乎可以使用所有的绘画工具来编辑它。例如，用柔角画笔修改蒙版可以使图像边缘产生逐渐淡出的过渡效果；用渐变编辑蒙版可以将当前图像逐渐融入到另一个图像中，图像之间的融合效果自然、平滑。

用渐变工具编辑蒙版

使用画笔、加深、减淡、模糊、锐化和涂抹等工具修改图层蒙版时，可以选择不同样式的笔尖。此外，还可以用各种滤镜编辑蒙版，得到特殊的图像合成效果。

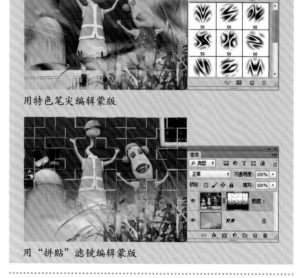

用特色笔尖编辑蒙版

用"拼贴"滤镜编辑蒙版

13.10.6 删除和应用

选择蒙版所在的图层，执行"图层>图层蒙版>应用"命令，可以将蒙版应用到图像中，并删除之前被蒙版遮盖的图像，如图13-303、图13-304所示。

执行"图层>图层蒙版>删除"命令，则可删除图层蒙版，而不会影响图像，如图13-305所示。

图13-303　　　　图13-304　　　　图13-305

13.10.7 停用和启用

选择蒙版所在的图层，如图13-306所示，执行"图层>图层蒙版>停用"命令，可暂时停用图层蒙版，此时蒙版缩览图上会出现一个红色的"×"，图像会重新显示出来，如图13-307所示。如果要重新启用蒙版，可执行"图层>图层蒙版>启用"命令。

13.10.8 取消链接

创建图层蒙版后，蒙版缩览图和图像缩览图中间有一个链接图标，它表示蒙版与图像处于链接状态，如图13-308所示，此时进行变换操作（如旋转、缩放等），蒙版会与图像一同变换。执行"图层>图层蒙版>取消链接"命令，或单击该图标，可以取消链接，如图13-309所示。取消后可以单独变换图像，也可以单独变换蒙版。

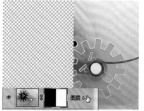

图13-306　　　　图13-307

图13-308　　　　图13-309

13.11 矢量蒙版命令

矢量蒙版是由钢笔、自定形状等矢量工具创建的蒙版，它与分辨率无关，无论怎样缩放都能保持光滑的轮廓。因此，常用来制作Logo、按钮或其他Web设计元素。图层蒙版和剪贴蒙版都是基于像素的蒙版，矢量蒙版则将矢量图形引入到蒙版中，它不仅丰富了蒙版的多样性，也为我们提供了一种可以在矢量状态下编辑蒙版的特殊方式。

13.11.1 显示全部（实战图像合成）

■素材：光盘>素材文件夹 ■视频：光盘>视频文件夹 ■难度：★★☆☆☆
■实例类型：图像合成 ■实例应用：用矢量蒙版合成图像

01 打开光盘中的素材文件，如图13-310所示。执行"图层>矢量蒙版>显示全部"命令，创建一个显示全部图像内容的矢量蒙版，如图13-311所示。

02 创建矢量蒙版后，可随时向其中添加图形。单击矢量蒙版缩览图，进入蒙版编辑状态，此时缩览图外面会出现一个白色的外框，如图13-312所示。选择自定形状工具，在工具选项栏中选择"路径"选项和合并形状选项，打开形状下拉面板选择心形图形，如图13-313所示，绘制该图形，将其添加到矢量蒙版中，如图13-314、图13-315所示。

图13-310　　　　图13-311

图13-312　　　　图13-313

393

图13-314　　　　　图13-315

03 选择并绘制星形和月亮图形，将它们也添加到矢量蒙版中，如图13-316、图13-317所示。

图13-316　　　　　图13-317

04 双击矢量蒙版图层，打开"图层样式"对话框，添加"描边"和"投影"效果，如图13-318、图13-319所示，图像效果如图13-320所示。

图13-318　　　　　图13-319

图13-320

13.11.2 隐藏全部

　　选择一个图层，执行"图层>矢量蒙版>隐藏全部"命令，可以创建隐藏全部图像的矢量蒙版。

13.11.3 当前路径（实战海报设计）

■素材：光盘>素材文件夹　■视频：光盘>视频文件夹　■难度：★★★☆☆
■实例类型：平面设计　■实例应用：基于所选路径创建矢量蒙版

01 打开光盘中的素材，如图13-321所示。选择"树叶"图层，如图13-322所示。单击"路径"面板中的路径层，如图13-323所示。

图13-321　　　图13-322　　　图13-323

02 执行"图层>矢量蒙版>当前路径"命令，或按住Ctrl键单击"图层"面板中的 ⬤ 按钮，基于当前路径创建矢量蒙版，路径区域外的图像会被蒙版遮盖，如图13-324、图13-325所示。

图13-324　　　　图13-325

03 按住Ctrl键单击"图层"面板中的 🔲 按钮，在"树叶"层下方新建图层，如图13-326所示。按住Ctrl键单击蒙版，如图13-327所示，载入人物选区。

图13-326　　　　图13-327

04 执行"编辑>描边"命令，打开"描边"对话框，将描边颜色设置为深绿色，宽度设置为4像素，位置选择"内部"，如图13-328所示，单击"确定"按钮，对选区进行描边。按下Ctrl+D快捷键取消选择。选择移动工具，按几次→键和↓键，将描边图像向右下方轻微移动，效果如图13-329所示。

图13-328　　　　图13-329

05 单击"图层"面板中的按钮新建一个图层。选择柔角画笔工具，在运动员脚部绘制阴影，如图13-330、图13-331所示。

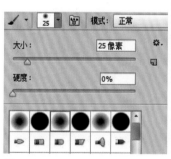

图13-330　　　　图13-331

13.11.4 删除

选择矢量蒙版所在的图层，执行"图层>矢量蒙版>删除"命令，或将矢量蒙版拖动到删除图层按钮上，可以删除矢量蒙版。

13.11.5 停用和启用

选择矢量蒙版所在的图层，如图13-332所示，执行"图层>矢量蒙版>停用"命令，可暂时停用图层蒙版，此时蒙版缩览图上会出现一个红色的"×"，如图13-333所示，图像会重新显示出来。如果要重新启用蒙版，可执行"图层>矢量蒙版>启用"命令。

13.11.6 链接

矢量蒙版缩览图与图像缩览图之间有一个链接图标，如图13-334所示，它表示蒙版与图像处于链接状态，此时进行任何变换操作，蒙版都与图像一同变换。执行"图层>矢量蒙版>取消链接"命令，或单击该图标取消链接，然后就可以单独变换图像或蒙版。

图13-332　　图13-333　　图13-334

13.12 创建剪贴蒙版命令（实战插画设计）

视频：光盘>视频文件夹　难度：★★★☆☆　实例类型：插画设计　实例应用：用剪贴蒙版制作插画

剪贴蒙版可以用一个图层中包含像素的区域来限制它上层图像的显示范围。它的最大优点是可以通过一个图层来控制多个图层的可见内容，而图层蒙版和矢量蒙版都只能控制一个图层。

01 打开光盘中的素材文件，如图13-335所示。执行"文件>置入"命令，打开"置入"对话框，选择光盘中的EPS格式素材，如图13-336所示，将它置入到当前文档中。

02 按住Shift键拖动控制点，适当调整人物的大小，如图13-337所示。按下回车键确认。

图13-335　　　　图13-336

395

03 打开光盘中的火焰素材，使用移动工具 ⊹ 将其拖入人物文档，如图13-338所示。

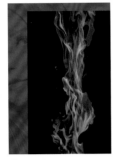

图13-337　　　　　图13-338

04 执行"图层>创建剪贴蒙版"命令，或按下Alt+Ctrl+G快捷键创建剪贴蒙版，将火焰的显示范围限定在下方的人像内，如图13-339所示。最后，用横排文字工具 **T** 输入一行文字，如图13-340所示。

图13-339　　　　　图13-340

👤 提示

在"图层"面板中，将光标放在分隔两个图层的线上，按住Alt键（光标为 ↓□ 状），单击即可创建剪贴蒙版；按住Alt键（光标为 ⤴□ 状）再次单击则可释放剪贴蒙版。此外，选择基底图层正上方的内容图层，执行"图层>释放剪贴蒙版"命令，或按下Alt+Ctrl+G快捷键也可以释放剪贴蒙版。

技术看板：
剪贴蒙版的图层结构

在剪贴蒙版组中，最下面的图层叫做"基底图层"，它的名称带有下划线；位于它上面的图层叫做"内容图层"，它们的缩览图是缩进的，并带有 ↓ 状图标（指向基底图层）。

基底图层中的透明区域充当了整个剪贴蒙版组的蒙版，也就是说，它的透明区域就像蒙版一样，可以将内容层中的图像隐藏起来，因此，只要移动基底图层，就会改变内容图层的显示区域。

将一个图层拖动到基底图层上，可将其加入剪贴蒙版组中。将内容图层移出剪贴蒙版组，则可以释放该图层。

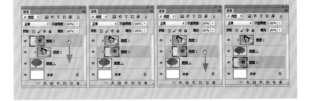

13.13　智能对象命令

　　智能对象是一个嵌入到当前文档中的文件，它可以包含图像，也可以包含在Illustrator中创建的矢量图形。智能对象可以保留对象的源内容和所有的原始特征，处理它时不会直接应用到对象的原始数据。

13.13.1　转换为智能对象（实战）

■素材：光盘>素材文件夹　■视频：光盘>视频文件夹　■难度：★★☆☆☆
■实例类型：软件功能　■实例应用：将普通图层转换为智能对象

01 按下Ctrl+O快捷键，打开光盘中的素材文件，如图13-341所示。

02 按住Ctrl键单击如图13-342所示的两个图层，将它们选择，执行"图层>智能对象>转换为智能对象图层"命令，可以将它们打包到一个智能对象中，如图13-343所示。

图13-341

图13-342

图13-343

技术看板：

智能对象的特别之处

●智能对象可以进行非破坏性❶变换，例如，我们可根据需要按任意比例缩放对象、旋转、进行变形等，不会丢失原始图像数据或者降低图像的品质。

●智能对象可以保留非Photoshop本地方式处理的数据，例如，在嵌入Illustrator中的矢量图形时，Photoshop会自动将它转换为可识别的内容。

●我们可以将智能对象创为多个副本，对原始内容进行编辑后，所有与之链接的副本都会自动更新。

●将多个图层内容创建为一个智能对象❷后，可以简化"图层"面板中的图层结构。

●应用于智能对象的所有滤镜都是智能滤镜，智能滤镜可以随时修改参数或者撤销，并且不会对图像造成任何破坏。

13.13.2 通过拷贝新建智能对象（实战）

■素材：光盘>素材文件夹　■视频：光盘>视频文件夹　■难度：★★☆☆☆
■实例类型：软件功能　■实例应用：学习两种复制智能对象的方法

01 选择智能对象，如图13-344所示，执行"图层>智能对象>通过拷贝新建智能对象"命令，可以

复制出新的智能对象，如图13-345所示。新智能对象与原智能对象各自独立，编辑其中任何一个，都不会影响到另外一个。

图13-344

图13-345

02 按下Ctrl+T快捷键显示定界框，按住Shift键拖曳控制点，将对象缩小并移动位置，如图13-346所示。按下回车键确认。

03 我们再来复制一个链接型智能对象。将智能对象（"图层2"）拖曳到创建新图层按钮 上，复制出一个与之链接的智能对象（它称为智能对象的实例），如图13-347、图13-348所示。该实例与原智能对象保持链接关系，编辑其中的任意一个，与之链接的智能对象也会显示所做的修改（参见下一个实例）。

04 按下Ctrl+T快捷键显示定界框，按住Shift键拖动控制点，将对象缩小并移动位置，如图13-349所示。按下回车键确认。

图13-346

图13-347

图13-348

图13-349

相关链接
❶调整图层、填充图层、中性色图层、图层蒙版、矢量蒙版、剪贴蒙版、混合模式和图层样式等都属于非破坏性编辑工具。❷使用"打开为智能对象"命令（参见第225页）和"置入"命令（参见第231页）也可以创建智能对象。

13.13.3 编辑内容（实战）

■素材：光盘>素材文件夹 ■视频：光盘>视频文件夹 ■难度：★★☆☆☆
■实例类型：软件功能 ■实例应用：编辑智能对象

　　创建智能对象后，可以根据需要修改它的内容。如果源内容为栅格数据或相机原始数据文件，可以在 Photoshop 中打开它；如果源内容为矢量 EPS 或 PDF 文件，则会在 Illustrator 中打开它。存储修改后的智能对象时，文档中所有与之链接的智能对象实例都会显示所做的修改。

01 双击一个智能对象的缩览图，如图13-350所示，或者选择智能对象图层，然后执行"图层>智能对象>编辑内容"命令，弹出一个提示对话框，单击"确定"按钮，会在一个新的窗口中打开智能对象的原始文件，如图13-351所示。

图13-350　　　　图13-351

02 单击"调整"面板中的 ▦ 按钮，创建"颜色查找"调整图层，调整图像的颜色，如图13-352、图13-353所示。

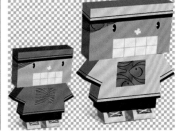

图13-352　　　　图13-353

03 关闭该文件，在弹出的对话框中单击"是"按钮，确认对文档所作的修改，另一个文档中的智能对象及与之链接实例都会更新到与之相同的效果，而非链接型智能对象不会有任何改变，如图13-354所示。

图13-354

13.13.4 导出内容

　　在 Photoshop 中编辑智能对象以后，可以将它按照其原始的置入格式（JPEG、AI、TIF、PDF 或其他格式）导出，以便其他程序使用。在"图层"面板中选择智能对象，执行"图层>智能对象>导出内容"命令，即可导出智能对象。如果智能对象是利用图层创建的，则以 PSB 格式导出。

13.13.5 替换内容（实战）

■素材：光盘>素材文件夹 ■视频：光盘>视频文件夹 ■难度：★★☆☆☆
■实例类型：软件功能 ■实例应用：用其他素材替换智能对象

　　下面进行替换智能对象内容的操作。如果被替换内容的智能对象包含多个链接的实例，则与之链接的智能对象也会同时替换内容。

01 选择一个智能对象，如图13-355所示。执行"图层>智能对象>替换内容"命令，打开"置入"对话框。

02 选择光盘中的素材文件，如图13-356所示，单击"置入"按钮，将其置入到文档中，替换原有的智能对象，如图13-357所示。

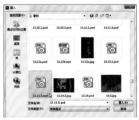

图13-355　　　　图13-356

💬 提示

替换智能对象时，将保留对第一个智能对象应用的缩放、变形或效果。

相关链接 ⋯⋯⋯
应用于智能对象上的滤镜称为智能滤镜。与普通滤镜相比，智能滤镜不会破坏图像，详细内容请参阅第377页。

图13-357

图13-358　　　　　图13-359

13.13.6 堆栈模式

图像堆栈可以将一组参考帧相似、但品质或内容不同的图像组合在一起，可用于减少法学、医学或天文图像中的图像杂色和扭曲，或者从一系列静止照片或视频帧中移去不需要的或意外的对象。例如，移去从图像中走过的人物，或移去在拍摄的主题前面经过的汽车。

选择用于创建图像堆栈的图层，执行"图层>智能对象>转换为智能对象"命令，将它们打包到一个智能对象中，如图13-358所示，然后在"图层>智能对象>堆栈模式"下拉菜单中选择一个堆栈模式，如图13-359所示。如果要减少杂色，可选择"平均值"或"中间值"模式；如果要从图像中移去对象，可

选择"中间值"模式。

13.13.7 栅格化

选择智能对象所在的图层，如图13-360所示，执行"图层>智能对象>栅格化"命令，可以将智能对象转换为普通图层，原图层缩览图上的智能对象图标会消失，如图13-361所示。

图13-360　　　　　图13-361

13.14 视频图层命令

Photoshop CS6 Extended（扩展版）❶可以创建视频图层、编辑视频文件的各个帧，进行编辑之后，将文档存储为PSD格式还可以在Premiere Pro、After Effects等应用程序中播放。

13.14.1 从文件新建视频图层

在Photoshop中创建或打开一个图像文件后，执行"图层>视频图层>从文件新建视频图层"命令，可以将视频导入到当前文档中。

13.14.2 新建空白视频图层

打开一个图像文件，如图13-362所示。执行"图层>视频图层>新建空白视频图层"命令，可以

创建一个空白的视频图层，视频图层带有█状的图标，如图13-363所示。

图13-362　　　　　图13-363

相关链接
❶使用Photoshop CS6 Extended可以从视频中获取静帧图像，操作方法详见第233页。

13.14.3 插入空白帧（实战）

■素材：光盘>素材文件夹　■视频：光盘>视频文件夹　■难度：★★☆☆☆
■实例类型：视频　■实例应用：在视频图层中插入空白帧

01 打开光盘中的素材文件，如图13-364所示。执行"图层>视频图层>新建空白视频图层"命令，创建空白视频图层，如图13-365所示。

图13-364　　　　　　　　图13-365

02 打开"时间轴"面板❶，将当前时间指示器 拖曳到所需帧处，如图13-366所示，执行"图层>视频图层>插入空白帧"命令，即可在当前时间处插入空白视频帧。

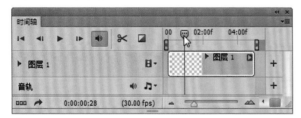

图13-366

13.14.4 复制帧

执行"图层>视频图层>复制帧"命令，可以添加一个处于当前时间的视频帧的副本。

13.14.5 删除帧

执行"图层>视频图层>删除帧"命令，可以删除当前时间处的视频帧。

13.14.6 替换素材

如果由于某种原因导致视频图层和源文件之间的链接断开，"图层"面板中的视频图层上会显示

出一个警告图标 。出现这种情况时，可在"时间轴"或"图层"面板中选择要重新链接到源文件或替换内容的视频图层，执行"图层>视频图层>替换素材"命令，在打开的"替换素材"对话框中选择视频文件，单击"打开"按钮重新建立链接。

👤提示............

使用"替换素材"命令还可以将视频图层中的视频替换为其他的视频。

13.14.7 解释素材

如果我们使用了包含 Alpha 通道的视频，则需要指定Photoshop Extended 如何解释视频中的 Alpha 通道和帧速率，以便获得所需结果。在"时间轴"面板或"图层"面板中选择视频图层，执行"图层>视频图层>解释素材"命令，打开"解释素材"对话框并进行以下操作，如图13-367所示。

● 如果要指定解释视频图层中的 Alpha 通道的方式，可在"Alpha 通道"选项组中进行设置。选择"忽略"，表示忽略 Alpha 通道；选择"直接 - 无杂边"，表示将 Alpha 通道解释为直接 Alpha 透明度；选择"预先正片叠加 - 杂边"，表示使用 Alpha 通道来确定有多少杂边颜色与颜色通道混合。

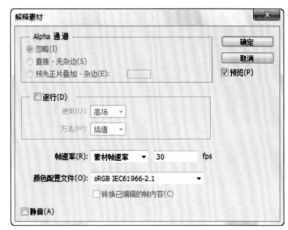

图13-367

● 如果要指定每秒播放的视频帧数，可输入帧速率。
● 如果想要对视频图层中的帧或图像进行色彩管理，可以在"颜色配置文件"下拉菜单中选择一个配置文件。

相关链接............
❶"时间轴"面板的具体选项及使用方法详见第196页。

13.14.8 隐藏和显示已改变的视频

如果要隐藏已改变的视频图层，可以执行"图层>视频图层>隐藏已改变的视频"命令，或单击时间轴中已改变的视频轨道旁边的眼睛图标 👁。再次单击该图标可重新显示视频图层。

13.14.9 恢复帧

如果要放弃对帧视频图层和空白视频图层所做的修改，可以在"时间轴"面板中选择视频图层，然后将当前时间指示器 🔲 移动到特定的视频帧上，再执行"图层>视频图层>恢复帧"命令，即可恢复特定的帧。

13.14.10 恢复所有帧

如果要恢复视频图层或空白视频图层中的所有帧，可执行"图层>视频图层>恢复所有帧"命令。

13.14.11 重新载入帧

如果在不同的应用程序中修改了视频图层的源文件，则需要在Photoshop Extended中执行"图层>视频图层>重新载入帧"命令，在"时间轴"面板中重新载入和更新当前帧。

13.14.12 栅格化

选择视频图层，如图13-368所示，执行"图层>视频图层>栅格化"命令，可将其栅格化，即换为普通的图像，如图13-369所示。

图13-368　　　　图13-369

13.15 栅格化命令

文字图层、形状图层、矢量蒙版或智能对象等包含矢量数据的图层，在使用绘画工具和滤镜编辑之前，需要先进行栅格化处理，让图层中的内容转化为光栅化的图像，然后才能进行相应的编辑。

选择图层，执行"图层>栅格化"下拉菜单中的命令即可将其栅格化，如图13-370所示。

- 文字：栅格化文字图层，使文字变为光栅图像。栅格化文字图层以后，文字内容、字体等不能再进行修改。

图13-370

- 形状/填充内容/矢量蒙版：执行"形状"命令，可栅格化形状图层；执行"填充内容"命令，可栅格化形状图层的填充内容，并基于形状创建矢量蒙版；执行"矢量蒙版"命令，可栅格化矢量蒙版，将其转换为图层蒙版。图13-371所示为原形状图层以及执行不同栅格化命令后的图层状态。

- 智能对象：栅格化智能对象，使其转换为像素。

- 视频：栅格化视频图层，选定的图层将拼合到"时间轴"面板中选定的当前帧的复合中。

形状图层　　　　　　栅格化形状

栅格化填充内容　　　栅格化矢量蒙版

图13-371

- 3D：栅格化3D图层。

- 图层样式：将图层样式应用到图层内容中。

- 图层/所有图层：可栅格化当前选择的图层或包含矢量数据、智能对象和生成的数据的所有图层。

13.16 新建基于图层的切片命令（实战）

■视频：光盘>视频文件夹 ■难度：★★☆☆☆ ■实例类型：网页 ■实例应用：基于图层创建切片

制作网页时，通过切片分割页面并对分割后的图像进行不同程度的压缩，可以减少图像的下载时间。在Photoshop中，我们可以使用切片工具 ✐❶、参考线❷和图层来划分切片。

01 按下Ctrl+O快捷键，打开光盘中的素材文件，如图13-372、图13-373所示。

图13-372

图13-373

图13-374

图13-375

02 选择"图层1"，如图13-374所示，执行"图层>新建基于图层的切片"命令，即可基于图层创建切片，该切片会包含该图层中的所有像素，如图13-375所示。

03 当移动图层时，切片区域也会随之自动调整，如图13-376所示。此外，编辑图层内容，例如进行缩放时也是如此，如图13-377所示。

图13-376

图13-377

13.17 图层编组和取消图层编组命令

当图层数量较多时，可以用图层组来管理图层。如果要将多个图层创建在一个图层组内，可以选择这些图层，如图13-378所示，然后执行"图层>图层编组"命令，或按下Ctrl+G快捷键，如图13-379所示。编组之后，可以单击组前面的三角图标▶关闭或重新展开图层组，如图13-380所示。

如果要取消图层编组，但保留图层，可以选择该图层组，然后执行"图层>取消图层编组"命令，或按下Shift+Ctrl+G快捷键。如果要删除图层组及组中的图层，可以将图层组拖曳到"图层"面板中的删除图层按钮🗑上。

图13-378

图13-379

图13-380

13.18 隐藏图层命令

执行"图层>隐藏图层"命令❸，可以隐藏当前选择的图层。

如果选择了多个图层，则执行该命令可以隐藏所有被选择的图层。

相关链接
❶关于使用切片工具划分切片详见第97页。❷在图像上创建参考线后，单击切片工具选项栏中的"基于参考线的切片"按钮，即可基于参考线划分切片。❸眼睛图标👁也可以控制图层的可见性，详见第130页。

13.19 排列命令

在"图层"面板中，图层是按照创建的先后顺序堆叠排列的。选择一个图层，执行"图层>排列"下拉菜单中的命令，即可调整图层的堆叠顺序，如图13-381所示。

图13-381

图13-382

- 置为顶层：将所选图层调整到最顶层。
- 前移一层/后移一层：将所选图层向上或向下移动一个堆叠顺序。
- 置为底层：将所选图层调整到最底层。
- 反向：在"图层"面板中选择多个图层以后，执行该命令，可以反转它们的堆叠顺序。

在"图层"面板中，将一个图层拖曳到另外一个图层的上面（或下面），也可以调整图层的堆叠顺序，如图13-382、图13-383所示。

图13-383

13.20 合并形状命令

创建两个或多个形状图层❶后，选择这些图层，如图13-384所示，执行"图层>合并形状"下拉菜单中的命令❷，可以将所选形状合并到一个图层中，如图13-385、图13-386所示。

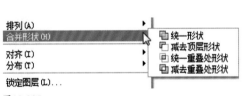

图13-384　　　　图13-385　　　　　　　　　　　　　图13-386

13.21 对齐命令

如果要将多个图层中的图像内容对齐，可在"图层"面板中选择它们，如图13-387所示，然后在"图层>对齐"下拉菜单中选择一个对齐命令进行对齐操作，如图13-388所示。

- 顶边：可以将选定图层上的顶端像素与所有选定图层上最顶端的像素对齐，如图13-389所示。
- 垂直居中：可以将选定图层上的垂直中心像素与所有选定图层的垂直中心像素对齐，如图13-390所示。
- 底边：可以将选定图层上的底端像素与选定图层上最底端的像素对齐，如图13-391所示。

相关链接
❶形状图层由填充区域和形状两部分组成，形状是一个矢量图形，更多内容详见第67页。❷"合并形状"下拉菜单中的命令可以对矢量图形进行运算，具体效果参阅第85页。

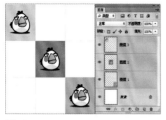

图13-387

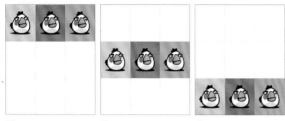

图13-388

图13-389　　图13-390　　图13-391

- 左边：可以将选定图层上左端像素与最左端图层的左端像素对齐，如图13-392所示。

- 水平居中：可以将图层上的水平中心像素与所有选定图层的水平中心像素对齐，如图13-393所示。
- 右边：可以将选定图层上的右端像素与所有选定图层上的最右端像素对齐，如图13-394所示。

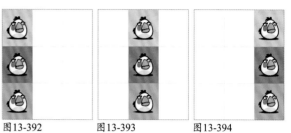

图13-392　　　　图13-393　　　　图13-394

提示

如果所选图层与其他图层链接，则可以对齐与之链接的所有图层。此外，将图层链接后，单击其中的一个图层，再执行"对齐"菜单中的命令，则会以该图层为基准进行对齐。

13.22 分布命令

　　如果要让3个或更多的图层采用一定的规律均匀分布，可以选择这些图层，如图13-395所示，然后执行"图层>分布"下拉菜单中的命令进行操作，如图13-396所示。

图13-395　　　　　　　　图13-396

- 顶边：可以从每个图层的顶端像素开始，间隔均匀地分布图层，如图13-397所示。
- 垂直居中：可以从每个图层的垂直中心像素开始，间隔均匀地分布图层，如图13-398所示。
- 底边：可以从每个图层的底端像素开始，间隔匀均地分布图层。

- 左边：可以从每个图层的左端像素开始，间隔均匀地分布图层。
- 水平居中：可以从每个图层的水平中心开始，间隔均匀地分布图层。
- 右边：可以从每个图层的右端像素开始，间隔均匀地分布图层。

图13-397　　　　　图13-398

13.23 锁定组内的所有图层命令

　　选择一个图层组，执行"图层>锁定组内的所有图层"命令，可以打开"锁定组内的所有图层"对话框，如图13-399所示。

　　对话框中显示了各个锁定选项，通过它们可以锁定组内所有图层的一种或者多种属性。

图13-399

相关链接
如果当前使用的是移动工具，可单击工具选项栏中的按钮来对齐图层。单击工具选项栏中的按钮来进行图层的分布操作。关于移动工具，可参见第24页。

13.24 链接图层、选择链接图层命令

如果要同时处理多个图层中的图像，例如，同时移动、应用变换或者创建剪贴蒙版，则可将这些图层链接在一起再进行操作。

在"图层"面板中选择两个或多个图层，如图13-400所示，单击链接图层按钮 ，或执行"图层>链接图层"命令，即可将它们链接，如图13-401所示。如果要取消链接，可以选择一个图层，然后单击  按钮。选择一个链接的图层，执行"图层>选择链接图层"命令，可以选择与之链接的所有图层。

13.25 合并图层、合并可见图层命令

如果要合并两个或多个图层，可在"图层"面板中将它们选择，然后执行"图层>合并图层"命令，合并后的图层使用上面图层的名称，如图13-402、图13-403所示。

如果要将所有可见的图层合并，可以执行"图层>合并可见图层"命令，它们会合并到"背景"图层中，如图13-404、图13-405所示。

图13-402

图13-403

图13-400

图13-401

图13-404

图13-405

13.26 拼合图像命令

如果要将所有图层都拼合到"背景"图层中，可以执行"图层>拼合图像"命令。

如果有隐藏的图层，则会弹出一个提示，询问是否删除隐藏的图层。

13.27 修边命令

移动或粘贴选区时，选区边框周围的一些像素也会包含在选区内，执行"图层>修边"下拉菜单中的命令可以清除这些多余的像素，如图13-406所示。

图13-406

- 颜色净化：去除彩色杂边。
- 去边：用包含纯色（不含背景色的颜色）的邻近像素的颜色替换任何边缘像素的颜色。例如，如果在蓝色背景上选择黄色对象，然后移动选区，则一些

蓝色背景被选中并随着对象一起移动，"去边"命令可以用黄色像素替换蓝色像素。

- 移去黑色杂边：如果将黑色背景上创建的消除锯齿的选区粘贴到其他颜色的背景上，可执行该命令消除黑色杂边。
- 移去白色杂边：如果将白色背景上创建的消除锯齿的选区粘贴到其他颜色的背景中，可执行该命令消除白色杂边。

CHAPTER 13

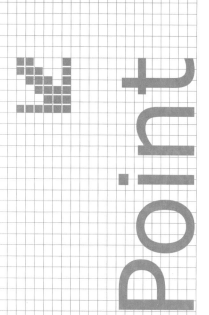

第 14 章 文字菜单命令

14.1 面板命令

　　创建文字以后，如果要调整字体、字距、段落的对齐方式等文字属性，可以执行"文字>面板"下拉菜单中的命令，如图14-1所示，打开相应的面板来进行操作。

图14-1

- 字符面板❶：　设置字符的属性，可以在输入字符之前设置，也可以修改现有字符的属性。
- 段落面板❷：　为文字图层中的单个段落、多个段落或全部段落设置格式选项。
- 字符样式面板❸：　指定所选字符、单词或短语的样式。
- 段落样式面板❹：　创建和存储段落样式并应用于文本。

14.2 消除锯齿命令

　　Photoshop中的文字是使用PostScript信息从数学上定义的直线或曲线来表示的，文字的边缘会产生硬边和锯齿。为文字选择一种消除锯齿方法后，Photoshop会填充文字边缘的像素，使其混合到背景中，我们便看不到锯齿了。执行"文字>消除锯齿"菜单中的命令，或文字工具选项栏❺"消除锯齿"下拉菜单都可以选择消除锯齿的方法，如图14-2、图14-3所示。图14-4所示为各种方法的具体效果。

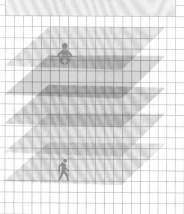

图14-2　　　　　　　　　　　　　　　　图14-3

相关链接
❶"字符"面板请参阅第163页。❷"段落"面板请参阅第165页。❸"字符样式"面板的使用方法请参阅第167页。❹"段落样式"面板的使用方法请参阅第168页。❺文字工具选项栏的使用方法请参阅第85页。

本章我们来学习"文字"菜单中的命令。

我想学平面设计和排版，能用Photoshop完成相应的文字处理任务吗？

文字是设计作品的重要组成部分，它不仅可以传达信息，还能起到美化版面、强化主题的作用。对于从事设计工作的人员，用Photoshop完成海报、平面广告等文字量较少的设计任务是没有任何问题的。但如果是以文字为主的印刷品，如宣传册、商场的宣传单等，还是尽量用排版软件（InDesign）做比较好，因为Photoshop的文字编排能力还不够强大，而且过于细小的文字，打印时容易出现模糊。

无　　　　　锐利　　　　　犀利

浑厚　　　　平滑

图14-4

技术看板：
消除文字锯齿

设置消除锯齿时，选择"无"，表示不进行消除锯齿处理；"锐利"可轻微使用消除锯齿，文本的效果显得锐利；"犀利"可轻微使用消除锯齿，文本的效果显得稍微锐利；"浑厚"可大量使用消除锯齿，文本的效果显得更粗重；"平滑"可大量使用消除锯齿，文本的效果显得更平滑。

14.3 取向命令

水平文字和垂直文字可以互相转换，方法是执行"文字>取向>水平/垂直"命令，或单击工具选项栏中的更改文本方向按钮，效果如图14-5、图14-6所示。

图14-5

图14-6

14.4 OpenType 命令

OpenType字体是Windows和Macintosh操作系统都支持的字体文件，使用这种字体以后，在这两个操作平台间交换文件时，不会出现字体替换或其他导致文本重新排列的问题。

输入文字或编辑文本时，可以在工具选项栏或"字符"面板中选择OpenType字体（图标为O状），如图14-7所示。使用OpenType字体后，可在"字符"面板或"文字>OpenType"下拉菜单中选择一个选项，为文字设置格式，如图14-8、图14-9所示。

图14-7　　　　图14-8　　　　图14-9

407

14.5 凸出为3D命令（实战立体字）

■视频：光盘>视频文件夹　■难度：★★★☆☆　■实例类型：3D　■实例应用：使用"凸出为3D"命令制作立体字

执行"文字>凸出为3D"命令，可以将文字创建为3D立体效果，下面就来学习一下具体的操作方法。

01 打开光盘中的素材，如图14-10所示。使用横排文字工具 **T** 在画面中输入文字，如图14-11所示。

图14-10　　　　　　　　　图14-11

02 执行"文字>凸出为3D"命令或"3D>从所选图层新建3D凸出"命令，即可创建3D立体字，如图14-12所示。选择移动工具 ，在文字上单击，将文字选择，如图14-13所示。在"属性"面板❶中为文字选择凸出样式，设置"凸出深度"为47，如图14-14、图14-15所示。

图14-12　　　　　　　　　图14-13

图14-14

图14-15

03 使用旋转3D对象工具 ❷调整文字的角度和位置，如图14-16所示。单击场景中的光源，调整它的照射方向和参数，如图14-17、图14-18所示。

04 单击"3D"面板底部的 按钮，打开下拉菜单，选择"新建无限光"命令，如图14-19所示，新建一个光源。取消"阴影"选项的勾选，设置"强度"为62%，调整光源位置，如图14-20所示。图14-21所示为最终效果。

图14-16　　　　　　　　　图14-17

图14-18　　　　　　　　　图14-19

图14-20　　　　　　　　　图14-21

相关链接
❶关于通过"属性"面板设置3D属性的方法，请参阅第189页。❷旋转3D对象工具的使用方法请参阅第105页。

14.6 创建工作路径命令

　　打开一个文件，选择文字图层，如图14-22、图14-23所示，执行"文字>创建工作路径"命令，可以基于文字生成工作路径，原文字图层保持不变，如图14-24、图14-25所示（为了观察路径，隐藏了文字图层）。生成的工作路径可以应用填充和描边，或者通过调整锚点得到变形文字。

图14-22

图14-23

图14-24

图14-25

14.7 转换为形状命令

　　打开一个文件，选择文字图层，如图14-26、图14-27所示，执行"文字>转换为形状"命令，可以将它转换为形状图层，如图14-28所示，原文字图层不会保留。我们可以使用直接选择工具 调整锚点位置，改变路径的形状，使文字更加艺术化，如图14-29所示。

图14-26

图14-27

图14-28

图14-29

14.8 栅格化文字图层命令

　　打开一个文件，选择文字图层，如图14-30、图14-31所示，执行"文字>栅格化文字图层"命令，可以将当前选择的文字图层栅格化，如图14-32所示。栅格化后文字会变为图像，可以用画笔等工具编辑，或添加滤镜效果，但不能再修改内容。图14-33所示为设置"旋转扭曲"滤镜后的效果。

图14-30

图14-31

图14-32

图14-33

409

14.9 转换为段落文本命令

点文本和段落文本可以互相转换。如果是点文本，执行"文字>转换为段落文本"命令，可将其转换为段落文本；如果是段落文本，可执行"文字>转换为点文本"命令，将其转换为点文本。

将段落文本转换为点文本时，溢出定界框的字符将会被删除掉。因此，为避免丢失文字，应首先调整定界框，使所有文字在转换前都显示出来。

14.10 文字变形命令

打开一个文件，如图14-34所示，执行"文字>文字变形"命令，打开"变形文字"对话框❶，在"样式"下拉列表中选择一种样式，可创建变形文字效果，如图14-35、图14-36所示。

图14-34　　　　　　　　　　图14-35　　　　　　　　　　图14-36

14.11 字体预览大小命令

在文字工具选项栏和"字符"面板中选择字体时，可以看到各种字体的预览效果。Photoshop允许我们自由调整预览字体的大小，操作方法是打开"文字>字体预览大小"菜单，选择其中的一个选项即可，如图14-37~图14-39所示。

图14-37　　　　　　　　图14-38　　　　　　　　图14-39

14.12 语言选项命令

执行"文字>语言选项>东亚语言功能"命令，如图14-40所示，可以在"字符"和"段落"面板❷中显示亚洲文字的设置选项，如图14-41、图14-42所示。取消该命令的勾选，则隐藏出现的亚洲文字的选项，如图14-43、图14-44所示。

图14-40

相关链接
❶关于"变形文字"对话框，请参阅第89页。❷"字符"及"段落"面板的使用方法请参阅第163页和第165页。

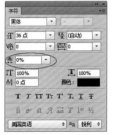

图14-41　　　　　　图14-42

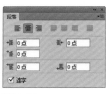

图14-43　　　　　　图14-44

14.12.1 标准垂直罗马对齐方式

默认情况下，在直排文本中，半角字符（如罗马文本或数字）的方向会发生变化，即会单独旋转，如图14-45所示。如果不希望旋转半角字符，可以执行"文字>语言选项>标准垂直罗马对齐方式"命令，效果如图14-46所示。

14.12.2 直排内横排

使用"直排内横排"命令可以在直排文字行中进行横排处理。通过这种转换，可以使直排文本中的半角字符（如数字、日期和简略外文单词）更加便于阅读，如图14-47所示。

图14-45　　　　图14-46　　　　图14-47

14.12.3 顶到顶行距

"顶到顶行距"命令可以从一行的顶部到下一行的顶部测量文字行之间的间距。使用这项功能时，段落中的第一行文字会与定界框顶部对齐。

14.12.4 底到底行距

"底到底行距"命令可以测量横排文字基线之间的间隔。使用该功能时，第一行文字与边框之间会出现一定的空白。

14.13 更新所有文字图层命令

导入在旧版Photoshop中创建的文字后，执行"文字>更新所有文字图层"命令，可以更新所有文字图层的属性，如图14-48~图14-50所示。

图14-48　　　　　　图14-49　　　　　　图14-50

14.14 替换所有缺欠字体命令

打开文件时，如果该文档中的文字使用了系统中没有的字体，会弹出一条警告信息，指明缺少字体，如图14-51所示。出现这种情况时，可以执行"文字>替换所有欠缺字体"命令，使用系统中安装的字体替换文档中欠缺的字体。

图14-51

提示

执行"文字>粘贴 Lorem Ipsum"命令，可快速插入占位符文本。

第15章 选择菜单命令

"选择"菜单中的命令大多是用于编辑选区的基本操作命令。这些命令看似简单，但用处却非常广泛，甚至复杂的抠图技术也离不开这些基本选区编辑命令的支持。

Photoshop不是提供选择工具了吗，为什么还要编辑选区呢？

我们使用选择工具时，绝大多数情况下，一次操作是不能将所需对象完全选中的，有时选区也可能不太符合要求，需要通过扩展、羽化和运算等方法，对选区进行完善。"选择"菜单中的命令就是用来解决这些问题的。

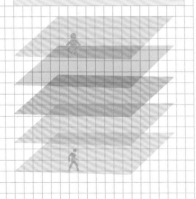

15.1 全部命令

"选择"菜单中包含了所有与选择有关的命令，如图15-1所示。如果要选择当前文档边界内的全部图像，可以执行"选择>全部"命令，或按下Ctrl+A快捷键，如图15-2所示。

如果需要复制整个图像，可执行该命令，再按下Ctrl+C快捷键。如果文档中包含多个图层，则可按下Shift+Ctrl+C快捷键（合并拷贝）。

图15-1

图15-2

👤 提示

使用Photoshop编辑图像的局部内容时，需要先用选区将要处理的对象选中，这样Photoshop就只处理选区内的图像，而不会影响选区外的图像。如果没有选区的限定，则所有的图像都会被修改。

15.2 取消选择与重新选择命令

创建选区以后，执行"选择>取消选择"命令或按下Ctrl+D快捷键，可以取消选择，如图15-3所示。如果要恢复被取消的选区，可以执行"选择>重新选择"命令，如图15-4所示。

图15-3

图15-4

15.3 反向命令

　　创建选区后，执行"选择>反向"命令或按下Shift+Ctrl+I快捷键，可以反转选区，如图15-5、图15-6所示。如果需要选择的对象的背景色比较简单，我们可以先用魔棒等工具 🔨 选择背景，如图15-7所示，再用"反向"命令反转选区，将对象选中，如图15-8所示。

图15-5　　　　　　　　图15-6　　　　　　　　图15-7　　　　　　　　图15-8

15.4 所有图层与取消所有图层命令

　　打开一个文件，如图15-9、图15-10所示。执行"选择>所有图层"命令，可以选择除"背景"层之外的所有图层，如图15-11所示。如果不想选择任何图层❶，可以执行"选择>取消选择图层"命令来取消选择，如图15-12所示。

图15-9

图15-10

图15-11

图15-12

15.5 查找图层命令

　　当图层数量较多时，如果想要快速找到某个图层，可以执行"选择>查找图层"命令，"图层"面板顶部会出现一个文本框，如图15-13所示，输入该图层的名称，面板中便会只显示该图层，如图15-14所示。

　　此外，我们也可以让面板中显示某种类型的图层（包括名称、效果、模式、属性和颜色），隐藏其他类型的图层。例如，在面板顶部选择"类型"选项，然后单击右侧的 **T** 按钮，面板中就只显示文字类图层，如图15-15所示。

相关链接 ....
❶在"图层"面板空白处单击也可以取消图层的选择状态，关于"图层"面板的详细内容请参阅第128页。

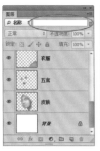
图15-13

图15-14

图15-15

💬提示

如果想停止图层过滤，让面板中显示所有图层，可单击面板右上角的打开/关闭图层过滤按钮 ▤。

15.6 色彩范围命令（实战抠像及彩妆）

■视频：光盘>视频文件夹 ■难度：★★★★☆ ■实例类型：抠图 ■实例应用：使用"色彩范围"命令抠人像，制作时尚彩妆效果

　　"色彩范围"命令可根据图像的颜色范围创建选区，在这一点上它与魔棒工具有着很大的相似之处，但该命令提供了更多的控制选项，因此，选择精度更高。

01 按下Ctrl+O快捷键，打开光盘中的素材文件，如图15-16所示。这个图像的背景比较简单，我们可以通过选择背景、再反选的形式，将人物选中。

图15-16

02 执行"选择>色彩范围"命令，打开"色彩范围"对话框。将光标放在预览图中人物的背景上，单击鼠标进行颜色取样，如图15-17所示。

图15-17

03 选择添加到取样工具 ✐，在如图15-18、图15-19所示的几处背景上单击，选中所有背景图像。

图15-18　　　　　　　图15-19

04 现在背景全都变为了白色，但人物的面部、脖子等处也有被选中的区域（白色区域），我们来降低"颜色容差"值，将它调整到45左右，减少面部多选的区域，如图15-20所示。

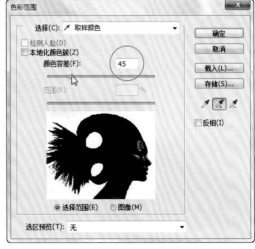
图15-20

提示

我们只要将"颜色容差"值调得更低一些，就可以将面部多选的图像完全排除到选区之外，即面部完全变为黑色、背景完全变为白色。但这样做有一个缺点，就是人物的头发会损失一些细节，抠出之后会非常难看。我们在"色彩范围"对话框中调整到合适的状态即可，之后可以采用其他方法对选区进行修正。

05 单击"确定"按钮关闭对话框，创建选区，如图15-21所示。使用快速选择工具 按住Alt键在人物面部多选的图像上拖动鼠标，将其排除到选区之外，如图15-22、图15-23所示。

图15-21

图15-22　　　　图15-23

06 按住Alt键双击"背景"图层，将它转换为普通图层，如图15-24所示。按住Alt键单击"图层"面板底部的 按钮，创建一个反相的蒙版，将选中的背景隐藏，如图15-25、图15-26所示。

图15-24

图15-25

图15-26

07 按下Ctrl+N快捷键，打开"新建"对话框，创建一个文档。单击工具箱中的前景色图标，打开"拾色器"调整前景色，按下Alt+Delete快捷键在画面中填充前景色，如图15-27所示。

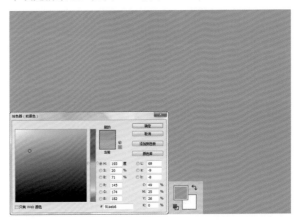

图15-27

08 使用移动工具 将抠出的人像拖入该文档中，如图15-28所示。

图15-28

09 单击图层蒙版缩览图，如图15-29所示，进入蒙版编辑状态。使用柔角画笔工具 🖌 在头发的发梢处涂抹黑色，让发梢显得参差不齐，看上去更加自然，如图15-30、图15-31所示。

让色彩向冷色调转换，如图15-33所示。

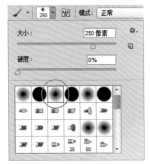

图15-29　　　　图15-30

图15-33

图15-31

12 从图像中可以看到，调色之后，人物皮肤的颗粒感较重，下面我们来磨皮，让皮肤看上去光滑、细腻一些。将"图层1"拖曳到 🔲 按钮上进行复制。在蒙版上单击右键，打开下拉菜单，如图15-34所示，选择"应用图层蒙版"命令，删除蒙版以及被蒙版隐藏的图像，如图15-35所示。

10 下面来调整图像颜色。单击"调整"面板中的 🔳 按钮，创建"色相/饱和度"调整图层，降低色彩的饱和度，如图15-32所示。

图15-34　　　　图15-35

13 执行"滤镜>模糊>高斯模糊"命令，对图像进行模糊处理，如图15-36所示。

图15-32

图15-36

11 单击"调整"面板中的 ⚖ 按钮，创建"色彩平衡"调整图层，增加青色、绿色和蓝色的含量，

14 按下Alt+Ctrl+G快捷键创建剪贴蒙版，如图15-37所示，用下面的人像限定当前层中图像的显示范围，使人物的轮廓恢复为清晰效果。单击"图层"面板底部的 ▣ 按钮添加蒙版，用画笔工具 ✔ 在头发、耳朵、眉毛、眼睛、鼻子和嘴巴等处涂抹黑色，让下一层中未经模糊的清晰图像显现出来，如图15-38、图15-39所示。

图15-37

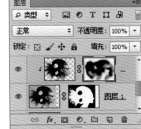

图15-38

图15-39

15 打开光盘中的PSD格式分层素材，将其中的装饰物拖入人物文档中，作为头部饰物，效果如图15-40所示。

图15-40

"色彩范围"对话框

打开一个图像文件，如图15-41所示，执行"选择>色彩范围"命令，打开"色彩范围"对话框，如图15-42所示。

● 选区预览图：选区预览图下方包含两个选项，勾选"选择范围"时，预览区域的图像中，白色代表了被选择的区域，黑色代表了未被选择的区域，灰色代表了被部分选择的区域（带有羽化效果的区域）；如果勾选"图像"，则预览区内会显示彩色图像。

图15-41

图15-42

● 选择：用来设置选区的创建方式。选择"取样颜色"时（光标为 ✔ 状），在文档窗口中的图像上，或"色彩范围"对话框中的预览图像上单击，可对颜色进行取样，如图15-43所示；如果要添加颜色，可按下添加到取样按钮 ✔ ，然后在预览区或图像上单击，如图15-44所示；如果要减去颜色，可按下从取样中减去按钮 ✔ ，然后在预览区或图像上单击，如图15-45所示。此外，选择下拉列表中的"红色"、"黄色"和"绿色"等选项时，可选择图像中的特定颜色，如图15-46所示；选择"高光"、"中间调"和"阴影"等选项时，可选择图像中的特定色调，如图15-47所示；选择"溢色"选项时，可选择图像中出现的溢色，如图15-48所示；选择"肤色"选项，可选择皮肤颜色。

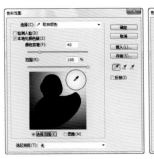

单击进行颜色取样
图15-43

添加颜色
图15-44

417

减少颜色
图15-45

选择绿色
图15-46

选择高光
图15-47

选择溢色
图15-48

● 选区预览： 用来设置文档窗口中选区的预览方式。
选择"无"， 表示不在窗口显示选区； 选择"灰
度"， 可以按照选区在灰度通道中的外观来显示选
区； 选择"黑色杂边"， 可在未选择的区域上覆盖
一层黑色； 选择"白色杂边"， 可在未选择的区域
上覆盖一层白色； 选择"快速蒙版"， 可显示选区
在快速蒙版状态下的效果， 此时， 未选择的区域会
覆盖一层宝石红色， 如图15-49所示。

无

灰度

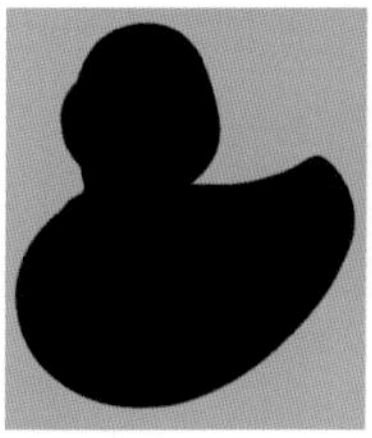

黑色杂边

白色杂边

快速蒙版

图15-49

● 检测人脸： 选择人像或人物皮肤时， 可勾选该项，
以便更加准确地选择肤色。

● 本地化颜色簇/范围： 勾选"本地化颜色簇"后，
拖曳"范围"滑块可以控制要包含在蒙版中的颜色
与取样点的最大和最小距离。 例如， 画面中有两朵
荷花， 如图15-50所示， 如果只想选择其中的一朵，
可以先在它上方单击鼠标进行颜色取样， 如图15-51
所示， 然后调整"范围"值来缩小范围， 就能够避
免选中另一朵花， 如图15-52所示。

● 颜色容差： 用来控制颜色的选择范围， 该值越高，
包含的颜色越广。 图15-53、 图15-54所示是分别设
置该值为75和200所包含的颜色范围。

图15-50   图15-51    图15-52

图15-53   图15-54

● 存储/载入： 单击"存储"按钮， 可以将当前的设
置状态保存为选区预设； 单击"载入"按钮， 可
以载入存储的选区预设文件。

● 反相： 可以反转选区， 即相当于创建选区之后，
执行"选择>反向"命令。

👤 提示............................

如果在图像中创建了选区，则"色彩范围"命令只分
析选中的图像。如果要对选区进行细致的调整，可以
重复使用该命令。

15.7 调整边缘命令（实战抠像及合成）

■视频：光盘>视频文件夹 ■难度：★★★★☆ ■实例类型：抠图 ■实例应用：使用"调整边缘"命令抠人像，制作时尚写真效果

使用"选择>调整边缘"命令可以对选区进行细化，消除选区周围边界的背景图像。在默认情况下，该命令的名称为"调整蒙版"，在创建选区后，则变为"调整边缘"。

01 按下Ctrl+O快捷键，打开一个文件，如图15-55所示。使用快速选择工具 ❶将人物选中，如图15-56所示。

图15-55　　　　图15-56

02 执行"选择>调整边缘"命令，打开"调整边缘"对话框。选择"黑底"视图，勾选"智能半径"选项，并将"半径"设置为10像素，如图15-57所示。使用调整半径工具（可按下 [、] 键调整笔尖大小）在人物头顶涂抹。如图15-58所示。放开鼠标后，Photoshop会自动识别图像，将发丝和头顶的发饰选中。

图15-57　　　　图15-58

03 在"视图"下拉列表中选择"黑白"，如图15-59所示。让窗口中显示黑白图像（即Alpha通道中的选区）。扩大"半径"范围（设置为80），再使用抹除调整工具在发梢边缘涂抹，对选中的发丝进行精修，如图15-60所示。

图15-59　　　　图15-60

04 在"输出到"下拉列表中选择"新建带有蒙版的图层"选项，然后按下回车键，将选中的对象输出到一个新的图层中，如图15-61、图15-62所示。

图15-61　　　　图15-62

05 按住Alt键单击蒙版缩览图，文档窗口中会显示蒙版图像，如图15-63所示。使用画笔工具在人物头发内部灰色区域涂抹白色；在发饰部分的灰色背景上涂抹黑色，使选中的图像更加准确，如图15-64所示。

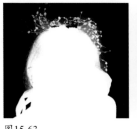

图15-63　　　　图15-64

相关链接
❶快速选择工具的使用方法请参阅第21页。

06 打开一个文件，将抠出的人物拖入该文档。按下 Ctrl+J快捷键复制人物图层，设置它的混合模式为"滤色"，不透明度为45%，使人物的色调变亮，如图15-65、图15-66所示。

图15-65　　　　图15-66

07 按下Alt+Ctrl+G快捷键创建剪贴蒙版。单击"调整"面板中的按钮，创建"可选颜色"调整图层，在"颜色"下拉列表中分别选择"红色"、"黄色"和"中性色"进行调整，校正人物的肤色。按下面板底部的按钮创建剪贴蒙版，使调整只对人物有效，不会影响背景，如图15-67~图15-70所示。

图15-67　　　　图15-68

图15-69　　　　图15-70

08 单击"调整"面板中的按钮，创建"色阶"调整图层，向右拖曳阴影滑块，扩展阴影范围，增强色调的清晰度，如图15-71所示。按下按钮创建剪贴蒙版，如图15-72所示。

图15-71　　　　图15-72

09 新建一个图层。将前景色设置为蓝色，使用画笔工具在瞳孔内和眼眶周围涂抹，进行着色，如图15-73所示。人物调色，以及背景和环境空间都处理完毕了，最后可以添加一些图像素材进行装饰，营造氛围和意境，如图15-74所示。

图15-73

图15-74

15.8 修改命令

创建选区以后，执行"选择>修改"菜单下的命令，可以对选区的边界进行扩展、收缩或羽化等调整，如图15-75所示。

图15-75

15.8.1 边界

在图像中创建选区，如图15-76所示，执行"选择>修改>边界"命令，可以将选区的边界向内部和外部扩展，扩展后的边界与原来的边界形成新的选区。在"边界选区"对话框中，"宽度"用于设置选区扩展的像素值，例如，将该设置为30像素时，原选区会分别向外和向内扩展15像素，如图15-77所示。

图15-76　　　　　　图15-77

15.8.2 平滑

创选区以后，如图15-78所示，执行"选择>修改>平滑"命令，打开"平滑选区"对话框，在"取样半径"选项中设置数值，可以让选区变得更加平滑，如图15-79所示。

使用魔棒工具或"色彩范围"命令选择对象时，选区边缘往往较为生硬，使用"平滑"命令可以对选区边缘进行平滑处理。

图15-78　　　　　　图15-79

15.8.3 扩展与收缩

创选区后，如图15-80所示，执行"选择>修改>扩展"命令，打开"扩展选区"对话框，输入"扩展量"可以扩展选区范围，如图15-81、图15-82所示。

图15-80　　　　　　图15-81

图15-82

执行"选择>修改>收缩"命令，则可以收缩选区范围，如图15-83、图15-84所示。

图15-83　　　　　　图15-84

15.8.4 羽化

"羽化"命令可以对选区进行羽化。羽化是通过建立选区和选区周围像素之间的转换边界来模糊边缘的，这种模糊方式会丢失选区边缘的图像细节。

图15-85所示为创建的选区，执行"选择>修改>羽化"命令，打开"羽化"对话框，通过"羽化半径"可以控制羽化范围的大小。图15-86所示为使用羽化后的选区选取的图像。

图15-85　　　　　　图15-86

 技术看板：

为什么羽化时会弹出提示信息？

如果选区较小而羽化半径设置得较大，就会弹出一个羽化警告。单击"确定"按钮，表示认可当前设置的羽化半径，这时选区可能变得非常模糊，以至于在画面中看不到，但选区仍然存在。如果不想出现该警告，应减少羽化半径或增大选区的范围。

15.9 扩大选取与选取相似命令

"扩大选取"与"选取相似"都是用来扩展现有选区的命令，执行这两个命令时，Photoshop会基于魔棒工具选项栏中的"容差"值来决定选区的扩展范围，"容差"值越高，选区扩展的范围就越大。

执行"选择>扩大选取"命令时，Photoshop会查找并选择那些与当前选区中的像素色调相近的像素，从而扩大选择区域。该命令只扩大到与原选区相连接的区域。

执行"选择>选取相似"命令时，Photoshop同样会查找并选择那些与当前选区中的像素色调相近的像素，从而扩大选择区域。但该命令可以查找整个文档，包括与原选区没有相邻的像素。

例如，图15-87所示为创建的选区；图15-88所示为执行"扩大选取"命令的扩展结果；图15-89所示为执行"选取相似"命令的扩展结果。

图15-87   图15-88   图15-89

👤提示

多次执行"扩大选取"或"选取相似"命令，可以按照一定的增量扩大选区。

15.10 变换选区命令

在Photoshop中，选区可以像图像一样进行变换操作。创建一个选区，如图15-90所示，执行"选择>变换选区"命令，可以在选区上显示定界框，如图15-91所示。

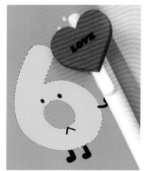 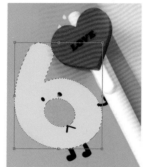 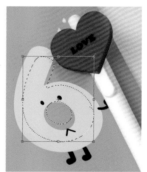 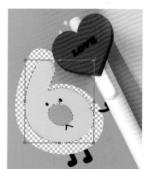

图15-90   图15-91   图15-92   图15-93

拖曳定界框❶上的控制点可对选区进行旋转、缩放等变换操作，选区内的图像不会受到影响，如图15-92所示。如果使用"编辑"菜单中的"变换"命令操作，则会对选区及选中的图像同时应用变换，如图15-93所示。

单击鼠标右键，在打开的快捷菜单中选择"透视"命令，可以对选区进行透视变换，如图15-94、图15-95所示。

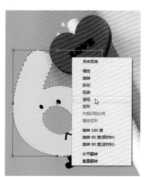 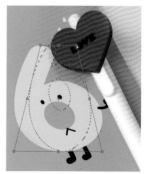

图15-94   图15-95

相关链接 ……………………………………………………………………………………………
❶选区与图像的变换方法相同，都是对定界框进行调整，关于定界框的使用方法请参阅第255页。

15.11 在快速蒙版模式下编辑命令(实战抠图)

■视频:光盘>视频文件夹 ■难度:★★★★☆ ■实例类型:抠图 ■实例应用:在快速蒙版状态下编辑选区

快速蒙版是一种选区转换工具,它能将选区转换成为一种临时的蒙版图像,这样我们就能用画笔、滤镜等工具编辑蒙版,之后,再将蒙版图像转换为选区,从而实现编辑选区的目的。选区形态的转换就好像是水变冰,由液态变成了固态,对其雕琢、加工之后,还可以由冰变为水。

01 打开光盘中的素材。先用快速选择工具 选择娃娃,如图15-96所示。

02 执行"选择>在快速蒙版模式下编辑"命令,或单击工具箱底部的 按钮,进入快速蒙版编辑状态,未选中的区域会覆盖一层半透明的颜色,被选择的区域还是显示为原状,如图15-97所示。

图15-96

图15-97

03 选择画笔工具 ,在画笔下拉面板中设置画笔大小,如图15-98所示,在娃娃后面的标签上涂抹黑色,将其排除到选区外,如图15-99所示。如果涂抹到衣服区域,则可按下X键,将前景色切换为白色,用白色涂抹就可以将其添加到选区内。再来调整帽子和蝴蝶结的边缘部分,如图15-100、图15-101所示。

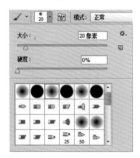
图15-98

图15-99

> 💁 提示
>
> 按下Q键可以进入或退出快速蒙版编辑模式。

图15-100　　　　图15-101

> 💁 提示
>
> 用白色涂抹快速蒙版时,被涂抹的区域会显示出图像,这样可以扩展选区;用黑色涂抹的区域会覆盖一层半透明的宝石红色,这样可以收缩选区;用灰色涂抹的区域可以得到羽化的选区。

04 再次执行"在快速蒙版模式下编辑"命令或单击工具箱底部的 按钮,退出快速蒙版,切换回正常模式,图15-102所示为修改后的选区效果。打开一个素材文件,使用移动工具 将娃娃拖曳到该文档中,如图15-103所示。

图15-102　　　　图15-103

05 单击"调整"面板中的 按钮,创建"色阶"调整图层,拖曳黑色滑块,增强图像的暗部色调,如图15-104、图15-105所示。

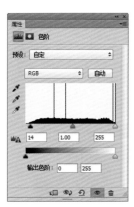

图15-104　　　　图15-105

蒙版颜色覆盖，未被选择的区域显示为图像本身的效果，如图15-109所示。该选项比较适合在没有选区的状态下直接进入快速蒙版，然后在快速蒙版的状态下制作选区。

图15-106　　　　　　　图15-107

创建选区以后，如图15-106所示，双击工具箱中的以快速蒙版模式编辑按钮 ⬛，可以打开"快速蒙版选项"对话框，如图15-107所示。

- 被蒙版区域：被蒙版区域是指选区之外的图像区域。将"色彩指示"设置为"被蒙版区域"后，选区之外的图像将被蒙版颜色覆盖，而选中的区域完全显示图像，如图15-108所示。

- 所选区域：所选区域是指选中的区域。如果将"色彩指示"设置为"所选区域"，则选中的区域将被

图15-108　　　　　　　图15-109

- 颜色/不透明度：单击颜色块，可在打开的"拾色器"中设置蒙版颜色。如果对象与蒙版的颜色非常接近，可以对蒙版颜色做出调整。"不透明度"用来设置蒙版颜色的不透明度。"颜色"和"不透明度"都只是影响蒙版的外观，不会对选区产生任何影响。

15.12 载入选区命令

使用"选择>载入选区"命令可以将Alpha通道中的选区载入到画面中。执行该命令时会打开"载入选区"对话框，我们可以选择选区所在的文档和通道，如图15-110所示。

图15-110

- 文档：用来选择包含选区的目标文件。

- 通道：用来选择包含选区的通道❶。

- 反相：可以反转选区，相当于载入选区后执行"反向"命令。

- 操作：如果当前文档中包含选区，可以通过该选项设置如何合并载入的选区。选择"新建选区"，

可用载入的选区替换当前选区；选择"添加到选区"，可将载入的选区添加到当前选区中；选择"从选区中减去"，可以从当选区中减去载入的选区；选择"与选区交叉"，可以得到载入的选区与当前选区交叉的区域。

在"图层"面板中也可以进行载入选区的操作。方法很简单，按住Ctrl键单击蒙版的缩览图即可，如图15-111、图15-112所示。

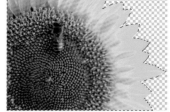

图15-111　　　　　　　图15-112

相关链接 ....
❶使用"通道"面板也可以保存和载入选区，相关内容请参阅第147页。

424

15.13 存储选区命令

抠一些复杂的图像需要花费大量的时间，为避免因断电或其他原因造成劳动成果付之东流，应及时保存选区，同时也会为之后的使用和修改带来方便。

要存储选区，可单击"通道"面板底部的将选区存储为通道按钮 ，将选区保存在Alpha通道中，如图15-113、图15-114所示。

图15-113　　　　　　　　图15-114

此外，使用"选择"菜单中的"存储选区"命令也可以保存选区。执行该命令时会打开"存储选区"对话框，如图15-115所示。我们可以设置以下选项。

● 文档：在下拉列表中可以选择保存选区的目标文件。在默认情况下，选区保存在当前文档中，我们也可以选择将其保存在一个新建的文档中。

● 通道：可以选择将选区保存到一个新建的通道，或保存到其他Alpha通道中。

● 名称：用来设置选区的名称。

● 操作：如果保存选区的目标文件包含有选区，则可以选择如何在通道中合并选区。选择"新建通道"，可以将当前选区存储在新通道中；选择"添加到通道"，可以将选区添加到目标通道的现有选区中；选择"从通道中减去"，可以从目标通道内的现有选区中减去当前的选区；选择"与通道交叉"，可以从与当前选区和目标通道中的现有选区交叉的区域中存储一个选区。

图15-115

📄 提示
存储文件时，选择 PSB、PSD、PDF和TIFF等格式可以保存多个选区。

15.14 新建3D凸出命令(实战3D字)

■视频：光盘>视频文件夹　■难度：★★☆☆☆　■实例类型：3D　■实例应用：将选区内的图像创建为3D立体字

选取图像后，可以通过"新建3D凸出"命令创建立体效果。下面，我们就使用该命令将平面化的文字制作成立体字。

01 打开光盘中的素材，如图15-116所示。使用魔棒工具 🪄 按住Shift键在文字以外的白色背景上单击，将背景全部选取，按下Shift+Ctrl+I快捷键反选，选中文字，如图15-117所示。

图15-116　　　　　　　　图15-117

02 执行"选择>新建3D凸出"命令或"3D>从当前选区新建3D凸出"命令❶，即可从选中的图像中

生成3D对象，如图15-118所示。用旋转3D对象工具 🔄 调整对象的角度❷，还可以为它添加预设的光源效果❸（光源样式为"狂欢节"），如图15-119所示。

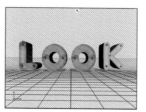　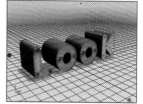

图15-118　　　　　　　　图15-119

相关链接
❶3D菜单命令的使用方法，请参阅第17章。❷旋转3D对象工具的使用方法请参阅第105页。❸3D光源的设置方法请参阅第191页。

CHAPTER 15

本章我们来学习"滤镜"菜单中的命令。

滤镜是什么呀?

滤镜是一种摄影器材,摄影师将其安装在照相机的镜头前面来改变照片的拍摄方式,以便影响色彩或产生特殊的拍摄效果。Photoshop中的滤镜更加神奇,它就像是一个神奇的魔术师,随手一变,就能让普通的图像呈现出令人惊奇的视觉效果。我们知道,位图(如照片、图像素材等)是由像素构成的,每一个像素都有自己的位置和颜色值,滤镜就是通过改变像素的位置或颜色来生成特效的。Photoshop不仅提供了上百种滤镜,还允许用户安装外挂滤镜❶。

第16章 滤镜菜单命令

16.1 上次滤镜操作命令

　　Photoshop滤镜是一种插件模块,可以改变像素的位置或颜色,从而生成特效。

　　使用一个滤镜后,"滤镜"菜单的第一行便会出现该滤镜的名称,如图16-1所示,单击它或按下Ctrl+F快捷键可快速应用这一滤镜。如果要修改滤镜参数,可以按下Alt+Ctrl+F快捷键,打开相应的对话框重新设定。

16.2 转换为智能滤镜命令

　　选择一个图层,执行"滤镜>转换为智能滤镜"命令,可将其转换为智能对象,如图16-2所示。对智能对象应用滤镜时,生成的是智能滤镜❷,如图16-3所示。

　　智能滤镜是一种非破坏性的滤镜,可以达到与普通滤镜完全相同的效果,但它是作为图层效果出现在"图层"面板中的,因而不会真正改变图像中的任何像素,并且,还可以随时修改参数或者删除。

图16-1

图16-2

图16-3

16.3 滤镜库命令

　　滤镜库是一个整合了"风格化"、"画笔描边"、"扭曲"和"素描"等多个滤镜组的对话框,它可以将多个滤镜同时应用于同一图像,也能对同一图像多次应用同一滤镜,或者用其他滤镜替换原有的滤镜。

　　执行"滤镜>滤镜库"命令,或者使用"风格化"、"画笔描边"、"扭曲"、"素描"、"纹理"和"艺术效果"滤镜组中滤镜时,都可以打开"滤镜库",如图16-4所示。在"滤镜库"对话框中,左侧是预览区,中间是6组可供选择的滤镜,右侧是参数设置区。

相关链接 ··········
❶外挂滤镜的安装与使用方法可参阅光盘中的《Photoshop外挂滤镜使用手册》电子书。❷智能滤镜的创建和编辑方法可参阅第377页。

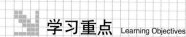

预览区　　　　　　　滤镜组　当前使用的滤镜

缩放区　　　　　　效果图层　新建效果图层
　　　　　　　　　　　　　　删除效果图层

图16-4

● 预览区：可预览滤镜效果。

● 滤镜组/参数设置区："滤镜库"中共包含6组滤镜，单击一个滤镜组前的▶按钮，可以展开该滤镜组，单击滤镜组中的一个滤镜即可使用该滤镜，与此同时，右侧的参数设置区内会显示该滤镜的参数

选项。

● 当前选择的滤镜缩览图：显示了当前使用的滤镜。

● 显示/隐藏滤镜缩览图︿：单击该按钮，可以隐藏滤镜组，将窗口空间留给图像预览区。再次单击则显示滤镜组。

● 弹出式菜单：单击▾按钮，可在打开的下拉菜单中选择一个滤镜。这些滤镜是按照滤镜名称拼音的先后顺序排列的，如果想要使用某个滤镜，但不知道它在哪个滤镜组，便可以在该下拉菜单中查找。

● 缩放区：单击⊞按钮，可放大预览区图像的显示比例，单击⊟按钮，则缩小显示比例。

● 效果图层：在"滤镜库"中选择一个滤镜后，该滤镜就会出现在对话框右下角的已应用滤镜列表中。单击新建效果图层按钮◫，可以添加一个效果图层。添加效果图层后，可以选取要应用的另一个滤镜，重复此过程可添加多个滤镜，图像效果也会变得更加丰富。单击🗑按钮可以删除效果图层。单击眼睛图标👁可以隐藏或显示滤镜。

16.4 自适应广角命令

　　使用"自适应广角"滤镜可以轻松拉直全景图像或使用鱼眼或广角镜头拍摄的照片中的弯曲对象。打开一张超广角照片，执行"滤镜>自适应广角"命令，打开"自适应广角"对话框。

　　选择约束工具▚▞，将光标放在出现弯曲的展柜上，单击鼠标，然后向下方拖动，拖出一条绿色的约束线，如图16-5所示，放开鼠标后，即可将弯曲的图像拉直，如图16-6所示。

图16-6

● 约束工具▚▞：单击图像或拖曳端点，可以添加或编辑约束线。按住Shift键单击可添加水平/垂直约束线；按住Alt键单击可删除约束线。

● 多边形约束工具◇：单击图像或拖曳端点，可以添加或编辑多边形约束线。按住Alt键单击可删除约束线。

图16-5

- 移动工具 ▶♦ : 可以移动对话框中的图像。
- 抓手工具 🖐 : 单击放大窗口的显示比例后, 可以用该工具移动画面。
- 缩放工具 🔍 : 单击可放大窗口的显示比例; 按住 Alt 键单击则缩小显示比例。
- 校正 : 在该选项的下拉列表中可以选择投影模型, 包括 "鱼眼"、"透视"、"自动" 和 "完整球面"。
- 缩放 : 校正图像后, 可通过该选项来缩放图像, 以填满空缺。

- 焦距 : 用来指定焦距。
- 裁剪因子 : 用来指定裁剪因子。
- 原照设置 : 勾选该项, 可以使用照片元数据中的焦距和裁剪因子。
- 细节 : 该选项中会实时显示光标下方图像的细节 (比例为100%)。 使用约束工具 ▶ 和多边形约束工具 ◇ 时, 可通过观察该图像来准确定位约束点。
- 显示约束 : 勾选该项, 可以显示约束线。
- 显示网格 : 勾选该项, 可以显示网格。

16.5 镜头校正命令

"镜头校正" 滤镜可以修复由数码相机镜头缺陷而导致的照片中出现桶形失真、枕形失真、色差以及晕影等问题, 也可用来校正倾斜的照片, 或修复由于相机垂直或水平倾斜而导致的图像透视现象。

打开一张照片, 执行 "滤镜>镜头校正" 命令, 打开 "镜头校正" 对话框, 如图16-7所示。 Photoshop会根据照片元数据中的信息提供配置文件。 勾选 "校正" 选项组中的选项, 可自动校正照片中出现的桶形失真或枕形失真、色差和晕影。

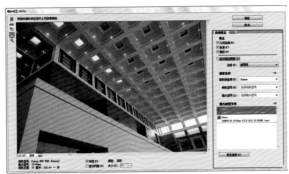

图16-7

自动校正

- 校正 : 可以选择要解决的问题。 如果校正后导致图像超出了原始尺寸, 可勾选 "自动缩放图像" 选项, 或者在 "边缘" 下拉菜单中指定如何处理出现的空白区域。 选择 "边缘扩展", 可扩展图像的边缘像素来填充空白区域; 选择 "透明度", 空白区域保持透明; 选择 "黑色" 或 "白色", 则使用黑或白色填充空白区域。
- 搜索条件 : 可以手动设置相机的制造商、 相机型号和镜头类型, 这些选项指定之后, Photoshop就会给出与之匹配的镜头配置文件。
- 镜头配置文件/联机搜索 : 可以选择与相机和镜头匹配的配置文件。 如果没有找到匹配的镜头配置文

件, 则可单击 "联机搜索" 按钮, 获取 Photoshop 社区所创建的其他配置文件。

- 显示网格 : 勾选该项, 可在画面中显示网格, 通过网格线可以更好地判断所需的校正参数。 在 "大小" 选项中可以调整网格间距; 单击颜色块, 可以打开 "拾色器" 修改网格颜色。

手动校正

单击 "自定" 选项卡, 可以显示如图16-8所示的选项。

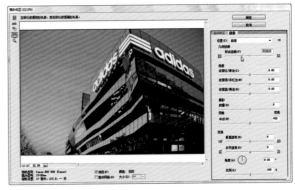

图16-8

- 几何扭曲 : 拖曳 "移去扭曲" 滑块可以拉直从图像中心向外弯曲或向图像中心弯曲的水平和垂直线条, 抵消镜头桶形失真和枕形失真造成的扭曲。
- 色差 : 可校正色差。 色差是由于镜头对不同平面中不同颜色的光进行对焦而产生的, 具体表现为背景与前景对象相接的边缘会出现红、 蓝或绿色的异常杂边。
- 晕影 : 可校正晕影。 晕影的特点表现为图像的边缘

（尤其是角落）比图像中心暗。

● 变换："垂直透视"选项可以使图像中的垂直线平行；"水平透视"可以使水平线平行；"角度"选项可以旋转图像以针对相机歪斜加以校正；"比例"选项用于缩放图像。

16.6 液化命令

"液化"滤镜是修饰图像和创建艺术效果的强大工具，它可以创建推拉、扭曲、旋转和收缩等变形效果，可用来修改图像的任意区域。

执行"滤镜>液化"命令，可以打开"液化"对话框，如图16-9所示。使用各种变形工具在图像上单击并拖动鼠标即可进行变形操作，变形集中在画笔区域中心，并会随着鼠标在某个区域中的重复拖动而得到增强。

图16-9

● 向前变形工具 ：可以向前推动像素，如图16-10所示。

● 重建工具 ：用来恢复图像。在变形区域单击或拖曳涂抹，可以将其恢复为原状。

● 顺时针旋转扭曲工具 ：在图像中单击或拖动鼠标可顺时针旋转像素，如图16-11所示；按住Alt键操作则逆时针旋转像素。

图16-10

图16-11

● 褶皱工具 ：可以使像素向画笔区域的中心移动，使图像产生收缩效果。

● 膨胀工具 ：可以使像素向画笔区域中心以外的方向移动，使图像产生膨胀效果。

● 左推工具 ：垂直向上拖曳鼠标时，像素向左移

动；向下拖曳，像素向右移动；按住Alt键垂直向上拖曳时，像素向右移动；按住Alt键向下拖曳像素向左移动。

● 冻结蒙版工具 ：如果要对局部图像进行处理，而又不希望影响其他区域，可以使用该工具在图像上绘制出冻结区域，此后使用变形工具处理图像时，冻结区域会受到保护。

● 解冻蒙版工具 ：用该工具涂抹冻结区域可以解除冻结。

● 画笔大小：用来设置扭曲图像的画笔的宽度。

● 画笔密度：用来设置画笔边缘的羽化范围，它可以使画笔中心的效果最强，边缘处的效果最轻。

● 画笔压力：用来设置画笔在图像上产生的扭曲速度。较低的压力可以减慢更改速度，易于对变形效果进行控制。

● 画笔速率：用来设置旋转扭曲等工具在预览图像中保持静止时扭曲所应用的速度。该值越高，扭曲速度越快。

● 光笔压力：当计算机配置有数位板和压感笔时，勾选该项可通过压感笔的压力控制工具。

● 重建选项：用来设置重建方式，以及撤销所做的调整。单击"重建"按钮可应用重建效果。单击"恢复全部"按钮可取消所有扭曲效果，即使当前图像中有被冻结的区域也不例外。

● 替换选区 ：显示图像中的选区、蒙版或透明度。

● 添加到选区 ：显示图像中的蒙版，此时可以使用冻结工具添加到选区。

● 从选区中减去 ：从冻结区域减去通道中的像素。

● 与选区交叉 ：只使用处于冻结状态的选定像素。

● 反相选区 ：使当前的冻结区域反相。

● 无：单击该按钮可解冻所有区域。

● 全部蒙住：单击该按钮可以使图像全部冻结。

● 全部反相：单击该按钮可使冻结和解冻区域反相。

● 显示图像：在预览区中显示图像。

● 显示网格：勾选该项可在预览区中显示网格，通过网格可以更好地查看和跟踪扭曲。

- 显示蒙版：使用蒙版颜色覆盖冻结区域，在"蒙版颜色"选项中可以设置蒙版颜色。
- 显示背景：如果当前图像中包含多个图层，可通过

该选项使其他图层作为背景来显示，以便更好地观察扭曲的图像与其他图层的合成效果。

16.7 油画命令

"油画"滤镜能够让图像快速呈现为油画效果，我们还可以控制画笔的样式以及光线的方向和亮度。图16-12所示为原图，图16-13所示为滤镜效果。

- 样式化：用来调整笔触样式。
- 清洁度：用来设置纹理的柔化程度。
- 缩放：用来对纹理进行缩放。
- 硬毛刷细节：用来设置画笔细节的丰富程度，该值越高，毛刷纹理越清晰。
- 角方向：用来设置光线的照射角度。
- 闪亮：可以提高纹理的清晰度，产生锐化效果。

图16-12

图16-13

16.8 消失点命令

"消失点"滤镜可以在包含透视平面（如建筑物侧面或任何矩形对象）的图像中进行透视校正。在应用诸如绘画、仿制、拷贝或粘贴以及变换等编辑操作时，Photoshop可以正确确定这些编辑操作的方向，并将它们缩放到透视平面，使结果更加逼真。

执行"滤镜>消失点"命令，打开"消失点"对话框，如图16-14所示。

- 编辑平面工具 ：可以用来选择、编辑和移动平面的节点以及调整平面的大小。图16-15所示为创建的透视平面，图16-16所示为使用该工具修改的透视平面。
- 创建平面工具 ：用来定义透视平面的四个角节点，如图16-17、图16-18所示。创建了四个角节点后，可以移动、缩放平面或重新确定其形状；按住 Ctrl 键拖曳平面的边节点可以拉出一个垂直平面，如图16-19、图16-20所示。在定义透视平面的节点时，如果节点的位置不正确，可按下 Back Space 键将该节点删除。

图16-14

图16-15

图16-16

周围像素的颜色、 光照和阴影混合， 可以选择
"开"。

图16-23

图16-24

图16-17

图16-18

● 画笔工具 ✏️ ： 可在图像上绘制选定的颜色。

● 变换工具 ▦ ： 使用该工具时， 可以通过移动定界
框的控制点来缩放、 旋转和移动浮动选区， 就类似
于在矩形选区上使用 "自由变换" 命令。 图16-25
所示为使用选框工具 🔲 选取并复制的图像， 图16-26
所示为使用变换工具对选区内的图像进行变换时的
效果。

图16-19

图16-20

● 选框工具 🔲 ： 在平面上单击并拖动鼠标可以选择平
面上的图像。 选择图像后， 将光标放在选区内， 按
住 Alt 键拖曳可以复制图像， 如图16-21、 图16-22
所示； 按住 Ctrl 键拖曳选区， 则可以用源图像填充
该区域。

图16-25

图16-26

● 吸管工具 ✒️ ： 可以拾取图像中的颜色作为画笔工具
的绘画颜色。

● 测量工具 📏 ： 可以在透视平面中测量项目的距离和
角度， 如图16-27、 图16-28所示。

图16-21

图16-22

图16-27

图16-28

● 图章工具 🏛️ ： 使用该工具时， 按住 Alt 键在图像中
单击可以为仿制设置取样点， 如图16-23所示， 在
其他区域拖动鼠标可复制图像， 如图16-24所示，
在某一点单击， 然后按住 Shift 键并在另一点单击，
可在透视中绘制出一条直线。 此外， 在对话框顶部
的选项中可以选择一种 "修复" 模式。 如果要绘画
而不与周围像素的颜色、 光照和阴影混合， 可选择
"关"； 如果要绘画并将描边与周围像素的光照混
合， 同时保留样本像素的颜色， 可选择 "明亮
度"； 如果要绘画并保留样本图像的纹理， 同时与

● 缩放工具 🔍/抓手工具 ✋ ： 用于缩放窗口的显示比
例， 以及移动画面。

👤 提示

执行 "滤镜" 菜单中的 "浏览联机滤镜" 命令， 可以
链接到Adobe网站， 查找需要的滤镜和增效工具。

相关链接
Photoshop的 "滤镜" 菜单中包含一百多种滤镜， 前面介绍的只是其中比较大型的滤镜， 其他滤镜的使用方法， 可参
阅光盘中的附加章节， 即《Photoshop内置滤镜》电子书。 Photoshop常用外挂滤镜的安装与使用方法， 可参阅光盘
中的《Photoshop外挂滤镜使用手册》电子书。

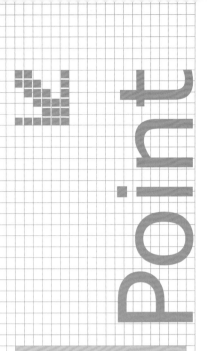

第17章 3D 菜单命令

17.1 从文件新建3D图层命令

　　打开一个图像文件，执行"3D>从文件新建3D图层"命令，如图17-1所示，在打开的对话框中选择一个3D文件，如图17-2所示，将其打开，即可将3D文件置入到图像中，3D文件将作为文档中的一个图层出现，如图17-3所示。

图17-1　　　　　　　图17-2　　　　　　　　　　　　图17-3

　　如果同时打开了一个图像和一个3D文件，则可以直接将一个图层拖入另一个文件中。

17.2 导出3D图层命令

　　在"图层"面板中选择要导出的3D图层，如图17-4所示，执行"3D>导出3D图层"命令，打开"存储为"对话框，在"格式"下拉列表中可以选择将文件导出为Collada DAE、Flash 3D、Wavefront/OBJ、U3D 和 Google Earth 4 KMZ格式，如图17-5所示。

图17-4　　　　　　　图17-5

本章我们来学习"3D"菜单命令的使用方法。

Photoshop CS6 Extended（扩展版）不仅可以编辑其他3D软件制作的3D模型。在它的"3D"菜单中还提供了很多3D对象创建命令，如"从所选图层新建3D"、"明信片"、"球面全景"和"酒瓶"等命令。

也就是说，我们可以用Photoshop制作3D模型了？

是的。Photoshop可以制作简单的3D模型，而且还能像其他3D软件那样调整模型的角度、透视，在3D空间添加光源和投影，我们甚至还能将3D对象导出到其他程序中使用。

17.3 从所选图层新建3D凸出命令(实战玩偶)

■视频: 光盘>视频文件夹 ■难度: ★★★☆☆ ■实例类型: 3D ■实例应用: 使用"从所选图层新建3D凸出"命令制作立体玩偶

执行"3D>从所选图层新建3D凸出"命令可以将图层中的平面化图像生成立体效果,该命令还可以应用于文字图层,制作出立体字效果❶。

01
打开光盘中的素材,玩偶位于单独的图层中,如图17-6、图17-7所示。

图17-6

图17-7

02
执行"3D>从所选图层新建3D凸出"命令,即可从选中的图层中生成3D对象,如图17-8所示。单击"3D"面板中的"图层1",如图17-9所示,在"属性"面板中为玩偶选择凸出样式,设置"凸出深度"为12,如图17-10、图17-11所示。

图17-8

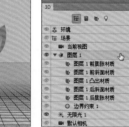
图17-9

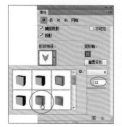
图17-10

图17-11

03
使用旋转3D对象工具 ⟲ 调整玩偶的角度和位置,如图17-12所示。单击场景中的 ❈ 图标,显示光源❷,在画面中调整光源的照射方向,如图17-13所示,完成后的效果如图17-14所示。图17-15所示为玩偶不同角度的展示效果。

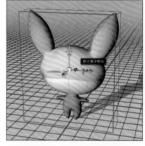
图17-12

图17-13

图17-14

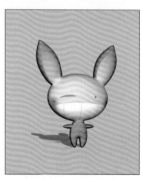
图17-15

👤提示

使用旋转3D对象工具沿上、下、左、右方向拖动鼠标可以旋转相机视图。按住Ctrl键则可以切换为移动工具,移动对象的位置。

相关链接
❶使用"3D>从当前选区新建3D凸出"命令可以制作立体字,详见第425页。❷光源的调整方法请参阅第191页。

17.4 从所选路径新建 3D 凸出命令（实战小狗模型）

■视频：光盘>视频文件夹 ■难度：★★☆☆ ■实例类型：3D ■实例应用：使用"从所选路径新建3D凸出"命令制作小狗模型

下面我们来使用"3D>从所选路径新建3D凸出"命令基于路径生成3D对象，再通过3D材质吸管工具给模型应用材质。

01 打开光盘中的素材文件。单击"路径"面板中的"路径1"，如图17-16所示，在画面中显示该路径，如图17-17所示。

图17-16

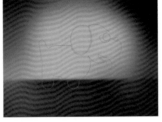
图17-17

02 单击"图层"面板底部的 按钮，新建一个图层，如图17-18所示。执行"3D>从所选路径新建3D凸出"命令，基于路径生成3D对象，如图17-19所示。

图17-18

图17-19

03 双击"3D"面板中的"图层1"，如图17-20所示，然后在"属性"面板中选择"膨胀"样式，如图17-21、图17-22所示。用旋转3D对象工具 调整对象的角度，如图17-23所示。

图17-20

图17-21

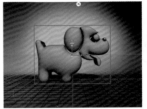

图17-22　　　　图17-23

04 选择3D材质吸管工具 ，在模型正面单击，选择材质，如图17-24所示。在"属性"面板中选择"棉织物"材质，如图17-25所示，单击"漫射"选项右侧的颜色块，打开"拾色器"调整颜色（R241、G241、B41），如图17-26、图17-27所示。

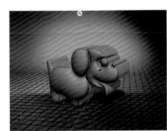

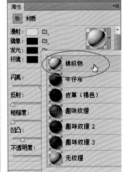
图17-24　　　　图17-25

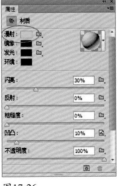

图17-26　　　　图17-27

05 用3D材质吸管工具 在模型的顶面单击，如图17-28所示，然后为顶面也应用"棉织物"材质，并修改颜色，如图17-29、图17-30所示。

图17-28

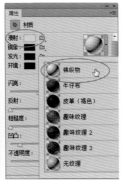

图17-29

图17-30

17.5　从当前选区新建 3D 凸出命令

　　打开一个文件，选取画面中的图像，如图17-31、图17-32所示，执行"3D>从当前选区新建3D凸出"命令或"选择>新建3D凸出"命令❶，即可从选中的图像中生成3D对象，如图17-33、图17-34所示。

图17-31

图17-32

图17-33

图17-34

17.6　从图层新建网格命令

　　Photoshop 可以从 2D 图像中生成各种基本的 3D 对象。创建 3D 对象后，可以在 3D 空间移动它、调整角度或添加光源。

17.6.1　制作明信片（实战）

■素材：光盘>素材文件夹　■视频：光盘>视频文件夹　■难度：★★☆☆☆
■实例类型：3D　■实例应用：制作3D明信片

01 打开光盘中的图像素材，如图17-35所示。选择要转换为3D对象的图层，如图17-36所示。

02 执行"3D>从图层新建网格>明信片"命令，生成3D明信片，如图17-37所示。原始的2D图层会作为3D明信片对象的"漫射"纹理映射出现在"图层"面板中，如图17-38所示。

图17-37

图17-38

图17-35

图17-36

相关链接
❶关于如何使用"选择>新建3D凸出"命令从当前选区生成3D对象的方法，请参阅第425页。

03 用缩放3D对象工具 🔧 将明信片适当缩小。用旋转3D对象工具 🔧 旋转明信片，可以从不同的透视角度观察它，如图17-39、图17-40所示。

图17-39

图17-40

17.6.2 制作啤酒瓶（实战）

■素材：光盘>素材文件夹 ■视频：光盘>视频文件夹 ■难度：★★★☆☆
■实例类型：3D ■实例应用：制作3D啤酒瓶并调整贴图位置

01 打开光盘中的酒瓶图标素材，如图17-41所示。执行"3D>从图层新建网格>网格预设>酒瓶"命令，生成一个3D酒瓶，如图17-42所示。

图17-41

图17-42

02 在"3D"面板中选择"标签材质"，如图17-43所示，单击"属性"面板中的 🔧 图标，打开下拉菜单，选择"编辑UV属性"命令，如图17-44所示，在弹出的"纹理属性"对话框中调整纹理大小和位置，如图17-45所示，效果如图17-46所示。单击"确定"按钮关闭对话框。

图17-43

图17-44

图17-45

图17-46

03 选择"玻璃材质"，如图17-47所示，单击"属性"面板中的"漫射"颜色块打开"拾色器"，将玻璃颜色调整为墨绿色，如图17-48、图17-49所示。

04 选择"木塞材质"，如图17-50所示，为其贴上预设的"巴沙木"材质，如图17-51所示。最终效果如图17-52所示。

图17-47

图17-48

图17-49

图17-50

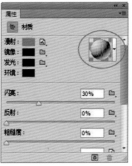

图17-51

图17-52

17.6.3 网格预设

选择一个图层（可以是空白图层），打开"3D>从图层新建网格>网格预设"下拉菜单，选择一个命令，即可生圆柱体、球体、酒瓶和金字塔等3D对象，如图17-53所示。

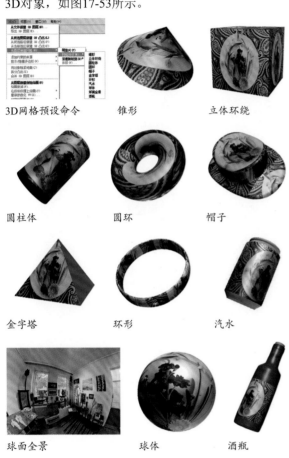

3D网格预设命令　　　锥形　　　立体环绕

圆柱体　　　圆环　　　帽子

金字塔　　　环形　　　汽水

球面全景　　　球体　　　酒瓶

图17-53

17.6.4 深度映射到

Photoshop可以将灰度图像转换为深度映射，基于图像的明度值转换出深度不一的表面。较亮的值生成表面上凸起的区域，较暗的值生成凹下的区域，进而生成3D模型。

例如，图17-54所示为一个云彩素材，使用"3D>从图层新建网格>深度映射到"下拉菜单中的命令，可以基于该图像生成3D山脉，如图17-55、图17-56所示。

图17-54

图17-55

平面

双面平面

圆柱体

球体
图17-56

提示

选择"平面"，可以将深度映射数据（黑、白和灰色）应用于平面表面；选择"双面平面"，可创建两个沿中心轴对称的平面，并将深度映射数据应用于两个平面；选择"圆柱体"，可以从垂直轴中心向外应用深度映射数据；选择"球体"，可以从中心点向外呈放射状地应用深度映射数据。

17.6.5 体积

使用 Photoshop CS6 Extended 可以打开和处理医学上的DICOM图像（.dc3、.dcm、.dic 或无扩展名）文件，并根据文件中的帧生成3D模型。

执行"文件>打开"命令，打开一个DICOM 文件，Photoshop会读取文件中所有的帧，并将它们转换为图层。选择要转换为 3D 体积的图层后，执行"3D>从图层新建网格>体积"命令，就可以创建DICOM 帧的 3D 体积。我们可以使用 Photoshop 的 3D 位置工具从任意角度查看 3D 体积，或更改渲染设置以更直观地查看数据。

17.7 添加约束的来源命令

在Photoshop中创建3D模型后，可以通过内部约束来提高特定区域中的网格分辨率，精确地改变膨胀，或在表面刺孔。约束曲线会沿着我们在3D对象中指定的路径远离要扩展的对象进行扩展，或靠近要收缩的对象进行收缩。

如果要进行内部约束，可创建完全包含于凸纹对象整个前表面之上的选区或工作路径，然后执行"3D>添加约束的来源>选区"或"3D>添加约束的来源>路径"命令来进行操作。

17.8 显示/隐藏多边形命令

在3D模型上绘画时，对于内部包含隐藏区域，或者结构复杂的模型，我们可以使用任意选择工具在3D模型上创建选区，限定要绘画的区域，如图17-57所示，然后从"3D"菜单中选择一个命令，将其他部分隐藏，如图17-58所示。

表面，如图17-60所示。

● 显示全部：显示所有隐藏的表面。

图17-57　　　　图17-58

● 选区内：隐藏选中的表面，如图17-59所示。

● 反转可见：将当前可见的表面隐藏，显示不可见的

图17-59　　　　　　　　图17-60

17.9 将对象紧贴地面命令

移动3D对象以后，执行"3D>将对象紧贴地面"命令，可以使其紧贴到3D地面上。例如，图17-61所示为飞机位于半空中，执行该命令后，飞机便会紧贴3D地面，如图17-62所示。

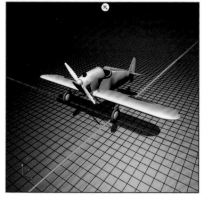

图17-61

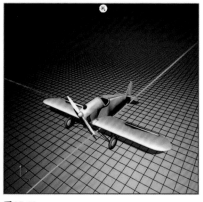

图17-62

17.10 拆分凸出命令（实战拆分立体字）

■视频：光盘>视频文件夹 ■难度：★★★☆☆ ■实例类型：3D ■实例应用：将立体字模型拆分成单独对象

在默认情况下，使用"凸出"命令从图层、路径和选区中创建的3D对象将作为一个整体的3D模型出现，如果需要编辑其中的某个单独的对象，可将其拆分开。

01 打开光盘中的素材，如图17-63所示。这是从文字中生成的3D对象。用旋转3D对象工具 ✋ 旋转对象，如图17-64所示，可以看到，所有文字是一个整体。

02 执行"3D>拆分凸出"命令，将文字拆分开。此时可以选择任意一个文字进行单独调整，如图17-65、图17-66所示。

图17-63

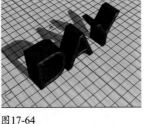
图17-64

图17-65

图17-66

17.11 合并3D图层命令

选择两个或多个3D图层，如图17-67所示，执行"3D>合并3D图层"命令，可将它们合并到一个场景中，如图17-68所示。合并后，我们可以单独处理每一个模型，或者同时在所有模型上使用位置工具和相机工具。

图17-67

图17-68

17.12 从图层新建拼贴绘画命令

在3D模型上使用重复拼贴的纹理可以表现出更加逼真的表面覆盖效果，而且还能改善渲染性能，占用的存储空间也比较小。

打开一个素材文件，如图17-69所示，选择要创建为重复拼贴的图层，执行"3D>从图层新建拼贴绘画"命令，可创建包含9个完全相同的拼贴图案，如图17-70所示。

我们可以将图案应用于3D模型，效果如图17-71所示。

图17-69

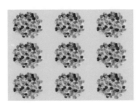
图17-70

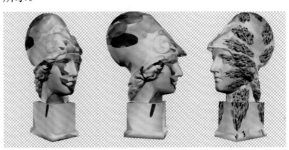
图17-71

17.13 绘画衰减命令

在模型上绘画时，绘画衰减角度可以控制表面在偏离正面视图弯曲时的油彩使用量。衰减角度是根据朝向我们的模型表面突出部分的直线来计算的。

例如，在足球模型中，当球体面对我们时，足球正中心的衰减角度为 0 度，随着球面的弯曲，衰减角度逐渐增大，并在球边缘处达到最大（90度），如图17-72所示。

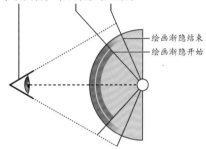

图17-72

执行"3D>绘画衰减"命令，可以在打开的对话框中设置绘画衰减的角度，如图17-73所示。

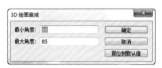

图17-73

● 最小角度：用来设置绘画随着接近最大衰减角度而渐隐的范围。例如，如果最大衰减角度是 45 度，最小衰减角度是 30 度，那么在30度和45度的衰减角度之间，绘画不透明度将会从 100 减少到 0。

● 最大角度：最大绘画衰减角度在 0 ~ 90 度之间。0度时，绘画仅应用于正对前方的表面，没有减弱角度；90 度时，绘画可沿弯曲的表面（如球面）延伸至其可见边缘。

17.14 在目标纹理上绘画命令（实战涂鸦）

■视频：光盘>视频文件夹 ■难度：★★★☆☆ ■实例类型：3D ■实例应用：使用画笔工具在3D汽车模型上绘画

在Photoshop Extended中，可以使用任何绘画工具直接在 3D 模型上绘画，也可以使用选择工具将特定的模型区域设为目标，或者让 Photoshop 识别并高亮显示可绘画的区域。使用 3D 菜单命令可清除模型区域，从而访问内部或隐藏的部分，以便进行绘画。

01 打开一个3D文件，如图17-74所示。打开"3D>在目标纹理上绘画"下拉菜单，选择一种映射类型，如图17-75所示。

02 选择画笔工具，打开画笔下拉面板，选择枫叶图形，如图17-76所示，将前景色设置为橙色，在模型上涂抹即可进行绘画，如图17-77所示。

图17-74　　图17-75

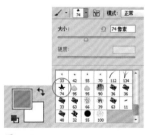

图17-76

图17-77

17.15 重新参数化 UV 命令

如果3D模型的纹理没有正确映射到网格，那么在Photoshop中打开这样的文件时，纹理就会在模型表面产生扭曲，如出现多余的接缝、图案拉伸或挤压等情况。

执行"3D>重新参数化UV"命令，可以将纹理重新映射到模型，从而校正扭曲。图17-78所示为执行该命令时弹出的对话框，单击"确定"按钮，会再弹出一个对话框，如图17-79所示。

图17-78

图17-79

图17-80

图17-81

选择"低扭曲度"，可以使纹理图案保持不变形，但会在模型表面产生较多接缝，如图17-80所示；选择"较少接缝"，则会使模型上出现的接缝数量最小化，这会产生更多的纹理拉伸或挤压，如图17-81所示。

技术看板：
何为UV映射

UV 映射是指让 2D 纹理映射中的坐标与 3D 模型上的坐标相匹配，这样3D 模型上材质所使用的纹理文件（2D 纹理）便能够准确地应用于模型表面了。简单地说就是，UV 映射可以使 2D 纹理正确地绘制在 3D 模型上。

17.16　创建绘图叠加命令

用3ds Max、Maya等程序创建3D对象时，UV映射发生在创建内容的程序中。Photoshop 可以将UV叠加创建为参考线，帮助我们直观地了解2D纹理映射如何与3D模型表面匹配，并且在编辑纹理时，这些叠加还可作为参考线来使用。

双击"图层"面板中的纹理，如图17-82所示，打开纹理文件，在"3D>创建绘图叠加"下拉菜中可以选择叠加选项，如图17-83所示。

图17-82　　　　图17-83

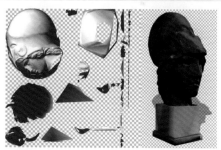
图17-85

- 线框：显示 UV 映射的边缘数据，如图17-84所示。
- 着色：可以显示使用实色渲染模式的模型区域，如图17-85所示。
- 正常：显示转换为 RGB 值的几何常值，R=x、G=y、B=z，如图17-86所示。

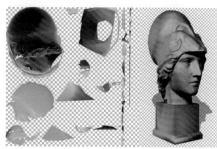
图17-86

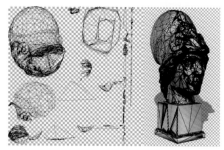
图17-84

提示

UV叠加将作为附加图层添加到纹理文件的"图层"面板中。关闭并存储纹理文件时或从纹理文件切换到关联的 3D 图层（纹理文件自动存储）时，叠加会出现在模型表面。

17.17 选择可绘画区域命令

只观看3D模型，有时无法明确判断是否可以成功地在某些区域绘画。执行"3D>选择可绘画区域"命令，可以选择模型上用于绘画的最佳区域。

直接在模型上绘画与直接在 2D 纹理映射上绘画是不同的，有时画笔在模型上看起来很小，但相对于纹理来说可能实际上又很大（这取决于纹理的分辨率，或应用绘画时我们与模型之间的距离）。

17.18 从3D图层生成工作路径命令

打开一个文件，选择3D对象所在的图层，如图17-87所示，执行"3D>从3D图层生成工作路径"命令，可以基于当前3D对象生成工作路径，如图17-88所示。

17.19 使用当前画笔素描命令

使用"素描草"、"散布素描"、"素描粗铅笔"或"素描细铅笔"等预设选项时，可以选择一个绘画工具（画笔或铅笔），如图17-89所示，然后执行"3D>使用当前画笔素描"命令，用画笔描绘模型，如图17-90所示。

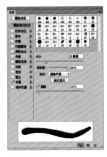

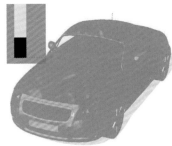

图17-87　　　　　　　图17-88　　　　　　　图17-89　　　　　　　图17-90

17.20 渲染命令

完成 3D 文件的编辑之后，可以执行"3D>渲染"命令，对模型进行渲染，以便创建用于 Web、打印或动画的最高品质输出效果。"属性"面板中提供了一系列预设的渲染选项，并可自定义"横截面"、"表面"、"线条"和"点"等选项的具体参数。

17.20.1 使用预设的渲染选项

单击"3D"面板顶部的场景按钮 ⬛ 并选择"场景"条目，如图17-91所示，然后在"属性"面板的"预设"下拉列表中可以选择一个渲染选项，如图17-92所示。"默认"是Photoshop预设的标准渲染模式，即显示模型的可见表面；"线框"和"顶点"类会显示底层结构；"实色线框"类可以合并实色和线框渲染；要以反映其最外侧尺寸的简单框来查看模型，可以选择"外框"类预设。

图17-91　　　　　　　图17-92

图17-93所示为各种选项的渲染效果，图17-94所示为Photoshop CS6新增选项的渲染效果。

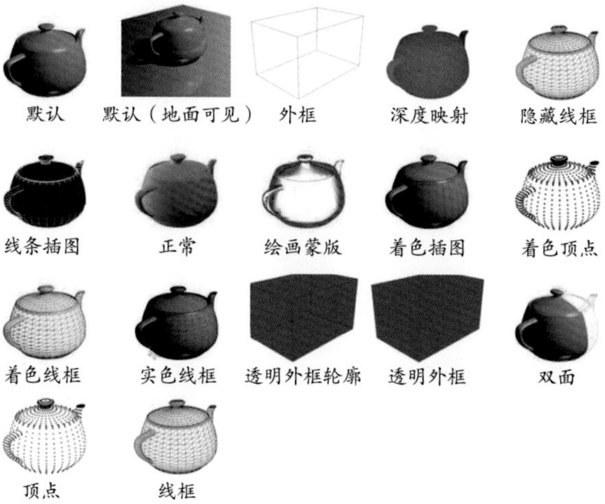

默认　　默认（地面可见）　外框　　深度映射　隐藏线框

线条插图　　正常　　绘画蒙版　着色插图　着色顶点

着色线框　实色线框　透明外框轮廓　透明外框　双面

顶点　　线框

图17-93

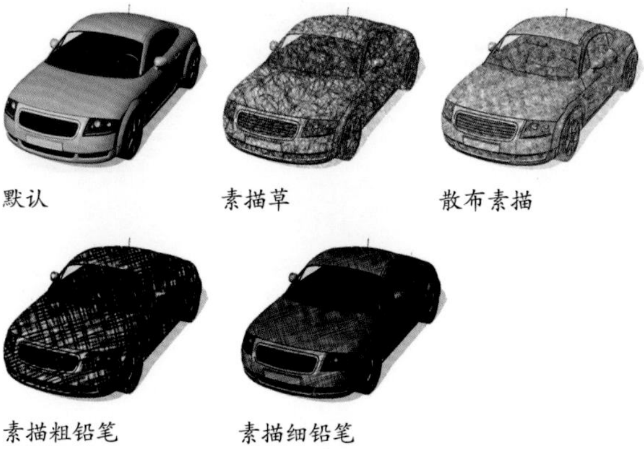

默认　　　　素描草　　　散布素描

素描粗铅笔　　素描细铅笔

图17-94

提示

渲染设置是图层特定的。如果文档包含多个3D图层，则需要为每个图层分别指定渲染设置。最终渲染应使用光线跟踪和更高的取样速率，以便捕捉更逼真的光照和阴影效果。

17.20.2 设置横截面

选择"横截面"选项后，即可创建以所选角度与模型相交的平面横截面，这样便能够切入到模型内部查看里面的内容，如图17-95、图17-96所示。

- 切片：可以选择沿x、y、z轴创建切片，如图17-97所示。
- 倾斜：可以将平面朝其任一可能的倾斜方向旋转至360°，如图17-98所示。

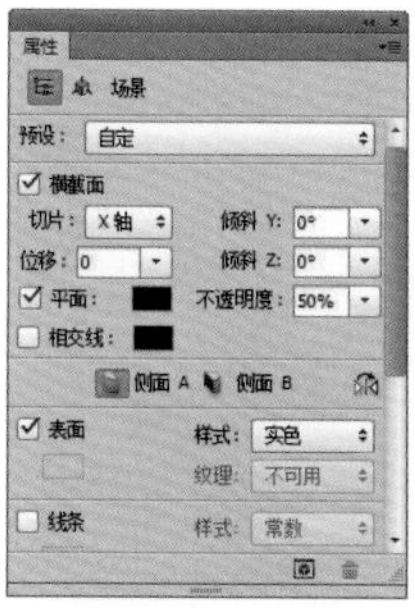

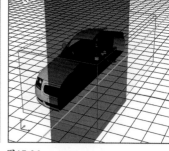

图17-95　　　　图17-96

  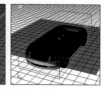

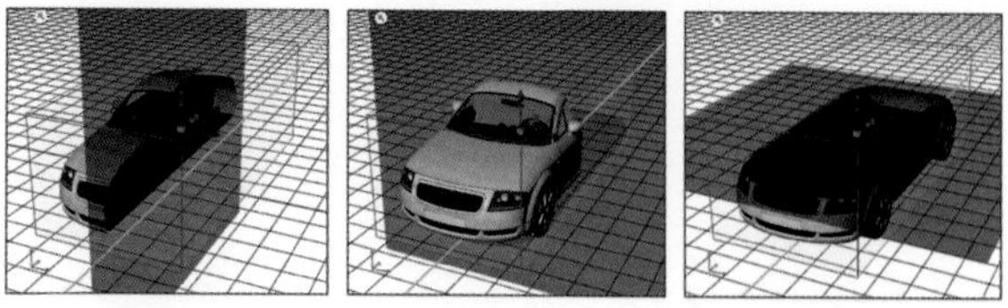

切片：x轴　　切片：y轴　　切片：z轴

图17-97

  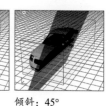

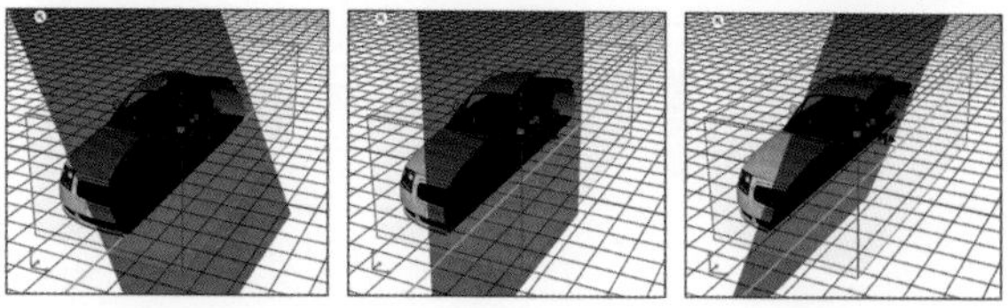

倾斜：−45°　　倾斜：0°　　倾斜：45°

图17-98

- 位移：可沿平面的轴移动平面，而不改变平面的斜度，如图17-99所示。

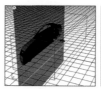

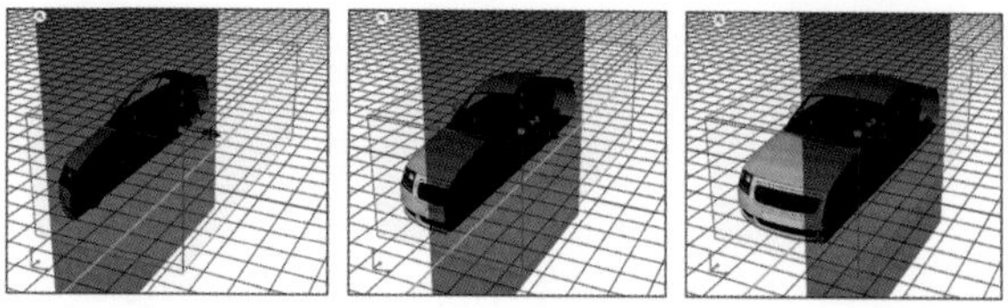

位移：−20　　位移：0　　位移：20

图17-99

- 平面/不透明度：选择"平面"选项，可以显示创建横截面的相交平面，并可设置平面颜色和不透明度，如图17-100所示。

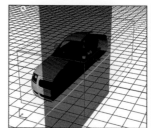 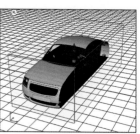

选择"平面"（不透明度50%）　未选择"平面"

图17-100

中文版 **Photoshop CS6** 完全使用手册 📖

● 相交线：选择该选项，会以高亮显示横截面平面相
交的模型区域。单击右侧的颜色块，可以设置相交
线颜色，如图17-101所示。

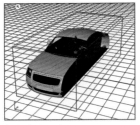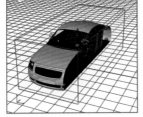

相交线为红色　　　　相交线为黄色
图17-101

● 侧面 A/B：单击按钮，可以显示横截面 A 侧或横截
面 B 侧。

● 互换横截面侧面 ⊠：按下该按钮，可以将模型的显
示区域更改为相交平面的反面，如图17-102所示。

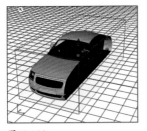

图17-102

17.20.3 设置表面

选择"表面"选项后，如图17-103所示，可在
"样式"下拉列表中选择模型表面的显示方式，如
图17-104所示，效果如图17-105所示。

● 实色：使用 OpenGL 显卡上的 GPU 绘制没有阴影或
反射的表面。

● 未照亮的纹理：绘制没有光照的表面，而不显示选
中的"纹理"选项。选择该选项后，还可以在"纹
理"选项中指定纹理映射。

● 平坦：对所有顶点应用相同的表面标准，创建刻面
外观。

图17-103　　　　图17-104

实色　　　　未照亮的纹理　　　　平坦

常数　　　　外框　　　　正常

深度映射　　　　绘画蒙版　　　　漫画

仅限于光照　　　　素描
图17-105

● 常数：用当前指定的颜色替换纹理。

● 外框：显示反映每个组件最外侧尺寸的外框。

● 正常：以不同的 RGB 颜色显示表面标准的 X、Y
和 Z 组件。

● 深度映射：显示灰度模式，使用明度显示深度。

● 绘画蒙版：可绘制区域将以白色显示，过度取样的
区域以红色显示，取样不足的区域则以蓝色显示。

17.20.4 设置线条

选择"线条"选项后，如图17-106所示，可在
"样式"下拉列表中选择线框线条的显示方式，并调
整线条宽度，如图17-107所示，效果如图17-108所示。

图17-106　　　　图17-107

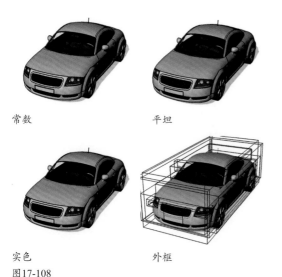

常数　　　　　　　平坦

实色　　　　　　　外框
图17-108

图17-109　　　　　　图17-110

17.20.5 设置顶点

顶点是组成线框模型的多边形相交点。选择"点"选项后，可在"样式"下拉列表中选择顶点的外观，如图17-109、图17-110所示，效果如图17-111所示。通过"半径值"选项可调整每个顶点的像素半径。

常数　　　　　　　平坦

实色　　　　　　　外框

图17-111

👤提示

当模型中的两个多边形在某个特定角度相接时，会形成一条折痕或线，"角度阈值"选项可以调整模型中的结构线条数量。该值为0时，显示整个线框。

17.21 获取更多内容命令

执行"3D>获取更多内容"命令，可以链接到Adobe网站浏览与3D功能有关的内容，也可以下载3D插件，如图17-112所示。

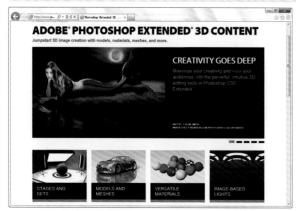

图17-112

🧑 技术看板：
渲染局部对象

3D模型的结构、灯光和贴图越复杂、渲染时间越长。若要提高效率，可以只渲染模型的局部，再从中判断整个模型的最终效果，以便为修改模型提供参考。使用选框工具在模型上创建一个选区，然后执行"3D>渲染"命令，即可渲染选中的区域。

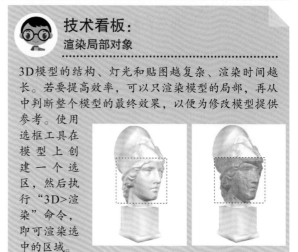

选中局部　　　　　　渲染局部

Point

第18章 视图菜单命令

18.1 校样设置命令

　　"视图>校样设置"菜单下包含用于设置校样的命令，如图18-1所示。在创建用于商业印刷机上输出的图像，如小册子、海报、杂志封面等时，执行这些命令，便可在电脑屏幕上查看图像在将来印刷后的效果。

本章我们来学习"视图"菜单命令的使用方法。

这个菜单中的命令就是为了更好的观察图像吧？

"视图"菜单中的命令不仅用于观察图像，它们还为编辑图像提供了许多帮助。如可以对颜色进行校样、显示图像中存在的溢色，以及对视频图像进行像素长宽比校正等。使用"视图"菜单中的命令观察图像时，最好通过快捷键来执行这些命令。例如，我们可以按下Ctrl++快捷键放大窗口的显示比例，然后按住空格键并拖动鼠标移动画面；需要缩小窗口时，可按下Ctrl+-快捷键；需要让图像完整地显示时，可按下Ctrl+0快捷键。

图18-1

● 自定： 为特定输出条件创建一个自定校样设置。

● 工作中的CMYK： 根据"颜色设置"对话框中定义的当前 CMYK 工作空间创建颜色的电子校样。

● 工作中的青版、 工作中的洋红版、 工作中的黄版、 工作中的黑版或工作中的 CMY 版： 使用当前 CMYK 工作空间创建特定 CMYK 油墨颜色的电子校样。

● 旧版 Macintosh RGB： 创建颜色的电子校样以模拟 Mac OS 10.5 和更低版本。

● Internet 标准 RGB： 创建颜色的电子校样以模拟 Windows 以及 Mac OS 10.6 和更高版本。

● 显示器 RGB： 使用当前显示器配置文件作为校样配置文件以创建 RGB 颜色的电子校样。

● 色盲： 创建电子校样，显示色盲可以看到的颜色。"红色盲"和"绿色盲"电子校样选项非常接近两种最常见色盲的颜色感觉。

　　如果执行"视图>校样设置>自定"命令，则可打开如图18-2所示的对话框。

图18-2

- ● 要模拟的设备： 将希望创建校样的设备指定颜色配置文件。 所选配置文件的作用取决于它描述设备特性的准确性。 通常，特定纸张和打印机的自定配置文件组合会创建最准确的电子校样。

- ● 保留编号： 在未转换为输出设备的色彩空间时模拟颜色外观。 当按照安全 CMYK 工作流程操作时该选项最有用。

- ● 渲染方法： 当取消选择 "保留编号" 选项时，指定一种渲染方法，用于将颜色转换到尝试模拟的设备。

- ● 黑场补偿： 确保图像中的阴影详细信息通过模拟输出设备的完整动态范围得以保留。 如果想在印刷时使用黑场补偿 （多数情况下建议这么做）， 则选择该选项。

- ● 模拟纸张颜色： 根据校样配置文件， 模拟真实纸张的暗白色。 不是所有的配置文件都支持该选项。

- ● 模拟黑色油墨： 根据校样配置文件， 模拟在很多打印机上实际获得的深灰色， 而非纯黑色。 不是所有的配置文件都支持该选项。

18.2 校样颜色命令

打开一个文件，如图18-3所示，执行 "视图>校样设置>工作中的CMYK" 命令，如图18-4所示，然后再执行 "视图>校样颜色" 命令，启动电子校样，Photoshop就会模拟图像在商用印刷机上的效果。

"校样颜色" 只是提供了一个CMYK模式预览，以便用户查看转换后RGB颜色信息的丢失情况，而并没有真正将图像转换为CMYK模式。如果要关闭电子校样，可再次执行 "校样颜色" 命令。

👤 提示.........

由于图像是印刷在纸张上的，因此，我们看不出差异。建议读者找一张图片，在电脑上观察校样效果。

图18-3　　　　　　　　　　图18-4

18.3 色域警告命令

显示器的色域 （RGB模式） 要比打印机 （CMYK模式） 的色域广，这就导致我们在显示器上看到或调出的颜色有可能打印不出来，那些不能被打印机准确输出的颜色被称为 "溢色"。

打开一个文件，如图18-5所示。如果想要了解哪里出现了溢色，可以执行 "视图>色域警告" 命令，画面中被灰色覆盖的区域便是溢色区域，如图18-6所示。再次执行该命令，可以关闭色域警告。

👤 提示.........

如果我们打开 "拾色器" 以后执行 "色域警告" 命令，则该对话框中的溢色也会显示为灰色。上下拖曳颜色滑块，可以观察到，将RGB图像转换为CMYK后，哪个色系丢失的颜色最多。

图18-5　　　　　　　　　　图18-6

18.4 像素长宽比命令

在"视图>像素长宽比"下拉菜单中可以选择与 Photoshop 文件的视频格式兼容的像素长宽比，如图 18-7所示。

图18-7

图18-10　　　　　　　　　　　　图18-11

18.4.1 自定像素长宽比

打开一个文件，如图18-8所示，执行"视图>像素长宽比>自定像素长宽比"命令，打开"存储像素长宽比"对话框，如图18-9所示，我们可以命名自定像素长宽比，并在"因子"文本框中输入一个值，然后单击"确定"按钮。新的自定像素长宽比将出现在"新建"对话框的"像素长宽比"下拉菜单和"视图>像素长宽比"菜单中，如图18-10、图18-11所示。

图18-8

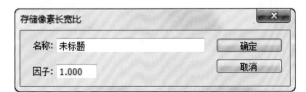

图18-9

18.4.2 删除像素长宽比

执行"视图>像素长宽比>删除像素长宽比"命令，打开"删除像素长宽比"对话框，从"像素长宽比"菜单中选取要删除的项目，如图18-12所示，然后单击"删除"按钮即可将其删除。

图18-12

18.4.3 复位像素长宽比

执行"视图>像素长宽比>复位像素长宽比"命令，弹出如图18-13所示的对话框。

图18-13

● 确定：将当前的像素长宽比替换为默认值。将扔掉自定像素长宽比。

● 取消：取消该命令。

● 追加：将当前的像素长宽比替换为默认值及任何自定像素长宽比。如果删除了默认值并希望将其恢复到菜单中，同时希望保留所有自定值，可以单击该按钮。

18.5 像素长宽比校正命令

计算机显示器上的图像是由方形像素组成的，而视频编码设备则使用的是非方形像素，这就导致在两者之间交换图像时会由于像素的不一致而造成图像扭曲，如图18-14所示。

执行"视图>像素长宽比校正"命令，Photoshop会缩放屏幕显示，从而校正图像，如图18-15所示。这样我们就可以在显示器的屏幕上准确地查看DV和D1视频格式的文件，就像是在Premiere等视频软件中查看文件一样。

图18-14　　　　　　　　图18-15

18.6 32位预览选项命令

用 Photoshop 打开HDR❶图像时，由于图像的动态范围超出了计算机显示器的显示范围，可能会非常暗或出现褪色现象。执行"视图>32位预览选项"命令可以对HDR图像的预览进行调整。图18-16所示为"32位预览选项"对话框。

我们可以通过两种方式对HDR图像的预览进行调整。一是在"方法"下拉列表中选择"曝光度和灰度系数"，然后拖曳"曝光度"和"灰度系数"滑块调整图像的亮度和对比度；另外一种方式是在"方法"下拉列表中选择"高光压缩"，Photoshop会自动压缩 HDR 图像中的高光值，使其位于 8 位/通道或 16 位/通道图像文件的亮度值范围内。

图18-16

18.7 放大、缩小和按屏幕大小缩放命令

在编辑图像的过程中，我们经常会调整窗口的显示比例，以便更好地查看图像细节和整体效果。调整窗口比例时，不仅可以使用工具箱中的缩放工具 🔍❷，还可以使用"视图>放大"命令（快捷键为Ctrl++）、"视图>缩小"命令（快捷键为Ctrl+-）来缩放窗口的显示比例。

执行"视图>按屏幕大小缩放"命令（快捷键为Ctrl+0），则可以自动调整图像的比例，使之能够完整地在窗口中显示。

18.8 实际像素和打印尺寸命令

执行"视图>实际像素"命令或按下Ctrl+1快捷键，图像会按照实际的像素尺寸显示（比例为100%）。

执行"视图>打印尺寸"命令，图像会按照实际的打印尺寸显示。使用抓手工具 ✋❸和缩放工具 🔍时，单击工具选项栏中的"打印尺寸"按钮，也可以让图像按照打印尺寸显示。

相关链接
❶关于HDR图像的更多内容，请参阅第239页和第292页。❷关于缩放工具的使用方法，请参阅第111页。❸关于抓手工具的使用方法，请参阅第110页。

18.9 屏幕模式命令

如果要切换屏幕显示模式，可以单击工具箱底部的屏幕模式按钮❶，或者执行"视图>屏幕模式"命令，如图18-17所示，在打开的菜单中选择要使用的屏幕模式。

图18-17

18.9.1 标准屏幕模式

默认的屏幕模式，可以显示菜单栏、标题栏、滚动条和其他屏幕元素。

18.9.2 带有菜单栏的全屏模式

显示有菜单栏和 50% 灰色背景，无标题栏和滚动条的全屏窗口。

18.9.3 全屏模式

显示只有黑色背景，无标题栏、菜单栏和滚动条的全屏窗口。

18.10 显示额外内容命令

在Photoshop中，额外内容是指图像编辑的辅助工具，包括参考线、网格、目标路径、选区边缘、切片、文本边界、文本基线和文本选区等，它们不会被打印出来。

要显示额外内容，需要首先执行"视图>显示额外内容"命令（使该命令前出现一个"√"），然后在"视图>显示"菜单中选择一个项目，再次选择某一命令，可以隐藏相应的项目。

18.11 显示命令

执行"视图>显示"命令，在菜单中选择要显示的项目，如图18-18所示。

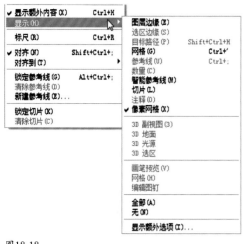

图18-18

● 图层边缘：可显示图层内容的边缘，如图18-19、图18-20所示。想要查看透明层上的图像边界时，可启用该功能。

图18-19

图18-20

相关链接 ......
❶各种屏幕模式的具体效果，以及怎样使用屏幕按钮调整，请参阅第111页。

- 选区边缘： 显示或隐藏选区。
- 目标路径： 显示或隐藏路径。
- 网格： 显示或隐藏网格， 如图18-21、 图18-22所示。

图18-21　　　　　　图18-22

- 参考线/智能参考线： 显示或隐藏参考线、 智能参考线。 图18-23、 图18-24所示为移动对象时显示的智能参考线。
- 数量： 显示或隐藏计数数目。
- 切片： 显示或隐藏切片的定界框。
- 注释： 显示或隐藏创建的注释。
- 像素网格： 将文档窗口放大至最大的缩放级别后， 像素之间会用网格进行划分； 取消该项的选择时， 不显示网格。
- 3D副视图/3D地面/3D光源/3D选区： 在处理3D文件时， 显示或隐藏3D副视图、 地面、 光源和选区。
- 画笔预览： 使用画笔工具时， 如果选择的是毛刷笔

尖， 勾选该项后， 可在窗口中预览笔尖效果和笔尖方向。

- 全部： 显示以上所有选项。
- 无： 隐藏以上所有选项。
- 显示额外选项： 执行该命令， 可在打开的 "显示额外选项" 对话框中设置同时显示或隐藏以上多个项目。

图18-23

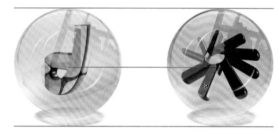

图18-24

18.12 标尺命令(实战)

■素材: 光盘>素材文件夹　■视频: 光盘>视频文件夹　■难度: ★★☆☆☆　■实例类型: 软件功能　■实例应用: 使用标尺, 调整标尺原点位置

标尺可以帮助我们确定图像或元素的位置， 它虽然不能编辑图像， 但是可以帮助我们更好地完成定位和编辑工作。

01 按下Ctrl+O快捷键， 打开光盘中的素材文件， 如图18-25所示。执行 "视图>标尺" 命令或按下Ctrl+R快捷键， 标尺便会出现在窗口顶部和左侧， 如图18-26所示。如果此时移动光标， 标尺内的标记会显示光标的精确位置。

02 默认情况下， 标尺的原点位于窗口的左上角（0, 0标记处）， 修改原点的位置， 可以从图像上的特定点开始进行测量。将光标放在原点上， 单击并向右下方拖曳， 画面中会显示出十字线， 如图18-27所示， 将它拖放到需要的位置， 该处便成为原点的新位置， 如图18-28所示。

图18-25　　　　　　图18-26

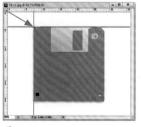 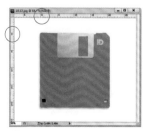

图18-27　　　　　　图18-28

03 如果要将原点恢复到默认的位置，可以在窗口的左上角双击，如图18-29所示。如果要修改标尺的测量单位，可以双击标尺，在打开的"首选项"对话框中设定，如图18-30所示。如果要隐藏标尺，可以执行"视图>标尺"命令或按下Ctrl+R快捷键。

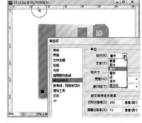

图18-29　　　　　　　　　　图18-30

👤 提示

在定位原点的过程中，按住Shift键可以使标尺原点与标尺刻度记号对齐。此外，标尺的原点也是网格的原点，因此，调整标尺的原点也就同时调整了网格的原点。

18.13 对齐、对齐到命令

　　对齐功能有助于精确地放置选区、裁剪选框、切片、形状和路径。如果要启用对齐功能，需要首先执行"视图>对齐"命令，使该命令处于勾选状态，然后在"视图>对齐到"下拉菜单中选择一个对齐项目，如图18-31所示。带有"√"标记的命令表示启用了该对齐功能。

图18-31

● 参考线：使对象与参考线对齐。

● 网格：使对象与网格对齐。网格被隐藏时不能选择该选项。

● 图层：使对象与图层中的内容对齐。

● 切片：使对象与切片的边界对齐。切片被隐藏时不能选择该选项。

● 文档边界：使对象与文档的边缘对齐。

● 全部：可以选择所有"对齐到"选项。

● 无：表示取消所有"对齐到"选项的选择。

18.14 参考线命令（实战）

■素材：光盘>素材文件夹　■视频：光盘>视频文件夹　■难度：★★☆☆☆　■实例类型：软件功能　■实例应用：创建、锁定与清除参考线

　　参考线对于绘制网格，以及移动图像并使其与其他对象对齐非常有用。

01 打开光盘中的素材。按下Ctrl+R快捷键显示标尺，如图18-32所示。将光标放在水平标尺上，单击并向下拖动鼠标可以拖出水平参考线，如图18-33所示。

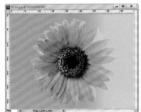
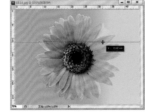

图18-32　　　　　　图18-33

02 采用同样方法可以在垂直标尺上拖出垂直参考线，如图18-34所示。如果要移动参考线，可以选择移动工具 ▶⊹，将光标放在参考线上，光标会变为 ⊹ 状，单击并拖动鼠标即可移动参考线，如图18-35所示。创建或者移动参考线时如果按住 Shift 键，可以使参考线与标尺上的刻度对齐。

图18-34

图18-35

图18-36

图18-37

03 将参考线拖回标尺，可将其删除，如图18-36、图18-37所示。如果要删除所有参考线，可以执行"视图>清除参考线"命令。

04 执行"视图>锁定参考线"命令可以锁定参考线的位置，以防止参考线被移动。取消勾选该命令即可取消锁定。

18.15 创建参考线命令（实战）

■素材：光盘>素材文件夹 ■视频：光盘>视频文件夹 ■难度：★★☆☆☆ ■实例类型：软件功能 ■实例应用：使用"创建参考线"命令创建参考线

如果想要在图像上的特定位置创建参考线，可以使用"新建参考线"命令来操作。

01 按下Ctrl+O快捷键，打开光盘中的素材文件，如图18-38所示。

02 执行"视图>新建参考线"命令，打开"新建参考线"对话框，在"取向"选项中选择"垂直"，设置"位置"为10，如图18-39所示，单击"确定"按钮，即可在指定位置创建参考线，如图18-40所示。

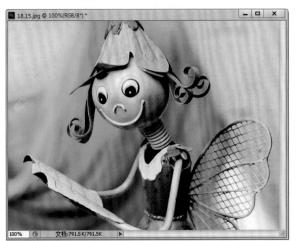

图18-38

图18-39

图18-40

18.16 锁定、清除切片命令

创建切片后，为防止切片选择工具❶修改切片，可以执行"视图>锁定切片"命令锁定所有切片。

再次执行该命令可取消锁定。如果要删除所有用户切片和基于图层的切片，可以执行"视图>清除切片"命令。

相关链接 ....

❶切片的创建方法以及切片选择工具的使用方法，请参阅第97页和第98页。

Point

本章我们来学习"窗口"菜单命令的使用方法。

这个菜单中的命令就是为了更好的管理窗口吧?

是的。我们编辑图像时,为了更加方便操作,就会对文档窗口中的组件,如面板、工具箱,以及多个文档窗口等进行重新排列,使它们用起来更加顺手,"窗口"菜单中提供了相应的命令,能够满足我们在这方面的要求。此外,"窗口"菜单还包含Photoshop工具箱和所有的面板,如果要使用哪个面板,就可以在该菜单中将其选择,面板名称前面有"√"的,表示已在窗口中打开。

| 第19章 | 窗口菜单命令 |

19.1 排列命令

如果同时打开了多个图像文件,可以通过"窗口>排列"下拉菜单中的命令控制各个文档窗口的排列方式,如图19-1所示。

图19-1

● 在选项卡中排列: "全部垂直拼贴"、"双联"、"三联"等命令可以调整图像在选项卡中的位置, 如图19-2~图19-11所示。

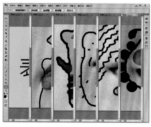

全部垂直拼贴
图19-2

全部水平拼贴
图19-3

双联水平
图19-4

双联垂直
图19-5

三联水平

图19-6

三联垂直

图19-7

三联堆积

图19-8

四联

图19-9

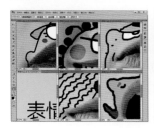

六联

图19-10

将所有内容合并到选项卡中

图19-11

● 层叠： 从屏幕的左上角到右下角以堆叠和层叠的方式显示未停放的窗口， 如图19-12所示。

图19-12

● 平铺： 以边靠边的方式显示窗口， 如图19-13所示。 关闭一个图像时， 其他窗口会自动调整大小， 以填满可用的空间。

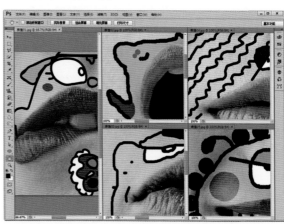

图19-13

● 在窗口中浮动： 允许图像自由浮动 （可拖曳标题栏移动窗口）， 如图19-14所示。

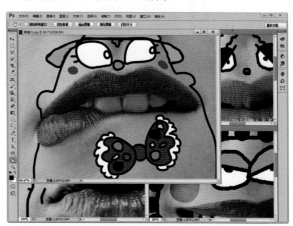

图19-14

● 使所有内容在窗口中浮动： 将所有文档窗口从选项卡中移出， 使之都成为浮动窗口， 如图19-15所示。

455

图19-15

- 匹配缩放: 将所有窗口都匹配到与当前窗口相同的缩放比例。 例如, 当前窗口的缩放比例为100%, 另外一个窗口的缩放比例为50%, 执行该命令后, 该窗口的显示比例也会调整为100%。

- 匹配位置: 将所有窗口中图像的显示位置都匹配到与当前窗口相同, 图19-16、 图19-17所示分别为匹配前后的效果。

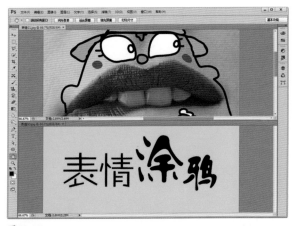

图19-16

图19-17

- 匹配旋转: 将所有窗口中画布的旋转角度都匹配到与当前窗口相同, 图19-18、 图19-19所示分别为匹配前后的效果。

图19-18

图19-19

- 全部匹配: 将所有窗口的缩放比例、 图像显示位置、 画布旋转角度与当前窗口匹配。

- 为 （文件名） 新建窗口: 为当前文档新建一个窗口, 新窗口的名称会显示在 "窗口" 菜单的底部。

提示

如果想恢复为默认的视图状态, 即全屏显示一个图像, 其他图像则最小化到选项卡中, 可以执行 "窗口>排列>将所有内容合并到选项卡中" 命令。

19.2 工作区命令（实战）

▓视频：光盘>视频文件夹 ▓难度：★★☆☆☆ ▓实例类型：软件功能 ▓实例应用：根据需要创建自定义工作区

　　Photoshop为简化某些任务而专门为用户设计了几种预设的工作区。例如，如果要编辑数码照片，可以使用"摄影"工作区，界面中就会显示与照片修饰有关的面板。我们也可以自己组合面板，将其定义为工作区，保存在"窗口>工作区"菜单下。

01 首先在"窗口"菜单中将需要的面板打开，将不需要的面板关闭，再将打开的面板分类组合，如图19-20所示。

图19-20

02 执行"窗口>工作区>新建工作区"命令，在打开的对话框中输入工作区的名称，如图19-21所示。默认情况下只存储面板的位置，我们也可以将键盘快捷键和菜单的当前状态保存到自定义的工作区中。单击"存储"按钮关闭对话框。

03 下面来调用该工作区。打开"窗口>工作区"下拉菜单，如图19-22所示，可以看到新建的工作区，选择它即可切换为该工作区。

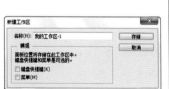

图19-21

图19-22

04 我们也可以使用预设的工作区。例如，如果要编辑数码照片，可以使用"摄影"工作区，界面中就会显示与照片修饰有关的面板，如图19-23所示。

图19-23

　　在"工作区"菜单中，"3D"、"动感"、"绘画"和"摄影"等是针对相应任务的工作区；"基本功能（默认）"是最基本的、没有进行特别设计的工作区，如果修改了工作区（如移动了面板的位置），执行该命令就可以恢复为Photoshop默认的工作区；选择"CS6新增功能"工作区，各个菜单命令中的Photoshop CS6新增功能会显示为彩色，如图19-24所示。要修改菜单颜色及快捷键的设置，可以使用"键盘快捷键和菜单"命令。

图19-24

相关链接
"窗口>扩展功能"下拉菜单中包含两个命令，执行"Kuler"命令，可以打开"Kuler"面板在线浏览和下载颜色组，具体操作方法参见第114页；执行"Mini Bridge"命令，可以打开"Mini Bridge"面板，该面板可以管理和浏览图像文件，具体操作方法参见第224页。

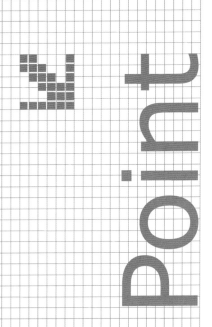

第20章 帮助菜单命令

20.1 Photoshop联机帮助和支持中心命令

Adobe提供了描述Photoshop软件功能的帮助文件，可以执行"帮助"菜单中的"Photoshop联机帮助"命令或"Photoshop支持中心"命令，如图20-1所示，链接到Adobe网站的帮助社区查看帮助文件，如图20-2所示。帮助文件中提供了大量视频教程的链接地址，单击链接地址，就可以在线观看由Adobe专家录制的各种Photoshop功能的演示视频。

 本章我们来学习"帮助"菜单中的命令。

Adobe公司拥有庞大的研发团队，每隔一两年便对Photoshop进行一次较大的改版。该公司还有强大的专家团队，帮助用户解决疑难问题。

 我们怎样才能和Adobe专家联系呢？

 在Photoshop的"帮助"菜单中，有很多命令可以链接到Adobe网站，我们可以到网站上观看帮助文件，以及Adobe专家录制的视频，也可以留言，提出问题，或对Photoshop今后版本的发展方向提出自己的想法和建议。

图20-1

图20-2

20.2 关于增效工具命令

执行"帮助>关于增效工具"命令，如图20-3所示，可以查看Photoshop中安装了哪些增效工具。

图20-3

20.3 关于Photoshop、法律声明和系统信息命令

"帮助"菜单中包含Photoshop研发小组的人员名单及其他相关信息、法律声明及系统信息，可帮助我们更加全面地了解Photoshop。

20.3.1 关于Photoshop

执行"帮助>关于Photoshop"命令，可以弹出Photoshop启动时的画面。画面中显示了Photoshop研发小组的人员名单和其他与Photoshop有关的信息。

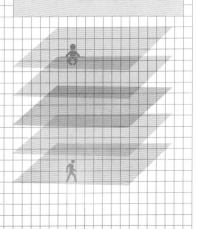

20.3.2 法律声明

执行"帮助>法律声明"命令，可以在打开的对话框中查看Photoshop的专利和法律声明。

20.3.3 系统信息

执行"帮助>系统信息"命令，可以打开"系统信息"对话框查看当前操作系统的各种信息，如显卡、内存，以及Photoshop占用的内存、安装序列号，以及安装的增效工具等内容。

20.4 产品注册、取消激活和更新命令

通过"帮助"菜单中的命令，用户可以在线注册Photoshop，获得最新的产品信息、培训、简讯以及安装支持、升级通知和其他服务。

20.4.1 产品注册

执行"帮助>产品注册"命令，可在线注册Photoshop。注册产品后可以获取最新的产品信息、培训、简讯、Adobe 活动和研讨会的邀请函，以及获得附赠的安装支持、升级通知和其他服务。

20.4.2 取消激活

Photoshop单用户零售许可只支持两台计算机，如果要在第三台计算机上安装同一个Photoshop，则必须首先在其他两台计算机中的一台上取消激活该软件。可执行"帮助>取消激活"命令取消激活。

20.4.3 更新

执行"帮助>更新"命令，可以从Adobe公司的网站下载最新的Photoshop更新文件。

20.4.4 Adobe产品改进计划

如果用户对Photoshop今后版本的发展方向有好的想法和建议，可以执行"帮助>Adobe产品改进计划"命令，参与Adobe产品改进计划。

20.5 Photoshop联机和联机资源命令

执行"帮助>Photoshop联机"命令，可以链接到Adobe网站，如图20-4所示。执行"帮助>Photoshop联机资源"命令，可以到Adobe网站获得完整的联机帮助和各种Photoshop资源，如图20-5所示。

图20-4

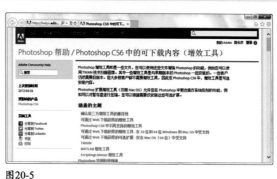

图20-5

第21章 综合实例

21.1 精通特效：制作人像字符画

本章我们来通过综合实例检验学习成果。

综合实例对我们学习和理解Photoshop有什么帮助呀？

综合实例即通过代表性的案例、以全实战的形式来展现Photoshop应用技巧。它一方面突出了综合使用多种功能进行创作的特点；另一方面则相当于对Photoshop发出了"总动员令"。因为我们要驾驭各种工具和命令，所以，就要求我们具备"全局"的把控能力，能够将所学知识融会贯通，还要辅以必要的操作技巧。通过综合实例的演练，我们对Photoshop的理解和应用能力将会有一个较大的提升。

■素材：光盘>素材文件夹 ■视频：光盘>视频文件夹 ■难度：★★★★☆
■实例类型：特效设计
■实例应用：通过蒙版对文字进行遮盖，创建人像字符画

01 按下Ctrl+O快捷键，打开一张照片，如图21-1所示。按住Ctrl键单击RGB通道，从图像的亮部区域载入选区，如图21-2、图21-3所示。单击"通道"面板底部的 按钮，将选区保存到Alpha通道中，如图21-4所示。

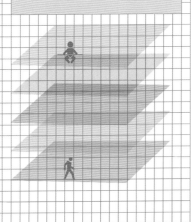

图21-1

图21-2

第5部分 实例解析

学习重点 Learning Objectives

精通滤镜特效/P467

精通特效字/P470

精通图层样式/P482

精通照片处理/P490

图21-3

图21-4

> 👤 **提示**
>
> 按下Alt+Ctrl+2快捷键可以载入图像亮部的选区，与按住Ctrl键复单击RGB通道的效果是相同的。

02 按下Ctrl+D快捷键取消选择。选择横排文字工具 **T**，在工具选项栏中设置字体及大小，如图21-5所示。单击"图层"面板底部的按钮，新建一个图层，填充白色。

03 在画面中单击并拖动鼠标创建一个文本框，输入英文，如图21-6所示。输入一段英文后，按下Ctrl+A快捷键全选，按下Ctrl+C快捷键复制，然后在文本末尾处单击，按下Ctrl+V快捷键粘贴，直到文本充满画面，如图21-7所示。

图21-5

图21-6

图21-7

> 👤 **提示**
>
> 如果每行文字后面都出现参差不齐的现象，可以单击"段落"面板中的最后一行左对齐按钮，使每一行两端强制对齐。

04 按下Alt+Ctrl+6快捷键载入Alpha 1通道的选区，按住Alt键单击"图层"面板底部的按钮，基于选区创建一个反相蒙版，图像的亮部区域被隐藏，暗部区域则显示出来，如图21-8、图21-9所示。

图21-8

图21-9

05 执行"图像>调整>色阶"命令，打开"色阶"对话框，拖曳黑色滑块，增强蒙版中的暗部区域，使字符画更加清晰，人物轮廓更加明显，如图21-10、图21-11所示。

图21-10

图21-11

06 单击"图层"面板底部的 *fx.* 按钮，在打开的菜单中选择"投影"命令，为文字添加投影效果，使字符呈现凸出效果，如图21-12、图21-13所示。

图21-12

图21-13

07 将"背景"图层拖曳到 🔲 按钮上进行复制，如图21-14所示，再将复制后的图层拖至顶层，设置混合模式为"颜色"，为字符画着色，如图21-15、如图21-16所示。

图21-14

图21-15

图21-19

09 下面来修改一下人物面部的高光区域。选择画笔工具 🖌️，在工具选项栏中设置不透明度为10%，如图21-20所示。在文字图层的蒙版缩览图上单击，如图21-21所示，进入蒙版的编辑状态。在面部高光处涂抹白色，减弱其亮度，如图21-22所示。再将画笔工具的不透明度恢复为100%，用黑色涂抹画面左上方的背景区域，效果如图21-23所示。

图21-20

图21-16

图21-21

图21-22

08 单击"调整"面板中的 🏛️ 按钮，创建"色阶"调整图层，增强暗部区域的色调，使人像更加清晰，如图21-17~图21-19所示。

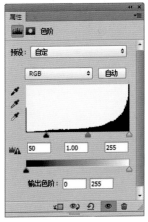

图21-17

图21-18

图21-23

21.2 精通照片处理：时尚彩妆设计

- 素材：光盘>素材文件夹
- 视频：光盘>视频文件夹
- 难度：★★★★★
- 实例类型：数码照片处理
- 实例应用：通过调色使人物的皮肤变得美白、通透，再为人物绘制时尚的彩妆

01 按下Ctrl+O快捷键，打开光盘中的素材文件，如图21-24所示。使用魔棒工具在背景上单击，将背景选取，如图21-25所示。

图21-24　　　　图21-25

02 按下Shift+Ctrl+I快捷键反选，选中人像。按下Ctrl+N快捷键打开"新建"对话框，如图21-26所示，创建一个文档。使用移动工具，将光标放在选区内，将人物拖曳到新建的文档中，如图21-27所示。

图21-26　　　　图21-27

👤 提示

将图像移动到另一文档时按住Shift键，可以使图像与文档保持居中对齐。

03 单击"调整"面板中的按钮，创建"渐变映射"调整图层，如图21-28所示，设置混合模式为"滤色"，不透明度为90%，如图21-29所示。"滤色"模式会使图像产生漂白效果，使肌肤变得雪白通透，如图21-30所示。

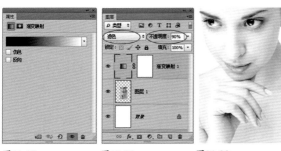

图21-28   图21-29   图21-30

04 单击"调整"面板中的 按钮,创建"色相/饱和度"调整图层。选择"红色",将红色稍微向洋红转换并提高明度,让肌肤更加白皙;选择"黄色"进行调整,使肌肤变得粉嫩,如图21-31~图21-33所示。

图21-31   图21-32   图21-33

05 单击"调整"面板中的 按钮,创建"色阶"调整图层。向右拖曳阴影滑块,使眉眼更加清晰,如图21-34、图21-35所示。

图21-34   图21-35

06 使用快速选择工具 选取嘴唇。由于嘴唇的颜色与皮肤接近,所以选区边界不是很明确,如图21-36所示。按下工具选项栏中的"调整边缘"按钮,打开"调整边缘"对话框,设置半径为2,羽化为10,如图21-37所示。

图21-36   图21-37

07 单击"图层"面板底部的 按钮,新建一个图层,设置混合模式为"柔光",如图21-38所示,按下Ctrl+Delete快捷键在选区内填充背景色(白色),如图21-39所示。

图21-38   图21-39

08 将前景色设置为红色(R230、G0、B94)选择画笔工具 ,在嘴唇中间涂抹红色,使嘴唇呈现颜色晕染的效果,如图21-40所示。按下Ctrl+D快捷键取消选择。选择多边形套索工具 ,在工具选项栏中设置羽化参数为20像素,选取眼睛下面的区域,如图21-41所示。

图21-40   图21-41

09 下面来制作眼影。新建一个图层，设置混合模式为"颜色"，不透明度为70%，如图21-42所示。将前景色设置为蓝色（R0、G160、B233）按下Alt+Delete快捷键，在选区内填充蓝色，按下Ctrl+D快捷键取消选择，如图21-43所示。用同样方法在左侧眼睛下面制作眼影，如图21-44所示。

图21-42　　　　　图21-43　　　　　图21-44

10 将前景色设置为黄色（R252、G187、B109）。新建一个图层，设置混合模式为"颜色"，如图21-45所示。使用画笔工具 ✐ 在眼角处涂抹黄色，如图21-46所示。使用橡皮擦工具 ⬛ （柔角）在黄色眼影的边缘涂抹，适当擦除，使色块边缘显得柔和，如图21-47所示，注意眼睛内不要出现黄色。

图21-45　　　　　图21-46　　　　　图21-47

11 将前景色设置为红色（R237、G116、B155），将画笔工具 ✐ 的不透明度设置为20%。按住Ctrl键单击人物图层缩览图，如图21-48所示，载入人物的选区，在面部涂抹腮红。有了选区的限定，颜色就不会涂抹到人物以外的区域了，如图21-49所示。按下Ctrl+D快捷键取消选择。

图21-48　　　　　　图21-49

12 下面来为眼珠着色。使用椭圆选框工具 ⬭ （羽化值为3px）选取右侧的眼珠，选区要小于眼珠，如图21-50所示。按住Alt键在大圆中再创建一个小圆，经运算可以得到一个圆环选区，如图21-51所示。

图21-50　　　　　　图21-51

13 将前景色设置为蓝色（R126、G144、B194）。新建一个图层，设置混合模式为"滤色"，按下Alt+Delete快捷键，在选区内填充前景色，如图21-52所示。按下Ctrl+D快捷键取消选择。使用橡皮擦工具 ⬛ 将眼珠以外的蓝色擦除。用同样方法为另一只眼睛着色，如图21-53所示。

图21-52　　　　　　图21-53

14 在"背景"图层上方新建一个图层。选择多边形套索工具 ⧖ ，创建一个额头形状的选区，如图21-54所示。先使用吸管工具 ✐ 在人物的额头上拾取皮肤色作为前景色，然后用画笔工具 ✐ 在选区内涂抹颜色，绘制出人物的额头，如图21-55所示。

图21-54　　　　　　图21-55

> 💡提示
>
> 彩妆效果制作完成后，可对面部细节进行加工处理。如内眼角的深色区域。方法是先使用吸管工具在深色区域旁拾取皮肤色作为前景色，然后再使用画笔工具涂抹（柔角，不透明度10%），将深色区域覆盖。

CHAPTER 21

15 新建一个图层。按下F5键打开"画笔"面板，选择"沙丘草"画笔，调整画笔大小和角度，绘制眼睫毛，如图21-56、图21-57所示。

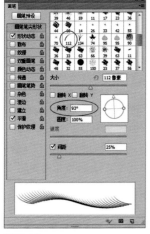

图21-56　　　　　　　　图21-57

16 在绘制时，要按照眼睫毛的生长方向，不断调整画笔的角度。绘制眼睛下面的睫毛时，可以勾选"翻转X"选项，如图21-58、图21-59所示。

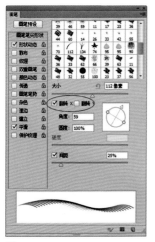

图21-58　　　　　　　　图21-59

17 打开一个头饰素材，如图21-60所示。使用移动工具拖入人物文档中，作为头部的装饰物，如图21-61所示。

图21-60

图21-61

18 使用矩形选框工具创建一个小于人物的选区，如图21-62所示。执行"编辑>合并拷贝"命令，拷贝当前的图像效果，按下Ctrl+D快捷键取消选择。在"图层"面板最上方新建一个图层，填充白色，如图21-63所示，按下Ctrl+V快捷键粘贴图像，会自动生成一个新的图层，如图21-64所示。

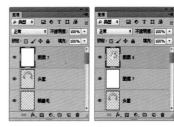

图21-62　　　　图21-63　　　　图21-64

19 执行"滤镜>锐化>USM锐化"命令，设置参数如图21-65所示，使图像细节更加清晰，如图21-66所示。

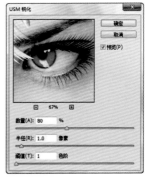

图21-65　　　　　　　　图21-66

21.3 精通滤镜特效：制作金属人

- ■素材：光盘>素材文件夹
- ■视频：光盘>视频文件夹
- ■难度：★★★★☆
- ■实例类型：特效设计
- ■实例应用：用滤镜、混合模式、混合颜色带等，将人像素材制作为铜像效果

01 按下Ctrl+O快捷键，打开光盘中的素材文件，如图21-67所示。

02 使用快速选择工具 ![] 在人物的背景上单击并拖动鼠标，将背景全部选择，如图21-68所示。对于多选择的部分，如人物的头发等处，可以用套索工具 ![] 按Alt键将这部分内容选择出来，通过选区的运算，将它们排除到最终的选区之外，如图21-69所示。按下Shift+Ctrl+I快捷键反选，选择人物，如图21-70所示。

图21-69

图21-70

03 按下Ctrl+C快捷键复制选区内的图像，在后面的操作中会用到。新建"图层1"，将前景色设置为暗黄色（R140、G98、B43），按下Alt+Delete键在选区内填充前景色，如图21-71、图21-72所示。

图21-67

图21-68

👤**提示**

如果是在人物图像上拖动光标，也可以将人物选取，只是人物比较复杂，需要将不同色调的区域逐一添加到选区内，也容易产生漏选的现象。

图21-71

图21-72

04 新建"图层2"。按下Ctrl+V快捷键粘贴前面复制的图像,按下Shif+Ctrl+U快捷键去色。设置该图层的混合模式为"亮光",如图21-73、图21-74所示。

图21-73

图21-74

05 按下Ctrl+J快捷键复制"图层2",设置混合模式为"叠加",如图21-75、图21-76所示。

图21-75

图21-76

06 执行"滤镜>素描>铬黄"命令,在打开的对话框中设置参数,如图21-77所示,单击"确定"按钮,效果如图21-78所示。

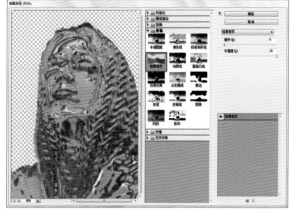
图21-77

图21-78

07 双击"图层2副本",打开"图层样式"对话框,按住Alt键单击"本图层"中的黑色滑块,将它分开为两个滑块,将右侧的半边滑块向右拖曳,减少本图层的暗像素。用同样的方法拖曳"下一图层"的黑色滑块,使下一图层的暗像素显示出来,如图21-79、图21-80所示。

图21-79

图21-80

08 按住Ctrl键单击"图层1"的缩览图，载入人物选区，如图21-81、图21-82所示。

图21-81　　　　　　　图21-82

09 单击"调整"面板中的 ![按钮] 按钮，创建"色阶"调整图层，增加图像的对比度，如图21-83所示。在"通道"下拉列表中选择"蓝"，调整蓝色通道的色阶，如图21-84所示，经过调整使图像的整体颜色偏向黄色，如图21-85、图21-86所示。

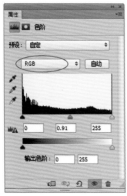
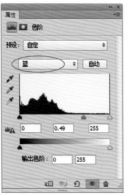

图21-83　　　　　　　图21-84

图21-85　　　　　　　图21-86

10 在背景层上面创建"图层3"，将前景色设置为棕色（R140、G98、B43），背景色设置为黑色，使用渐变工具 ![工具] 填充线性渐变，作为人像的背景，如图21-87、图21-88所示。

图21-87　　　　　　　图21-88

11 选择"图层2副本"，单击"调整"面板中的 ![按钮] 按钮，在该图层上方创建"曲线"调整图层，调整红通道，增加红色，如图21-89、图21-90所示。

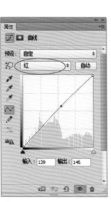

图21-89　　　　　　　图21-90

💁 提示

由于载入了人物选区，选区就会转换到调整图层的蒙版中，调整结果只影响人物，不会影响背景。

▌21.4 精通特效字：制作立体有机玻璃字

■素材：光盘>素材文件夹 ■视频：光盘>视频文件夹 ■难度：★★★☆ ■实例类型：特效字
■实例应用：通过变换与复制的方法制作出立体字，再添加图层样式表现出真实的玻璃质感

01 按下Ctrl+O快捷键，打开光盘中的素材文件，如
图21-91、图21-92所示。

图21-91　　　　　　图21-92

02 下面我们来对文字进行透视变换。按下Ctrl+T快
捷键显示定界框。按住Alt+Ctrl+Shift键向外拖曳
右下角的控制点，进行透视扭曲，如图21-93所示。再
向外拖曳右上角的控制点，如图21-94所示。

图21-93　　　　　　图21-94

03 选择移动工具▶₊，按住Alt键，然后连续按下↓
键（大概30次）复制图层，如图21-95、图21-96
所示。

图21-95　　　　　　图21-96

04 按住Shift键单击"100%副本"图层，将当前图层
与该图层中间的所有图层同时选择，如图21-97
所示，按下Ctrl+E快捷键合并，如图21-98所示。按下
Ctrl+[快捷键，将该图层移动到"100%"层的下方，如
图21-99所示。

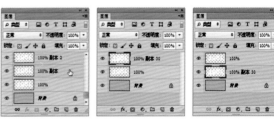

图21-97　　　　图21-98　　　　图21-99

05 双击该图层，打开"图层样式"对话框，为它
添加"颜色叠加"效果，将颜色设置为黑色，
如图21-100、图21-101所示。

图21-100

图21-101

图21-108

图21-109

06 添加 "内发光" 效果，设置发光颜色为红色
（R255、G0、B0），如图21-102、图21-103所
示。按下回车键关闭对话框。

图21-102

图21-103

👤 提示

本实例中，盖印图像还有另一种方法。在 "背景" 图
层前面的眼睛图标 👁 上单击，将其隐藏，然后按下
Alt+Ctrl+Shift+E快捷键将当前效果盖印到一个新的
图层中。

09 执行 "滤镜>模糊>高斯模糊" 命令，设置模糊半
径为27像素，如图21-110、图21-111所示。

图21-110

图21-111

07 双击 "100％" 图层，打开 "图层样式" 对话框，
添加 "渐变叠加" 效果，渐变颜色设置为黑-灰
色，如图21-104、图21-105所示。在左侧列表选择 "内发
光" 选项，设置发光颜色为红色，如图21-106、图21-107
所示。按下回车键关闭对话框。

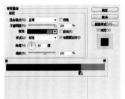
图21-104

图21-105

10 按下Ctrl+Shift+[快捷键将该图层移动到最底层，
设置不透明度为80％，如图21-112所示。使用
移动工具 ↔ 将图像向右下方拖动，使它成为文字的投
影，如图21-113所示。

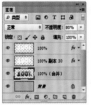
图21-112

图21-113

图21-106

图21-107

11 打开光盘中的素材文件，将其拖入文字文档中作
为背景，效果如图21-114所示。

08 单击 "背景" 图层前面的眼睛图标 👁 ，将该
图层隐藏。按住Ctrl键单击 "100％副本30" 图
层，将其与当前图层一同选取，如图21-108所示，按
下Alt+Ctrl+E快捷键进行盖印，将所选图层中的图像
合并到一个新的图层中，如图21-109所示。

图21-114

21.5 精通特效字：制作金属立体字

■素材：光盘>素材文件夹 ■视频：光盘>视频文件夹 ■难度：★★★★☆ ■实例类型：特效字
■实例应用：用图层样式表现文字的质感及立体效果

01 按下Ctrl+O快捷键，打开光盘中的素材文件，如图21-115、图21-116所示。

图21-115   图21-116

02 使用移动工具 ➤➕ 将铁皮素材拖入文字文档中，按下Alt+Ctrl+G快捷键创建剪贴蒙版，将素材剪切到"CS6"文字中，如图21-117、图21-118所示。

图21-117   图21-118

03 双击"CS6"图层，如图21-119所示，打开"图层样式"对话框，选择"投影"选项，设置不透明度为80%，角度为90度，距离为16像素，大小为5像素，如图21-120、图21-121所示。

图21-119   图21-120

图21-121

04 分别选择"斜面和浮雕"、"等高线"和"纹理"选项，设置参数如图21-122~图21-124所示，制作出立体金属字，如图21-125所示。

图21-122

图21-123

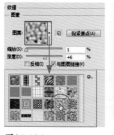

图21-124

图21-125

05 再分别选择"内发光"、"光泽"和"颜色叠加"选项，设置参数如图21-126~图21-128所示，文字效果如图21-129所示。

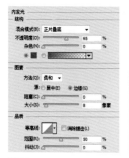

图21-126

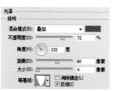

图21-127

图21-128

图21-129

06 添加"渐变叠加"效果，使文字颜色上浅下深，呈现明暗变化，如图21-130、图21-131所示。

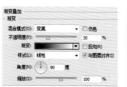

图21-130

图21-131

07 选择画笔工具，在画笔下拉面板中选择"半湿描油彩笔"，如图21-132所示。按下F5快捷键打开"画笔"面板，设置画笔大小为50像素，角度为-117°，如图21-133所示。

图21-132

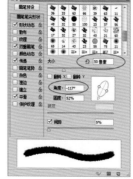

图21-133

08 单击"图层"面板底部的按钮，添加蒙版，如图21-134所示。在文字边缘涂抹黑色，制作残损效果，如图21-135所示。

图21-134

图21-135

09 按住Alt键，将"CS6"图层的效果图标fx拖曳到"Photoshop"图层，复制效果，使白色文字也呈现相同的效果，如图21-136、图21-137所示。

图21-136

图21-137

21.6 精通 3D：制作炫彩 3D 模型

■素材：光盘>素材文件夹
■视频：光盘>视频文件夹
■难度：★ ★ ★ ★ ☆
■实例类型：特效设计
■实例应用：用3D命令将一组
正方形制作作为立体模型，再添
加霓虹般的绚丽色彩

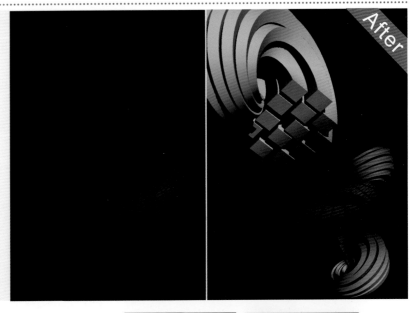

01 按下Ctrl+O快捷键，打开光盘中的素材文件，如图21-138所示。单击"图层"面板底部的 🔲 按钮，新建一个图层。选择矩形工具 🔳 ，在工具选项栏中选择"像素"选项，在画面中绘制一些白色的矩形，如图21-139所示。

图21-138

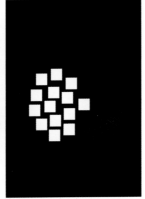

图21-139

02 执行"3D>从所选图层新建3D凸出"命令，创建3D效果，如图21-140、图21-141所示。

03 双击"3D"面板中的"图层1"，如图21-142所示。在"属性"面板中选择如图21-143所示的样式，使图形产生弯曲效果。

图21-140

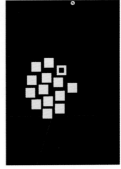

图21-141

图21-142

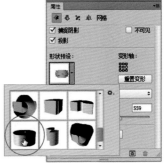

图21-143

04 单击变形按钮 🔧 ，调整变形属性。设置"凸出深度"为509，"扭转"为0°，"锥度"为20%，如图21-144、图21-145所示。

图21-144　　　　　　图21-145

05 调整模型的角度和位置，如图21-146、图21-147所示。

图21-146　　　　　　图21-147

06 按下Ctrl+J快捷键复制"图层1"，如图21-148所示。使用缩放3D对象工具 上下拖曳模型，将模型缩小，按住Ctrl键可切换为移动工具 ，移动模型的位置，如图21-149所示。

图21-148　　　　　　图21-149

07 按下Ctrl+J快捷键复制当前图层，调整大小和位置，如图21-150、图21-151所示。

08 新建一个图层。选择渐变工具 ，在渐变下拉面板中选择"色谱"渐变，由画面左上角向右下角拖动鼠标创建线性渐变，如图21-152所示。设置该图层的混合模式为"柔光"，不透明度为60%，为模型着色，如图21-153所示。

图21-150　　　　　　图21-151

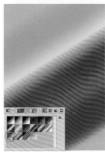

图21-152　　　　　　图21-153

09 按下Ctrl+U快捷键，打开"色相/饱和度"对话框，调整色相参数，改变图像颜色，如图21-154、图21-155所示。

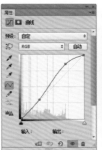

图21-154　　　　　　图21-155

10 单击"调整"面板中的 按钮，创建"曲线"调整图层，将曲线向上调整，使图像变亮，如图21-156、图21-157所示。

图21-156　　　　　　图21-157

21.7 精通质感：冰雕之手

■素材：光盘>素材文件夹
■视频：光盘>视频文件夹
■难度：★★★★
■实例类型：特效设计
■实例应用：使用滤镜、混合
模式和图层蒙版等制作特效，
将手改变为冰雕

01 按下Ctrl+O快捷键，打开光盘中的素材文件，如图21-158所示。使用快速选择工具 （画笔大小设置为70px）将手选中，如图21-159所示。

图21-158　　　　图21-159

02 按4次Ctrl+J快捷键，将选中的手复制到4个图层中。在一个图层的名称上双击一下，会出现文本框，如图21-160所示，为图层输入新的名称。采用这种方法，将4个图层分别命名为"手"、"质感"、"轮廓"和"高光"。

03 选择"质感"图层，在其他3个图层的眼睛图标 👁 上单击，将它们隐藏，如图21-161所示。

技术看板：
选取图像时运用选区运算

在创建选区时，一次是不能完全选中两只手的，对于多选的部分，可以按住Alt键在其上拖动鼠标，将其排除到选区之外；对于漏选的区域，可以按住Shift键在其上拖动鼠标，将其添加到选区中。

按住Alt键在多选的图像上拖动鼠标，将其排除到选区之外

按住Shift键在漏选的图像上拖动鼠标，将其添加到选区之中

图21-160

图21-161

04 执行"滤镜>艺术效果>水彩"命令，打开"滤镜库"，用"水彩"滤镜处理图像，如图21-162、图21-163所示。

图21-162

图21-163

05 双击"质感"图层，打开"图层样式"对话框，在"混合颜色带"选项组中，按住Alt键向右侧拖曳"本图层"中的黑色滑块，将它分为两个部分，然后将右半部滑块定位在色阶237处。这样调整以后，可以将该图层中色阶值低于237的暗色调像素隐藏，只保留由滤镜所生成的淡淡的纹理，而将黑色边线隐藏，如图21-164、图21-165所示。

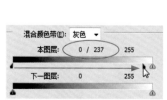
图21-164

图21-165

提示

按住Alt键拖曳"本图层"中的滑块，将其分为了两个部分。这样操作的好处在于，可以在隐藏的像素与显示的像素之间创建半透明的过渡区域，使隐藏效果的过渡更加柔和、自然。

06 选择并显示"轮廓"图层。执行"滤镜>风格化>照亮边缘"命令，打开"滤镜库"对话框，添加该滤镜效果，如图21-166、图21-167所示。

图21-166

图21-167

07 将该图层的混合模式设置为"滤色"，可以生成类似冰雪般的透明轮廓，如图21-168、图21-169所示。

图21-168

图21-169

08 按下Ctrl+T快捷键显示定界框，拖曳两侧的控制点将图像拉宽，使轮廓线略超出手的范围，如图21-170所示。按住Ctrl键将右上角的控制点向左移动一点，如图21-171所示。

图21-170

图21-171

CHAPTER 21

09 按下回车键确认。选择并显示"高光"图层，执行"滤镜>素描>铬黄"命令，应用该滤镜，如图21-172、图21-173所示。

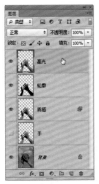

图21-172　　　　图21-173

10 将该图层的混合模式设置为"滤色"，产生冰雕的质感，如图21-174、图21-175所示。

图21-174　　　　图21-175

11 选择并显示"手"图层，如图21-176所示，单击"图层"面板顶部的 ▨ 按钮，将该图层的透明区域锁定，如图21-177所示。

图21-176　　　　图21-177

12 按下D键恢复默认的前景色和背景色，按下Ctrl+Delete快捷填充背景色（白色），使手图像成为白色。由于锁定了图层的透明区域，因此，颜色不会填充到手外边，如图21-178、图21-179所示。

图21-178　　　　图21-179

13 单击"图层"面板底部的 ▣ 按钮，为图层添加蒙版，如图21-180所示。使用柔角画笔工具 ✎ 在两只手内部涂抹灰色，颜色深浅有一些变化，图21-181、图21-182所示为蒙版效果，图21-183所示为图像效果。

图21-180　　　　图21-181

图21-182　　　　图21-183

14 单击"高光"图层，然后按住Ctrl键单击该图层的缩览图，如图21-184所示，载入手的选区，如图21-185所示。

图21-184　　　　图21-185

15 单击"调整"面板中的 ▦ 按钮，创建"色相/饱和度"调整图层，设置参数如图21-186所示，将手调整为冷色。选区会自动转化到调整图层的蒙版中，限定调整范围，效果如图21-187所示。

图21-186　　　　图21-187

16 单击"图层"面板底部的 ▣ 按钮，在调整图层上面创建一个图层，如图21-188所示。选择柔角画笔工具 ✎，按住Alt键（切换为吸管工具 ✐）在蓝天上单击一下，拾取蓝色作为前景色，然后放开Alt键，在手臂内部涂抹蓝色，让手臂看上去更加透明，如图21-189所示。

图21-188　　　　图21-189

17 选择"背景"图层，如图21-190所示。使用椭圆选框工具 ◯ 选中篮球，如图21-191所示。

图21-190　　　　图21-191

提示

创建圆形选区时，可以按住空格键拖曳鼠标，移动选区，将其准确定位在篮球上。

18 按下Ctrl+J快捷键，将篮球复制到一个新的图层中，如图21-192所示，按下Shift+Ctrl+]快捷键，将该图层调整到最顶层，如图21-193所示。

图21-192　　　　图21-193

19 按下Ctrl+T快捷键显示定界框。单击右键打开快捷菜单，选择"水平翻转"命令，如图21-194所示，翻转图像；将光标放在控制点外侧，拖动鼠标旋转图像，如图21-195所示。

图21-194　　　　图21-195

20 按下回车键确认。单击"图层"面板底部的 ▣ 按钮，为图层添加蒙版。使用柔角画笔工具 ✎ 在左上角的篮球上涂抹黑色，将其隐藏。按下数字键3，将画笔的不透明度设置为30%，在篮球右下角涂抹浅灰色，使手掌内的篮球呈现若隐若现的效果，如图21-196、图21-197所示。

图21-196　　　　　图21-197

21 按住Ctrl键单击"手"图层的缩览图，载入手的选区，如图21-198、图21-199所示。选择椭圆选框工具 ○，按住Shift键拖动鼠标将篮球选中，将其添加到选区中，如图21-200所示。

图21-198　　　　　图21-199

图21-200

22 执行"编辑>合并拷贝"命令，复制选中的图像，按下Ctrl+V快捷键粘贴到一个新的图层中（"图层3"），如图21-201所示。按住Ctrl键单击"轮廓"图层，将它与"图层3"同时选择，如图21-202所示。

图21-201　　　　　图21-202

23 按下Ctrl+N快捷键，打开"新建"对话框，创建一个15.9厘米×21厘米、分辨率为300像素/英寸的RGB文件。使用移动工具 ▶₊ 将选中的两个图层拖曳到该文档中，如图21-203、图21-204所示。

图21-203　　　　　图21-204

24 选择"背景"图层。将前景色设置为深蓝色（R15、G20、B24），按下Alt+Delete快捷键为该图层填色，如图21-205、图21-206所示。

图21-205　　　　　图21-206

25 单击"图层"面板底部的 🔲 按钮，创建一个图层。选择画笔工具 ✔，打开"画笔"面板，调整笔尖大小和圆度。在篮球后面单击，点出一处高光，如图21-207、图21-208所示。

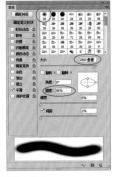 

图21-207　　　　　图21-208

26 观察手臂边缘可以看到，边线是彩色的。这是由于轮廓线是彩色的，而"轮廓"图层又设置了混合模式，使得色彩变得更加突出。下面我们将颜色处理掉。选择"轮廓"图层，按下Shift+Ctrl+U快捷键将图像去色，就可以清除轮廓线的色彩，如图21-209、图21-210所示。

图21-209　　　　图21-210

27 单击"图层"面板底部的 按钮，创建一个图层组，再单击 按钮，在组中新建一个图层，如图21-211所示。选择直线工具 ，在工具选项栏中选择"像素"选项，设置线条粗细为5px，调整前景色（R128、G37、B198），按住Shift键在画面右上角绘制一条直线，如图21-212所示。

图21-211　　　　图21-212

28 单击"图层"面板顶部的 按钮，将该图层的透明区域锁定。使用横排文字工具 T 输入文字，如图21-213、图21-214所示。

图21-213　　　　图21-214

29 选择文字图层和线条图层，使用移动工具 按住Shift+Alt键向左侧拖曳动进行复制。然后在文字图层的缩览图上双击，进入文本编辑状态，修改文字内容。再选择线条图层，将前景色调整为浅蓝色，按下Alt+Delete快捷键填色，如图21-215所示。由于已经锁定了图层的透明区域，因此，颜色不会填充到线条以外的区域。

图21-215

30 采用同样方法，复制文字和线条，并修改文字内容和线条颜色，如图21-216所示。

图21-216

21.8 精通图层样式：制作Q版小猪

■素材：光盘>素材文件夹 ■视频：光盘>视频文件夹 ■难度：★★★☆ ■实例类型：平面设计
■实例应用：通过图层样式给小猪添加颜色、光泽和立体感，再通过"渐变叠加"制作出条纹图案

01 按下Ctrl+N快捷键打开"新建"对话框，创建一个A4大小、分辨率为200像素/英寸的RGB文件。

02 选择钢笔工具 ✒️，在工具选项栏中选择"形状"选项，绘制出小猪的身体，如图21-217所示。选择椭圆工具 ⬭，在工具选项栏中选择减去顶层形状 选项，在图形中绘制一个圆形，如图21-218所示，它会与原来的形状相减，形成一个小洞，作为小猪的嘴巴，如图21-219所示。

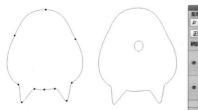

图21-217　　　图21-218　　　图21-219

03 双击形状图层，在打开的"图层样式"对话框中分别选择"斜面和浮雕"、"等高线"和"内阴影"效果，为图形添加这几种效果，使平面图形立体化，如图21-220~图21-223所示。

图21-220

图21-221

图21-222

图21-223

04 继续添加"内发光"、"渐变叠加"和"外发光"效果，为小猪的身上增添色彩和光泽感，如图21-224~图21-229所示。

图21-224

图21-225

图21-226

图21-227

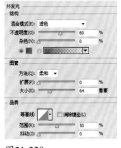

图21-228

图21-229

05 添加"投影"效果，增强小猪身体的立体感，如图21-230、图21-231所示。

图21-230

图21-231

06 使用钢笔工具 ✐ 绘制小猪的耳朵，如图21-232所示。使用路径选择工具 ► 按住Alt键拖曳耳朵，将其复制到画面右侧，执行"编辑>变换路径>水平翻转"命令，制作出小猪右侧的耳朵，如图21-233所示。

图21-232

图21-233

07 按下Ctrl+[快捷键，将"形状2"向下移动。按住Alt键将"形状1"图层后面的效果图标 fx. 拖曳到"形状2"，将效果复制到耳朵上，如图21-234、图21-235所示。

图21-234

图21-235

08 给小猪绘制一个像兔子一样的耳朵，复制图层样式并粘贴到耳朵上，如图21-236、图21-237所示。

图21-236

图21-237

09 将前景色设置为黄色。双击"形状3"图层，打开"图层样式"对话框，选择"内阴影"选项，调整参数，如图21-238所示。选择"渐变叠加"选项，单击渐变颜色后面的三角按钮，打开渐变下拉面板，选择"透明条纹渐变"，由于前景色设置了黄色，透明条纹渐变也会呈现黄色，将角度设置为113度，使渐变倾斜，如图21-239、图21-240所示。

10 按下Ctrl+J快捷键复制耳朵图层，将其水平翻转到另一侧，如图21-241所示。

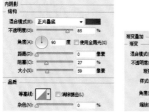

图21-238　　　　　　图21-239

图21-240　　　　　　图21-241

11 双击该图层，在"渐变叠加"选项中调整角度参数为65度，如图21-242、图21-243所示。

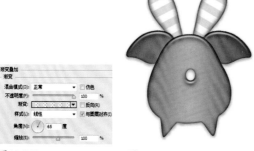

图21-242　　　　　　图21-243

12 分别绘制出小猪的眼睛、鼻子、舌头和脸上的红点，它们位于不同的图层中，注意图层的前后位置。绘制眼睛时，可以先画一个黑色的圆形，再画一个小一点的圆形选区，按下Delete键删除选区内图像，就形成了一个月牙儿形了，如图21-244、图21-245所示。

图21-244　　　　　　图21-245

13 选择自定形状工具 🐾，在形状下拉面板中选择"圆形边框"，如图21-246所示。

图21-246

14 在小猪的左眼上绘制眼镜框，如图21-247所示。按住Alt键将耳朵图层的效果图标 *fx.* 拖曳到眼镜图层，为眼镜框添加条纹效果，如图21-248所示。

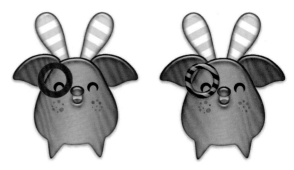

图21-247　　　　　　图21-248

15 双击该图层，调整"渐变叠加"的参数，设置渐变样式为"对称的"，角度为180度，使渐变中的条纹呈现垂直，如图21-249、图21-250所示。

图21-249　　　　　　图21-250

16 按下Ctrl+J快捷键复制眼镜框图层，使用移动工具 ➤↓ 将其拖到右侧眼睛上。绘制一个圆角矩形连接两个眼镜框，如图21-251所示。

图21-251

17 将前景色设置为紫色。在眼镜框图层下方新建一个图层。选择椭圆工具 ，在工具选项栏中选择"像素"选项，绘制眼镜片，设置图层的不透明度为63%，如图21-252、图21-253所示。

图21-252　　　　　　　图21-253

18 新建一个图层，用与制作眼睛相同的方法，制作出两个白色的月牙儿图形，作为眼镜片的高光，设置图层的不透明度为80%，使镜片图形具有透明度，如图21-254、图21-255所示。

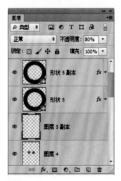

图21-254　　　　　　　图21-255

19 选择柔角画笔工具 ，并设置画笔参数，如图21-256所示。将前景色设置为深棕色。选择"背景"图层，在其上方新建一个图层，在小猪的脚下单击，绘制出投影，如图21-257所示。

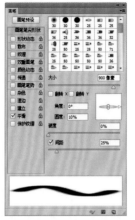

图21-256　　　　　　　图21-257

20 最后，为小猪绘制一个黄色的背景，在画面下方输入文字，如图21-258所示。

一只想成为 兔子 的 小猪

图21-258

21.9 精通照片处理：梦幻合成

■素材：光盘>素材文件夹 ■视频：光盘>视频文件夹 ■难度：★★★★★ ■实例类型：创意设计+图像合成
■实例应用：用快速选择工具、色彩范围命令抠图，将多幅图像合成在一起，打造童话般的意境

01 按下Ctrl+O快捷键，打开光盘中的素材文件。使用快速选择工具🖌️在人物上拖动鼠标，将人物选取，如图21-259所示。

图21-259

02 单击工具选项栏中的"调整边缘"按钮，打开"调整边缘"对话框，勾选"智能半径"选项，设置半径参数为0.5像素，在黑底视图中查看图像的选取效果，如图21-260、图21-261所示。

图21-260　　图21-261

03 按下Ctrl+O快捷键，打开光盘中的背景素材，如图21-262所示。

图21-262

04 使用移动工具 ▶⊕ 将选区内的人物拖曳到背景文档中，如图21-263所示。

图21-263

05 按下Ctrl+U快捷键，打开"色相/饱和度"对话框，降低人物皮肤中红色的饱和度，以便与背景的色调协调，如图21-264、图21-265所示。

图21-264   图21-265

06 按下Ctrl+M快捷键打开"曲线"对话框，将曲线向下调整，将人物调暗，如图21-266所示。在"通道"下拉列表中选择"红"，向下拖曳曲线，适当减少皮肤中的红色，使人物的色调与背景一致，如图21-267、图21-268所示。

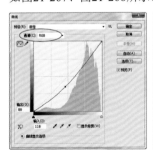 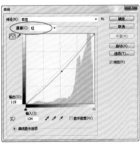

图21-266   图21-267

图21-268

07 按下Ctrl+O快捷键，打开光盘中的素材文件，如图21-269所示。

图21-269

08 执行"选择>色彩范围"命令，打开"色彩范围"对话框，将光标移至画面的白色背景上单击进行取样，设置"颜色容差"为61，将背景全部选，如图21-270所示，单击"确定"按钮，选取画面中的白色区域，如图21-271所示。

图21-270   图21-271

09 按下Shift+Ctrl+I快捷键反选，选中画面中的绿色森林，使用移动工具 ▶⊕ 将选区内的图像移动到人物文档中，如图21-272所示。

10 单击 ◙ 按钮，创建蒙版，使用画笔工具 ✐ 在树木图像的直角边缘涂抹黑色，将边缘隐藏，如图21-273、图21-274所示。

图21-272

图21-273　　　　图21-274

11 单击图像缩览图，如图21-275所示，结束蒙版的编辑状态。我们来调整一下树木的颜色，使它与背景的色调一致。按下Ctrl+U快捷键打开"色相/饱和度"对话框，调整色相参数，如图21-276、图21-277所示。

图21-275　　　　图21-276

图21-277

12 按下Ctrl+M快捷键，打开"曲线"对话框，将曲线调为S型，增强色调的对比度，如图21-278、图21-279所示。

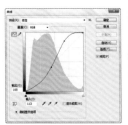 

图21-278　　　　图21-279

13 打开光盘中的花朵素材，这是一个抠完图的分层文件，使用移动工具 ►⊕ 将花朵拖入人物文档中，如图21-280所示。按下Ctrl+J快捷键复制花朵图层，移动到人物肩膀处，按下Ctrl+T快捷键显示定界框，将图像向逆时针方向旋转，如图21-281所示。

图21-280　　　　图21-281

14 选择加深工具 ◔ ，在"范围"下拉列表中选择"中间调"，设置"曝光度"为30%，在肩膀处的花朵上涂抹，加深色调，如图21-282所示。再用同样方法复制花朵图层，放在树木的底部，适当调整大小，再进行加深处理，效果如图21-283所示。

图21-282

图21-283

15 在"花朵"图层下方新建一个图层，然后设置混合模式为"正片叠底"，不透明度为18%，如图21-284所示。将前景色设置为深褐色（R102、G51、B0），使用画笔工具 ✐ 在手臂和肩膀上绘制出花朵的投影，如图21-285所示。

图21-284　　图21-285

16 按住Shift键在最上面的"花副本"图层上单击，选取所有花朵及投影所在图层，如图21-286所示，按下Ctrl+G快捷键编组，如图21-287所示。打开光盘中的素材文件，使用移动工具 ✛ 将装饰素材拖入人物文档中，装饰在人物头部，使画面内容更加充实，色调变化丰富，如图21-288所示。

图21-286　　图21-287　　图21-288

17 选择"图层2"，按下Ctrl+J快捷键复制该图层，如图21-289所示。将其拖到"图层1"下方，如图21-290所示。设置混合模式为"叠加"，不透明度为50%，执行"编辑>变换>垂直翻转"命令，将图像垂直翻转，使用移动工具 ✛ 调整一下图像的位置，使它看起来是在头部的后面，如图21-291、图21-292所示。

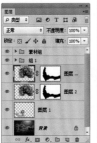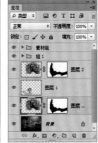

图21-289　　图21-290　　图21-291

图21-292

18 选择"素材组"，单击"调整"面板中的 按钮，在该组上方创建"曲线"调整图层，将曲线向下调整，使图像变暗，如图21-293、图21-294所示。设置调整图层的不透明度为60%。选择画笔工具 ✐，在人物面部涂抹黑色，使面部色调恢复调整前的效果，不受"曲线"调整图层的影响。在工具选项栏中将画笔工具的不透明度设置为20%，在画面四周涂抹，以减淡调整图层对这部分图像的影响，如图21-295所示，最终效果如图21-296所示。

图21-293　　图21-294　　　　图21-295

图21-296

21.10 精通照片处理：制作照片拼贴效果

■素材：光盘>素材文件夹
■视频：光盘>视频文件夹
■难度：★★★★★
■实例类型：创意设计+特效
■实例应用：用图层蒙版对照片进行拼贴化处理，再通过图层样式表现投影与描边效果

01 按下Ctrl+O快捷键，打开光盘中的素材文件，如图21-297所示。单击"图层"面板底部的 ▢ 按钮，新建一个图层，设置不透明度为80%，填充浅黄色（R：254，G：254，B：240），如图21-298所示。

图21-297　　　　　图21-298

02 将"背景"图层拖曳到 ▢ 按钮上复制，再将"背景副本"图层拖到顶层。按住Alt键单击 ▢ 按钮，创建一个反相（黑色）的蒙版，如图21-299所示。选择矩形工具 ▢ 并在工具选项栏中选择"像素"选项，按住Shift键创建一个白色的正方形，如图21-300所示。

图21-299　　　　　图21-300

03 双击该图层，打开"图层样式"对话框，分别选择"投影"、"内发光"和"描边"效果，如图21-301~图21-304所示。

图21-301　　　　　图21-302

图21-303　　　　图21-304

04 继续绘制大小不同的正方形，图21-305所示为蒙版效果，图21-306所示为图像效果。

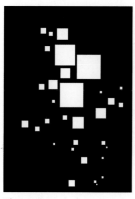

图21-305　　　　　　图21-306

05 单击"调整"面板中的 按钮，创建"照片滤镜"调整图层，在"滤镜"下拉列表中选择"深褐色"，设置参数为100%，如图21-307所示。按下Alt+Ctrl+G快捷键创建剪贴蒙版，如图21-308所示。

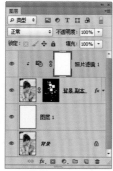

图21-307　　　　图21-308

06 设置该图层的混合模式为"滤色"，不透明度为80%。如图21-309、图21-310所示。

图21-309　　　　图21-310

07 按住Alt键，将"背景副本"图层拖曳到面板最顶层，即可复制该图层，如图21-311所示。单击蒙版缩览图，填充黑色，如图21-312所示。

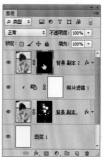

图21-311　　　　图21-312

08 现在，我们在这个图层中重新绘制正方形，要与下面图层中图形错开位置，并且要有大小变化，图21-313所示为蒙版效果，图21-314所示为图像效果。

图21-313　　　　图21-314

09 再创建一个"照片滤镜"调整图层，在"滤镜"下拉列表中选择"青"，设置浓度参数为60%，如图21-315所示。设置该图层的混合模式为"滤色"，不透明度为80%。按下Alt+Ctrl+G快捷键创建剪贴蒙版，如图21-316所示。

图21-315　　　　图21-316

10 复制"图层副本"图层，单击蒙版缩览图，填充
黑色，如图21-317所示。设置前景色为白色，背
景色为黑色。使用矩形工具 绘制一个白色的矩形，
如图21-318所示。按住Ctrl键单击蒙版缩览图，载入矩
形的选区，按下Ctrl+T快捷键显示定界框，如图21-319
所示。

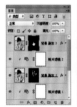
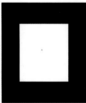

图21-317　　　图21-318　　　图21-319

11 单击鼠标右键，在打开的菜单中选择"变形"命
令，图形上会显示变形网格，如图21-320所示，
拖曳网格的右下角，如图21-321所示，按下回车键确认
操作，制作页面掀起效果，如图21-322所示。

图21-320　　　图21-321　　　图21-322

12 按住Ctrl键单击面板底部的 按钮，在当前图层
下方新建一个图层，然后设置不透明度为50%，
如图21-323所示。选择矩形选框工具 ，在工具选项
栏中设置羽化参数为1px，创建一个矩形选区，填充黑
色，如图21-324所示。执行"编辑>变换>变形"命令，
调整图形的右下角，将其向外拉伸，如图21-325所示。

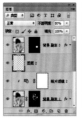

图21-323　　　图21-324　　　图21-325

13 单击"调整"面板中的 按钮，创建"色彩平
衡"调整图层，分别调整中间调、阴影和高光的
参数，如图21-326~图21-328所示，使图像的色调变得温
暖、明亮，如图21-329所示。

图21-326　　　图21-327　　　图21-328

图21-329

14 单击"调整"面板中的 按钮，创建"自然饱
和度"调整图层，增加自然饱和度，如图21-330
所示。最后再输入一些文字，如图21-331所示。

图21-330　　　图21-331